野生大型菌物原色图鉴

高国平　周强　张云江　编著

辽宁科学技术出版社
·沈阳·

内容简介

全书收集辽宁省龙岗山脉北部区域内野生大型菌物累计626种（含变种），其中包括中国新记录种22种、辽宁新记录种392种。书中对每种菌物的学名、别名、分类地位、形态特征、生态习性、国内分布和经济作用进行全面描述，每种大型菌物佐以彩色宏观生态照和微观孢子原色特征图，计2000余幅。内容编排上既体现了现代菌物系统分类又考虑传统分类的方便，学术性与实用性兼顾，可作为菌物分类鉴定参考工具书，供国内相关科研工作者、高等院校师生和基层相关技术人员参考使用。

图书在版编目（CIP）数据

野生大型菌物原色图鉴／高国平，周强，张云江编著.
—沈阳：辽宁科学技术出版社，2020.05
　　ISBN 978-7-5591-1383-2

　　Ⅰ.①野⋯　Ⅱ.①高⋯　②周⋯　③张⋯　Ⅲ.①菌类植物－植物资源－中国－图解　Ⅳ.①Q949.3-64

中国版本图书馆CIP数据核字（2019）第238448号

出版发行：辽宁科学技术出版社
　　　　　（地址：沈阳市和平区十一纬路25号　邮编：110003）
印　刷　者：辽宁新华印务有限公司
经　销　者：各地新华书店
幅面尺寸：210mm×285mm
印　　张：43.5
插　　页：4
字　　数：1000千字
出版时间：2020年05月第1版
印刷时间：2020年05月第1次印刷
责任编辑：陈广鹏　王玉宝
封面设计：李　嵘
版式设计：图　格
责任校对：李淑敏

书　　号：ISBN 978-7-5591-1383-2
定　　价：480.00元

联系电话：024-23280036
邮购热线：024-23284502
http://www.lnkj.com.cn

本书编委会

主　编　高国平　周　强　张云江

副主编　（按姓氏笔画为序）

马腾飞　王　月　任凤伟　张　才　张丽杰

高　拓　滕贵波　魏占场

参　编　（按姓氏笔画为序）

马　俊　王　敏　王芝恩　尹大川　安云全

祁金玉　刘景强　岑　进　张吉丽　张瑶琦

张　娜　张宝童　吴建军　李　委　李树峰

陈清霖　郑雅楠　赵明晶　胡　杰　倪鹏跃

郭思晓　凌　帅　黄鑫春　韩　笑　魏永忠

主编简介

高国平，男，汉族，1961年2月生，辽宁宽甸人，博士，教授，研究生导师。1984年7月本科毕业于东北林业大学森林保护专业，2001年6月硕士毕业于东北林业大学森林保护学专业，2008年6月博士毕业于沈阳农业大学植物病理学专业。1984年8月至2003年2月于辽宁省林业科学研究院从事森林保护科研工作，历任工程师、高级工程师、教授级高级工程师，1993年4月至2003年2月历任森林保护研究室副主任、主任。2003年3月被沈阳农业大学作为森林保护学科带头人引进，2005—2014年于沈阳农业大学林学院组建了森林保护学硕士学科点并任带头人，教学中主要讲授林木病理学、林火管理学、保护生物学和林木病害诊断与防治专题、森林有害生物防治等本、硕课程。目前任中国林学会森林病理学分会常务理事、中国园林植保专家委员、辽宁省护林防火委员会专家委员、辽宁省应急委员会专家委员、辽宁省野生动植物保护协会副会长等。长期从事林木病理学、生物多样性和森林防火方面的科学研究，曾先后主持承担和参加各类科研项目20多项，已有18项获省、市（厅）级科技进步或科学技术奖励。以第一作者或通讯作者公开发表学术论文60余篇，主编出版学术专著《辽宁树木病害图志·侵染性病害》和《辽宁树木病害图志·非侵染性病害》2部，副主编出版了学术专著《东北防护林带内大型真菌图志》1部及副主编出版了全国十一五、十二五统编规划教材《园林植物病虫害防治》《园林植物病理学》2部。

周强，男，汉族，1974年5月生，内蒙古牙克石市人，教授级高级工程师。1997年毕业于东北林业大学林学专业，东北林业大学森林培育专业硕士学位，历任辽宁省实验林场生产技术科科长、人造板厂厂长，2004年4月任辽宁省实验林场场长助理，2005年3月任辽宁省实验林场副场长，2009年7月至今任辽宁省实验林场场长。辽宁省林学会常务理事。从事林业生产和研究工作20年，先后主持和参加国家级、省部级科研项目20余项，取得科研学术成果10余项，省部级科技奖励9项，在中文核心期刊发表学术论文30余篇。1997年参加工作以来，一直坚持在林业生产和科学研究第一线，主要从事森林培育、木材加工、濒危物种、林下植被多样性及林木良种选育等工作。先后开展了落叶松大径木材培育技术，落叶松人工林近熟林大径材定向培育技术、落叶松母树林改建技术，红松果材兼用林技术、红松母树林营建技术、裂叶垂枝桦的引种、栽培和推广应用技术等研究。辽宁省实验林场红松母树林种子、辽宁省实验林场日本落叶松母树林种子、湾甸子裂叶垂枝桦分别于2014年和2015年被辽宁省林木良种审定委员会审定为良种。

张云江，男，汉族，1956年12月生，辽宁省朝阳县人，教授级高级工程师，1981年毕业于辽宁省林业学校，1990年毕业于沈阳农业大学林学专业。1981—2016年在辽宁省实验林场工作，历任生产技术科科长、副场长、党委书记等职。历任全国林业职业教育教学指导委员会委员、全国文化育人与生态文明建设工作委员会委员、中国（北方）现代林业职业教育集团理事、辽宁省林学会理事等职。主持或参加科研课题十几项，获得辽宁省科技进步一等奖1项，二等奖1项，三等奖1项；获得辽宁林业科学技术一等奖6项。副主编或主要参编全国统编规划教材3部，参编全国行业标准2部，主编或主要参编辽宁省地方标准5部。出版专著6部，公开发表论文40多篇。

序

　　辽宁地处中国东北南端，地貌与气候复杂，同时也孕育了物种的多样性，各类生物资源十分丰富，仅植物种类就有 3000 种以上。大型菌物（Macrofungus）是生物资源中的一类，它们的不同种类生长在不同生境中，以不同的姿态展现在大自然中。

　　大型菌物包括大型真菌和大型黏菌。大型真菌是真菌界中形成大型子实体的一类，泛指广义上的蘑菇（Mushroom）或蕈菌（Macrofungi）。大型真菌是指能形成肉质或胶质的子实体或菌核，大多数属于担子菌门，少数属于子囊菌门，生长在基质上或地下，其子实体的大小足以肉眼辨识和徒手采摘；大型黏菌（Slime mold）是一类真核微生物，它们既像真菌，又似原生动物，在分类上，黏菌隶属于原生生物界。

　　大型菌物当中，在形态、质地、气味等方面具有相当丰富的多样性。这些重要特征，常常也是分类的重要依据。按形态来分，最常见的是伞菌类，其他还有珊瑚菌、马勃菌、马鞍菌、羊肚菌、地星菌、盘菌、耳状菌、鬼笔菌、炭球菌、猴头菌、硫黄菌、黑粉菌等；按质地来分，有肉质、栓质、革质、海绵质；按气味来分，有香味、臭味、酸味、辣味、苦味和其他气味等。

　　大型菌物在我国分布的种类是比较丰富的，目前资料报道已记录的种类超过 2000 种以上，但仍有新的种类被不断发现和记录。因此，不断深入研究，弄清我国大型菌物的资源种类多样性及经济作用，并合理开发利用，在药用、食用等方面更好地为人类服务，是一项有重要意义的基础工作，也是菌物工作者一项长期重要任务。这方面需要不断地开展基础研究，也要面向应用，因此编著成书，指导和提高相关技术人员对大型菌物鉴定与识别的能力，普及大众的大型菌物科普知识，减少因误食有毒菌物的事件发生，是大型菌物工作者责无旁贷的义务。

　　本书作者坚持多年不懈，足迹踏遍辽宁东北部的龙岗山脉，平和寂寞，潜心力行，终于完成了《野生大型菌物原色图鉴》一书的编纂。此书对我国温带或寒温带地域大型菌物的研究具有重要的参考意义。书中记述了该区域大型菌物 626 种，其中包括一些国内或省内新记录种。书中每种菌物文字记载描述清晰简洁，彩色图片直观真实，并配有显微镜下拍摄的微观孢子图片，这是本书的最大亮点，更利于相关技术人员在鉴定菌物时进行比照使用。该书既有专业学术性，又有生产实践的实用性，是农林和生物等科技工作者、大专院校师生、基层专业人员乃至菌物爱好者的一本非常实用的参考工具书。

　　此书是作者多年辛勤劳动的结晶，它的完成体现了作者对事业的热爱与追求，体现了林业人锲而不舍的科学精神。《野生大型菌物原色图鉴》的出版将对今后辽宁乃至北方地区大型菌物研究工作有重要的参考价值。衷心地期待此书早日出版，为大家所用，特此作序。

项存悌

2018 年 9 月

于哈尔滨

前言

龙岗山脉属于长白山余脉，其中在辽宁境内，北起吉林省通化市南延伸至辽宁省新宾县岗山、桓仁县老秃顶子，近北东向延伸，全长约250km，山势高大，在800~1400m。由于本区域森林资源相当丰富，孕育大量生物多样性，在辽宁地区占有重要地位，同时，本区域内先后成立了桓仁县老秃顶子国家级自然保护区、抚顺清原浑河源省级自然保护区、抚顺龙岗山省级自然保护区等。

本区域目前对于植物、动物的生物多样性方面调查和研究相对较清楚，而对大型菌物一直缺乏系统研究，为了更好地掌握该区域菌物物种资源，全面开展普查工作，这对未来的生物多样监测具有重要意义。

本科考主要在龙岗山脉北部域段，以抚顺清原浑河源省级自然保护区为中心点向四周适当辐射，调查位于东经41°53′~42°01′，北纬124°03′~125°19′。

外业调查采用了路线随机调查、林型定点调查和月份定时调查三种方法相结合，现场详细记录及描述每种菌物的形状、颜色、大小、气味等特征，并记录分布的林型、生长位置和种群状况，现场拍摄生态照和不同角度体式照，然后采集标本带回室内。内业主要是将采集到的菌样迅速制作微观孢子等特征玻片标本进行镜检，然后根据实物标本、野外生态照片和室内孢子镜检等描述特征，查阅相关专业工具书和文献资料，确定菌物的名称。

全书是作者10余年的研究工作积累，野外开展了大量的调查收集工作，累计收集到1100多份标本，拍摄各类照片近万幅，最后确定本区域内大型菌物626种（包括变种）。书中每种菌物都佐以彩色生态照和微观孢子特征实拍照，以利于相关技术工作者进行鉴定比对。照片经过反复甄选，力求特征完整、客观真实。

书中的菌物分类系统方法参考了《真菌词典》第十版、李玉等主编《中国大型菌物资源图鉴》和Wikipedia（维普）等多家相关菌物网站，尽量求同存异。

考虑基层人员和菌物爱好者使用，本书提供了每种大型菌物的经济作用，包括可食性、毒性、不可食或不宜食、药用、菌根菌、腐朽菌和病原菌等描述和目录标注，以满足不同读者的需求。

本书编写过程考虑为基层服务的宗旨和使用者方便的原则，编排类别上仍按过去常见的大的类别分章描述，保留一定传统分类特色，这样便于更快查找。同时也用最新的分类方法编排每种菌物的分类地位，最后按每种菌物的编排号给出了中文索引和拉丁学名索引。

在此书完成出版过程中，得到沈阳农业大学、辽宁省实验林场单位领导的支持，得到业内同行的热心帮助和关注，得到同事和学生的无私帮助，在此一并致谢。

书中个别菌物种类由于标本采集时间等问题，没获取到微观孢子图，这些缺憾望读者见谅。

本书虽可作为野外菌物识别指导书，但一些有毒和无毒菌类形态特征区分很细微，需要有较强的专业水平才能正确鉴定，因此误食蘑菇中毒及所引起的一切后果，本书作者概不负责。

由于编著者水平有限，书中不妥之处在所难免，敬请读者不吝指教，不胜感激！

编著者

2018年7月

目录

CONTENTS

第三章　伞菌类

担子菌门 Basidiomycota

蘑菇纲 Agaricomycetes

蘑菇目 Agaricales

侧耳科 Pleurotaceae

鹅膏菌科 Amanitaceae

第四章　胶质耳状菌类

第五章　珊瑚菌类

第六章　多孔菌类（含鸡油菌、齿菌、革菌）

第七章　腹菌类（地星、马勃、鬼笔、鸟巢菌）

第八章　黏菌类

标注说明：

*：中国新记录种；　▲：辽宁新记录种；　　●：情况不明；

●：可食；　　　　　　　　　　　　　　　　●：药用

●：有毒；　　　　　　　　　　　　　　　　●：外生菌根菌

●：慎食；　　　　　　　　　　　　　　　　●：木材腐朽菌

●：不宜食或不可食；　　　　　　　　　　　●：树木病害病原菌

第一章

基本概况

>>>

一、调查区自然概况

龙岗山脉属于长白山余脉，位于中国的东北。山势呈东北—西南走向，北起吉林省桦甸市松花江畔，南至辽宁省新宾满族自治县。其中，在辽宁境内，龙岗山脉北起吉林省通化地区，南至辽宁省新宾县和大伙房水库上游，近北东向延伸，长约250km，宽20～30km。南接辽宁省千山。山势高大，在800~1400m。

本次科考主要在龙岗山脉北部域段（抚顺市清原县境内），调查范围在东经41°53′～42°01′，北纬124°03′～125°19′，主要以龙岗山脉区域北部的辽宁省浑河源保护区为中心点，向周边辐射进行调查。

浑河源保护区属于辽宁省级保护区，成立于2003年，地处长白山山系，龙岗山余脉，是清原县和新宾县的分界山，保护区位于龙岗山山脉的西北坡。区内西部地貌以老龙岗为代表，海拔1100.1m；东部以滚马岭为代表，海拔812.2m。

1. 地势地貌

地貌属侵蚀的低山丘陵，主要地貌类型是1000m以下的低山和500m左右的高丘陵。间有的山间盆地和河谷平原多集中在境内的浑河下段，在保护区内分布极少。保护区山势陡峭，沟谷纵横，切割较深，形成东南高西北低（或南高北低）的地势。

2. 河流水系

保护区属浑河水系，是浑、清、柴、柳四大河流的发源地，全县形成浑、清、柴、柳四大水系。浑河是清原境内流域流量最大的常流河，也是省内有名的大河。保护区为其上游段的源头区。保护区内有杨家店河、大苏河、小苏河、湾甸子河等四大源头水系。保护区内有两大源头：东源头水流长，发源于滚马岭下；西源头则地势高，发源于海拔1100.1m的老龙岗。

3. 气候特点

保护区属中温带大陆性季风气候。其特点是春季短，回暖快，风大干旱；夏季长而炎热多雨；秋季短，干燥凉爽；冬季长，较寒冷，多风雪。年温差较大，年平均气温5.3℃，极端最低气温-37.6℃，极端最高气温37.2℃，年日照2500小时。保护区属清原南部高寒地区，无霜期只有110～120天。此区雨热同期，年均降雨806.5mm。多集中在6—8月。年蒸发量为1275mm。土壤冻结期长，10月中下旬开始结冻，3月下旬至4月上旬开始解冻，化通在4月下旬，最深冻土层为169cm。

4. 土壤类型

土壤共划分6个土类（暗棕壤、棕壤、白浆土、草甸土、沼泽土、水稻土）11亚类，35

个土属，76个土种。保护区地处上部山区，植被茂密。土种大体为中、厚层酸性岩暗棕壤土，下部林缘部分多为棕壤，混有砾石。沟谷为草甸土，分布面积不大。

5. 森林资源

保护区森林面积17195.7hm²，森林蓄积178314m³。森林覆被率达91%。其中针叶林面积4202.3hm²，占24.4%，阔叶林面积12175.4hm²，占70.8%，针阔混交林只占4.8%。按森林起源分布，其中天然林面积12179hm²，占70.8%；人工林5016.7hm²，占29.2%。

总体来说，辽宁是个过伐林区，一般认为辽宁已经没有原始森林。但可贵的是在保护区综合考察中发现在大苏河林场大湖上部——老龙岗北坡尚有原始林的存在，虽然只有175hm²的面积，但显得异常的珍贵。林中大部分是阔叶树，主要树种有椴、槭、桦，少有红松和云杉、冷杉分布。

（1）植被资源

保护区地处浑河源头区，山高林密，属长白植物区系。是森林植物物种较多的地区，调查地内植被丰富，共有植被类型22种，植物114科418属1139种（武兰义、张云江，2006）。是辽宁省东部林区核心的一部分，保持了很大的资源优势和稳定的生态系统。本区代表性主要林型及组成如下。

栎树林　在山脊、阳坡、陡坡地带，原始林经受大面积反复的破坏后，在次生裸地上经过次生演替可形成栎林。栎树林是由栎属（*Quercus*）的几个树种为优势的植被类型。常见栎树有蒙古栎（*Quercus mongolica*）、辽东栎（*Q.liaotungensis*）、槲栎（*Q.aliena*）、尖嘴槲栎（*Q.aliena var.acuteserrata*）等，其中以蒙古栎为最多，几乎遍布次生林所有地段，而成为优势树种。其树皮厚而粗糙，天然更新良好，具有较强的抗逆性，在原生森林植被遭受采伐、火灾、垦荒等反复的破坏后，能够在恶劣的生境中独存下来，在山脊、阳坡、陡坡常呈纯林存在。通常，自山脊起，随海拔降低，可分为迎红杜鹃蒙古栎林、胡枝子蒙古栎林、榛子蒙古栎林。

迎红杜鹃蒙古栎林主要分布在山脊、岗梁和阳坡，在林中常混有少量的黑桦（*Betula dahurica*）、水曲柳（*Fraxinus mandshurica*）、紫椴（*Tilia amurensis*）等树种。林下灌木主要有迎红杜鹃（*Rhododendron mucronulatum*）、胡枝子（*Lespedeza bicolor*）、锦带花（*Weigela florida*）、关东丁香（*Syringa veutina*）、小花溲疏（*Deutzia parviflora*）等。草本植物主要有栎薹草（*Carex reventa var. krecz*），有时在林下形成明显的层片状分布。

胡枝子蒙古栎林常分布于阳坡、半阳坡的斜坡或坡上部。一般情况下，土壤排水良好而干旱，地表有较薄的腐殖质层。混生的树种有辽东栎（*Q.liaotungensis*）、黑桦（*B.dahurica*）、紫椴（*T.amurensis*）、花曲柳（*Fraxinus rhynchophyll*）、色木槭（*Acer mono*）、春榆（*Ulmus davidiana var. japonica*）等。灌木以胡枝子（*L.bicolor*）占优势，胡枝子与假色槭（*Acer pseudo-sieboldianum*）形成明显下木层，分布较均匀，盖度可达60%左右，混生有斑枝卫矛（*Euonymus pauciflorus*）、卫矛（*E.alatus*）、悬钩子（*Rubus crataegifolius*）、早花忍冬（*Lonicera praeflorens*）、野玫瑰（*Rosa davurica*）等多种灌木。草本植物有栎薹草（*Carex pediformis var. pedunculata*）、东风菜（*Aster scader*）、歪头菜（*Vicia unijuga*）、山尖子（*Cacalia hostata*)、轮叶沙参（*Adenophora tetraphylla*）、铃兰（*Convallaria keiskei*）等。

榛子蒙古栎林多数分布在阳坡或半阳坡坡下部，土壤较湿润肥沃，土层较厚，表面有松软的腐殖质层。林内混交树种较多，除辽东栎（*Q.liaotungensis*）、槲栎（*Q.aliena*）、花曲柳（*F.rhynchophyll*）、色木槭（*A.mono*）、春榆（*U.davidiana var. japonica*）、紫椴（*T.amurensis*）外，还有山杨（*Populus davidiana*）、糠椴（*Tilia mandshurica*）、枫桦（*Betula costata*）、黄檗（*Phellodendron amurense*）、怀槐（*Maackia amurensis*）等树种。灌木和草本植物较多，榛子（*Corylus heterophylla*）成为其主要下木，其他有胡枝子（*L.bicolor*）、假色槭（*A.pseudo-sieboldianum*）、东北山梅花（*Philadelphus schrenkii*）、大叶鼠李（*Rhamnus davurics*）、锦带花（*W.florida*）、金银忍冬（*Lonicera maackii*）等，还有辽五味子（*Schisandra chinensis*）、山葡萄（*Vitis amurensis*）等藤本植物。草本植物以几种薹草（Carex spp.）较多，还有山芍药（*Paeonia odovata*）、玉竹（*Polygonatum odoratum*）、落新妇（*Astilbe chinensis*）等多种草本植物。

阔叶混交林 在缓坡地带，原始林经受大面积反复的破坏后，在次生裸地上经过次生演替可形成阔叶混交林。阔叶混交林是以槭属（*Acer spp.*）、榆属（*Ulmus spp.*）、椴属（*Tilia spp.*）等阔叶树种为主要标志的各种群落。群落混生多种阔叶树种，优势树种不明显，林木与其他植物组成因地段不同亦有明显区别，大多数情况下为多优结构群落。常见北五味子（*S.chinensis*）、山葡萄（*V.amurensis*）、软枣猕猴桃（*Actinidia arguta*）等藤本植物。主要有木贼(*Equisetum hyemale*)—黄花忍冬(*Lonicera chrysantha*)—阔叶混交林、粗茎鳞毛蕨(*Dryopteris crassirhizoma*)—溲疏（*Deutzia scabra*）—刺五加（*Acanthopanax senticosus*）—阔叶混交林两种类型。

阔叶混交林群落中经常出现的树种主要有色木槭（*Arce mono*）、元宝槭（*A.truncatum*）、紫椴（*Tilia amurensis*）、糠椴（*T.mandshurica*）、花曲柳（*Fraxinus rhynchophylla*）、黑桦（*Betula dahurica*）、蒙古栎（*Quercus mongolica*）、怀槐（*Maackia amurensis*）、山杨（*Populus davidiana*）、稠李（*Padus racemosa*）等，其中仍以色木槭（*Acer mono*）、紫椴（*T.amurensis*）、春榆（*Ulmus davidiana var. japonica*）、裂叶榆（*U.laciniata*）等占主要地位。有时混有少量香杨（*P.koreana*）、大青杨（*P.ussuriensis*）、大黄柳（*Salix raddeana*）等树种，针叶树种基本灭迹。下木及灌木层的变化较大。上层主要有花楷槭（*Acer ukurunduense*）、青楷槭（*A.tegmentosum*）、簇毛槭（*A. barbinerve*）等；第二层主要有大翅卫矛（*Euonymus macropterus*）、暴马丁香（*Syringa reticulata var. amurensis*）、毛榛子（*Corylus mandshurica*）、刺五加（*Acanthopanax senticosus*）、东北山梅花（*Philadelphus schrenkii*）、悬钩子（*Rubus corchorifolius*）等。掌叶铁线蕨（*Adiantum pedatum*），其他草本植物有美汉草（*Meehania urticifolia*）、透骨草（*Phryma leptostachya*）、尾叶香茶菜（*Plectranthns excisus*）、山尖子（*Cacalia hastate*）等，因受严重的人为干扰，所形成的阔叶混交林中，除上述种类外，还有木贼（*Equisetum hyemale*）、山茄子（*Physaliastrum japonicum*）、水金凤（*Impatiens noli-tangere*）、蹄叶橐吾（*Ligularia fischeri*）、细辛（*Asarum sieboldii*）、白花碎米荠（*Cardamine leucantha*）、宽叶荨麻（*Urtica laetevirens*）、狭叶荨麻（*U.angustifolia*）、鹿药（*Smilacina japonica*）、莓叶委陵菜（*Potentilla fragarioides*）、大叶芹（*Pimpinella brachycarpa*）、贝加尔野豌豆（*Vicia baicalensis*）。另外，还有一些早春植物，如荷青花（*Hylomecon Japonicum*）、延胡索（*Corydalis yanhusuo*、侧金盏

花（*Adonis amurensis*）等。这些草本植物常因人为活动和局部生境的变化很大，有些种类还常在局部林分疏开处呈片状密集生长。

木贼—黄花忍冬—阔叶混交林，分布在海拔 500 ~ 700m、坡度 20°左右、土壤肥沃、林内湿度较高的地段，草本层盖度 70% ~ 80%，以木贼（*Equisetum hyemale*）为优势种，常呈片状分布，几乎没有其他草本植物种类生长，偶见粗茎鳞毛蕨（*Dryopteris crassirhizoma*）分布。灌木层的盖度为 20% 左右，黄花忍冬（*Lonicera chrysantha*）为优势种，伴生种有假色槭（*Acer pseudo-sieboldianum*）等。

粗茎鳞毛蕨—溲疏—刺五加—阔叶混交林，分布在海拔 600 ~ 800m 土壤湿润而肥沃的地段。草本层盖度 50% ~ 60%，以粗茎鳞毛蕨为优势种，伴生有透骨草（*P. leptostachya*）、大叶芹（*Pimpinella brachycarpa*）和少量的薹草（*Carex spp.*）等。灌木层盖度在 20% ~ 40% 之间，优势种为刺五加（*A.senticosus*）与溲疏（*Deutzia scabra*）等，伴生种类有假色槭（*A.pseudo-sieboldianum*）、暴马丁香（*S.reticulata var. amurensis*）、东北山梅花（*Philadelphus schrenkii*）等。

山杨林　山杨（*Populus davidiana*）对生境适应幅度较广，生长良好的山杨林多分布在阴坡、半阴坡及向阳山麓的凹部。多为纯林，随着树龄的增长，林内树种不断增多，直至演替为阔叶混交林。伴生的树种有色木槭（*Acer mono*）、蒙古栎（*Quercus mongolica*）、花曲柳（*Fraxinus rhynchophylla*）、春榆（*Ulmus davidiana var. japonica*）、枫桦（*Betula costata*）、黑桦（*Betula dahurica*）、紫椴（*Tilia amurensis*）、糠椴（*T.mandshurica*）、怀槐（*Maackia amurensis*）、黄檗（*Phellodendron amurense*）等。

灌木层盖度在 10% ~ 20% 之间，以胡枝子（*Lespedeza bicolor*）、毛榛子（*Corylus mandshurica*）为主，伴生种有东北山梅花（*Philadelphus schrenkii*）、忍冬（*Lonicera japonica*）、刺龙芽（*Aralia*）、悬钩子（*Rubus corchorifolius*）等，山杨枝上有的寄生有槲寄生（*Viscum coloratum*）。

草本层有羊胡子薹草（*Carex spp.*）、山蚂蝗（*Desmodium manshuricum*）、落新妇（*Astilbe chinensis*）、山藜豆（*Lathyrus davidii*）、类叶升麻（*Actaea acuminata*）、玉竹（*Polygonatum odoratum*）、羊耳蒜（*Liparis japonica*）等。

山杨林是针阔混交林和阔叶混交林被破坏后形成的次生植物群落，因其具有较强的根蘖更新能力和速生、抗逆性，常能优先占据皆伐迹地和撂荒地，为更新先锋树种。当山杨与上述伴生树种并存时，可以借其根蘖能力不断扩大繁殖区域，最终将其他先锋树种排挤掉而占据优势地位。然而，山杨林是一个不稳定的次生群落，由于其自身生物学特性决定了其很难在林冠下自身繁殖，当有较耐荫的椴（*Tilia spp.*）、槭（*Acer spp.*）、榆（*Ulmus spp.*）等树种侵入后，较耐荫的树种很快就会占据优势。在有针叶树种源时，山杨更易被针叶树种所更替。

水曲柳、胡桃楸林　水曲柳、胡桃楸林，通常是阔叶红松林被破坏后经次生演替形成。多分布在水肥条件好的沟谷及山麓，在坡地有时沿沟谷或集水线延伸至岗脊附近。通常沿沟谷两岸呈条带状分布，造坡地常散生于缓坡的阔叶混交林中。在季节性流水的沟谷地带，常以胡桃楸（*Juglans mandshurica*）为主，有时出现小片状胡桃楸纯林。在沟谷沿岸的缓坡，则水曲柳（*Fraxinus mandshurica*）较多，有时成为水曲柳优势群落。在缓坡林中，常混生有黄檗（*P. amurense*）。伴生树种有黄檗、春榆（*Ulmus davidiana var. japonica*）、裂叶榆（*U.laciniata*）、稠李（*Padus racemosa*）、紫椴（*Tilia amurensis*）、怀槐（*Maackia amurensis*）等。

下木及灌木层主要有暴马丁香（*Syringa reticulata* var. *amurensis*）、东北山梅花（*Philadelphus schrenkii*）、锦带花（*Weigela florida*）、星毛珍珠梅（*Sorbaria sorbifolia* var. *stellipila*）、刺五加（*Acanthopanax senticosus*）等。

草本层中尾叶香茶菜（*Rabdosia excisa*）较多，其他有燕尾凤毛菊（*Saussurea serrata*）、水蒿（*Artemisia selengensis*）、猴腿蹄盖蕨（*Athyrium multidentatum*）、落新妇（*Astilbe chinensis*）等。群落常见五味子（*Schisandra chinensis*）、软枣猕猴桃（*Actinidia arguta*）藤本植物。

桦木林 桦木林是指以桦属（*Betula*）各树种为优势树种的阔叶林。在次生林中，以枫桦（*Betula costata*）、黑桦（*B. dahurica*）为主。枫桦纯林有一定的分布，大多数呈斑块状镶嵌在阔叶混交林中，主要分布在阴坡与半阴坡，阔叶混交林皆伐后，天然更新的枫桦常与山桃稠李（*Prunus maackii*）伴生，并占据优势地位；黑桦多生长在阳坡与半阳坡，常与蒙古栎（*Quercus mongolica*）混生，在山上腹和岗脊，常零散分布在蒙古栎林中，成为蒙古栎林中的主要伴生树种，在山下腹土壤肥沃处，则混生核桃楸（*Juglans mandshurica*）、裂叶榆（*Ulmus laciniata*）、春榆（*U. davidiana*）等组成的阔叶混交林中。

灌木层种类很多，常见的有卫矛（*Euonymus alatus*）、锦带花（*Weigela florida*）、接骨木（*Sambucus williamsii*）刺五加（*Acanthopanax senticosus*）、东北山梅花（*Philadelphus schrenkii*）等。

草本层主要有土三七（*Sedum aizoon*）、东风菜（*Doellingeria scaber*）、棣棠升麻（*Aruncus asiaticus*）、桔梗（*Platycodon grandiflorus*）、单穗升麻（*Cimicifuga simplex*）、山尖子（*Parasenecio hastatus*）、尾叶香茶菜（*Rabdosia excisa*）等，在土壤湿度大的地段有美汉草（*Meehania urticifolia*）、透骨草（*Phryma leptostachya*）、掌叶铁线蕨（*Adiantum pedatum*）、粗茎鳞毛蕨（*Dryopteris crassirhizoma*）等。

柳灌丛林 主要分布在沟谷地带，在沟谷、河流两岸呈带状分布。群落生境大多是地势平缓，土壤肥沃，水分充足地段，通常为草甸或沼泽。建群种为杞柳（*Salix integra*），间有细枝柳（*Salix gracilio*）、朝鲜柳（*S. koreensis*）、卷边柳（*S. siuzevii*）及蒿柳（*S. viminalis*）。盖度为60%～80%。柳灌丛中混生有山楂（*Carataegus pinnatifida*）、茶条槭（*Acer ginnala*）、星毛珍珠梅（*Sorbaria sorbi*）、柳叶绣线菊（*Spiraea salicifoliab*）等。

草本层通常以湿生薹草为优势种，如芮德薹草（*Carex raddei*），混生有水蒿、水金凤（*Impatiens noli-tangere* Linn）、光叶蚊子草（*Filipendula glabra*）等。

塔头、沼泽草甸 主要分布在小沙河、大映沟的低湿地。以草本植物为主，局部散生有株数不多的水曲柳和柳灌丛。草本植物种类丰富，主要有小白花地榆（*Sanguisorba parviflora*）、千屈菜（*Lythrum salicaria*）、大穗薹草（*Carex rhynchophysa*）、块根老鹳草（*Geranium davuricum*）、松蒿（*Phtheirospermum chinesis*）、兴安藜芦（*Veratrum davuricum*）、尾叶香茶菜（*Plectranthus excisus*）、狗筋蔓（*Cucubalus baccifer*）、东北龙胆（*Gentiana manshurica*）、藜芦獐牙菜（*Swertia veratroides*）、紫花鸢尾（*Iris kaempferi*）、玉蝉花（*I. ensata*）、短瓣金莲花（*Trollius ledebouri*）、热河芦苇（*Phragmites jeholensis*）、马先蒿（*Pedicularis resupinata*）等。

落叶松林 落叶松林有长白落叶松（*Larix olgensis*）、日本落叶松（*L. kaempferi*）和华北落叶松（*L. principisrupprechtii*）3种。长白落叶松属乡土树种，日本落叶松、华北落叶松属外来引进树种，没有天然分布，均为人工栽培，是主要造林树种。混交有水曲柳（*Fraxinus* *mandshurica*）、花曲柳（*F. rhynchophylla*）、蒙古栎（*Quercus mongolica*）、刺龙芽（*Aralia elata*）、色木槭（*Acer mono Maxim*）、簇毛槭（*A.barbinerve*）、拧筋槭（*A.triflorum*）等。

分为草地—落叶松林、榛子—落叶松林、胡枝子—落叶松林、木贼—落叶松林。

草地—落叶松林，多为一般用材林，坡度较缓，0°～15°，林内少有灌木、下木分布，草本植物均匀分布。

榛子—落叶松林，多为大径木林，半阳坡或半阴坡，坡度在15°～25°，林下常分布榛子（*Corylus heterophylla*）、毛榛子（*C.mandshurica*）、长白忍冬（*Lonicera ruprechtiana*）等。

胡枝子—落叶松林，为一般用材林，阳坡，坡度在16°～30°，郁闭度0.7～0.8，林下常分布有胡枝子（*Lespedeza bicolor*）、鼠李（*Rhamnus davurica*）等。

木贼—落叶松林，多为水源涵养林，阴坡，坡度在15°～25°，林下木贼（*Equisetum hyemdle*）大面积分布。

下木及灌木层主要有水曲柳（*Fraxinus mandshurica*）、花曲柳（*F. rhynchophylla*）、蒙古栎（*Quercus mongolica*）、色木槭（*Acer mono Maxim*）、刺龙芽（*Aralia elata*）、卫矛（*Euonymus alatus*）、毛榛子（*Corylus mandshurica*）、金银忍冬（*Lonicera maack*）、栓皮春榆（*Ulmus propingua var. suberosa*）、东北茶藨子（*Ribes mandshuricum*）、簇毛槭（*Acer barbinerve*）、拧筋槭（*Acer triflorum*）等。

草本层主要有猴腿蹄盖蕨（*Athyrium multidentatum*）、荷青花（*Hylomecon Japonicum*）、歪头菜（*Vicia unijuga*）、尾叶香茶菜（*Rabdosia excisa*）、莓叶委陵菜（*Potentilla fragarioides*）、回回蒜毛茛（*Ranunculus chinensis*）、宽叶荨麻（*Urtica laetevirens*）、狭叶荨麻（*U.angustifolia*）、野芝麻（*Lamium barbatum*）、白花碎米荠（*Cardamine leucantha*）、龙牙草（*Agrimonia pilosa*）、薹草（*Carex spp.*）等。

红松林 红松为乡土树种，现多为人工林。分为谷地阔叶红松混交林、缓坡红松阔叶混交林和陡坡红松阔叶混交林3种类型。

谷地阔叶红松混交林，一种是分布于山坡下腹和坡麓地带，另一种是分布河谷两侧的阶地，海拔500~650 m。与红松混交的乔木树种有春榆（*Ulmus propinqua*）、水曲柳（*Fraxinus mandshurica*）、裂叶榆（*Ulmus laciniata*），有时混有大青扬（*Populus ussuriensis*）、小青扬（*Populus pseudo-simonii*），在排水条件稍好地段混有少量紫椴（*Tilia amurensis*）、糠椴（*T.mandshurica*）和枫桦（*Betula costata*）。树种组成红松在五成以下。下木主要有珍珠梅（*Sorbaria sorbifolia*）、稠李（*Prunus padus*）、柳叶绣线菊（*Spiraea salicifoliab*）、黄花忍冬（*Lonicera chryssantha*）、花楷槭（*Acer ukurunduense*）、东北茶藨子（*Ribes madshuricum*）、长白茶藨子（*Ribes kamarovii*）等。草类有水金凤（*Impatiens balsamina*）、水凤仙（*Impatiens furcillata*）、蕨、小叶芹（*Aegopodium alpestre*）、宽叶荨麻（*Urtica laetevirens*）、狭叶荨麻（*U. angustifolia*）、蹄盖蕨（*Athyrium filix-femina*）等。在河谷两侧或林缘有杞柳（*Salix integra*）、细枝柳（*Salix gracilior*）、朝鲜柳（*Salix koreensis*）等柳灌丛及茶条槭（*Acer ginnala*）、暴马丁香（*Syringa reticulata var. amurensis*）等分布。

缓坡红松阔叶混交林，海拔在550~800m，坡度一般不超过25°，与红松混交的乔木树种有紫椴（*Tilia amurensis*）、糠椴（*T.mandshurica*）、枫桦（*Betula costata*）、水曲柳（*Fraxinus mandshurica*）、裂叶榆（*Ulmus laciniata*）、春榆（*Ulmus propinqua*）、胡桃楸

（*Juglans mandshurica*）、黄檗（*Phellodendron amurense*）、刺楸（*Kalopanax septemlobus*）、拧筋槭（*Acer triflorum*）、白牛槭（*Acer mandshuricum*）、沙松（*Abies holophylla*）、红皮云杉（*Picea koraiensis*）等，在局部地段有蒙古栎（*Quercus mongolica*）、辽东栎（*Q.liaotungensis*）、长白落叶松（*Larix olgensis*）分布。此外还有一些特有的亚乔木分布，如千金鹅耳枥（*Carpinus cordata*）、水榆（*Sorbus ainifolia*）、怀槐等，藤本植物有软枣猕猴桃（*Actinidia arguta*）、辽五味子（*Schisandra chinensis*）、山葡萄（*Vitis amurensis*）、关东木通（*Aristolochia manshuriensis*）等。下木有东北山梅花（*Philadelphus schrenkii*）、刺五加（*Acanthopanax senticosus*）、毛榛子（*Corylus mandshurica*）、黄花忍冬（*Lonicera chrysantha*）、早花忍冬（*L.praeflorens*）、东北茶藨子（*Ribes mandshuricum*）、长白茶藨子（*Ribes komarovii*）、假色槭（*Acer pseudo–sieboldianum*）、花楷槭（*Acer ukurunduense*）、青楷槭（*Acer tegmentosum*）等，草类在阳坡、半阳坡以猴腿蹄盖蕨（*Athyrium multidentatum*）、粗茎鳞毛蕨（*Dryopteris crassirhizoma*）、鳞毛蕨（*Dryopteris monticola*）、大叶芹（*Pimpinella brachycarpa*）、小叶芹（*Pimpinella brachycarpa*）、荷青花（*Hylomecon Japonicum*）、野芝麻（*Lamium album*）、升麻（*Camicifuga dahurica*）、风毛菊（*Saussurea japonica*）、金腰子（*Chysosplenium alternifolium*）等为主。在阴坡的缓坡中部、中上部或山下部平缓地段，红松（*Pinus koraiensis*）常与风桦（*Betula costata*）、云杉（*Picea asperata*）、沙松（*Abies holophylla*）混交，林下草本以木贼（*Equisetum hyemale*）为代表种，常呈片状群落分布。

陡坡红松阔叶混交林，多分布在阳坡、半阳坡，海拔550~1000m，坡度30°以上的地段，与红松混交的乔木树种有蒙古栎（*Quercus mongolica*）、辽东栎（*Q.liaotungensis*）、紫椴（*Tilia amurensis*）、黑桦（*Betula davurica*）等，下木以迎红杜鹃（*Rhododendron mucronulatum*）、锦带花（*Weigela florida*）、关东丁香（*Syringa velutina*）为主，在海拔较低岗脊有一定数量的胡枝子（*Lespedeza bicolor*）分布，草类以羊胡子薹草（*Cares callitrichos*）为主。

油松、赤松林　油松（*Pinus tabuliformis*）林全部是建场初营造的人工林，主要分布在大映沟、大沙河等地。由于这些地块多为阳坡，水肥条件较差，因此林分生产力通常情况下较低，近几年多作为主伐或改造对象。

灌木层主要有毛榛子（*Corylus mandshurica*）、卫矛（*Euonymus alatus*）、金银忍冬（*Lonicera maackii*）、金刚鼠李（*Rhamnus diamantiacus*）、悬钩子（*Rubus corchorifolius*）、胡枝子（*Lespedeza bicolor*）等。草本层有牡蒿（*Achillea japonica*）、羊胡子薹草（*Cares callitrichos*）、鸡腿堇菜（*Viola acuminate*）、唐松草（*Thalictrum aquiegifolium*）、黄精（*Polygonatum sibiricum*）、小玉竹（*P. humile*）等。

樟子松林　樟子松（*Pinus sylvestris* var. *mongolica*）属外来引进树种。主要栽培在大沙河林家铺子、东山鸡场沟、大砍椽沟、冰湖沟大岭。近年来由于遭受樟子松枯梢病危害，长势较弱，成材较晚，属近期进行改造树种。由于造林时密度大，又未及时抚育，因此，林内下木及灌木都很少，耐阴的灯台树（*Cornus controversa*）有少量分布。草本层有猴腿蹄盖蕨（*Athyrium multidentatum*）、落新妇（*Astilbe chinensis*）、土三七（*Sedum verticillatum*）、缬草（*Valeriana alternifolia*）、牡蒿（*Artemisia japonica*）、羊耳蒜（*Liparis japonica*）等。

云杉林　云杉林有红皮云杉（*Picea mastersii*）、青海云杉（*P. crassifolia*）、鱼鳞云杉（*P. jezoensis* var. *microsperma*）白云杉（*P. glauca*）4种。红皮云杉和鱼鳞云杉为乡土树种，现在

大砍橡沟等地仍有天然的散生树分布，红皮云杉是本地区主要造林树种。白扦云杉（*Picea glauca*）、青海云杉（*Picea crassifolia*）为外来引进树种，在东山大映沟、小沙河、大沙河、关东场、地车沟有人工栽培。

灌木层主要有金银忍冬（*Lonicera maackii*）、东北山梅花（*Philadelphus schrenkii*）、毛榛子（*Corylus mandshurica*）、小叶鼠李（*Rhamnus parvifolia*）、卫矛（*Euonymus alatus*）、鸡树条荚蒾（*Viburnum sargenti*）等。草本层有（*Athyrium multidentatum*）、落新妇（*Astilbe chinensis*）、山茄子（*Physaliastrum japonicum*）、木贼（*Equisetum hyemale*）、藜芦（*Veratrum nigrum*）、白花碎米荠（*Cardamine leucantha*）、美汉草（*Meehania fargesii*）等。

华山松林 华山松（*Pinus armandi*）属外来引进树种。主要栽培在大庙头道沟、二道沟、后堡红树沟。因受纬度和温度等因素的影响，其生长速度及出材率都低于红松林。灌木层主要有毛榛子（*Corylus mandshurica*）、东北山梅花（*Philadelphus schrenkii*）、簇毛槭（*Acer barbinerve*）、刺龙芽（*Aralia elata*）、在山下腹部靠近溪流两侧有数量较多的暴马丁香（*Syringa reticulata var. amurensis*）和星毛珍珠梅（*Sorbaria sorbifolia*）等。草本层有猴腿蹄盖蕨（*Athyrium multidentatum*）、落新妇（*Astilbe chinensis*）、棣棠升麻（*Aruncus dioicus*）、球子蕨（*Onoclea sensibilis*）、东北天南星（*Arisaema amurense*）等。

四旁草地 四旁草地包括宅旁、村旁、路旁、水旁。散生的乔木有云杉（*Picea asperata*）、白桦（*Betula platyphylla*）、旱快柳（*Salix matsudana var. anshanensis*）、梓树（*Catalpa ovata*）等，灌木有紫丁香（*Syringa oblata*）、水蜡（*Ligustrum obtusifolium*）、茶条槭（*Acer ginnala*）等。草本层有早熟禾（*Poa annua*）、宽叶薹草（*Carex siderosticta*）、鸭跖草（*Commelina communis*）、地锦草（*Euphorbia humifusa*）、鬼针草（*Bidens pilosa*）等。

（2）野生动物资源

浑河源保护区动物区系属古北界、东北亚界长白山地亚区，区内有主要野生动物53科176种，野猪（*Sus scrofa*）、狍子（*Capreolus pygargus*）、狐狸（*Vulpes vulpes*）、狼（*Canis lupus*）、獾子（*Meles meles*）、雉鸡（*Phasianus colchicus*）、山兔（*Lepus sinensis*）等尚是常见的动物。另外分布2000余种森林昆虫。

（3）中草药

各类中草药在保护区内均有分布，代表品种有人参（*Panax ginseng*）、天麻（*Gastrodia elata*）、细辛（*Asarum sieboldii*）、五味子（*Schisandra chinensis*）、关木通（*Aristolochia manshuriensis*）等。近年，林下人参、细辛等药用栽培植物发展较快。

二、大型菌物资源的多样性

大型真菌是菌物中形成大型子实体的一类真菌，泛指广义上的蘑菇（mushroom）或蕈菌（macrofungi）。大型真菌是指能形成肉质或胶质的子实体或菌核，大多数属于担子菌门，少数属于子囊菌门。大型真菌生长在基质上或地下的子实体大小足以让肉眼辨识和徒手采摘。

经多年调查收集标本及鉴定，累计在 1000 多份标本中鉴定出大型菌物 626 种（含变种），其中有 22 种属于中国新记录种， 393 种为辽宁省新记录种。从类别上看，有大型子囊菌类真菌 59 种、伞菌类真菌 340 种、胶质耳状真菌类 14 种、珊瑚菌类真菌 20 种、多孔菌类真菌 148 种、腹菌类真菌 37 种和黏菌类 8 种，其中伞菌类、多孔菌类和子囊菌类种类较多，多样性表现十分丰富。各类菌物所占比重见图 1。

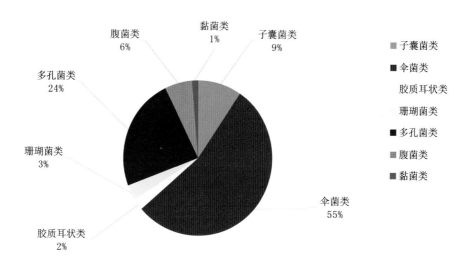

图 1　不同类别大型菌物种数所占比例

三、大型真菌经济性

大型真菌是菌物中的一个重要类群，很多种类具有较高的营养价值和药用价值，是目前菌物中最有开发应用前景的一类。在实践中具体可分为食用真菌、药用真菌、有毒真菌、木材腐朽菌、树木外生菌根菌和植物病原菌等几类。

通过统计本书 626 种大型菌物当中，可食用真菌达 215 种，有 37 种真菌需要慎食（需处理），可药用真菌 107 种，有毒真菌 47 种，外生菌根真菌 92 种，木材腐朽菌 156 种，树木病菌真菌 13 种。另外还有 35 种菌物不宜食用或不可食，108 种菌物的经济性不明。

第二章

大型子囊菌类 >>>

子囊菌门 Ascomycota

锤舌菌纲 Leotiomycetes

粪壳菌纲 Sordariomycetes

盘菌纲 Pezizomycetes

圆盘菌纲 Orbiliomycetes

座囊菌纲 Dothideomycetes

◆ 斑痣盘菌目　斑痣盘菌科

1. 斑痣盘菌 *Rhytisma punctatum* (Pers.) Fr.

分类地位　斑痣盘菌目，斑痣盘菌科，斑痣盘菌属。

形态特征　子囊果群生于叶表面角质层下。近圆形、椭圆形至近不规则形，黑色发亮，直径 450 ~ 1200 μm，隆起，唇缺，成熟纵缝或不规则辐射状裂缝开口；子座覆盖层高度炭化呈黑褐色至黑色，常连于基部层；子囊圆柱棍棒状，（90 ~ 120）μm×（8 ~ 12）μm，内含 8 个子囊孢子；子囊孢子线形，无色，大小（48.0 ~ 72.0）μm×2.0 μm，外被薄胶质壳；侧丝线形，顶部弯曲。

生态习性　秋季生于槭属（*Acer*）的叶片正面，聚生。

国内分布　辽宁、吉林、黑龙江、安徽、四川、湖北、甘肃等。

经济作用　树木病原菌，引起槭树叶片漆斑病。

锤舌菌目　锤舌菌科

2. 润滑锤舌菌 *Leotia lubrica*（Scop.）Pers.

分类地位　锤舌菌目，锤舌菌科，锤舌菌属。

形态特征　子实体小，似胶状。菌帽直径 1 ~ 1.5cm，呈扁半球形，子实层表面污黄色或橄榄绿色，凸起，平滑、边缘内卷开裂。菌柄长 1 ~ 8cm，粗 0.2 ~ 0.5cm，近圆柱形，赭色，表面附有微绿色的颗粒，围绕在柄的基部，柄基偶尔有槽，黄色或赭色并有弹性。子囊子圆筒状，（130 ~ 180）μm×（8 ~ 12）μm，含孢子 8 个，单行排列。孢子无色，平滑，椭圆形，成熟时分隔，含 5 ~ 7 个油滴，（18 ~ 25）μm×（5 ~ 6）μm。侧丝线形，顶部稍膨大。

生态习性　夏秋季生于阔叶林地内，单生或群生。

国内分布　吉林、甘肃、江苏、浙江、安徽、江西、广东、广西、贵州、西藏等。辽宁新记录种。

经济作用　可食用，国外报道不可食，需谨慎。

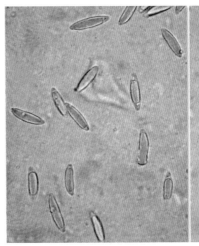

锤舌菌目　胶陀螺菌科

3. 大孢紫胶盘菌 *Coryne urnalis*（Nyl.）Sacc.

分类地位　锤舌菌目，胶陀螺菌科，胶盘菌属。

形态特征　子囊盘盘状，丛生，无柄或有柄状基部，胶质，初期鲜艳，浅紫色或紫色，后期呈暗紫色，直径 0.5 ~ 2.5cm，外侧常有皱褶，边缘初期内卷，后渐伸展呈波浪状。子实层初期下凹，渐平展甚至反卷。子囊棒状，（180 ~ 220）μm×（10 ~ 15）μm。孢子 8 个，往往在子囊上部双行排列，下部单行排列，平滑，无色，长梭形，（18 ~ 30）μm×（5 ~ 6）μm，初期无横隔，后期形成 1 ~ 5 个横隔。侧丝线形，顶端稍膨大，直径 2 ~ 3μm。

生态习性　夏秋季生于云杉林地内腐朽树桩上，丛生或群生。

国内分布　四川、广西等。辽宁新记录种。

经济作用　食用及其他用途不明。

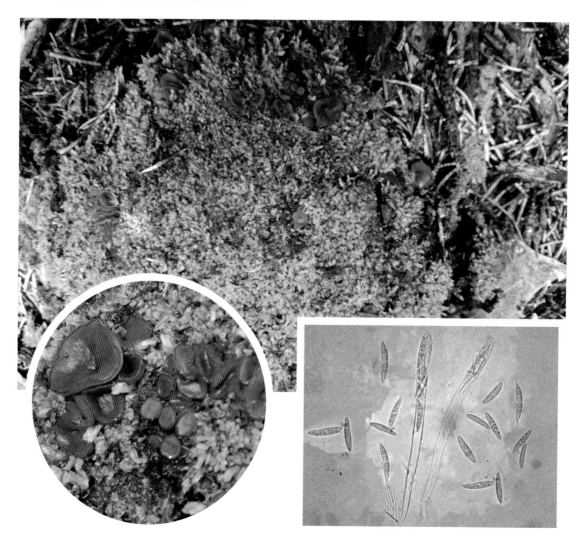

锤舌菌目 胶陀螺菌科

4. 胶陀螺 *Bulgaria inguinans*（Pers.）Fr.

中文别名 猪嘴蘑、木海螺。

分类地位 锤舌菌目，胶陀螺菌科，胶陀螺菌属。

形态特征 子囊盘较小，黑褐色，似陀螺状又似猪嘴。直径约4cm，高2～3cm，质地柔软具弹性。子实层面光滑，其他部分密布簇生短绒毛。子囊近棒状，（35～40）μm×（3～3.5）μm，内有孢子4～8个。孢子卵圆形，近梭形或肾脏形，（10～15）μm×（5.4～7.6）μm。侧丝细长，线形，顶端稍弯曲，浅褐色。

生态习性 夏秋季生于桦树、柞木等阔叶树原木的树皮缝隙处，成群或成丛生长。

国内分布 辽宁、吉林、河北、河南、四川、甘肃、云南等。

经济作用 慎食。食后中毒，发病率达35%，属日光过敏性皮炎型症状。

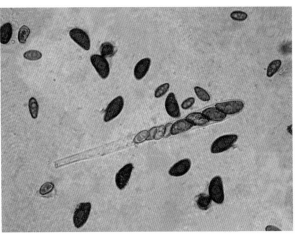

柔膜菌目　　地锤菌科

5. 日本地锤菌 *Cudonia japonica* Yas.

分类地位　柔膜菌目，地锤菌科，地舌菌属。

形态特征　子实体小，似胶状。菌盖直径 1 ~ 2cm，呈马鞍状或半球形，子实层表面乳黄白色或黄绿色，表面较平滑或略有凸凹不平。菌柄长 3 ~ 5cm，粗 0.5 ~ 0.8cm，近圆柱形，表面有纵沟槽，等粗或向下渐粗，直立或弯曲，较菌盖色浅或带有淡黄色。子囊长柱形，（100 ~ 130）μm×（9 ~ 12）μm，含孢子 8 个，单行排列。孢子无色，平滑，椭圆形，成熟时有 3 ~ 5 分隔，（13.5 ~ 16.5）μm×（5 ~ 6.6）μm。侧丝线形，顶部不膨大。

生态习性　夏秋季生于针叶、阔叶林地内，单生或群生。

国内分布　黑龙江、吉林、江西、青海等。辽宁新记录种。

经济作用　食用不明。

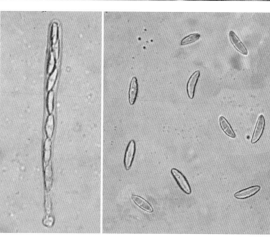

柔膜菌目 地锤菌科

6. 黄地锤 *Cudonia lutea*（Peck）Sacc.

中文别名 黄地锤菌。

分类地位 柔膜菌目，地锤菌科，地锤菌属。

形态特征 子囊果小，似蜡质。子囊盘呈扁半球形，肉桂色至浅土黄色，直径 0.5～2cm。菌柄圆柱形或有时基部稍膨大，浅黄色，长2～6cm，粗0.2～0.5cm，子囊棒状，（90～120）μm×（9～12）μm，含8个孢子。孢子无色，线形，多行排列，（48～68）μm×2.5μm。侧丝线形，粗约2μm，顶端弯曲。

生态习性 夏季生于落叶松林地内，群生。

国内分布 内蒙古、甘肃、青海、广西、湖南、四川、贵州、云南、陕西、西藏、新疆等。辽宁新记录种。

经济作用 有认为可食用，亦认为有疑问。

柔膜菌目 地锤菌科

7. 地勺菌 *Spathularia flavida* Pers.: Fr.

中文别名 地勺。

分类地位 柔膜菌目，地锤菌科，地勺菌属

形态特征 子囊果肉质，较小。高 3 ~ 8cm，有子实层的部分黄色或柠檬黄色，呈倒卵形或近似勺状，延柄上部的两侧生长，宽 1 ~ 2cm，往往波浪状或有向两侧的脉棱。菌柄色深，近柱形或略扁，基部稍膨大，粗 0.3 ~ 0.5cm，长 2 ~ 5.5cm。子囊棒状，（90 ~ 120）μm×（10 ~ 13）μm。孢子成束，8 个，无色，棒形至线形，多行排列，大小（35 ~ 48）μm×（2.5 ~ 3）μm。侧丝线形，细长的顶部粗约 2μm。

生态习性 夏季生于落叶松林下地上。多散生或少量群生。

国内分布 吉林、山西、四川、云南等。辽宁新记录种。

经济作用 可食用。与树木形成外生菌根菌。

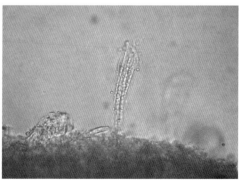

柔膜菌目 地晶杯菌科

8. 梭柄长生盘菌 *Lachnellula subtilissima*（Cooke）Dennis

分类地位 柔膜菌目，地晶杯菌科，长生盘菌属。

形态特征 子囊盘小，直径0.1～0.3cm。子实体上表面（子实层面）黄色或橘黄色，裂开，初期亚球形，后期变为色碟形或杯状，子实体下表面被有浓密的白色绒毛。近无柄或短柄。子囊圆柱形或棒状，（40～65）μm×（4～6）μm，子囊孢子8个，单行排列。孢子长椭圆形至拟纺锤形，无色，光滑，单胞，大小（5～9）μm×（1.5～3）μm。侧丝线形，上端稍钝。

生态习性 夏季生于阔叶杂木林内的倒伏腐朽木上，群生。

国内分布 黑龙江、吉林、四川、台湾等。辽宁新记录种。

经济意义 不可食。

柔膜菌目　皮盘菌科

9. 灰软盘菌 *Mollisia ligni*（Desm.）Karst.

分类地位　柔膜菌目，皮盘菌科，软盘菌属。

形态特征　子囊盘灰白色，无柄，碟状，直径0.05～0.15cm，子实层面浅灰白色，质地平滑，但边缘苍白色，盘外被表面深灰色，可见细微绒毛。菌肉白色，薄。子囊筒状，孢子单行排列，大小（45～60.0）μm×（5～6）μm。孢子杆状或长椭圆形，两端稍尖，无色，光滑，无隔，大小（6.0～10）μm×（1.8～2.5）μm。

生态习性　夏季生于蒙古栎腐木上，群生。

国内分布　国内未见资料报道。中国新记录种。

经济作用　不可食。

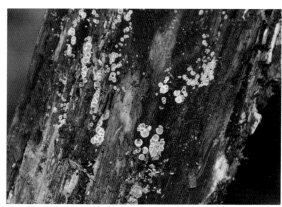

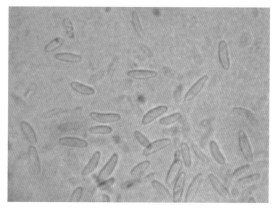

柔膜菌目　皮盘菌科

10. 大孢软盘菌 *Mollisia* sp.

分类地位　柔膜菌目，皮盘菌科，软盘菌属。

形态特征　子实体小，浅碟状，直径 0.1 ~ 0.5cm。子实层面浅褐色至肉色，质地平滑或稍粗糙。盘外被表面浅褐色或肉色，或有细绒毛。子囊筒状，大小（146 ~ 178）μm×（8.7 ~ 12.5）μm，孢子近双行排列。孢子（35 ~ 40）μm×（6 ~ 8）μm，近梭形，两端尖，略弯曲，无色，成熟时有 2 ~ 6 个隔。

生态习性　夏秋季生于阔叶倒伏朽木上，群生。

国内分布　国内未见资料报道。中国新记录种。

经济作用　食用及其他用途不明。

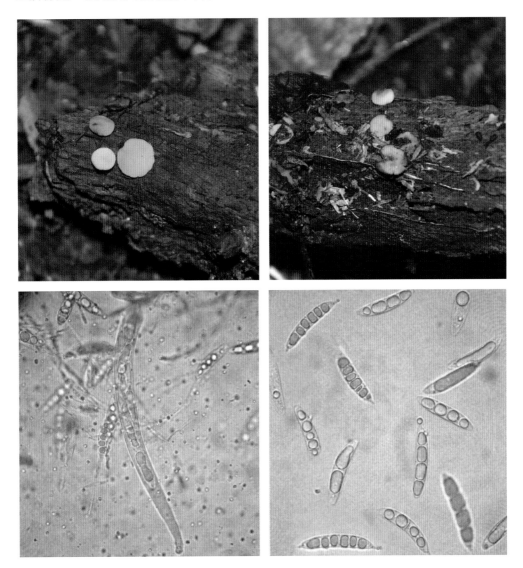

柔膜菌目　柔膜菌科

11. 杯紫胶盘菌 *Ascocoryne cylichnium*（Tul.）Korf.

中文别名　紫色囊盘菌。

分类地位　柔膜菌目，柔膜菌科，紫胶盘菌属。

形态特征　子实体小，子囊盘为较浅不规则的杯状，有时呈平展或下凹，囊盘直径 0.5 ~ 2cm，子囊盘上面初期浅褐色，后期呈暗红褐色或紫褐色，雨水天或湿度较大时菌体发黏，表面并有鳞皮屑物，子囊盘下侧颜色较正面浅，前期呈污白色。菌柄有或无，一般小于 0.5cm，污白色或浅褐色。子囊棒状，大小（200 ~ 220）μm×（10 ~ 12）μm。子囊孢子纺锤形，光滑，透明，略弯，大小（18 ~ 30）μm×（4 ~ 6.5）μm。

生态习性　夏秋季生于针阔混交林内倒伏腐木或腐木桩上，群生。

国内分布　山东、吉林等。辽宁新记录种。

经济作用　木材腐朽菌。

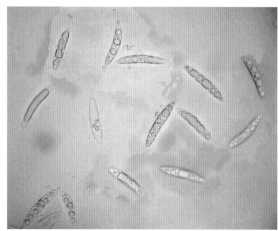

柔膜菌目　柔膜菌科

12. 肉质囊盘菌 *Ascocoryne sarcoides*（Jacq.）J.W.Groves & D.E.Wilson

中文别名　紫胶盘菌。

分类地位　柔膜菌目，柔膜菌科，紫胶盘菌属。

形态特征　子实体紫红色，胶状，无菌柄，分无性型和有性型。无性阶段近球囊形，多个堆积在一起，单个球囊直径 0.5 ~ 1.5cm，群落可达 20cm 以上。有性阶段子实体为杯状、碟状或脑状，紫色，上表面略光滑，下表面具细微绒毛，子囊大小约 130μm×10μm，棒状，孢子 8 个，双行排列。孢子（13 ~ 21）μm×（3.5 ~ 5）μm，纺锤形，光滑，通常 1 个隔，稀 2 个。侧丝丝状，顶端圆。

生态习性　夏秋季生于云杉腐朽木桩上，丛生或群生。

国内分布　吉林。辽宁新记录种。

经济作用　不可食。

柔膜菌目 柔膜菌科

13. 橘色小双孢盘菌 *Bisporella citrine*（Batsch）Korf et S. E. Carp.

分类地位 柔膜菌目，柔膜菌科，双盘孢属。

形态特征 子实体小，0.05 ~ 0.3cm，子实体层表面亮黄色，反面橘黄色，碟状，平滑，无柄。菌肉苍白色。子囊棒状或圆柱状，（100 ~ 135）μm×（8 ~ 9）μm，子囊孢子8个，单行或双行排列。孢子无色透明，平滑，椭圆形，后期成熟时有一个隔，每个细胞里有1个油滴，孢子大小（9 ~ 14）μm×（3 ~ 5）μm。侧丝丝状，分叉，个别顶端膨大，无隔。

生态习性 夏秋季生于林中的阔叶树腐木上。

国内分布 仅见台湾有记录，欧洲也有分布。辽宁新记录种。

经济作用 不可食。

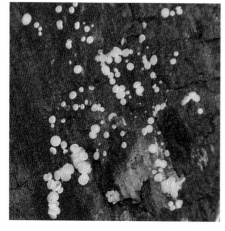
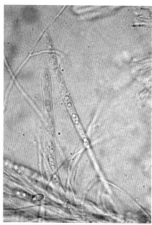
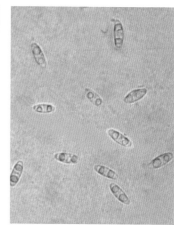

柔膜菌目 柔膜菌科

14. 硫色小双孢盘菌 *Bisporella sulfurina* (Quélet) S. E. Carp.

中文别名 鲜黄双孢菌。

分类地位 柔膜菌目，柔膜菌科，双盘孢属。

形态特征 子囊盘较小，盘面直径 1 ~ 3mm，中央凹，成垫状或盘状；子实层无毛，亮黄色，半透明；外部盘面鲜黄色或苍白色；边缘不均匀，缺乏毛；菌肉软，肉质，淡黄色。有小菌柄，高 2 ~ 3 mm，粗 0.5 ~ 1mm，颜色同菌体，子囊孢子 8 个，单行排列，无淀粉反应（78.7 ~ 87.5）μm×（6.25 ~ 7.5）μm。孢子无色，光滑，透明，狭椭圆形至纺锤形，偶尔弯曲，成熟时有一个隔；（8.0 ~ 12.5）μm×（3 ~ 5）μm。

生态习性 春夏季生于阔叶杂木林下的倒伏腐木上，群生。

国内分布 辽宁、吉林。

经济作用 不可食。

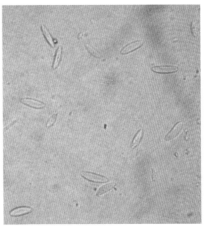

柔膜菌目　柔膜菌科

15. 小孢绿杯菌 *Chlorocibora aeruginascens*（Nyl.）Kan.ex Ram.

中文别名　小孢绿杯盘菌。

分类地位　柔膜菌目，柔膜菌科，绿杯菌属。

形态特征　子囊盘小，0.1 ~ 0.5cm，碗状或漏斗状，蓝绿色，外侧颜色稍浅，子实层色深，外缘稍内卷或波浪形，蜡质，干时近革质。具较短菌柄。子囊近长棒状或近圆柱形，大小（60 ~ 70）μm ×（4.5 ~ 5.0）μm，孢子不规则双行排列。子囊孢子圆柱形至近梭形，无色，两头稍尖，内含 2 个油滴，大小（5.0 ~ 9.0）μm ×（1.25 ~ 2.5）μm。侧丝线形，细长，顶部稍弯曲。

生态习性　夏秋季生于林地倒伏腐朽木上。群生或丛生。

国内分布　吉林、青海、新疆等。辽宁新记录种。

经济作用　不可食。

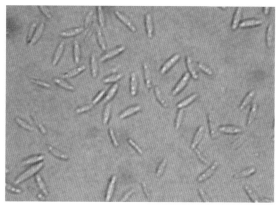

柔膜菌目　柔膜菌科

16. 叶状耳盘菌 *Cordierites frondosa*（Kobay.）Korf.

中文别名　黑花瓣菇。

分类地位　柔膜菌目，柔膜菌科，耳盘菌属。

形态特征　子囊盘小，黑色，呈浅盘状或浅杯状，由数枚或很多枚集聚生一起，具短柄或几乎无柄，直径2～3.5 cm，个体大者菌盖边缘呈波浪状，上表面光滑，下表面粗糙和有棱纹，湿润时有弹性，呈木耳状或叶状，干燥后质硬，味略苦涩。子囊细长呈棒状，（43～48）μm×（3～5）μm，内有8个近双行排列的孢子。孢子无色，短柱状，稍弯曲，（5～7.6）μm×（1～1.4）μm。侧丝细长，顶部弯曲，近无色，有分隔和分枝，顶端粗约3μm。

生态习性　夏秋季在桦木等阔叶树腐木上成丛或成簇生长。

国内分布　湖南、广西、陕西、云南、贵州、四川等。辽宁新记录种。

经济作用　此种极似木耳，多发生误食中毒，其症状如胶陀螺菌中毒。

柔膜菌目 柔膜菌科

17. 灰色拟地锤菌 *Cudoniella clavus*（Alb. & Schwein.）Dennis.

分类地位 柔膜菌目，柔膜菌科，拟地锤菌属。

形态特征 子实体小，子囊盘直径 1.0cm，幼时子囊盘呈杯状、浅碟状，后期子囊盘平展后稍凸起。子实层表面白色、灰白色至黄赭色。菌柄较短，白色，但柄基部常常是褐黑色，光滑。子囊圆筒棒状，平均 115μm×10μm，长度变化很大，含有 8 个子囊孢子。子囊孢子长梭形，无色，常常一端较尖，大小（10~17）μm×（3~5）μm，常含油滴。

生态习性 夏秋季生于阔叶树林地内腐朽湿木上，群生。

国内分布 安徽、云南等。中国新记录种。

经济作用 木材腐朽菌。

黑痣菌目　黑痣菌科

18. 李多点霉　*Polystigma rubra* Sacc.

分类地位　黑痣菌目，黑痣菌科，黑痣菌属。

形态特征　子座红色，较大，0.2 ~ 0.8cm。分生孢子器埋生于子座内，球形或近球形，直径 200 ~ 300 μm，壁薄、近无色，孔口粒点状；分生孢子线形，弯曲或近钩状，单胞，无色，大小（30 ~ 45）μm×（0.5 ~ 1.0）μm；有性型为李疔菌 [*Polysigma ochraceum*（Desm.）Sacc.]，子囊壳埋生在子座内，近球形，直径 120 ~ 275 μm，有乳头状孔口外露。子囊棍棒形，大小（95 ~ 105）μm×（10 ~ 12）μm。子囊孢子（10.0 ~ 14.0）μm×（5 ~ 5.5）μm。

生态习性　夏秋季生于稠李、李等李属树木叶片上。

国内分布　辽宁、吉林、黑龙江、内蒙古、河北、山西等。

经济作用　树木病害病原菌，为害叶片和果实引起红斑病。

◆ 肉座菌目　虫草科

19. 头状虫草菌　*Cordyceps capitata*（Holmsk.：Fr.）Link

分类地位　肉座菌目，虫草科，虫草属。

形态特征　子座直接生于大团囊菌子囊果上，单个，不分枝，高5～10cm。柄部长5～8cm，粗0.5～1cm，圆柱形，直立或稍扭曲，黄色或黄白色，上部有的色暗，基部白色，表面粗糙有颗粒和条纹。子座头部近球形，直径0.5～1.5cm，褐黄色至黑褐色，密布颗粒。子囊细长，（320～350）μm×（9～10）μm。孢子细长，长椭圆形、线形或柱状，无色，有多数分隔，成熟后断裂为小段，（9～25）μm×（2～3）μm。

生态习性　夏秋季生于落叶松林地内，寄生于土壤中的大团囊菌（*Elaphocordyceps capitata*）上。

国内分布　云南、广西等。辽宁新记录种。

经济作用　药用。其寄生大团囊菌上，寄主是菌根菌。

肉座菌目　虫草科

20. 蛹虫草 *Cordyceps militaris*（L.：Fr）Link.

中文别名　北冬虫夏草、北虫草、北蛹虫草、虫草。

分类地位　肉座菌目，虫草科，虫草属。

形态特征　子座单生或数个一起从寄生蛹体的头部或节部长出，一般不分枝，偶尔分枝，颜色为橘黄色或橘红色，高 3 ~ 5cm，头部呈棒状，长 1 ~ 2cm，粗 3 ~ 5mm，粗糙表面。子囊壳外露，近圆锥形，下部埋生头部的外层，（300 ~ 400）μm×（4 ~ 5）μm，内含 8 个线形孢子。孢子细长，几乎充满子囊，粗约 1μm，成熟时产生横隔，并断裂为 2 ~ 3μm 的小段。子座柄部近圆柱形，长 2.5 ~ 4cm，粗 2 ~ 4mm，中实。

生态习性　夏秋季生于阔叶树林地内土层中的鳞翅目昆虫蛹体上，群生或单生，偶尔丛生。

国内分布　云南、吉林、辽宁、内蒙古等。

经济作用　食药兼用。治疗肺结核，老人虚弱、贫血等，并具抗癌功能。可人工栽培生产。

肉座菌目 虫草科

21. 垂头虫草 *Cordyceps nutans* Pat.

中文别名 下垂虫草、半翅目虫草、椿象草。

分类地位 肉座菌目，虫草科，虫草属。

形态特征 子座长 9 ~ 22cm，柄部长 4 ~ 16cm，粗 0.5 ~ 1mm，稍弯曲，黑色似铁丝，有光泽，硬，靠近头部及头部红色变橙色，老后褪为黄色，头部棱形至短圆柱形，长 5 ~ 12mm，粗 1.5 ~ 3mm。子囊壳全部埋生于子囊座内，狭卵圆形，（500 ~ 630）μm×（145 ~ 200）μm。子囊长 500μm 左右，粗 3 ~ 6μm，内含 8 个线形孢子。孢子断裂为（5 ~ 10）μm×（1 ~ 1.5）μm 的小段。

生态习性 夏季生于落叶松阔叶树混交林下土壤中的半翅目蝽科（*Pentatomidae*）的成虫上。

国内分布 辽宁、吉林、浙江、安徽、河南、广东、广西、贵州、福建等。

经济作用 可入药，功效同冬虫夏草。

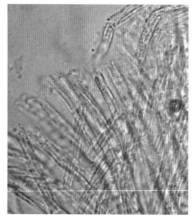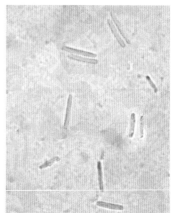

肉座菌目　丛赤壳科

22. 丛赤壳 *Nectria cinnabaria*（Tod.）Fr.

分类地位　肉座菌目，丛赤壳科，丛赤壳属。

形态特征　无性型为普通瘤座孢菌（*Tubercularia vulgaris* Tod.）。分生孢子座初埋生，后从树皮裂出，浅粉色或红色，在鲜色子座上有分生孢子梗，其上生单胞无色的分生孢子，成堆时为朱红色，遇水分散，老时变黑，孢子大小（6.9 ~ 13.8）μm×（2.3 ~ 3.9）μm；有性型产生丛赤壳菌（*Nectria cinnabaria*（Tod）Fr.），子囊壳生在丛生的鲜橘红色子座上，子囊梭形，（11 ~ 13）μm×（50 ~ 67）μm，子囊孢子排成双行，每个孢子双胞，无色，（3.5 ~ 49）μm×（14 ~ 21）μm。

生态习性　夏季寄生在榆、复叶槭、栎、桦、椴、核桃、刺槐、山里红、花楸、皂角、山毛榉、千金榆等多种阔叶树的枝条上，群生。

国内分布　辽宁、吉林、内蒙古、河北、山东、江苏、四川、云南、甘肃、宁夏、新疆、西藏等。

经济作用　病原菌，引起阔叶树枯枝病。

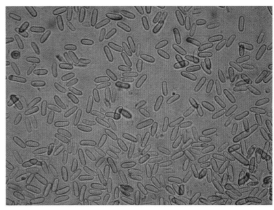

◆ 肉座菌目　肉座菌科

23. 红棕肉座菌 *Hypocrea rufa*（Pers.）Fr.

中文别名　红肉座。

分类地位　肉座菌目，肉座菌科，肉座菌属。

形态特征　子座近半球形，扁碟状或盾状，偶尔形状不规则，直径 1.5 ~ 7mm，表面红褐色，内部近白色。子囊壳近球形或扁压呈长方形，（170 ~ 230）μm×（15 ~ 20）μm。孔口稍凸出。子囊有短柄，（60 ~ 80）μm×（4 ~ 6）μm。孢子无色，近球形，平行排列，3 ~ 5μm，含 1 个油滴。成熟后堆集于表面呈白粉状。

生态习性　夏季生于核桃楸腐木上，散生或群生。

国内分布　吉林、江苏、浙江、福建、湖南、广东、四川、贵州等。辽宁新记录种。

经济作用　木材腐朽菌，褐色腐朽。是段木栽培食用菌的杂菌。

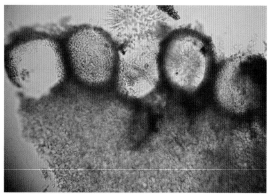

炭角菌目　炭角菌科

24. 黑轮层炭壳菌 *Daldinia concentrica*（Bolt.）Ces. et de Not.

分类地位　炭角菌目，炭角菌科，轮层炭壳菌属。

形态特征　子座长在寄主皮组织上，完全裸露，半球形至球形，无柄或有柄，单生或连生，直径 2.0 ~ 6.0cm，厚 1.5 ~ 4.0cm；外子座初期紫褐色，后期变黑色；内子座暗褐色，有同心环带，纤维状；子囊壳近棒状，孔口点状至稍明显。子囊圆筒形，有孢子部分（75.0 ~ 85.0）μm×（8.0 ~ 10.0）μm。孢子 8 个，单行排列。不等边椭圆形或肾脏形，（12.0 ~ 15.0）μm×（6.0 ~ 9.0）μm。

生态习性　夏秋生于阔叶树腐木或带有伤口的活立木树皮上，单生或群生。

国内分布　辽宁、黑龙江、吉林、河南、河北、山东、山西、安徽、四川、云南、江苏、浙江、福建、广东、广西、海南、贵州、甘肃、陕西、宁夏、新疆、西藏、香港、台湾等。

经济作用　病原菌，引起树木白色腐朽柄。

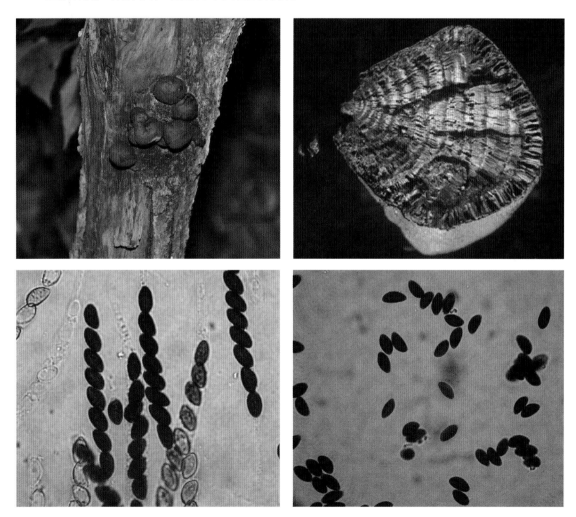

◆ 炭角菌目 炭角菌科

25. 亮陀螺炭球菌 *Daldinia vernicosa*（Schwein.）Ces. et De Not.

中文别名 亮炭杵。

分类地位 炭角菌目，炭角菌科，轮层炭壳菌属。

形态特征 子座直径 1 ~ 2.5cm，高 1 ~ 3cm，上部近球形，下部收缩成陀螺形或近陀螺形。外子座薄而脆，表面初期黑褐色，后逐渐漆黑且具光泽，成熟后黑褐色表面粗糙无光泽。内子座灰白色，多腔隙，有狭窄黑色的同心环纹。子囊壳卵形至长方形，孔口点状。子囊透明，圆柱形，子囊孢子 8 个，单行排列。孢子暗褐色，不等边椭圆形，（11 ~ 14）μm ×（6.4 ~ 7.5）μm。阔叶树腐木或树皮上单生或群生。

生态习性 夏秋季生于阔叶树枯立木或木桩上，单生或群生。

国内分布 广东、海南、福建、云南、山西、甘肃、河北、内蒙古等。辽宁新记录种。

经济作用 木材腐朽菌，引起白色腐朽。

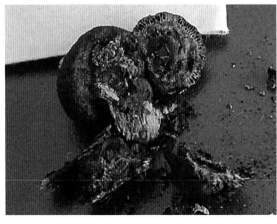
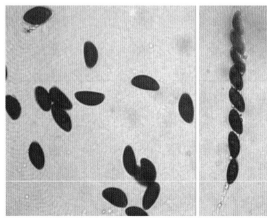

◆ 炭角菌目　炭角菌科

26. 黄红胶球炭壳 *Entonaema cinnabarina* （Coock & Massee）Lloyd

分类地位　炭角菌目，炭角菌科，胶球炭壳属。

形态特征　子座宽 2 ~ 5cm，厚 1 ~ 3cm，近球形或扁平状，成熟后发生皱缩，橘黄色至红褐色，内部肉质胶状。表面可育，因子囊壳顶部的小疣突而显得粗糙。子囊壳球形，至卵圆形。子囊（110 ~ 130）μm×（6 ~ 8）μm，圆柱形至棒状，具 8 个子囊孢子，单行排列。顶端帽状体在 M 制剂中变蓝。子囊孢子（8.5 ~ 11）μm×（5.5 ~ 6.5）μm，近宽椭圆形至卵形，褐色，光滑，有芽缝。

生态习性　夏季生于林中倒伏木上，单生、散生或丛生。

国内分布　华南地区。辽宁新记录种。

经济作用　食用及其他用途不明。

 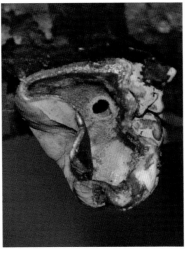 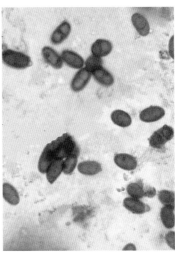

◆ 炭角菌目　炭角菌科

27. 华美胶球炭壳 *Entonaema splendens* （Berk. & Curt.）Lloyd

中文别名　炭壳胶球。

分类地位　炭角菌目，炭角菌科，胶球炭壳属。

形态特征　子座生于基物表面，不规则球形，基部狭窄，直径 4～6cm，中空。表皮颜色鲜艳，新鲜时胶质，富有弹性，橙黄色至红褐色，平滑，表面后期有黑点。表皮层下有炭质层，皮壳黑色，其外层外表系橙黄色的薄膜，其内侧有液体状胶质层。子囊壳卵形，黑色（600～820）μm×（300～600）μm，埋于皮壳内，单层排列在全部子座的外缘，孔口稍外凸。子囊圆柱形，有孢部分（60～70）μm×（6.5～7.5）μm。孢子 8 个，单行排列，褐色，椭圆形，（8.5～11.0）μm×（5.5～6.5）μm，内含 1、2 个油滴。

生态习性　夏秋季生于阔叶树倒伏腐木上，单生或群生。

国内分布　辽宁、吉林、海南、广东等。

经济作用　木材腐朽菌。

◆ 炭角菌目 炭角菌科

28. 豪依炭团菌 *Hypoxylon howeianum* Peck

中文别名　炭包。

分类地位　炭角菌目，炭角菌科，炭团菌属。

形态特征　子座近球形至半球形，直径 4 ~ 20mm，厚 3 ~ 10mm，表面肝褐色至暗褐色，平滑，内部黑褐色，有 1、2 个同心环带。子囊壳长方椭圆形，$500\,\mu m \times 320\,\mu m$，成熟时孔口似黑色小点。子囊有孢子部分为（$50 \times 4$）$\mu m$ ~ $5\mu m$。孢子单行排列，椭圆形，稍不等边，褐色或暗黑色，大小（6.0 ~ 8.5）$\mu m \times$（2.5 ~ 4.0）μm。

生态习性　夏秋季生于桦树等阔叶树倒伏木树皮上，群生和聚生。

国内分布　河北、陕西、山西、甘肃、云南、广西。辽宁新记录种。

经济作用　引起木材腐朽。

 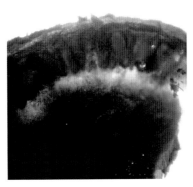 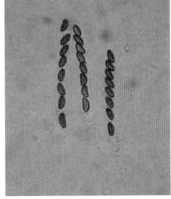

炭角菌目 炭角菌科

29. 红棕炭球菌 *Hypoxylon rutilum* Tul.

中文别名 小炭包。

分类地位 炭角菌目，炭角菌科，炭团菌属。

形态特征 子座半球形或其他形状，高 0.2 ~ 1.0cm，宽 0.6 ~ 1.3cm，红褐色，渐变暗褐色，炭质。子囊壳椭圆形，约 300μm，紧密排列，有小疣状孔口。子囊圆筒形，（100 ~ 120）μm×（5 ~ 7）μm，有孢子部分 50 ~ 60μm。孢子单行排列，不等边椭圆形，暗褐色，光滑，（7.0 ~ 10.0）μm×（3.0 ~ 4.0）μm。侧丝细长呈线形。

生态习性 夏秋季生于山丁子等阔叶树的枯死枝皮上，单生、群生或聚生。

国内分布 河北、山西、吉林、陕西、宁夏、甘肃、四川、云南、新疆、西藏等。辽宁新记录种。

经济作用 引起木材腐朽。

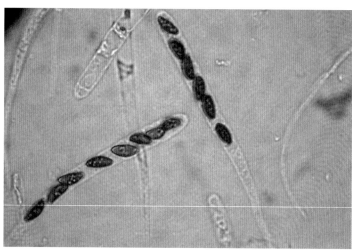

◆ 炭角菌目　炭角菌科

30. 果生炭角菌 *Xylaria carpophila*（Pers.）Fr.

分类地位　炭角菌目，炭角菌科，炭角菌属。

形态特征　子座一个或数个从一坚果上生出，不分枝，长 0.5 ~ 4.5cm，粗 0.15 ~ 0.25cm，有纵向皱纹，内部白色，头部近圆柱形，顶端有不孕小尖。柄长短不一，粗约 1mm。基部有绒毛。子囊壳球形，直径 400μm，埋生，孔口疣状，外露。子囊呈圆筒形，有孢子部分（100 ~ 120）μm×6μm。柄部长约 50μm，孢子单行排列，浅褐色，不等边椭圆形或肾形，（12 ~ 16）μm×5μm。

生态习性　秋季生于针阔混交林地面果壳、腐殖质层或腐朽树根上，群生。

国内分布　江苏、浙江、安徽、江西、湖南、贵州、广西、福建等。辽宁新记录种。

经济作用　不可食。一般发生于坚果上，有分解纤维素的作用。

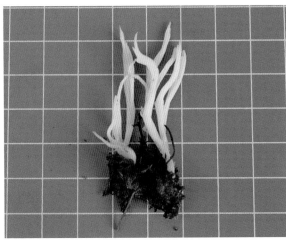

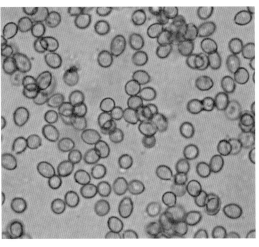

◆ 炭角菌目 炭角菌科

31. 鹿角炭角菌 *Xylaria hypoxylon* （L.）Grev.

分类地位 炭角菌目，炭角菌科，炭角菌属。

形态特征 子座一般较小，高 3 ~ 8cm，不分枝到分枝较多。柱形或扁平，呈鹿角状，污白色至乳白色，后期呈黑色，基部黑色，并有细绒毛。顶部尖或扁平呈鸡冠状。子囊壳黑色，子囊（100 ~ 150）μm×（6 ~ 8）μm。子囊孢子 8 个，无色，光滑，椭圆形或无隔，（11 ~ 14）μm×5.6μm。

生态习性 生于倒腐木或树桩上。群生或近丛生。

国内分布 广东、云南、西藏、香港等。辽宁新记录种。

经济作用 木材腐朽菌，引起褐色腐朽。

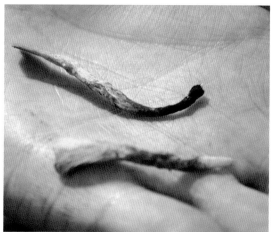

◆ 盘菌目　火丝菌科

32. 橙黄网孢盘菌 *Aleuria aurantia*（Pers. ex Fr.）Fuck.

分类地位　盘菌目，火丝菌科，网孢盘菌属。

形态特征　子实体较小。子囊盘直径 1 ~ 8cm，盘状或近环状，无柄，子实层面橙黄色或鲜橙黄色，老熟后橘红色，背面及外表面近白色，粉末状。子囊无色，圆柱形，（115 ~ 122.8）μm×（13.0 ~ 21.0）μm。子囊孢子椭圆形，无色，初期光滑，后期形成网纹，两端有一小尖，孢身有疣状凸起，大小（15 ~ 21）μm×（8 ~ 11.5）μm。侧丝纤细，粉红色，粗 2.5 ~ 3μm，顶端膨大处 5 ~ 6μm。

生态习性　夏秋季生于海拔 600 ~ 800m 的阔叶杂木林内、道路旁地上，群生或丛生。

国内分布　吉林、山西、西藏等。辽宁新记录种。

经济作用　记载可以食用，但生吃会中毒。

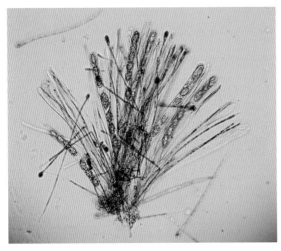
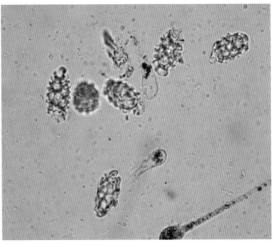

◆ 盘菌目 火丝菌科

33. 半球土盘菌 *Humaria hemisphaerica*（F.H.Wigg.）Fuck.

分类地位 盘菌目，火丝菌科，土盘菌属。

形态特征 子囊盘直径1～8cm，盘状或近杯状，无柄，子实层面灰白色，边缘褐色且有暗褐色分格的粗糙毛。外侧浅黄褐色，向下颜色浅。子囊长筒状，（230～270）μm×（19～24）μm，含8个孢子，单行排列。孢子椭圆形或宽椭圆形，无色，表面有小疣，有1～2个油滴，（22～27）μm×（10～13）μm。侧丝顶部呈棒状，有柄。

生态习性 夏秋季生于阔叶林地内，常见与苔藓伴生。群生或散生。

国内分布 辽宁、吉林、河北、湖南、四川、云南、甘肃等。

经济作用 不可食。

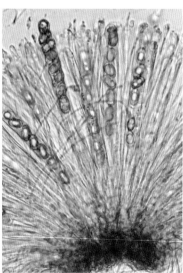
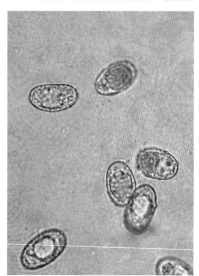

盘菌目　火丝菌科

34. 地耳侧盘菌 *Otidea alutacea*（Fr.）Bres.

中文名称　小孢侧盘菌。

分类地位　盘菌目，火丝菌科，侧盘菌属。

形态特征　子实体新鲜时浅土黄色至浅褐色，群生至近丛生，高 3 ~ 5cm，宽 2 ~ 3cm，向下细缩形成柄状，干后外表为浅黄色或茶褐色。子实层浅灰粉色，短柄乳白色。子囊圆柱形，（150 ~ 200）μm×（10 ~ 12）μm。孢子单行排列，椭圆形，光滑，无色，内含 2 个油滴，（12 ~ 15）μm×（6 ~ 8）μm，侧丝线形，无色，粗 2.5 ~ 4μm，顶端弯曲。

生态习性　夏秋季生于针叶林或阔叶林地内，群生或近丛生。

国内分布　黑龙江、吉林、陕西、四川、云南、西藏等。辽宁新记录种。

经济作用　可食用。

◆ 盘菌目　火丝菌科

35. 柠檬黄侧盘菌 *Otidea onotica*（Pers.：Fr.）Fuck.

中文别名　驴耳侧盘菌。

分类地位　盘菌目，火丝菌科，侧盘菌属。

形态特征　子囊盘高 3 ~ 5cm，侧斜呈耳状，边缘两侧内卷，外侧面橙黄色或浅杏黄色，子实层面色浅，污白粉黄色，无柄。子囊长筒形，（60~185）μm×（10 ~ 13）μm，含 8 个子囊孢子。孢子微黄色，内含 2 个油滴，椭圆形，（10 ~ 12）μm×（6 ~ 7）μm。侧丝线形，分叉和有隔，上部弯曲呈钩状。

生态习性　夏秋季生于阔叶林地内，群生或丛生。

国内分布　湖南、内蒙古等。辽宁新记录种。

经济作用　食用不明。

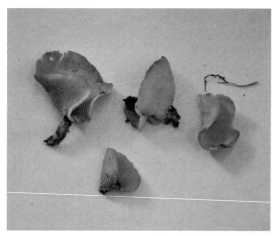

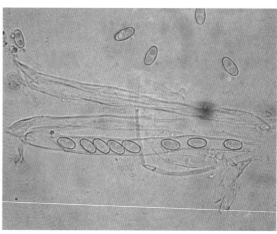

盘菌目 火丝菌科

36. 假网孢盘菌 *Pseudaleuria quinaultiana* Lusk

中文别名 橙色网纹盘菌。

分类地位 盘菌目，火丝菌科，假网孢盘菌属。

形态特征 子实体较小。子囊盘直径 2 ~ 3cm，浅盘状或碟状，无柄，子实层面橙黄色或鲜橙黄色，老熟后橘红色，背面及外表面近白色，粉末状。子囊无色，圆柱形，（100 ~ 130）μm×（7.5 ~ 9.5）μm。子囊孢子椭圆形，无色，初期光滑，后期孢身形成网纹，有疣状凸起，大小（10 ~ 15）μm×（5.5 ~ 7.5）μm。侧丝纤细，粉红色，粗 2.0 ~ 3.5μm，顶端膨大处 5 ~ 6μm。

生态习性 秋季生于林缘道路旁，群生或散生。

国内分布 国内未见分布记录，中国新记录种。北美也有分布。

经济作用 食用及其他用途不明。

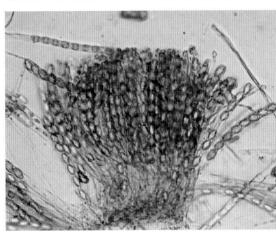
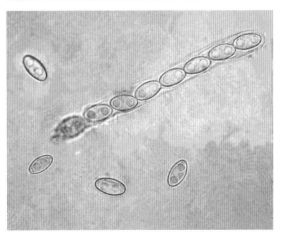

◆ 盘菌目 火丝菌科

37. 红盾盘菌 *Scutellinia scutellata*（L.：Fr.）Lamb.

中文别名 毛缘红盘菌、红毛盘菌、盾盘菌。

分类地位 盘菌目，火丝菌科，盾盘菌属。

形态特征 子实体小，红色。子囊盘扁平呈盾状，直径 0.1～1.5cm，子实层面鲜红色或橘红色，平滑，干时褪色。边缘凸起有栗褐色毛，周边毛长达 2mm，硬直，顶端尖，有分隔，壁厚。子囊圆柱形，（190～200）μm×（12～18）μm，孢子单行排列。孢子椭圆形至宽椭圆形，初期光滑，成熟后有小疣，（14～20）μm×（10～15）μm。含 1～2 个油滴。侧丝线形，无分隔，无色，顶端膨大，7～9μm。

生态习性 夏秋季生于阔叶杂木林下倒伏木上，经常与苔藓伴生。群生或单生。

国内分布 吉林、河北、河南、山西、陕西、甘肃、青海、江苏、浙江、安徽、广东、广西、四川、云南、西藏等。辽宁新记录种。

经济作用 不可食，对纤维素有轻微分解作用。

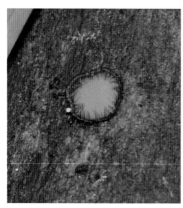

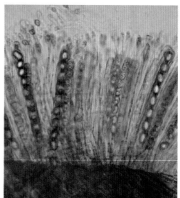

盘菌目 火丝菌科

38. 皱裂拟埋盘菌 *Sepultaria sumueriana*（Cke.）Mass.

分类地位 盘菌目，火丝菌科，埋盘菌属。

形态特征 子囊盘直径2～6.5cm，初期球形，顶部有裂缝，埋生，渐渐上部生出地面，边缘开裂呈瓣状或星状，内侧面淡青白色或浅白黄色，外侧面粗糙，褐色或棕褐色，质脆。子囊圆柱形，含8个孢子，单行排列。孢子无色，光滑，壁厚，含2个油球，长卵圆形或宽椭圆形，（30～35）μm×（11～15）μm；侧丝线形，有隔，顶端棒状。

生态习性 夏季生于落叶松等针阔叶树林地内，群生或散生。

国内分布 河北。辽宁新记录种。

经济作用 食用及其他用途不明。

 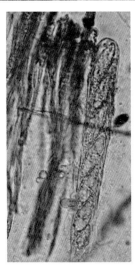 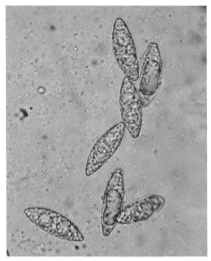

盘菌目 马鞍菌科

39. 黑马鞍菌 *Helvella atra* Holmsk.

分类地位 盘菌目，马鞍菌科，马鞍菌属。

形态特征 子囊果小，黑灰色。菌盖直径 1 ~ 2cm，呈马鞍形或近马鞍形，上表面即子实层面，黑色至黑灰色，平整，下表面灰色或暗灰色，平滑，无明显粉粒。菌柄圆柱形或侧扁，稍弯曲，黑色或黑灰色，长 2.5 ~ 4cm，粗 0.3 ~ 0.4cm，表面有粉粒，基部色淡，内部实心。子囊圆柱形，（200 ~ 280）μm×（15 ~ 19）μm，子囊孢子 8 个，单行排列。孢子无色，平滑，椭圆形至长椭圆形，（16 ~ 19.5）μm×（9.5 ~ 12.3）μm，含 1 个大油球。侧丝细长，有的分隔，顶端膨大呈棒状，粗 8μm。

生态习性 夏秋季生于云杉、落叶松等针叶林地内，散生或群生。

国内分布 辽宁、河北、云南、四川、湖南、山西、甘肃、新疆等。

经济作用 有记载可食用，含有丰富的多种维生素和麦角甾醇，经紫外线照射后可转变成维生素 D。

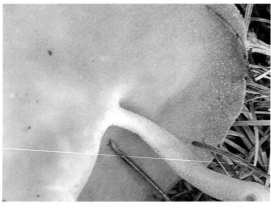
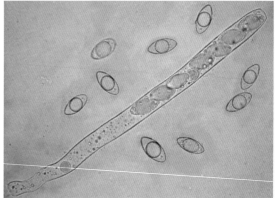

盘菌目 马鞍菌科

40. 皱柄白马鞍菌 *Helvella crispa*（Scop.：Fr.）Fr.

中文别名 皱马鞍菌，白柄马鞍菌。

分类地位 盘菌目，马鞍菌科，马鞍菌属。

形态特征 子囊果较小。菌盖初始马鞍形，后张开呈不规则瓣片状，2～6cm，白色、淡黄色至土黄色。子实层生菌盖表面。菌柄白色，圆柱形，有纵生深槽，形成纵棱，长5～11cm，粗2～4cm。子囊圆柱形，（240～300）μm×（12～18）μm。子囊孢子8个，单行排列，宽椭圆形，光滑至粗糙，无色，（13～20）μm×（10～15）μm，侧丝单生，顶端膨大，粗6～8μm。

生态习性 夏秋季生于红松林地内，单生或群生。

国内分布 辽宁、黑龙江、河北、山西、江苏、浙江、西藏、陕西、甘肃、青海、四川等。

经济作用 可食用，味道较好。此种与乳白马鞍菌（*H. lactea*）很近似，明显差异是菌盖的颜色。

 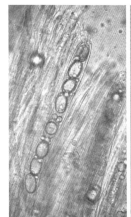 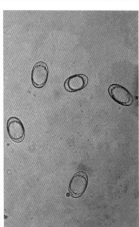

盘菌目 马鞍菌科

41. 马鞍菌 *Helvella elastica* Bull.：Fr.

中文别名 弹性马鞍菌。

分类地位 盘菌目，马鞍菌科，马鞍菌属。

形态特征 子囊果小。菌盖马鞍形，宽 2 ~ 4cm，蛋壳色至褐色或近黑色，表面平滑或卷曲，边缘与柄分离。菌柄圆柱形，长 4 ~ 9cm，粗 0.6 ~ 0.8cm，蛋壳色至灰色。子囊（200 ~ 280）μm×（14 ~ 21）μm，孢子 8 个单行排列。孢子椭圆形，无色，光滑，内含 1 个大油滴，（16.5 ~ 22）μm×（10 ~ 14）μm。侧丝上端膨大，粗 6.3 ~ 10μm。

生态习性 夏秋季生于阔叶树林地内，多群生。

国内分布 辽宁、吉林、河北、山西、陕西、甘肃、青海、四川、江苏、浙江、江西、云南、海南、新疆、西藏等。

经济作用 记载可以食用，但孢子有毒，食用前洗净。

盘菌目　马鞍菌科

42. 灰褐马鞍菌 *Helvella ephippium* Lév.

中文别名　灰马鞍菌。

分类地位　盘菌目，马鞍菌科，马鞍菌属。

形态特征　子囊果小。菌盖呈近马鞍形或不规则形，直径 0.6 ~ 1.5cm，灰色至灰褐色，有的近黄褐色，表面平坦。下表面灰白色至暗褐色，有粗糙的褐色毛状物，边缘与柄分离。菌柄圆柱形，灰褐色至暗褐色，长 2 ~ 4cm，粗 0.1 ~ 0.3cm，平滑或有的具浅沟凹，表面粗糙有毛状物，内部实心。子囊圆柱形，含子 8 枚，单行排列，（230 ~ 280）μm×（13 ~ 18）μm。孢子无色，椭圆形，平滑。（18 ~ 21）μm×（11 ~ 12.5）μm，含 1 个大油滴。侧丝细长呈线形，不分枝，无隔或有隔，顶端膨大，粗 5 ~ 8μm。

生态习性　秋季生于云杉林地内，单生或群生。

国内分布　吉林、河北、山西、江苏、四川、云南、甘肃、新疆等。辽宁新记录种。

经济作用　不明。食用不明确。

◆ 盘菌目 马鞍菌科

43. 棱柄马鞍菌 *Helvella lacanosa* Afz.： Fr.

中文别名 多洼马鞍菌。

分类地位 盘菌目，马鞍菌科，马鞍菌属。

形态特征 子囊果小。初期灰色、褐色，后期暗褐色，菌盖马鞍形。菌盖直径 2 ~ 5cm，表面平整或凸凹不平，边缘不与菌柄连接。菌柄长 3 ~ 9cm，粗 0.4 ~ 0.6cm，灰白色至灰色，具纵向沟槽。子囊（200 ~ 280）μm×（14 ~ 21）μm。孢子椭圆形或卵形，光滑，无色，含 1 个大油滴，（15 ~ 22）μm×（10 ~ 13）μm。每个子囊里有 8 个孢子。侧丝细长，有隔或无隔，顶部膨大，粗 5 ~ 10μm。

生态习性 夏秋季在阔叶树林地内，单生或群生。

国内分布 辽宁、黑龙江、吉林、河北、山西、青海、甘肃、陕西、江苏、四川、云南、新疆、西藏等。

经济作用 可食用，但也有记载有毒不宜采食、慎食。此种菌盖有时多皱曲，外形近似于鹿花菌。

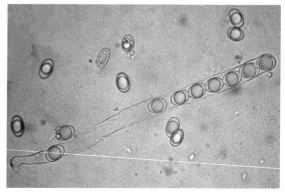

◆ **盘菌目** 马鞍菌科

44. 阔孢马鞍菌 *Helvella latispora* Boud.

中文别名 大足盘菌、灰高脚盘菌、粗柄马鞍菌、粒柄马鞍菌。

分类地位 盘菌目，马鞍菌科，马鞍菌属。

形态特征 子囊盘马鞍形或不规则的马鞍形，子实层表面暗灰色或褐灰色，表面平滑，边缘波浪状，与柄分离，菌盘直径 2 ~ 4cm，盘背灰色。菌柄细长，近圆柱形，向上渐细，灰白色至暗灰色向上渐深，被灰色细毛，表面平滑或凸凹不平，中空，高 2 ~ 5cm，基部粗 0.3 ~ 0.5cm。菌肉褐色，薄而易碎。子囊圆柱形，大小（225 ~ 280）μm×（14 ~ 18）μm。子囊孢子8个，透明，平滑，宽椭圆形，单行排列，有1个油滴，孢子大小（18 ~ 19）μm×（12 ~ 13）μm。侧丝细柱形，分隔，顶端膨大。

生态习性 夏秋季生于阔叶林地内，散生或群生。

国内分布 西藏。辽宁新记录种。

经济作用 不可食。

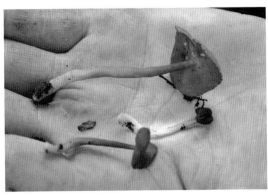
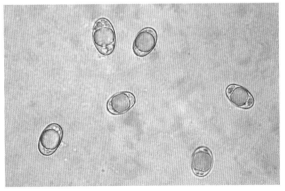

◆ 盘菌目　马鞍菌科

45. 灰长柄马鞍菌 *Helvella macropus*（Pets.）P.Karst.

中文别名　粗柄马鞍菌，粒柄马鞍菌，大柄马鞍菌。

分类地位　盘菌目，马鞍菌科，马鞍菌属。

形态特征　子囊盘杯状，直径 2 ~ 4.5cm，子囊盘内表面灰褐色，外表面由于丛生绒毛覆盖呈灰白色。菌肉白色，薄。菌柄长 3 ~ 6cm，粗 0.3 ~ 0.5cm，圆柱形，灰白色，向下渐粗，有凸凹，具有浓密的绒毛。子囊透明，棒状，大小（220 ~ 350）μm×（15 ~ 20）μm，8个子囊孢子。子囊孢子大小（20 ~ 30）μm×（10 ~ 12）μm，椭圆形至梭形，透明，表面常具粗糙麻点，中央具 1 个大油滴和两边各具 1 个小油滴。

生态习性　秋季生于针叶树或阔叶树林地内，喜与苔藓伴生，单生或散生。

国内分布　辽宁、吉林、四川等。

经济作用　不可食。

盘菌目 马鞍菌科

46. 盘状马鞍菌 *Helvella pezizoides* Afz.: Fr.

中文别名 小马鞍菌。

分类地位 盘菌目，马鞍菌科，马鞍菌属。

形态特征 子实体小。菌盖直径 2 ~ 3.5cm，呈盘状或近似马鞍形，较平滑，灰白色至稍灰褐色，盖面及盖下面颜色相近。菌柄长 2.5 ~ 4cm，圆柱形，同菌盖颜色，中生，内实。子囊圆柱状，含 8 个孢子。孢子无色，平滑，椭圆形，（18 ~ 20）μm×（10.5 ~ 2.5）μm。侧丝细长，顶部膨大。

生态习性 夏秋季生于落叶松林地内，群生。

国内分布 河北。辽宁新记录种。

经济作用 食用及其他用途不明。

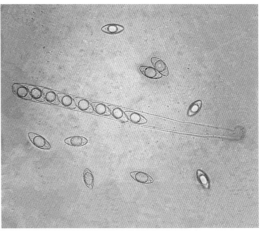

盘菌目 马鞍菌科

47. 小棱柄马鞍菌 *Helvella solitaria*（Karst.）Karst.

中文别名 独生马鞍菌。

分类地位 盘菌目，马鞍菌科，马鞍菌属。

形态特征 实体直径2～3cm，呈盘状，常不规则卷曲，子实层暗灰色，外层灰色或浅褐色，有细粉末。柄较短粗，长1.5～4cm，粗1～1.5cm，白色、污白色或浅黄色，有纵沟槽。子囊长圆柱形，（180～320）μm×（12～18）μm，含孢子8个，单行排列。孢子无色，光滑，含油滴，宽椭圆形，（15～20）μm×（12～14.5）μm。侧丝顶端膨大，6～7μm。

生态习性 夏秋季生于阔叶杂木林下。散生或单生。

国内分布 河北、吉林、甘肃、青海、新疆、云南等。辽宁新记录种。

经济作用 记载含微毒，不宜食用或慎食。

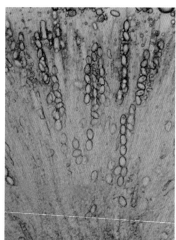

◆ 盘菌目 盘菌科

48. 疣孢褐盘菌 *Peziza brunneo-atra* Desm.

中文别名 棕黑盘菌。

分类地位 盘菌目，盘菌科，盘菌属。

形态特征 子实体小，杯状，直径 1.5 ~ 2.5cm，因环境外力作用常变形或挤压成重叠状，菌体暗褐色，老熟后内表面呈黑色，并有粗糙杯底。无柄。子囊（235 ~ 280）μm×（13 ~ 16.5）μm，无色，内含 8 个子囊孢子，单行排列。子囊孢子（16 ~ 19）μm×（8.5 ~ 11）μm，椭圆形，无色，初期平滑，后期淡黄色并有明显的小疣，含 1 ~ 2 个油滴。侧丝上端浅褐色，稍膨大，直径 5 ~ 7μm。

生态习性 夏秋季生于阔叶树林地内，单生或群生。

国内分布 河北、江苏、甘肃、青海等。辽宁新记录种。

经济作用 食用及其他用途不明。

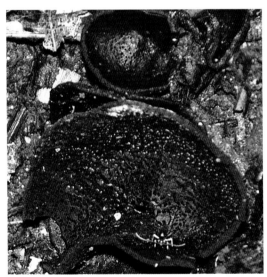
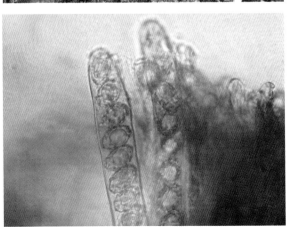
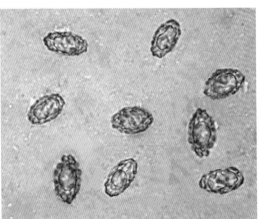

盘菌目　盘菌科

49. 茶褐盘菌 *Peziza praetervisa* Bers.

中文别名　紫藤色盘菌。

分类地位　盘菌目，盘菌科，盘菌属。

形态特征　子囊盘直径 1 ~ 2.5cm，初期碗状或浅杯状，渐呈盘状至平盘状，干燥时子实层面合在一起呈狭长形，子实层面褐色、茶褐色或带灰紫色，平滑，背面色浅，微粗糙或似有粉末状。孢子光滑或有小点，椭圆形，（11 ~ 13.5）μm×（6 ~ 8）μm。

生态习性　夏秋季生于杂木林地内，群生。

国内分布　辽宁、江西、福建等。

经济作用　不宜食用。

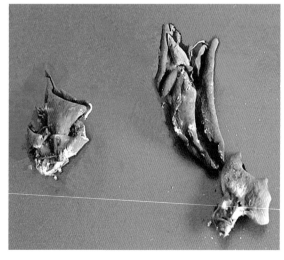

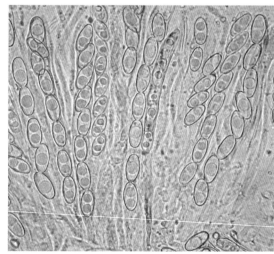

盘菌目 盘菌科

50. 淡蓝盘菌 *Peziza saniosa* Schrad.

分类地位 盘菌目，盘菌科，盘菌属。

形态特征 子囊盘较浅，平展或呈波浪状，直径 1.5 ~ 3.0cm，无柄。子实体内表面暗蓝黑色、蓝紫色、黑褐色，偶见子实层面上有蓝色液汁。子实体外表灰褐色，粗糙，或带白色小粉粒。子囊棒状，无色，大小 250μm×13μm。子囊孢子椭圆形至长椭圆形，大小（14 ~ 16）μm×（7 ~ 9）μm，表面有疣，成熟时内含 2 个油滴。侧丝无色，直立，具隔，顶端稍膨大，一般高出子囊。

生态习性 夏秋季生于红松阔叶混交林地内，多群生。

国内分布 吉林。辽宁新记录种。

经济作用 不可食。

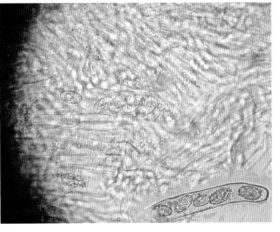

盘菌目 盘菌科

51. 林地盘菌 *Peziza sylvestris*（Boud.）Sacc. et Trott.

中文别名 森林盘菌、地碗。

分类地位 盘菌目，盘菌科，盘菌属。

形态特征 子囊盘较小，单生或群生，无柄，浅盘形或小碗形，子实层生里面，淡褐色，外面白色，光滑，碗口不整齐，内卷，直径3～5cm。子囊（200～300）μm×（10～20）μm。子囊孢子8个，单行排列，宽椭圆形，光滑，无色，（15～20）μm×（8～11）μm。侧丝细长，线形，顶端稍粗，3.5～6.0μm。

生态习性 夏季生于阔叶杂木林地内，群生。

国内分布 河北、山西、黑龙江、湖北、江苏、甘肃、新疆、云南等。辽宁新记录种。

经济作用 可食用。但无味，质地差。

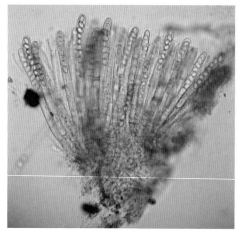
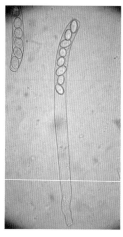
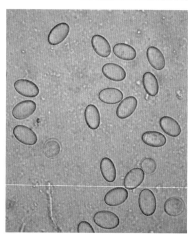

盘菌目 平盘菌科

52. 珠亮平盘菌 *Discina perlata*（Fr.）Fr.

中文别名 宽亚盘菌。

分类地位 盘菌目，平盘菌科，平盘菌属。

形态特征 子囊盘较小，初期下凹，逐渐呈盘状，最后反卷，直径 3 ~ 10cm，外侧近白色。子实层暗褐色，有皱纹，中部呈脐状。柄白色，很短，粗壮，往往有凹槽。子圆囊柱形，（220 ~ 300）μm×（15 ~ 17）μm。孢子 8 个，单行排列，椭圆形，光滑，无色，两端各有一小凸尖，含 1 个大油滴，孢子大小（22.9 ~ 35）μm×（10 ~ 12.9）μm。侧丝细长，顶端膨大，直径达 7.9 ~ 10.2μm，浅褐色。

生态习性 春季生于落叶松林地内，群生或散生。

国内分布 四川、西藏、新疆等。辽宁新记录种。

经济作用 慎食用，有时会中毒。

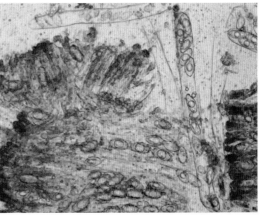

◆ 盘菌目　肉杯菌科

53. 白毛小口盘菌 *Microstoma floccose*（Schw.）Raitr.var.*floccose*

中文别名　毛杯菌。

分类地位　盘菌目，肉杯菌科，小口盘菌属。

形态特征　子实体群生，偶尔聚生，有柄，漏斗状，未成熟时边缘强烈内卷，宽 5 ～ 8mm。子实层粉红色，外部被白色粗绒毛。柄白色，也被白绒毛，柄长 3 ～ 40mm，粗 1.5 ～ 2mm，菌柄基部着生在棕黑色菌丝基质上。子囊（300 ～ 500）μm×（16 ～ 25）μm，孢子单行排列。子囊孢子无色透明，椭圆形，（25 ～ 45）μm×（10 ～ 18）μm。侧丝顶端稍粗。

生态习性　夏秋生于落叶松或阔叶杂木林下的树枝上，群生。

国内分布　黑龙江、云南、福建、海南等。辽宁新记录种。

经济作用　不可食，对纤维素有较弱的分解能力。

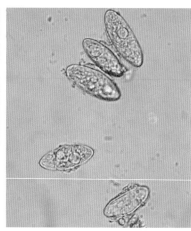

盘菌目 肉杯菌科

54. 黑褐红盘菌 *Plectania melastoma*（Sow.）Fuck.

分类地位 盘菌目，肉杯菌科，红盘菌属。

形态特征 子囊盘直径 2～6cm，漏斗状，褐色或烟黑色，无柄或有柄，向上反卷，边缘整齐密被粗绒毛，子实层面黄褐色至黑褐色，有时有龟裂纹。柄长 0.6～2cm，粗 0.6～1cm，同盖色，有毛。子囊袋形，大小（500～545）μm×（9.6～13.0）μm，8 个孢子单行排列。子囊孢子光滑，椭圆形或纺锤形，大小（24～35）μm×（9.0～10.5）μm。侧丝细长，分枝，有隔。

生态习性 夏季生于阔叶杂木林地内，群生或散生。

国内分布 广东、云南、西藏等。辽宁新记录种。

经济作用 食用及其他用途不明。

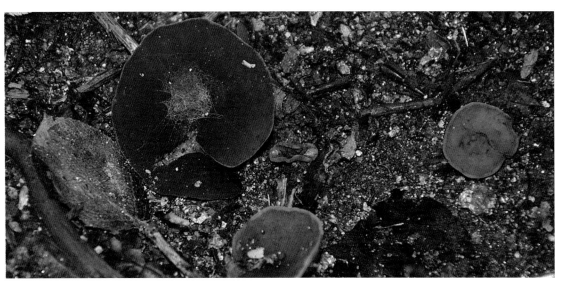

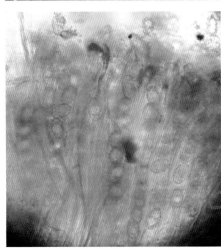
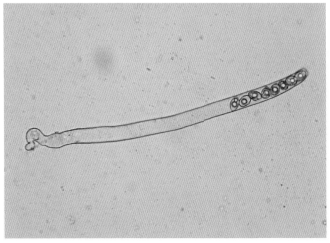

盘菌目 肉杯菌科

55. 白色肉杯菌 *Sarcoscypha vassiljevae* Ratv.

分类地位 盘菌目,肉杯菌科,肉杯菌属。

形态特征 子囊盘直径通常可达 15 ~ 60cm,碗状至盘状,米色至灰白色,被结构为薄壁丝组织包裹的交错组织,或具柄但一般不显著。子囊亚盖类型,碘反应阴性,(290 ~ 360)μm×(10 ~ 13)μm。子囊孢子具显著油滴,长椭圆形,(18 ~ 25)μm×(10 ~ 13)μm。侧丝简单。

生态习性 夏季生于腐木或腐殖质上,单生或群生。

国内分布 华北、东北地区。

经济作用 食用及其他用途不明。

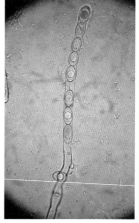

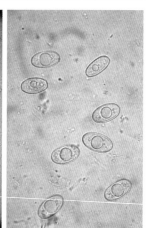

56. 粗腿羊肚菌 *Morchella crassipes*（Vent.）Pers.

中文别名 皱柄羊肚菌、网兜蘑、羊肚蘑。

分类地位 盘菌目，羊肚菌科，羊肚菌属。

形态特征 子囊果中等大，高达 12cm 左右。菌盖近圆锥形，长 5 ~ 7cm，宽 5cm，表面有许多凹坑，似羊肚状，凹坑近圆形或不规则形，大而浅，淡黄色至黄褐色，交织成网状，网棱窄。柄粗壮，基部膨大，稍有凹槽，长 3 ~ 8cm，粗 3 ~ 5cm。子囊圆柱形，（230 ~ 260）μm×（18 ~ 21）μm。侧丝顶部膨大。子囊孢子 8 个，单行排列，子囊孢子无色，椭圆形，（15 ~ 26）μm×（12.5 ~ 17.5）μm。

生态习性 春季生于火烧迹地上，群生。

国内分布 辽宁、黑龙江、河北、北京、山西、新疆、甘肃、西藏等。

经济作用 可食用，味道鲜美，属优良食菌。药用治消化不良，痰多气短。

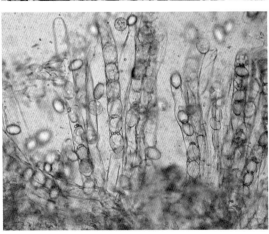
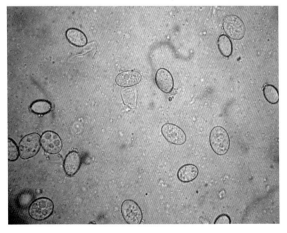

盘菌目 羊肚菌科

57. 圆锥钟菌 *Verpa conica*（O.F. Müll.）Sw.

分类地位 盘菌目，羊肚菌科，钟菌属。

形态特征 子囊果小，高 5 ~ 9.5cm。菌盖呈圆锥形或近钟形，高 1 ~ 3cm，直径 1 ~ 2cm，暗褐色或褐色至浅褐色，表面近平滑或稍有凹窝，近顶部下与柄着生，边缘与柄分离。菌肉薄，近无色。柄近圆柱形，有时稍弯曲，长 4 ~ 7cm，粗 0.5 ~ 1.5cm，污白色，表面近平滑或有细小疣，内部空心。子囊（300 ~ 350）μm×（21 ~ 23）μm，含 8 个孢子。侧丝有分隔，顶部膨大。子囊孢子椭圆形、光滑且透明，（22 ~ 26）μm×（12 ~ 16）μm。此菌容易和马鞍菌（*Helvella elastica*）混淆，除菌盖的区别外，最大的区别是马鞍菌孢子有 1 个大油滴。

生态习性 春季生于阔叶林地内，单生或散生。

国内分布 山西、甘肃等。辽宁新记录种。

经济作用 食用可能造成肠胃不适，谨慎食用。

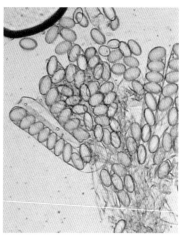

圆盘菌目　圆盘菌科

58. 娇柔圆盘菌 *Orbilia delicatula*（P. Karst.）P. Karst.

分类地位　圆盘菌目，圆盘菌科，圆盘菌属。

形态特征　子实体微小，菌盘碟状或盘状，直径 0.05 ~ 0.2cm，黄色，外观似蜡或玻璃状。子实层上盘表面黄色，平滑，下表面平滑，边缘平滑或不明显。无柄，菌盘边缘有较小的白色菌丝将子实体固定于基物上，菌肉白色，薄。子囊圆柱形或棒状，（30 ~ 40）μm×（4 ~ 4.5）μm，内含 8 个子囊孢子，单行排列。子囊孢子透明，平滑、初期近椭圆形，成熟时肾形，无隔，含 2 个油滴，（5 ~ 7）μm×（2 ~ 3）μm。侧丝线形，顶端膨大，不分叉。

生态习性　夏秋季生于阔叶林内腐木上，群生。

国内分布　国内未见资料报道，中国新记录种。欧洲也有分布。

经济作用　不宜食用。

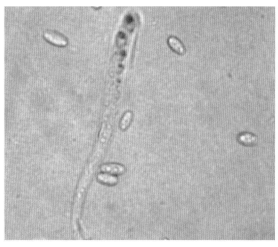

目地位未定 科地位未定

59.绿孢盘 *Catinella olivacea*（Batsch：Pers.）Boud.

中文别名 绿小碗菌。

分类地位 目地位未定，科地位未定，绿孢盘属。

形态特征 子囊盘小，初期球形，后期呈碟形，直径3～8mm，新鲜时肉质、胶质状，中央凹陷，干时脆，边缘内卷，外部黑色，有少数深褐色根状菌丝，粗10～12μm。子实层平或稍内陷，新鲜时暗绿色，干时黑色。子囊圆柱形，（70～90）μm×（4.5～6）μm，内含8个子囊孢子。子囊孢子椭圆形至卵圆形，无隔，光滑，单行排列，淡褐色，含2个油滴，（7～10）μm×（3～4.5）μm。侧丝细长呈线形，褐色，上端稍粗，直径2.5μm。

生态习性 夏秋季生于蒙古栎腐木上，群生。

国内分布 广东、海南、四川、云南、福建等。辽宁新记录种。

经济作用 常见生长在潮湿的香菇段木上，影响香菇的产量。

第三章

伞菌类

>>>

担子菌门 Basidiomycota

蘑菇纲 Agaricomycetes

多孔菌目 多孔菌科

60. 爪哇香菇 *Lentinus javanicus* Lev.

分类地位 多孔菌目，多孔菌科，香菇属。

形态特征 子实体中等或大型。菌盖薄，中部下凹至漏斗状，直径 3.5 ~ 10cm，表面光滑，干后浅土黄色或稍浅。菌肉白色。菌褶延生，污白色或同菌盖色，稠密，窄，不等长，干后颜色较菌盖深，褶缘完整。菌柄近侧生至近中生，近白色，有绒毛，近柱形，长 1.5 ~ 6cm，粗 2.5 ~ 3.2cm，内实。孢子无色，光滑，椭圆形，一端略尖，大小（5 ~ 6）μm×（2.5 ~ 3）μm。

生态习性 夏季生于阔叶树林下的腐木或地面上，群生或单生。

国内分布 贵州、云南、广东、湖南、海南、台湾。辽宁新记录种。

经济作用 幼菌可食，老后革质。

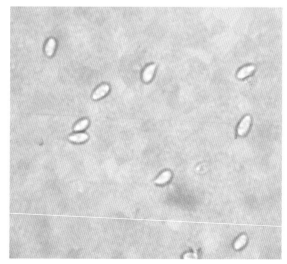

多孔菌目　多孔菌科

61. 紫革耳　*Panus torulosus*（Pers.）Fr.

中文别名　光革耳、贝壳状革耳。

分类地位　多孔菌目，多孔菌科，革耳属。

形态特征　子实体初期肉质，后期变为强韧革质。菌盖扁平，后为漏斗形，罕为贝壳形，直径 5 ～ 10cm；菌盖面初时有细毛，很快消失，往往粗糙或有不明显环纹，初时葡萄紫色，渐变为淡黄褐色或茶褐色，老后褪色为浅土黄色。菌盖缘薄，粉状，后期生稀条纹。菌肉白色，韧，后变为木栓质，菌褶延生，较密至稀疏，幅窄，淡紫色至紫红色；褶缘平坦。菌柄偏生，偶有侧生，短，长 2 ～ 3cm，粗 1 ～ 2.5cm，紫色，有灰色软毛，强韧，中实。孢子卵状椭圆形，无色，光滑，（6 ～ 7）μm×（3 ～ 3.5）μm。

生态习性　夏秋季生阔叶林的倒伏的腐木上，丛生。

国内分布　吉林、河北、河南、陕西、甘肃、云南、西藏等。辽宁新记录种。

经济作用　幼嫩时可食，老后革质。可入药用。

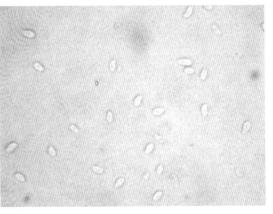

◆ 红菇目 红菇科

62. 变红乳菇 *Lactarius acris* Fr.

分类地位 红菇目，红菇科，乳菇属。

形态特征 菌盖直径 5 ~ 10cm，平展后中部稍凸或下凹呈漏斗形，表面粉状，黏，灰黄褐色至暗黄褐色，顶部有小皱。菌肉白色，伤后变桃红色。菌褶初白色，后污黄色或红色，分叉，不等长，受伤变红色，乳汁初白色速变桃红色，很辣。菌柄向下细，与菌盖同色或稍淡，（4 ~ 6）μm×（0.8 ~ 1.2）μm。孢子印淡黄色。担孢子近球形，（7 ~ 8）μm×（6 ~ 7.5）μm，有棱纹和网纹。有褶缘囊体。

生态习性 秋季生于阔叶树或针阔混交林地内，散生或丛生。

国内分布 吉林。辽宁新记录种。

经济作用 食用及其他用途不明。

红菇目　红菇科

63. 浅橙红乳菇 *Lactarius akahatus* Tanaka

分类地位　红菇目，红菇科，乳菇属。

形态特征　子实体散生或群生。菌盖直径 5 ~ 10cm，中央凹的扁半球形至平展，近漏斗状，湿时表面稍黏，淡橙黄色、淡黄红色或暗黄橙色，无或有不明显环纹，菌盖缘初内卷。菌肉稍带橙黄色。乳汁分泌量极少，橙色，接触空气后变酒红色。菌褶稍延生，不等长，橙黄色，受伤部分染蓝绿色，狭窄，稍密。菌柄周边及菌褶上方深橙黄色，常有蓝绿斑，柄长 3 ~ 7cm，粗 1.5 ~ 2.5cm，和菌盖几乎同色，平滑或有浅凹，内部有髓，后中空。孢子（7 ~ 10）μm×（5.5 ~ 8.5）μm，阔椭圆形，表面有网纹和小疣。缘囊状体狭纺锤形至近圆柱形。

生态习性　夏秋生于红松、油松林地内，散生。

国内分布　黑龙江、内蒙古、福建、台湾。辽宁新记录种。

经济作用　民间有采食。

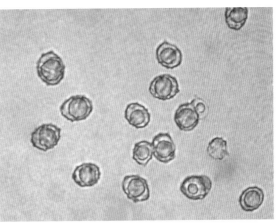

红菇目 红菇科

64. 肉桂色乳菇 *Lactarius cinnamomeus* W.F.Chiu

中文别名 黄褐乳菇。

分类地位 红菇目，红菇科，乳菇属。

形态特征 子实体中等。菌盖直径 3 ~ 8cm，扁半球形至平展，成熟中央凹陷，表面灰黄色、橄榄褐色、淡黄色、肉桂褐色，无环纹，有放射状皱纹。菌肉污白色，稍苦辣。菌褶延生或直生，密，白色至米色并带灰色或橙黄色。乳汁白色。菌柄长 2 ~ 5cm，直径 0.5 ~ 1cm，圆柱形，与盖同色。担孢子（6.5 ~ 8）μm×（5 ~ 6.5）μm，宽椭圆形，近无色，有淀粉质的脊和疣连接成不完整的网纹。

生态习性 秋季生于云杉林地内，群生，经常可见蘑菇圈。

国内分布 华中地区。辽宁新记录种。

经济作用 可食，有辣味。

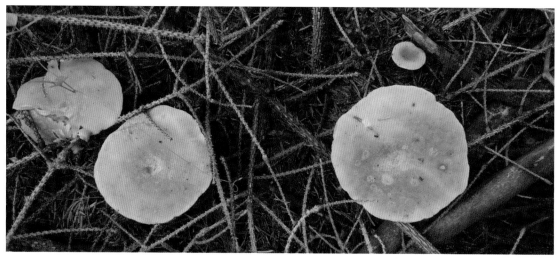

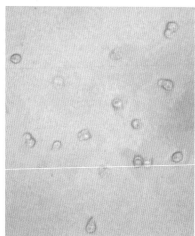

红菇目 红菇科

65. 白杨乳菇 *Lactarius controversus*（Pers.）Pers.

分类地位 红菇目，红菇科，乳菇属。

形态特征 实体较大。菌盖直径 5 ～ 18cm，中部下凹，后呈漏斗状或喇叭形，白色至污白色，有淡红斑及细毛，湿时黏，边缘有不明显环带。菌肉白色，味辣，硬而脆，乳汁白色不变。菌褶白或污白带粉红色，受伤时红色，直至延生，密。菌柄长 3 ～ 7cm，粗 1 ～ 3cm，渐细，同菌盖色，内实。孢子几乎无色，圆柱形，有疣，有棱及网纹，近球形，（6.6 ～ 8）μm×（5.5 ～ 6.5）μm。

生态习性 夏季生于蒙古栎或落叶松混交林地内，散生或群生。

国内分布 吉林、黑龙江、内蒙古、河北、青海、四川等。辽宁新记录种。

经济作用 可食用。属树木外生菌根菌。

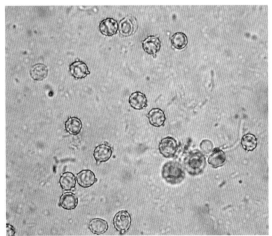

红菇目　红菇科

66. 细质乳菇 *Lactarius mitissimus* Fr.

分类地位　红菇目，红菇科，乳菇属。

形态特征　子实体较小。菌盖宽 2 ~ 6cm，初期扁半球形，后期平展下凹，中部常有一小凸起，橘黄色或褐橙色，无毛，无环带，不黏，边缘薄，内卷。菌肉初结实，后松软，色浅。乳汁白色。气味弱，味道柔和。菌褶色浅于菌盖，密，直生至延生，不等长，有时菌柄处分叉。菌柄长 2.5 ~ 5cm，粗 0.5 ~ 0.8cm，近柱形或中部略细，与菌盖同色或稍浅，无毛，中实后中空。孢子印乳黄色。孢子无色，近球形，有小刺和棱纹，（7.3 ~ 9.5）μm×（6.7 ~ 8.6）μm。褶侧囊体无色近梭形，顶端细，（31 ~ 50）μm×（5.5 ~ 7.3）μm。

生态习性　夏秋季生于红松或阔叶杂木林地内，单生或群生。

国内分布　贵州、吉林、四川等。辽宁新记录种。

经济作用　可食用。是树木的外生菌根菌。

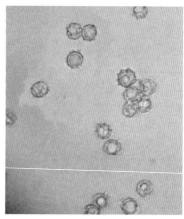

红菇目　红菇科

67. 乳黄色乳菇 *Lactarius musteus* Fr.

分类地位　红菇目，红菇科，乳菇属。

形态特征　子实体中等大。菌盖直径 3 ~ 10cm，扁半球形至扁平，中部下凹，污白色至浅皮革色或淡乳黄色，厚而硬，边缘内卷，表面湿时黏。菌肉污白色，厚。乳汁白色变暗。菌褶密而窄，稍延生。菌柄长 3 ~ 7cm，粗 1 ~ 3cm，柱状，同菌盖色，表面平滑或有凹窝，基部往往变细，空心。孢子椭圆，有疣，（8 ~ 9）μm×（6.5 ~ 7）μm。

生态习性　夏秋季生于栎树林地内，散生或群生。

国内分布　河南、青海等。辽宁新记录种。

经济作用　可食用，属于外生菌根。

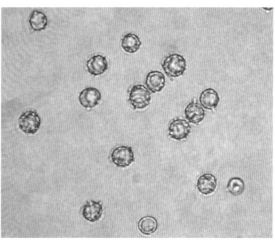

◆ 红菇目　红菇科

68. 肉黄乳菇 *Lactarius subplinthogalus* Coker

分类地位　红菇目，红菇科，乳菇属。

形态特征　子实体较小。菌盖直径 3 ~ 6cm，扁半球形，平展后中部下凹，污黄粉色、土黄褐色或枯草黄色，边缘有宽的沟纹条。菌肉污白色，伤处变黄粉红色。菌褶薄，稀或中等密，直生或延生，不等长，同盖色。菌柄长 3 ~ 4.5cm，粗 0.5 ~ 1cm，近盖色或略浅，有的向基部变细，后松软，空心。孢子（7.5 ~ 10）μm×（5.5 ~ 6.5）μm，无色，近球形，有长的刺纹或刺翼。

生态习性　夏秋季生于蒙古栎等阔叶树林地内，单生或散生。

国内分布　内蒙古。辽宁新记录种。

经济作用　食用及其他用途不明。属外生菌根菌。

红菇目 红菇科

69. 绒白乳菇 *Lactarius vellereus* Fr.

分类地位 红菇目，红菇科，乳菇属。

形态特征 子实体中等至大型。菌盖直径6～19cm，初期扁半球形，中央下凹呈漏斗状，白色，表面干燥密被细绒毛，老后米黄色，边缘内卷至伸展。菌肉白色，厚，味苦，乳汁白色不变。菌褶直生至稍延生，厚，稀、不等长，有时分叉，白色至米黄色。菌柄粗短，圆柱形，往往稍偏或下部渐细，有细绒毛，长3～8cm，粗1.5～3cm，实心，质地稍硬。孢子印白色。孢子近球形或近卵圆状球形，无色，具微小疣和连线，（7～9.5）μm×（6～7.5）μm。褶缘和褶侧囊体相似，近圆柱形或披针形。

生态习性 夏秋季生于阔叶林地内，散生或群生。

国内分布 辽宁、吉林、陕西、安徽、福建、湖南。

经济作用 记载有毒，加工处理后可食用。药用制成"舒筋丸"，治疗腰腿疼痛、手足麻木等，具抗癌作用。也是树木外生菌根菌。

红菇目 红菇科

70. 多汁乳菇 *Lactarius volemus* Fr.

中文别名 红奶浆菌、牛奶菇、奶汁菇。

分类地位 红菇目，红菇科，乳菇属。

形态特征 子实体中等至较大。菌盖直径 4 ~ 12cm，幼时扁半球形，中部下凹呈脐状，伸展后似漏斗状，表面平滑，无环带，琥珀褐色至深棠梨色或暗土红色，边缘内卷。菌肉白色，在伤处渐变褐色。乳汁白色，不变色。菌褶白色或带黄色，伤处变褐黄色，稍密，直生至延生，不等长，分叉。菌柄长 3 ~ 12cm，粗 1.2 ~ 3cm，近圆柱形，表面近光滑，同菌盖色，内部实心。孢子印白色。孢子近球形，具小疣和网棱，（8.5 ~ 11.5）μm×（7.5 ~ 10）μm。褶侧囊体多，近圆柱形、棱形，淡黄色，明显壁厚。

生态习性 夏秋季生于针阔叶林地内，散生或群生，稀单生。

国内分布 辽宁、吉林、黑龙江、广东、广西、四川、安徽、福建、江苏、江西、湖南、湖北、海南、云南、贵州、甘肃、陕西、山西、西藏等。

经济作用 可食用。试验抗癌。树木的外生菌根菌。

红菇目 红菇科

71. 烟色红菇 *Russula adusta*（Pers.）Fr.

中文别名 黑菇、火炭菌（广西）。

分类地位 红菇目，红菇科，红菇属。

形态特征 子实体中等大。菌盖直径 9.5 ~ 11cm，扁半球形后下凹，平滑，不黏或在潮湿时稍黏，初期带白色，后期变淡烟色、棕灰色至深棕灰色，受伤处灰黑色。菌肉较厚，白色，受伤时不变红色而变灰色或灰褐色，最后呈黑色。味道柔和，无特殊气味。菌褶白色，受伤变黑色，不等长，稍密而薄，直生或稍延生。菌柄长 1.5 ~ 6.5cm，粗 1 ~ 2.8cm，肉质，近圆柱形，中实，白色，老后与菌盖同色，伤处变暗。孢子印白色。孢子无色，近球形，有小疣和不完整网纹，（6.5 ~ 9.1）μm×（5 ~ 7.3）μm。褶侧囊体近梭形，顶端常呈乳头状。

生态习性 夏秋季生于阔叶林地内，单生或群生。

国内分布 吉林、黑龙江、河北、江苏、广东、湖南、甘肃、广西、贵州、西藏等。辽宁新记录种。

经济作用 可食用，抗癌。注意同亚稀褶黑菇和密褶黑菇有毒种的区别。

红菇目　红菇科

72. 黑紫红菇 *Russula atropurpurea*（Krombh.）Britz.

分类地位　红菇目，红菇科，红菇属。

形态特征　子实体一般中等大。菌盖直径 4 ～ 10cm，半球形，后平展，最后中部下凹，湿时黏，干后光滑，紫红色、紫色或暗紫色，中部色更暗，边缘色浅，常常褪色，边缘薄，平滑。菌肉白色，表皮下淡红紫色。味道柔和，后稍辛辣。菌褶白色，后稍带乳黄色，等长，直生，基部变窄，前端宽。菌柄长 2 ～ 8cm，粗 0.8 ～ 3cm，圆柱形，白色，有时中部粉红色，基部稍带赭石色，在潮湿情况下老后变灰，中实，后中空。孢子印白色。孢子无色，近球形，有小疣或小刺相连，（7.3 ～ 9.7）μm×（6.1 ～ 7.5）μm。

生态习性　夏秋季生于栎树林地内，单生或群生。

国内分布　黑龙江、吉林、河北、河南、陕西、湖北、四川、云南、西藏等。辽宁新记录种。

经济作用　可食用，但味道一般。据记载可与松、栎、山毛榉等树木形成菌根。

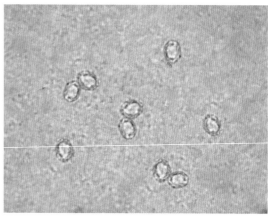

红菇目 红菇科

73. 梨红菇 *Russula cyanoxantha*（Schaeff.：Fr.）f. *peltereaui* R. Maire

中文别名 梨菇。

分类地位 红菇目，红菇科，红菇属。

形态特征 子实体一般中等大。菌盖直径 3 ~ 10cm，扁半球形，平展后中部下凹，最终近漏斗形，浅青褐色、绿灰色、粉灰色，湿时或雨后稍黏，常具细小龟裂，边缘无条纹，或老后有不明显条纹。菌肉白色。菌褶白色，密而窄，分叉，近延生或延生。菌柄白色，长 3 ~ 6cm，粗 0.6 ~ 2cm，中实，后松软至中空，基部常常略细。孢子印白色。孢子宽卵圆形或近球形，有分散小疣，疣间罕相连，（7.3 ~ 9.5）μm×（6 ~ 8）μm。褶侧囊体梭形，近圆柱形，（38 ~ 56）μm×（5 ~ 9.1）μm。

生态习性 夏秋季于阔叶林地内，单生至群生。

国内分布 福建、湖北、广东、贵州、四川等。辽宁新记录种。

经济作用 可食，味较好。药用作产妇补品食用。外生菌根菌，可与栲、栎等形成菌根。

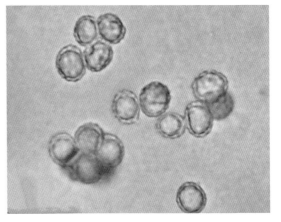

红菇目　红菇科

74. 花盖红菇 *Russula cyanoxantha* Schaeff.： Fr.

中文别名　蓝黄红菇、花盖菇。

分类地位　红菇目，红菇科，红菇属。

形态特征　菌盖直径 5 ~ 12cm，扁半球形，伸展后下凹，颜色多样，暗紫灰色、紫褐色或紫灰色带点绿，老后常呈淡青褐色、绿灰色或各色混杂，黏，表皮薄，易自边缘剥离或开裂，边缘平滑，或具不明显条纹。菌肉白色，表皮下淡红色或淡紫色。无气味，味道好。菌褶白色，较密，不等长，基部分叉，近直生，褶间有横脉，老后可有锈色斑点。菌柄长 4.5 ~ 9cm，粗 1.3 ~ 3cm，肉质，白色，圆柱形，内部松软。孢子印白色。孢子近球形，有小疣，（6.5 ~ 9）μm×（6 ~ 7.5）μm。褶侧囊体近棒状或梭形。

生态习性　夏秋季于阔叶林地内，散生至群生。

国内分布　辽宁、吉林、黑龙江、江苏、安徽、福建、河南、广西、陕西、青海、云南、贵州、湖南、湖北、广东、山东、四川、西藏、新疆等。

经济作用　可食用，味道较好。抗癌。多种针阔叶树外生菌根菌。

红菇目　红菇科

75. 美味红菇 *Russula delica* Fr.

分类地位　红菇目，红菇科，乳菇属。

形态特征　子实体中等至大。菌盖直径 3 ~ 16cm，初期扁半球形，中部脐状，后期平展，中央下凹呈漏斗状，污白色，常具锗色或褐色色调，边缘初期内卷，无条纹。菌肉白而厚，伤不变色，辛辣或有水果气味。菌褶延生，不等长，白色或近白色，稍密，不等长，边缘常具淡绿色。菌柄长 2 ~ 6cm，粗 1.5 ~ 4cm，短粗，实心，等粗或向下渐细，白色，光滑或上部具纤状毛。担孢子（7.6 ~ 10.5）μm×（7 ~ 8.5）μm，卵圆形至近球形，无色，表面具刺和小疣突，稍有网纹，近无色，淀粉质。

生态习性　夏秋季生于蒙古栎等阔叶杂木林地内，单生。

国内分布　吉林、内蒙古、河北、江苏、浙江、安徽、四川、云南、甘肃、西藏等。辽宁新记录种。

经济作用　可食用，美味食用菌。

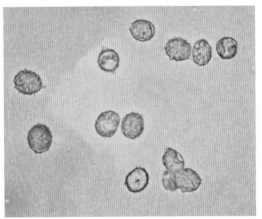

红菇目　红菇科

76. 密褶红菇 *Russula densifolia* Secr. ex Gill.

中文别名　密褶黑菇、火炭菇、小叶火炭菇。

分类地位　红菇目，红菇科，红菇属。

形态特征　菌体大。菌盖宽 5.5 ~ 10cm，初期边缘内卷，中央下凹，脐状，后伸展近漏斗状，光滑，污白色、灰色至暗褐色。菌肉较厚，白色，受伤变红色至黑褐色。菌褶直生或延生，分叉，不等长，窄，很密，近白色至粉红色，受伤变红褐色，老后黑褐色。菌柄短，粗壮，长 2 ~ 4cm，粗 1.6 ~ 2cm，初期白色至浅褐色，后期或受伤变红色至黑褐色，实心。担孢子（6.5 ~ 9）μm×（6 ~ 7）μm，卵形或近圆形，具疣，个别组成网纹，无色，淀粉质。

生态习性　夏秋季生于落叶松与阔叶树混交林地内，单生至群生。

国内分布　多地分布。辽宁新记录种。

经济作用　采食可发生中毒，甚至引起死亡。

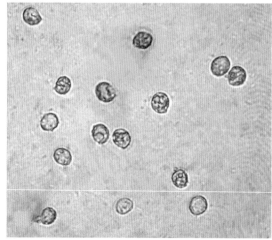

红菇目　红菇科

77. 苋菜红菇 *Russula depalleus*（Pers.）Fr.

中文别名　紫菌子、紫红菇。

分类地位　红菇目，红菇科，红菇属。

形态特征　子实体中等大，菌盖直径6～12cm，半球形，渐平展后中部下凹，边缘平滑或有短条棱，浅苋菜红且中央枣红色，干时变暗或变青黄色。菌肉白色，薄，脆。菌褶白色变灰色，稍密，长短一致，近凹生，褶间有横脉。菌柄近圆柱形，白色，变灰色，长4～10cm，粗1～2.5cm，内部松软。孢子印白色。孢子无色，近球形，有小刺，（7.8～9）μm×（7～8）μm。褶侧囊体梭形。

生态习性　夏秋季生于阔叶杂木林地内，单生、散生或群生。

国内分布　吉林、江苏、云南、湖南、安徽、新疆、西藏等。辽宁新记录种。

经济作用　可食用，且味道较好。属树木的外生菌根菌。

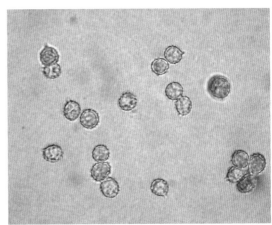

◆ 红菇目 红菇科

78. 象牙黄斑红菇 *Russula eburneoareolata* Hongo

分类地位 红菇目，红菇科，红菇属。

形态特征 子实体小至中等大。菌盖直径 4 ~ 10cm，扁半球形至扁平，中央下凹，表皮白黄色至象牙白色，且有黄色斑，边缘有沟条纹且向内卷。菌肉白色，稍厚。菌褶近离生，稍密，不等长。菌柄较粗壮，长 2.5 ~ 5.6cm，粗 0.5 ~ 0.8cm，白色或带黄色，松软变空心，表面有条纹。孢子具疣和网纹，近球形，（6.5 ~ 8.5）μm×（5.5 ~ 7）μm。褶缘及褶侧囊体近梭形。

生态习性 夏秋季生于红松林地内，散生。

国内分布 江苏等地。辽宁新记录种。

经济作用 食用及其他用途不明。树木外生菌根菌。

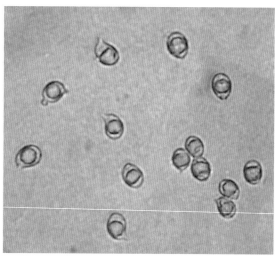

红菇目　红菇科

79. 毒红菇 *Russula emetica*（Schaeff.：Fr.）Pers.ex S.F.Gray

中文别名　呕吐红菇、棺材盖子（东北）、小红脸菌（四川）。

分类地位　红菇目，红菇科，红菇属。

形态特征　子实体较小。菌盖珊瑚红色，有时退至粉红色，菌盖直径 5 ~ 9cm，扁半球形至平展，老后中部稍下凹，光滑，黏，表皮易剥落，边缘有棱纹。菌肉白色，味麻辣，薄，近表皮处粉红色。菌褶白色，较稀，长短不一，菌褶近凹生，褶间有横脉。菌柄白色或部分粉红色，长 4 ~ 8cm，粗 1 ~ 2cm，内部松软。孢子印白色。孢子无色，近球形，有小刺，（8 ~ 10.2）μm×（7 ~ 9）μm。褶侧囊体近披针形或近梭形。

生态习性　夏秋季生于阔叶树林地内，散生或群生。

国内分布　广泛分布。

经济作用　有毒，食后易引起胃肠炎症。多种树木外生菌根菌。

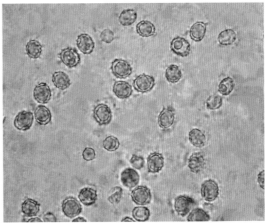

红菇目 红菇科

80. 粉柄黄红菇 *Russula farinipes* Romell.

中文别名 粉柄红菇。

分类地位 红菇目，红菇科，红菇属。

形态特征 子实体中等大。菌盖直径5～8cm，幼时半球形，后渐平展中部凹呈浅漏斗状，暗黄色至土黄色，有时稍带灰绿色，中央颜色较深，常被深色小鳞片，边缘条棱上有疣状小点，表面湿时黏，表皮可剥离。菌肉白色，脆。菌褶直生，稍稀，污白色，等长或有的不等长。菌柄圆柱形，长4～6cm，粗1～1.5cm，白色或淡黄色，基部渐细，内部松软至变空心。孢子印白色。孢子无色，有小刺，近球形至宽卵圆形，6～8μm。褶侧囊体近纺锤状，顶端小头状。

生态习性 夏秋季生于落叶松与阔叶树混交林地内，散生或群生。

国内分布 辽宁、吉林、江苏、广东、云南、湖南等。

经济作用 可食用，但味辛、辣、苦及臭气味，煮洗加工方可食。

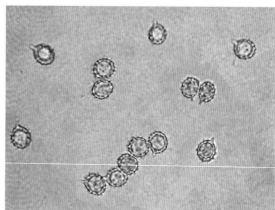

红菇目 红菇科

81.臭黄菇 *Russula foetens*（Pers.）Fr.

分类地位 红菇目，红菇科，红菇属。

形态特征 子实体中型到大型，具腥臭气味及辣味。菌盖污黄色至黄褐色，水渍状，黏滑，边缘有明显放射状的粗条棱。菌盖直径 3 ~ 10cm，扁半球形，平展后中部稍下凹，中央色深污黄褐色、黄褐色、黄色，边缘黄白色。菌肉污白色，有辛辣味，厚 2 ~ 5mm，受伤不变色。菌褶直生至稍延生，污白色至淡黄褐色，等长或不等长，褶缘色深且粗糙。菌柄粗壮，圆柱形，污白至淡黄褐色，有时细长且基部渐细，长 8 ~ 10cm，粗 1 ~ 2.5cm，内部松软至中空，质脆。孢子印白色。孢子淡黄色，近球形，且明显刺棱，（7.5 ~ 11）μm×（6.5 ~ 8）μm。褶侧囊体近梭形，带黄色。

生态习性 夏秋季生于针阔混交林地内，单生或群生。

国内分布 辽宁、河北、河南、山西、云南等。

经济作用 有毒，可药用。树木外生菌根菌。

红菇目　红菇科

82. 小毒红菇 *Russula fragilis*（Pers.：Fr.）Fr.

中文别名　小红盖子（辽宁）、小棺材盖（黑龙江）、小胭脂菌（云南）。

分类地位　红菇目，红菇科，红菇属。

形态特征　子实体小。菌盖深粉红色，老后褪色，黏，表皮易脱落，边缘具粗条棱。菌盖直径 5 ~ 6cm，扁半球形，平展后中部下凹，边缘薄。菌肉白色，味苦，薄。菌褶白色至淡黄色，稍密，弯生，长短不一，少数分叉。菌柄圆柱形，长 2 ~ 5cm，粗 0.6 ~ 1.5cm，白色，内部松软。孢子印白色。孢子球形至近球形，有小刺，（7.9 ~ 11）μm×（6.3 ~ 9）μm。褶侧囊体近梭形。

生态习性　夏秋季生于栎树等阔叶林地内，散生或群生。

国内分布　辽宁、吉林、黑龙江、河北、河南、江苏、安徽、浙江、福建、湖南、广东、广西、西藏、云南、台湾等。

经济作用　有毒，食后刺激胃肠道。树木外生菌根菌。

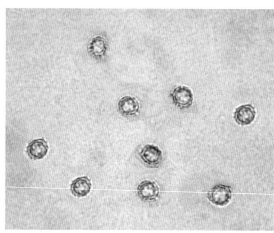

红菇目　红菇科

83. 乳白绿红菇 *Russula galochroa* Fr.

分类地位　红菇目，红菇科，红菇属。

形态特征　子实体小或中等。菌盖直径 3.5 ~ 7cm，扁半球形，伸展后中部下凹，乳白色，污白色，中部浅灰绿色至浅灰褐绿色，湿时黏，表皮可部分剥离，边缘初平滑后有条纹。菌肉白色。味道柔和，无特殊气味。菌褶薄，密，直生，初白色，后带黄色，近柄处常有分叉，具横脉。菌柄长 2.5 ~ 5cm，粗 0.8 ~ 1.8cm，白色，等粗或向下略细，中实，后松软，有时近基部带灰褐色。孢子印浅乳黄色。孢子无色，近球形或倒卵形，（5.9 ~ 7.1）μm×（5.5 ~ 6.3）μm，有小疣，疣间罕相连。褶侧囊体较多，近梭形，（60 ~ 73）μm×（6.4 ~ 11.3）μm。

生态习性　秋季生于云杉林地内，散生。

国内分布　福建、四川、贵州、广东等。辽宁新记录种。

经济作用　可食用。属外生菌根菌。

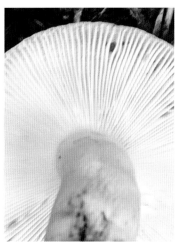
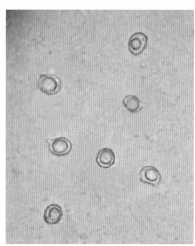

◆ # 红菇目 红菇科

84. 日本红菇 *Russula japonica* Hongo

分类地位 红菇目，红菇科，红菇属。

形态特征 子实体较大。菌盖直径 7 ~ 15cm，中央下凹呈漏斗状，边缘略内卷，白色，中央常呈浅黄色或土黄色色斑。菌肉脆，白色。菌褶白色，成熟时候部分变乳黄色至土黄色，很密，不等长，部分分叉，直生、贴生或近延生，易碎。菌柄长 2 ~ 5cm，直径 1.5 ~ 2.5cm，中生至微偏生。担孢子（6 ~ 8）μm×（5 ~ 6.2）μm，宽椭圆形至球形，具小刺，刺间偶尔有连线，无色，含淀粉质。

生态习性 夏秋季生于落叶杂木林地内，群生。

国内分布 华中、华南等地区。辽宁新记录种。

经济作用 记载有毒。

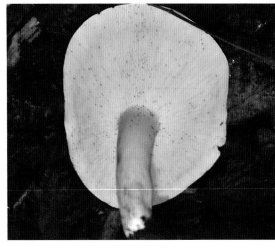

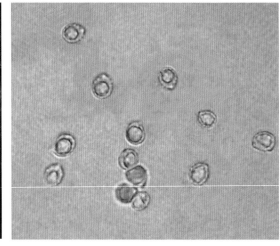

红菇目　红菇科

85. 白红菇 *Russula lactea*（Per.：Fr.）Fr.

中文别名　乳白菇。

分类地位　红菇目，红菇科，红菇属。

形态特征　子实体中等大。菌盖直径 5 ~ 9cm，扁半球形，伸展后下凹，白色，中部略带淡黄色，不黏，无毛，边缘平滑。菌肉白色。味道柔和，无气味。菌褶白色，稍稀，近直生或离生，宽而厚，有分叉和少量小菌褶。菌柄长 4 ~ 6cm，粗 1.5 ~ 2cm，白色，圆柱状，内部松软。孢子印白色。孢子无色，近球形，有小刺，（7.3 ~ 8.1）μm×（6.1 ~ 6.8）μm。无褶侧和褶缘囊体。

生态习性　夏秋季生于混交林地内，单生或群生。

国内分布　广东、安徽、四川等。辽宁新记录种。

经济作用　可食用，其味道一般。树木的外生菌根菌。

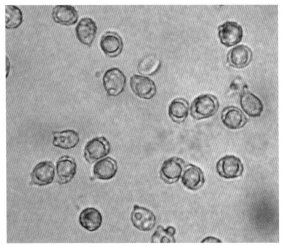

◆ 红菇目 红菇科

86. 拟臭黄菇 *Russula laurocerasi* Melzer

分类地位 红菇目，红菇科，红菇属。

形态特征 子实体中等至较大，菌盖直径 3 ~ 15cm，初期扁半球形，后期渐平展，中央下凹，浅黄色或污黄色至草黄色，表面黏至黏滑，水渍状，边缘有明显由颗粒组成的条棱。菌肉污白色。菌褶直生至近离生，稍密，污白色，往往有污褐色或浅赭色斑点。菌柄圆柱形，较粗壮，长 3 ~ 14cm，粗 1 ~ 1.5cm，近圆柱形，中空，表面污白色至浅黄色或浅土黄色。孢子近无色，近球形或椭圆形，具刺棱，（8.5 ~ 13）μm×（7.5 ~ 10）μm。褶侧囊体圆锥形，带黄色，（45 ~ 55）μm×（8 ~ 10）μm。

生态习性 夏秋季生于落叶松和阔叶混交林地内，单生或群生。

国内分布 辽宁、河北、山西、河南、贵州、江西、四川、湖北、西藏等。

经济作用 食用有毒。药用可制成"筋骨丸"。

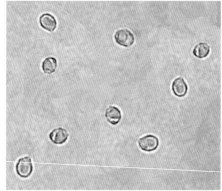

红菇目　红菇科

87. 细绒盖红菇 *Russula lepidicolor* Romagn.

中文别名　怡人色红菇。

分类地位　红菇目，红菇科，红菇属。

形态特征　子实体较小。菌盖直径 2.5 ~ 7cm，半球形至扁半球形，中部稍下凹，红色，部分呈现黄色，表面具细绒毛，不黏，表皮不易撕剥，边缘平整。菌肉白色，伤处不变色，味微甜。菌褶白色、黄白色至淡黄色，直生，等长。菌柄长 3 ~ 5cm，粗 0.8 ~ 1.5cm，圆柱形，白色或带红色，基部膨大，内实或松软。孢子无色至带黄色，有小疣，（6.5 ~ 8.5）μm×（5.5 ~ 6.6）μm。褶侧囊体带黄色，梭形或长圆柱形。

生态习性　秋季生于红松和阔叶混交林地内，散生。

国内分布　吉林、广东。辽宁新记录种。

经济作用　可食用。

红菇目 红菇科

88. 淡紫红菇 *Russula lilacea* Quél.

中文别名 丹红菇。

分类地位 红菇目，红菇科，红菇属。

形态特征 子实体较小。菌盖直径 2.5 ~ 6cm，扁半球形后平展至中下凹，湿时黏，浅丁香紫或粉紫色，中部色较深并有微颗粒或绒毛状，边缘具条纹。菌肉白色。褶有分叉及横脉，不等长，白色，直生。菌柄长 3 ~ 6cm，粗 0.4 ~ 1cm，圆柱形，白色，基部稍带浅紫色，内部松软或中空。孢子印白色。孢子近球形，有分散或个别相连小刺，（8.1 ~ 10）μm×（7.0 ~ 8.1）μm。褶侧囊体梭形或近梭形。

生态习性 夏秋季生于栎树林或杂木混交林地内，单生或群生。

国内分布 福建、广东、广西、陕西、云南等。辽宁新记录种。

经济作用 可食用，药用抗癌。树木外生菌根菌。

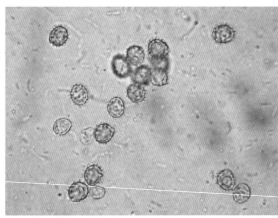

◆ 红菇目 红菇科

89. 沼泽红菇 *Russula paludosa* Britz.

分类地位 红菇目, 红菇科, 红菇属。

形态特征 菌肉白色, 表皮下稍带淡红色。味道柔和或稍辛辣, 气味不显著。菌褶白色, 后乳黄色, 等长, 直生, 褶间有横脉, 很密, 常有分叉, 褶边缘常带红色。菌柄长 6 ~ 14cm, 粗 2 ~ 3cm, 白色, 有时带粉红色, 中实后松软最后中空, 近圆柱形或向上略细。孢子印深乳黄色。孢子近球形, 有小刺可相连成脊或近网状, (8 ~ 10) μm×(7.3 ~ 9) μm。褶侧囊体近梭形, (6.5 ~ 10.1) μm×(9 ~ 14.5) μm。

生态习性 夏秋季生于阔叶杂木林下潮湿地内, 散生或群生。

国内分布 黑龙江、云南等。辽宁新记录种。

经济作用 可食用。树木外生菌根菌。

◆ 红菇目　红菇科

90. 青灰红菇 *Russula pataurea* Schaeff.

分类地位　红菇目，红菇科，红菇属。

形态特征　青灰红菇子实体中等至小型，菌盖直径 3～8cm，半球形到近平展，中部稍下凹，青灰色，边缘平滑或有条纹。菌肉白色。菌褶初白色，后浅黄色，近直生，等长。菌柄长 5～9cm，粗 0.8～1.3cm，白色或带粉色，基略膨大。孢子无色，近球形，有小疣，大小（6～8.5）μm×（5～6.3）μm。囊体近柱形或近梭形。

生态习性　夏秋季生于阔叶林或针阔混交林地内，单生或散生。

国内分布　黑龙江、内蒙古等。辽宁新记录种。

经济作用　可食用。树木外生菌根菌。

红菇目　红菇科

91. 拟篦边红菇 *Russula pectinatoides* Peck

中文别名　拟米黄菇。

分类地位　红菇目，红菇科，红菇属。

形态特征　子实体小至中等大。菌盖直径 3 ~ 8cm，初期扁半球形，后期平展中部下凹呈浅漏斗状，表面湿时黏，平滑无鳞片，浅褐黄色或暗茶褐色，中央色深，干后表面暗茶褐色，边缘有明显的小疣组成的条棱。菌肉白色，中部稍厚。菌褶白色，伤处变浅锈褐色，直生，稍密或稍稀，等长或很少有短菌褶，有分叉，褶间具横脉。菌柄圆柱状，稍弯曲，白色或浅灰褐色，长 3 ~ 6cm，粗 1.5 ~ 2.5cm，表面平滑，内部松软至空心。孢子印污白色。孢子无色，近球形，有小刺，5 ~ 8μm。

生态习性　夏秋季生于落叶松与阔叶林混交林地内，单生或散生。

国内分布　广东、贵州、吉林、福建、湖南等。辽宁新记录种。

经济作用　可食用，经晒干后加工食用。树木外生菌根菌。

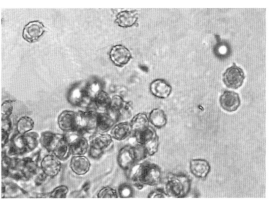

红菇目 红菇科

92. 变黑红菇 *Russula rubescens* Beardsle

分类地位 红菇目，红菇科，红菇属。

形态特征 子实体中等。菌盖直径 5 ～ 8.5cm，初期扁半球形，后期平展至中部下凹，暗红带黄色，老后可褪色，边缘具有条纹，湿时黏。菌肉白色，老后变灰色，伤处渐变红色后变黑色。味道柔和，无气味。菌褶近直生，初期白色后乳黄色，等长，分叉，褶间具横脉，伤处变色同菌肉。菌柄长 3 ～ 5.5cm，粗 1.2 ～ 2cm，等粗或向下稍细，中实后变空，白色，最后变灰色，伤处渐变红色后变黑色。孢子印浅黄色。孢子近球形，有小刺，（7.5 ～ 10）μm×（6.5 ～ 7.5）μm。褶侧囊体近棒状或近梭形，无色。

生态习性 夏秋季生于阔叶树或油松林地内，群生或散生。

国内分布 河南、吉林等。辽宁新记录种。

经济作用 可食用，有抗癌作用。

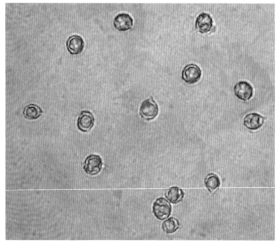

红菇目　红菇科

93. 血红菇　*Russula sanguinea*（Bull.）Fr.

中文别名　正红菇、真红菇、大红菇、红椎菌、大红菌、大朱菇。

分类地位　红菇目，红菇科，红菇属。

形态特征　子实体一般中等。菌盖直径 3 ~ 10cm，初期扁半球形，后期平展至中部下凹，大红色，干后带紫色，老后往往局部或成片状褪色。菌肉白色，不变色，味辛辣。菌褶白色，老后变为乳黄色，稍密，等长，延生。菌柄长 4 ~ 8cm，粗 1 ~ 2cm，近圆柱形或近棒状，通常珊瑚红色，罕为白色，老后或触摸处带橙黄色，内实。孢子印淡黄色。孢子无色，球形至近球形，有小疣，疣间有连线，但不形成网纹，（7 ~ 8.5）μm×（6.1 ~ 7.3）μm。褶侧囊体极多，大多呈梭形，有的圆柱形或棒状。

生态习性　夏秋季生于栎树等阔叶林地内，群生或单生。

国内分布　辽宁、河南、湖北、福建、江西、广西、四川、云南、江苏、陕西等。

经济作用　可食用。药用味甘性温，有补虚养血、滋阴、清凉解毒的功效。树木外生菌根菌。

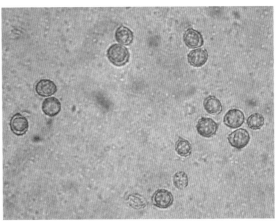

红菇目 红菇科

94. 茶褐红菇 *Russula sororia* Fr.

分类地位 红菇目，红菇科，红菇属。

形态特征 子实体一般中等。菌盖直径 3 ~ 9cm，初期扁半球形，后期平展至中部下凹，湿时黏，无毛，表皮在盖缘处易剥离，边缘具小疣组成的棱纹，土黄色或土茶褐色，中部色较深。菌肉白色，变淡灰色，口味辣，气味不显著。菌褶白色至淡灰色，窄生或离生，中部宽，近缘处锐，密，褶间有横脉，不等长。菌柄长 2 ~ 8cm，粗 1 ~ 2.5cm，白色，变淡灰色，近等粗或向下变细，稍被绒毛。孢子（6 ~ 9）μm×（5 ~ 7.5）μm，近球形，淡黄色，有刺或疣。

生态习性 夏秋季生于落叶松与阔叶混交林地内，群生。

国内分布 辽宁、吉林、浙江、广西、四川、云南等。

经济作用 药用抗癌，对小白鼠 180 的抑制率为 60%，对艾氏癌的抑制率为 60%。树木外生菌根菌。

◆ 红菇目 红菇科

95. 细长柄红菇 *Russula* sp.

分类地位 蘑菇目，红菇科，红菇属。

形态特征 子实体中等。菌盖直径 5 ~ 8cm，初期近半球形，后期扁平至平展，中央稍下陷，边缘污白色至浅黄色，中央色深呈橙黄色；边缘有明显条纹。菌肉白色。菌褶污白色至浅黄色，离生，密集，不等长。菌柄长 8 ~ 17cm，直径 1.0 ~ 1.5cm，近圆柱形，向下渐粗，白色，下部色渐深呈强黄色，上下被白色细小鳞片，内部实心至松软。菌环缺乏。担孢子球形或卵圆形，无色，表面有疣，（7.5 ~ 10）μm×（5 ~ 6.5）μm。

生态习性 夏秋季生于阔叶杂木林地内，单生或群生。

国内分布 未见报道。中国新记录种。

经济作用 食用及其他用途不明。

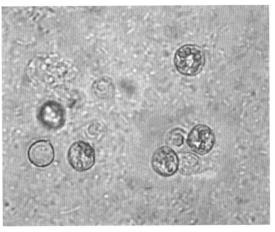

红菇目　红菇科

96.粉红菇 *Russula subdepallens* Peck

分类地位　红菇目，红菇科，红菇属。

形态特征　子实体中等大。菌盖直径 5 ~ 11cm，扁半球形后平展至下凹，老后边缘上翘，粉红色，幼时中部暗红色，老后中部色淡，部分米黄色，黏，边缘有条纹。菌肉白色，老后变灰色，薄。味道柔和，无特殊气味。菌褶白色，等长，直生，较稀，褶间具横脉。菌柄长 4 ~ 8cm，粗 1 ~ 3cm，白色，近圆柱形，内部松软。孢子印白色。孢子近球形，有小刺并相连，（7.5 ~ 10）μm×（6.5 ~ 9）μm。褶侧囊体梭形，顶端渐尖。

生态习性　夏秋季生于阔叶杂木林地内，群生。

国内分布　吉林、江苏、福建、云南、西藏、河南等。辽宁新记录种。

经济作用　可食用。属树木的外生菌根菌。

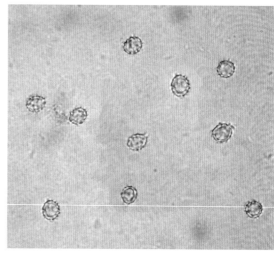

◆ 红菇目 红菇科

97. 亚臭红菇 *Russula subfoetens* W. G. Smith

分类地位 红菇目，红菇科，红菇属。

形态特征 担子体中型至大型。菌盖直径5.5～15cm，初期半球形或扁半球形，暗土黄色、黄褐色，后期平展近中央部位稍凹陷，中部颜色较深，红棕色、赭红色或暗褐色，湿时稍黏，菌盖边缘稍内卷，具明显棱状条纹，表皮易撕离。菌肉白色，干后淡黄色，肉质较厚，气味辛辣。菌褶等长较宽，初期为白色，老后或干后为淡黄色或淡黄褐色，弯生或直生，具横脉。菌柄圆柱形，长5.5～15cm，粗1.5～3.5cm，向下渐细，初白色，近基部呈淡黄褐色，老后灰白色，松软至中空。担孢子（7.8～9）μm×（6.8～8.5）μm，球形、近球形至宽椭圆形，表面具分散小疣，疣间不相连或偶见相连。

生态习性 夏秋季生长于红松阔叶混交林地内，单生或散生。

国内分布 四川、黑龙江。辽宁新记录种。

经济作用 记载不可食。

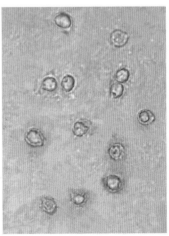

◆ 红菇目 红菇科

98. 微紫柄红菇 *Russula violeipes* Quél.

分类地位 红菇目，红菇科，红菇属。

形态特征 子实体中等大。菌盖直径 4 ~ 8cm，半球形或扁平至平展，中部下凹，似有粉末，灰黄色、橄榄色或部分红色至紫红，甚至酒红色斑纹，边缘平整或开裂。菌肉白色。菌褶离生，稍密，等长，浅黄色。菌柄长 4.5 ~ 10cm，粗 1 ~ 2.6cm，表面似有粉末，白色或污黄色且部分或紫红色，基部往往变细。孢子近球形，有疣和网纹，（6.5 ~ 10）μm×（6 ~ 8.5）μm。有褶侧囊体。

生态习性 秋季生于阔叶林或针阔混交林地内，单生或散生。

国内分布 浙江、台湾等。辽宁新记录种。

经济作用 可食用。树木外生菌根菌。

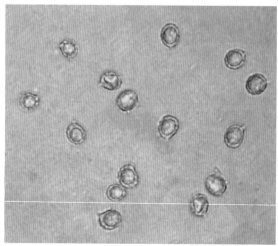

红菇目　红菇科

99. 变绿红菇 *Russula virescens*（Schaeff. ex Zanted）Fr.

中文别名　绿菇、青盖子、青菌。

分类地位　红菇目，红菇科，红菇属。

形态特征　菌盖宽 3 ~ 12cm，初期球形、圆锥形而后展开成中凹漏斗形，后变扁半球形并渐伸展，中部常稍下凹，不黏，浅绿色至灰色，表面灰绿色，并具不规则多角形翠绿点纹，菌盖表皮层的伪柔组织末端细胞有如直立的囊状体。菌肉白色，幼时坚硬。菌褶密、白色，后期稍带黄色。菌柄长 5 ~ 10cm，宽 1.5 ~ 2cm，中实至稍海绵状，表面具白色纵皱纹。孢子大为（7 ~ 9）μm×（5.5 ~ 8）μm，卵形或近球形，表面有细刺及网棱。缘囊状体与侧囊状体皆为纺锤形。

生态习性　夏秋季生于栎树林地内，散生或群生。

国内分布　广泛。

经济作用　可食用、药用。

蘑菇目 侧耳科

100. 柔膜亚侧耳 *Hohenbuehelia flexinis* Fr.

中文别名 小亚侧耳。

分类地位 蘑菇目，侧耳科，亚侧耳属。

形态特征 子实体小。菌盖直径 1 ~ 8cm，扇形近扇形，白色、浅黄色至浅褐色，无菌柄或菌柄很短，肉质，边缘有细条纹，干后卷缩。菌肉白色。菌褶密，白色，很薄，老时浅褐色。孢子无色，光滑，长椭圆形，一端具小尖，孢子大小（7.0 ~ 9.5）μm×（3.5 ~ 6.25）μm。

生态习性 夏季生于阔叶树枯树枝或倒木上，单生、群生、叠生或丛生。

国内分布 吉林、香港等。辽宁新记录种。

经济作用 可食用。

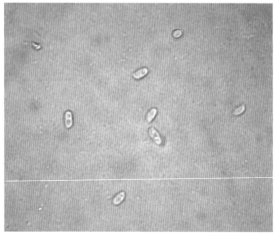

蘑菇目 侧耳科

101. 亮白小侧耳 *Pleurotellus candidissimu*（Berk.et Curt.）Konr. et Maubl.

分类地位 蘑菇目，侧耳科，小侧耳属。

形态特征 子实体小，菌盖直径 0.2 ~ 2cm，半圆形或扇形、贝壳状，白色边缘内卷或有棱纹，表面干，有小鳞片。菌肉白色。菌褶白色，延生，稍密，不等长。君柄短，侧生，往往向基部细。孢子无色，光滑，球形或椭圆形，大小（5 ~ 6.5）μm×（2.5 ~ 4.0）μm。

生态习性 夏季生于多种倒伏阔叶枯木或树桩上，群生或散生。

国内分布 福建、西藏有分布。辽宁新记录种。

经济作用 食用及其他用途不明。

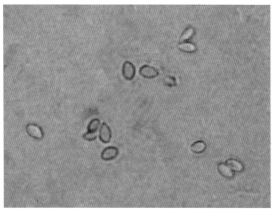

◆ **蘑菇目 侧耳科**

102.桃红侧耳 *Pleurotus djamor*（Rumph.）Boedijn

中文别名 红平菇、桃红平菇，红侧耳。

分类地位 蘑菇目，侧耳科，侧耳属。

形态特征 子实体一般中等大。菌盖直径3～11cm，初期贝壳形或扇形，边缘内卷，后期伸展边缘呈波状，表面中部有细小绒毛至近光滑，幼时白色，淡粉色，鲑肉色或后变浅土黄色。菌肉厚，边缘薄，脆。菌褶延生，不等长，密，褶幅极窄，粉红色或近似盖色。菌柄一般不明显或很短，长1～5cm，宽2～5cm，侧生，被白色细绒毛。孢子印带粉红色。孢子光滑，无色，近圆柱形，（6.5～9.5）μm×（3～5）μm，非淀粉质。褶缘囊体近圆柱形，顶端突凸或膨大。

生态习性 夏秋季生于核桃楸或多种阔叶树的枯倒木、树桩上，覆瓦状叠生或近丛生。

国内分布 华南地区。辽宁新记录种。

经济作用 可食用，可栽培。

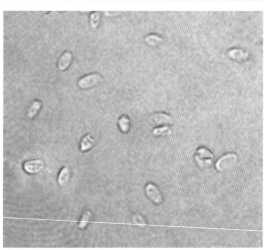

蘑菇目　侧耳科

103. 小白侧耳 *Pleurotus limpidus*（Fr.）Gill.

中文别名　软靴耳，软锈耳。

分类地位　蘑菇目，侧耳科，侧耳属。

形态特征　子实体小，菌盖半圆形，倒卵形、肾形或扇形，直径 2 ~ 4.5cm，无后沿，光滑，水渍状，纸白色。菌肉白色，薄，脆。菌褶白色，延生，稍密或稠密，半透明。菌柱近圆柱形，侧生，白色，长 2 ~ 3cm，具细绒毛，内部实心。孢子印白色。孢子无色，光滑，长方椭圆形，（5.6 ~ 10）μm×（3.5 ~ 4）μm。

生态习性　夏秋季于杨树等阔叶腐木上，叠生、丛生。

国内分布　辽宁、吉林、广西、云南、西藏、台湾等。

经济作用　可食用。木材腐朽菌。新鲜子实体夜间可发荧光。

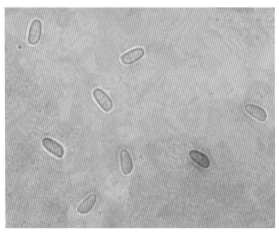

◆ 蘑菇目　鹅膏菌科

104. 卵盖鹅膏菌 *Amaanita ovoidea*（Bull.：Fr.）Bas

中文别名　毛柄白鹅膏。

分类地位　蘑菇目，鹅膏菌科，鹅膏菌属。

形态特征　子实体中等至较大，白色。菌盖直径 6 ~ 13cm，初期近卵形至钟形，后期渐变成扁半球形，表面附有大块污白色外菌幕残片，边缘无条棱。菌肉白色。菌褶离生，白色，不等长，稍密。菌柄柱形，白色，长 8 ~ 14cm，粗 1.2 ~ 2.5cm，表面有粉状或短纤毛鳞片，基部稍膨大，内部松软。菌环白色，膜质，生柄之上部，易破碎、脱落。菌托白色，近苞状。孢子印白色。孢子卵圆形或宽椭圆形，无色，光滑，（8 ~ 10.5）μm×（6 ~ 8）μm，糊性反应。

生态习性　夏秋季生于云杉林地内，单生或散生。

国内分布　云南。辽宁新记录种。

经济作用　据记载毒性强。树木外生菌根菌。

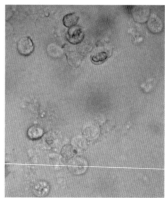

◆ 蘑菇目 鹅膏菌科

105. 苞脚鹅膏菌 *Amanita agglutinata*（Berk. et Curt.）Lloyd

分类地位 蘑菇目，鹅膏菌科，鹅膏菌属。

形态特征 子实体中等大。菌盖直径 5 ~ 8cm，扁半球形变至近平展，中部稍下凹，初期污白色，后变土黄色至土褐色，表面附有大片粉质鳞片，边缘有不明显的短条棱。菌肉白色.菌褶白色，后变污白色至带褐色，离生，褶缘似有粉粒。小菌褶似刀切状，不等长。菌柄细长，长 5 ~ 11 cm，粗可达 0.8 ~ 1cm，圆柱形，表面似有细粉末，基部膨大，内部实心。无菌环。具较大的苞状菌托，同盖色。孢子印白色。孢子无色，内含颗粒状物，宽椭圆形至卵圆形，（8 ~ 12.7）μm×（6 ~ 8.8）μm。

生态习性 夏秋季生于阔叶林地内，散生或单生。

国内分布 辽宁、吉林、河北、江苏、安徽、四川、广东、湖南、湖北、西藏等。

经济作用 食毒不明。

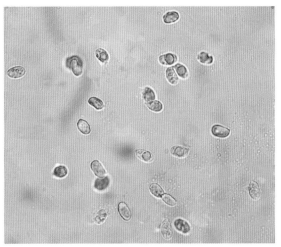

◆ **蘑菇目** 鹅膏菌科

106. 白肉色鹅膏菌 *Amanita albocreata*（Atk.）Gilb.

分类地位 蘑菇目，鹅膏菌科，鹅膏菌属。

形态特征 子实体较小。菌盖直径 2～7cm，初期近扁平，后期近平层，中部稍凸起，湿时黏，淡黄色至乳黄色。中央色暗，表面近平滑被灰黄褐色角锥状小鳞片，边缘有条棱。菌肉白色，薄，无明显气味。菌褶白色，离生，稍密，褶缘平滑或微粗糙或锯齿状。菌柄圆柱形，长 6～8cm，粗 0.5～0.8cm，上部黄白色，下部浅黄褐色，表面有小鳞片及长条纹，内部松软至空心，基部膨大。菌环膜质，白色或带淡褐色，易脱落。菌托近杯状或袋状。孢子椭圆形至近球形，无色、光滑，（6～7）μm×（5～7）μm。

生态习性 夏秋季生于蒙古栎等阔叶树林地内，散生。

国内分布 海南、广东等。辽宁新记录种。

经济作用 记载可食用，慎食。外生菌根菌。

蘑菇目　鹅膏菌科

107. 长条棱鹅膏菌 *Amanita alongistriata* Imai

分类地位　蘑菇目，鹅膏菌科，鹅膏菌属。

形态特征　子实体小至中等，2～8cm，幼时近卵圆形至近钟形，后期近平展，往往中部低中央稍凸，灰褐色或淡褐色带浅粉红色，边缘有放射状长条棱，菌肉薄，污白色，近表皮处色暗。菌褶污白色至微带粉红色，稍密，离生，不等长，短菌褶似刀切状。菌柄长4～8cm，粗0.4～0.7cm，细长圆柱形，污白色，表面平滑，内部松软至中空。菌环膜质，污白色，生柄上部。菌托苞状，污白色。孢子印白色。孢子卵圆形至近球形，无色，光滑，（8.5～14）μm×（7.5～9.5）μm。

生态习性　夏秋季生于针阔混交林地内，散生或群生。

国内分布　湖北、四川、云南等。辽宁新记录种。

经济作用　食毒不明，日本视为毒菌。属外生菌根菌。

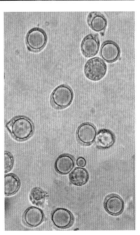

蘑菇目　鹅膏菌科

108. 白条盖鹅膏菌 *Amanita chepangiana* Tulloss et Bhandary

分类地位　蘑菇目，鹅膏菌科，鹅膏菌属。

形态特征　子实体大。菌盖直径 8 ~ 15cm，扁半球形至扁平，白色至污白色，中部带浅乳黄褐色，表面平滑，湿润至少黏，有时附白色菌托残片，边缘有条纹。菌肉白色或污白色，中部稍厚。菌褶白色或浅乳白色，离生，稍密，有短菌褶。菌柄长 9 ~ 16cm，粗 0.9 ~ 2cm，圆柱形，白色，平滑或有小鳞片，基部膨大。菌环白色，膜质，生菌柄之上部，边缘絮状。菌托白色，稍厚，较大，苞状。孢子无色，光滑，宽椭圆形或近椭圆形。

生态习性　夏秋季生于栎树林或混交林地内，散生或单生。

国内分布　辽宁、吉林、黑龙江、内蒙古、江苏、山东、安徽、浙江、福建、湖北、湖南、广东、广西、江西、四川、云南等。

经济作用　记载可食用。树木外生菌根菌。

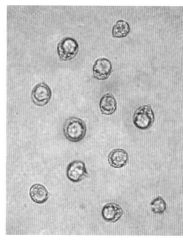

蘑菇目　鹅膏菌科

109. 显鳞鹅膏菌 *Amanita clarisquamosa*（S. Imai）S. Imai

分类地位　蘑菇目，鹅膏菌科，鹅膏菌属。

形态特征　子实体中等。菌盖直径 4 ~ 10cm，半球形至扁平，污白色，被灰褐色至褐色、破布状或膜状纸纤维状的菌幕残余，边缘棱纹短浅。菌肉白色，稍厚。菌褶白色，离生不等长。菌柄长 6 ~ 13cm，粗 1.0 ~ 2.0cm，柱形，有絮状白鳞片。菌环上位，易碎。菌托袋状，白色至污白色，厚大，偶有破碎附着于菌盖（幼菇时呈破裂块状）。孢子光滑，椭圆形至长椭圆形，（10 ~ 12）μm×（6 ~ 7）μm，淀粉质。

生态习性　秋季生于蒙古栎等阔叶树林地内，单生、散生或群生。

国内分布　广泛分布。

经济作用　有毒。

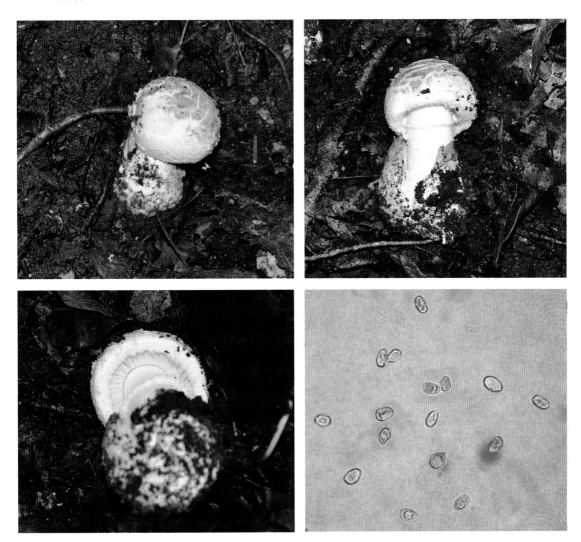

蘑菇目　鹅膏菌科

110. 浅褐鹅膏菌 *Amanita francheti*（Boud.）Fayod

分类地位　蘑菇目，鹅膏菌科，鹅膏菌属。

形态特征　子实体较小。菌盖直径 4 ~ 8.5cm，半球形至扁半球形，草黄色、褐黄色至带灰褐色，中部色深，干，边缘无条纹，表面有带黄色的棉絮状斑块。菌肉白色，菌褶白色至浅黄色，离生，稍密。菌柄长 6 ~ 12cm，粗 1 ~ 2cm，等粗，白色，有小鳞片，基部膨大呈球形至卵圆形。菌环生长于菌柄上部，膜质带黄色。菌托在基部仅有残物。孢子无色，光滑，椭圆形，（7.5 ~ 9.5）μm×（5.5 ~ 6.5）μm。

生态习性　夏秋季生于油松林下地面上，散生或群生。

国内分布　内蒙古。辽宁新记录种。

经济作用　可能有毒。

蘑菇目 鹅膏菌科

111. 赤褐鹅膏菌 *Amanita fulva*（Schaeff.：Fr.）Pers. ex Sing.

中文别名 赤褐托柄菇、鹅毛冠（四川）

分类地位 蘑菇目，鹅膏菌科，鹅膏菌属。

形态特征 子实体土黄色至淡土黄褐色。菌盖宽 6 ~ 11cm，初期卵圆形至钟形，后期渐平展，中部稍凸起且往往近栗色，光滑，稍黏，边缘具明显条纹，往往附有外菌幕残片。菌肉白色或乳白色，较薄。菌褶白色至乳白色，较密，离生，不等长，褶缘稍粗糙。菌柄较细长，圆柱形，长 9 ~ 18.5cm，粗 0.9 ~ 2cm，较菌盖色淡，光滑或有粉质鳞片，脆，内部松软至空心。菌托较大，苞状，浅土黄色。孢子印白色。孢子无色，光滑，球形至近卵圆形，（10 ~ 12.4）μm×（9 ~ 10.5）μm，非糊性反应。

生态习性 夏秋季生于云杉林地内，单生或散生。

国内分布 辽宁、吉林、黑龙江、河南、福建、海南、广西、云南、四川、甘肃、西藏等。

经济作用 食用味道较好。易与有毒的片鳞托柄菇（*Amanita volvata*）相混，后者子实体具近白色至土褐色粉末或菌盖具片状粉质鳞片，要注意区别。与栎、栗等树木形成外生菌根。

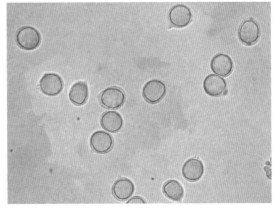

◆ 蘑菇目　鹅膏菌科

112. 黄白鹅膏菌 *Amanita gemmata*（Fr.）Gill.

中文别名　黄盖鹅膏菌、白柄黄盖鹅膏菌。

分类地位　蘑菇目，鹅膏菌科，鹅膏菌属。

形态特征　子实体中等大。菌盖直径 3～10cm，初期近球形或半球形，后期近平展，黄色或污黄色，光滑或附有污白色不规则的小鳞片，湿润时黏，盖边缘有条纹。菌肉白黄色。菌褶离生，稍密，不等长，白色带黄色。菌柄长 7～14cm，粗 0.8～1cm，靠近基部膨大近球形，表面光滑或稍有鳞片，白色带奶油黄色，菌环以上有纵纹，脆。菌环膜质，白色或黄色，生于柄的上部，易消失。菌托成小鳞片或附于盖表面或柄基部，或在柄基部形成领口状。孢子印白色。孢子宽椭圆形，光滑有小尖凸，无色，（8.7～11）μm×（5.5～3.5）μm。

生态习性　夏秋季生于落叶松与阔叶树混交林地内，单生或群生。

国内分布　辽宁、吉林、黑龙江、云南、西藏、安徽、江苏、浙江、福建、广东、广西、四川、海南等。

经济作用　记载有毒。可与松、云杉、铁杉、栎等形成外生菌根。

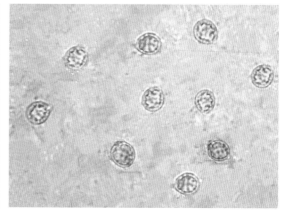

蘑菇目　鹅膏菌科

113. 浅橙黄鹅膏菌 *Amanita hemibapha*（Berk.et Br.）Sacc.subsp. *javanica* Corber et Bas

中文别名　太阳菌、橙黄鹅膏菌

分类地位　蘑菇目，鹅膏菌科，鹅膏菌属。

形态特征　子实体大，浅橙黄色至浅黄色。菌盖直径6～17cm，初期近卵圆形，钟形，后期呈扁平至近平展，中部有宽的凸起，表面光滑或光亮，边缘有细长条棱，湿时黏。菌肉白黄色，盖中部稍厚。菌褶浅黄色至黄色，离生，稍密，不等长。菌柄柱形或上部渐细，同盖色，长9.5～30cm，粗0.8～2.5cm，有深色花纹，内部松软至空心。菌环膜质，生柄之上部，同盖色。菌托苞状，大型，白色。孢子印白色。孢子光滑，无色，宽椭圆形至近球形，（7.7～10）μm×（6～7.5）μm，非淀粉质。

生态习性　夏秋季生于阔叶林地内，单生或散生。

国内分布　四川、海南、西藏等。辽宁新记录种。

经济作用　可食用，其味鲜美。树木外生菌根菌。

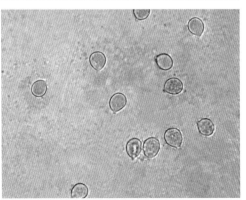

◆ **蘑菇目 鹅膏菌科**

114. 花柄橙红鹅膏菌 *Amanita hemibapha*（Berk. et Br.）Sace.

分类地位 蘑菇目，鹅膏菌科，鹅膏菌属。

形态特征 子实体中等至大型。菌盖直径 5 ~ 15cm 或更大，初期近卵圆形至近钟形，后期近平展，中央小凸起，表面光滑，红色，橙红色，亮红色，边缘色淡有明显长条棱，湿时黏。菌肉黄白色，中部稍厚。菌褶离生，白色带黄，不等长。菌柄圆柱形，长 11 ~ 16cm，粗 0.5 ~ 2cm，表面黄色且有橙红色花纹，内部松软至空心。菌环大，膜质，黄色。菌托纯白色，大而厚呈苞状。孢子印白色。孢子光滑，无色，宽椭圆形，（9 ~ 12）μm×（7.5 ~ 10）μm，非糊性反应。

生态习性 夏秋季生于落叶松阔叶混交林地内，单生或散生，稀群生。

国内分布 辽宁、吉林、黑龙江、台湾等。

经济作用 可食用。树木的外生菌根菌。

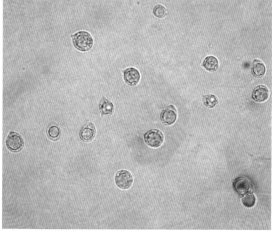

蘑菇目 鹅膏菌科

115. 瓦灰鹅膏菌 *Amanita onusta*（Howe）Sacc.

中文别名　毒鹅膏菌、鬼笔鹅膏。

分类地位　蘑菇目，鹅膏菌科，鹅膏菌属。

形态特征　子实体中等大。菌盖直径3～8cm，半球形或扁半球形，或平展，中部平凸，白色至灰色，有瓦灰色至深灰色角锥状鳞片，边缘鳞片呈絮状，表面稍干。菌肉白色。菌褶白色至乳黄色，离生，密。菌柄长4～15.5cm，粗0.5～1.5cm，灰色至灰褐色，上部色浅有絮状鳞片，基部膨大，稍延伸，有絮状角鳞。孢子无色，光滑，宽椭圆形，（18～12）μm×（2.5～8.5）μm。

生态习性　生于混交林地内。

国内分布　四川、云南等。辽宁新记录种。

经济作用　食、毒不明。树木外生菌根菌。

◆ 蘑菇目　鹅膏菌科

116. 淡玫瑰红鹅膏 *Amanita pallidorosea* P. Zhang & Zhu L. Yang

中文别名　玫瑰红鹅膏菌。

分类地位　蘑菇目，鹅膏菌科，鹅膏菌属。

形态特征　子实体小至中等。菌盖直径 4 ~ 16cm，幼时斗笠形，后期近平展至上卷，中央稍凸，边缘初期白色，中央淡玫瑰红色，后期呈白色略带粉红色，边缘有辐射状细条纹。菌肉白色，伤处不变色。菌褶弯生，白色至微带粉红色，密，不等长。菌柄长 8 ~ 18cm，粗 0.6 ~ 1.2cm，细长圆柱形，上部渐细，白色至污白色，有细小纤维状白色鳞片，基部膨大。菌环上位，膜质，白色。菌托苞状，白色。孢子球形至近球形，无色，光滑，（6 ~ 10）cm×（6 ~ 9）cm，淀粉质。

生态习性　夏秋季生于针阔混交林地内，散生或群生。

国内分布　湖北、广东、陕西、海南、四川、云南等。辽宁新记录种。

经济作用　日本视为毒菌。属外生菌根菌。

蘑菇目　鹅膏菌科

117. 黄豹斑毒鹅膏菌 *Amanita pantherina var. multisquamsa*（Pk.）Jenkins.

分类地位　蘑菇目，鹅膏菌科，鹅膏菌属。

形态特征　子实体中等大。菌盖初期扁半球形，后期平展，直径 3.5 ~ 10cm，浅黄色或浅黄褐色，中部色深，具角状或颗粒状鳞片，老后部分脱落，盖缘有明显的条棱。菌肉白色。菌褶白色，离生，不等长。菌柄圆柱形，长 5 ~ 9cm，粗 0.3 ~ 1.2cm，表面有小鳞片，内部松软至空心，基部有膨大菌托。菌环膜质，厚，生上部。孢子印白色。孢子光滑无色，近球形，（8.7 ~ 12）μm×（6.5 ~ 9）μm。

生态习性　夏秋季生于阔叶林或针叶林地内，群生。

国内分布　四川。辽宁新记录种。

经济作用　有毒。

蘑菇目　鹅膏菌科

118. 豹斑毒鹅膏菌 *Amanita pantherina*（DC.：Fr.）Schrmm.

中文别名　豹斑毒伞、斑毒伞。

分类地位　蘑菇目，鹅膏菌科，鹅膏菌属。

形态特征　子实体中等大。菌盖初期扁半球形，后期渐平展，直径 7.5 ~ 14cm，盖表面褐色或棕褐色。有时污白色，散布白色至污白色的小斑块或颗粒状鳞片，老后部分脱落，盖缘有明显的条棱，当湿润时表面黏。菌肉白色。菌褶白色，离生，不等长。菌柄圆柱形，长 5 ~ 17cm，粗 0.8 ~ 2.5cm，表面有小鳞片，内部松软至空心，基部膨大有几圈环带状的菌托。菌环一般生长在中下部。孢子印白色。孢子宽椭圆形，无色，光滑，（10 ~ 12.5）μm×（7.2 ~ 9.3）μm。

生态习性　夏秋季生于阔叶林或针叶林地内，群生。

国内分布　广泛分布。

经济作用　含有毒素，食后半小时至 6 小时发病。与云杉、栗、栎、椴等树木形成菌根。

蘑菇目　鹅膏菌科

119. 毒鹅膏菌 *Amanita phalloides*（Vaill. ex Fr.）Link

分类地位　蘑菇目，鹅膏菌科，鹅膏菌属。

形态特征　菌盖直径 4 ～ 12cm，初期圆形或椭圆形，后期宽凸至扁平，潮湿时黏性，干燥时发亮，有条纹，偶见白色面纱，颜色从暗绿色到橄榄色到黄褐色到褐色。菌肉白色。菌褶离生，密，白色。菌柄长 5 ～ 18cm，粗 1 ～ 2.5cm，通常渐狭到先端和膨胀到基部，有细绒毛，基部有类似袋状包被（有时埋藏地下或破碎）。白色或同菌盖色。菌环白色，易消失。担孢子（8 ～ 10）μm×（6 ～ 8）μm，近球形，无色，光滑，淀粉质。

生态习性　夏秋季生于云杉林地内，单生。

国内分布　江苏、江西、湖北、安徽、福建、湖南、广东、广西、四川、贵州、云南等。辽宁新记录种。

经济作用　剧毒，是世界上最毒的蘑菇，误食 30mg 便足以致人死亡。症状包括腹痛、腹泻、呕吐、低血压、黄疸、抽搐、昏迷、肾功能衰竭、心脏骤停等。

蘑菇目　鹅膏菌科

120. 褐盖灰褶鹅膏 *Amanita* sp.

分类地位　蘑菇目，鹅膏菌科，鹅膏菌属。

形态特征　子实体小到中等。菌盖直径 3 ~ 7cm，黄褐色、橙褐色至暗黄褐色，边缘色浅，具明显棱纹。菌肉白色。菌褶弯生或离生，不等长，个别分叉，成熟时浅灰色至深灰色。菌柄长 7 ~ 13cm，粗 1 ~ 1.5cm，圆柱形，向下渐粗，污白色至灰色，被灰色纤丝状鳞片。菌环无。菌托灰色至深灰色，粉质。担孢子球形至近球形，8 ~ 13μm，光滑，无色，非淀粉质。

生态习性　夏季生于落叶松和阔叶树混交林地内，单生。

国内分布　未见资料报道。中国新记录种。

经济作用　食用及其他用途不明。

蘑菇目　鹅膏菌科

121. 芥黄鹅膏菌 *Amanita subjunguilea* Imai

中文别名　芥橙黄鹅膏菌、黄盖鹅膏菌。

分类地位　蘑菇目，鹅膏菌科，鹅膏菌属。

形态特征　子实体较小。菌盖直径 2.5 ~ 9cm，初期近圆锥形、半球形至钟形，渐开伞后扁平至平展，中部稍凸或平，污橙黄色到土黄色，边缘色较浅，表面平滑或有似放射状纤毛状条纹，盖边缘似有不明显条棱，湿时黏，有时附白色托残片。菌肉白色，近表皮处带黄色，较薄。菌褶离生，近白色，稍密，不等长。菌柄柱形，上部渐细，黄白色，有纤毛状鳞片，长 12 ~ 18cm，粗 0.5 ~ 1.6cm，内部松软至变空心。菌环膜质，黄白色，生柄之上部。菌托苞状，大，灰白色。孢子印白色。孢子近球形，无色，近光滑，6 ~ 8μm。

生态习性　夏季生于针阔混交林地内，单生。

国内分布　辽宁、吉林、黑龙江、西藏等。

经济作用　日本记载有剧毒。

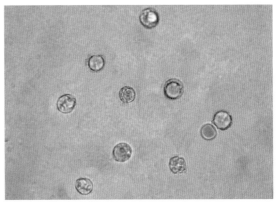

◆ **蘑菇目** 鹅膏菌科

122. 白鹅膏菌 *Amanita verna*（Bull.；Fr.）Pers.

中文别名 白毒伞，白毒鹅膏菌。

分类地位 蘑菇目，鹅膏菌科，鹅膏菌属。

形态特征 子实体中等大，纯白色。菌盖初期卵圆形，开伞后近平展，直径7～12cm，表面光滑。菌肉白色。菌褶离生，稍密，不等长。菌柄细长圆柱形，长9～12cm，粗2～2.5cm，基部膨大呈球形，内部实心或松软，菌托白色，肥厚近苞状，菌环生柄之上部，白色，膜质。孢子近圆形，光滑或有小疣，无色，（8～11）μm×（7～10）μm。

生态习性 夏秋季生于针叶树或阔叶树林地内，单生或散生。

国内分布 辽宁、吉林、黑龙江、河北、河南、江苏、福建、安徽、江西、广东、四川、贵州、陕西、甘肃、湖北等。

经济作用 极毒，中毒症状主要以肝损害为主，死亡率很高。树木外生菌根菌。

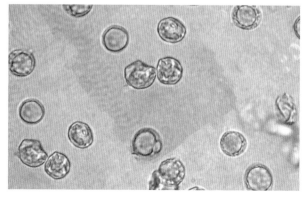

蘑菇目 鹅膏菌科

123. 鳞柄白鹅膏菌 *Amanita virosa* Lam.： Fr.

中文别名　鳞柄白毒伞、毒鹅膏

分类地位　蘑菇目，鹅膏菌科，鹅膏菌属

形态特征　子实体中等大，纯白色。菌盖边缘无条纹，中部凸起略带黄色，直径 5 ~ 12cm。菌肉白色，遇 KOH 变金黄色。菌褶白色，离生，较密，不等长。菌柄有显著的纤毛状鳞片，细长圆柱形，长 8 ~ 14cm，粗 1 ~ 1.2cm，基部膨大呈球形。菌托较厚呈苞状。菌环生柄之上部或顶部。孢子印白色。孢子无色，光滑，近球形，7 ~ 10μm，糊性反应。

生态习性　夏秋季在阔叶林地内，单生或散生。

国内分布　吉林、广东、北京、四川。辽宁新记录种。

经济作用　毒性很强，中毒死亡率很高。此种可与栗、高山栎以及松等树木形成菌根。

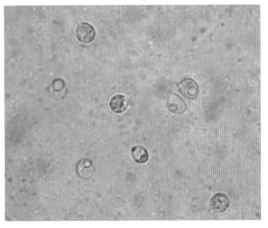

◆ **蘑菇目** 鹅膏菌科

124. 白粘伞 *Limacella illinata*（Fr.：Fr.）Murr.

中文别名 散布粘伞。

分类地位 蘑菇目，鹅膏菌科，粘伞属。

形态特征 子实体一般较小，白色至污白色，表面有一层黏液。菌盖直径 2 ~ 8cm，初期半球形或扁半球形，后期稍平展中部凸起，湿润时表面黏液很多，边缘平滑无条棱。菌肉白色，中部稍厚。菌褶白色，密，不等长，离生。菌柄圆柱形，稍弯曲，长 4 ~ 9cm，粗 0.3 ~ 0.8cm，表面白色并有黏液，基部常有污染色斑。菌环薄，上位。孢子光滑，无色，近球形至近椭圆形，（5 ~ 6.5）μm×（3.5 ~ 5.5）μm。

生态习性 夏秋季生于落叶松与阔叶林混交林地内，群生、单生或散生。

国内分布 河北、青海等。辽宁新记录种。

经济作用 可食用。外形特征近似白蜡伞或有的似金钱菌，不过表面有很厚的一层黏液。

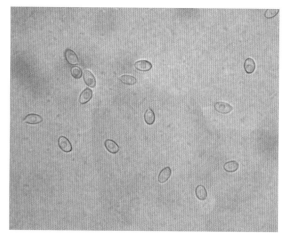

蘑菇目 粉褶蕈科

125. 丛生斜盖伞 *Clitopilus caespitosus* Pk.

中文别名 斜顶菌、斜顶蕈、密簇斜盖伞、白蘑。

分类地位 蘑菇目，粉褶蕈科，斜盖伞菌属。

形态特征 子实体小至中等，白色。菌盖直径 5 ~ 8.5cm，半球形至平展，中部常下凹，光滑，白色至乳白色，干后纯白色且具丝光，初期边缘内卷，伸展后常呈瓣状并开裂。菌肉白色，薄。菌褶白色至粉红色，较密，直生至延生，不等长，往往边缘具小锯齿。菌柄长 3 ~ 7cm，粗 0.4 ~ 1cm，上部有细小鳞片，内部松软，易纵向开裂。孢子印粉红色。孢子无色，光滑，宽椭圆形，（4.5 ~ 5）μm×（3 ~ 4）μm。

生态习性 夏秋季生于阔叶杂木林地内，丛生，群生。

国内分布 辽宁、吉林、黑龙江、内蒙古、河北、山西、江苏等。

经济作用 可食，味鲜美，属优良食用菌。

  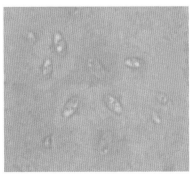

蘑菇目 粉褶蕈科

126. 斜盖伞 *Clitopilus prunulus*（Scop.）Fr.

中文别名 漏斗斜盖伞。

分类地位 蘑菇目，粉褶蕈科，斜盖伞菌属。

形态特征 子实体小或中等大。菌盖直径 3 ~ 8cm，幼时扁半球形，后渐平展。中部下凹近浅盘状，白色或污白色，表面似有细粉末至平滑；部分有条纹，湿时黏，边缘波状或花瓣状及内卷。菌肉白色，细嫩，气味香，中部稍厚而边缘薄。菌褶白色至粉红色，延生，稍密，较窄，不等长，边缘近波状；菌柄短，长 2 ~ 4cm，粗 0.4 ~ 1cm，弯曲，稍扁生，白色至污白色，往往向下部渐细，内部实心至松软。孢子印粉肉色，孢子无色，有 6 条纵向肋状隆起，横面观似六角形，宽椭圆形或近纺锤形，（9 ~ 13）μm ×（5.5 ~ 6.5）μm。

生态习性 春夏季生于落叶松林地内或林缘草地上，散生或群生。

国内分布 青海、四川、香港。辽宁新记录种。

经济作用 可食用，味道好。

蘑菇目　粉褶蕈科

127. 晶盖粉褶蕈 *Entoloma clypeatus*（L.：Fr.）Quél

中文别名　豆菌（四川）、红质赤褶菇。

分类地位　蘑菇目，粉褶蕈科，粉褶蕈属。

形态特征　子实体一般中等大。菌盖直径 2 ~ 10cm，近钟形至平展，中部稍凸起，表面灰褐色或朽叶色，光滑，具深色条纹，湿时水渍状，边缘近波状，老后具不明显短条纹。菌肉白色，薄。菌褶初期粉白色，后期变肉粉色，较稀，弯生，不等长，边缘齿状至波状。菌柄白色，圆柱形，长 5 ~ 12cm，粗 0.5 ~ 1.5cm，具纵条纹，质脆，内实变空心。孢子印粉色。孢子呈球状多角形，（8.8 ~ 13.8）μm×（7.5 ~ 11.3）μm。

生态习性　夏秋季生于阔叶混交林地内，群生或散生。

国内分布　吉林、黑龙江、河北、青海、四川等。辽宁新记录种。

经济作用　可食，但此种外形与有毒的褐盖粉褶菌（*Rhodophyllus rhodopolius*）较相似，不易区别，褐盖粉褶菌菌盖灰褐色，采食时需注意区别。有抗癌作用。记载与李、山楂等树木形成外生菌根。

蘑菇目　粉褶蕈科

128. 灰褐粉褶蕈　*Entoloma grayanus*（Pk.）Sacc.

中文别名　灰褐粉褶菌、豆菌（四川）、红质赤褶菇。

分类地位　蘑菇目，粉褶蕈科，粉褶蕈属。

形态特征　子实体较小。菌盖直径 6～7.5cm，平展而中部凸起，灰褐色，表面干而光滑或有微细绒毛，往往边缘撕裂。菌肉白色。菌褶粉红色，弯生，稀，不等长。菌柄长 6～8cm，粗 1～1.5cm，圆柱形，弯曲，白色至带黄色，有条纹，纤维质，内实。孢子浅黄红色，4～5个角，（7～10）μm×（6～8.5）μm。未见侧生和褶缘腺体。

生态习性　夏秋季生于栎树等阔叶杂木林地内，群生或散生。

国内分布　广东、香港等。辽宁新记录种。

经济作用　食用及其他用途不明。

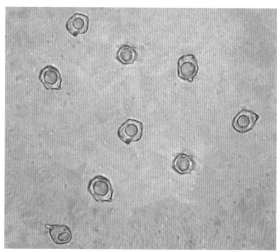

蘑菇目　粉褶蕈科

129. 窄孢粉褶蕈 *Entoloma angustispermum* Noorde. & O. V. Morozova

分类地位　蘑菇目，粉褶蕈科，粉褶蕈属。

形态特征　子实体较小。菌盖直径 0.8 ～ 2cm，幼时半球形，成熟后平凸，中部稍凹陷，白色至米色或微灰黄色，中央略深呈淡灰褐色，具不明显小鳞片。菌肉白色，薄。菌褶直生至弯生，不等长，初期白色，后期粉红色。菌柄长 5 ～ 7cm，直径 0.1 ～ 0.3cm，圆柱形，脆，中空，基部具白色菌丝体。担孢子（9 ～ 13）μm×（5.5 ～ 7.6）μm，6 ～ 8 角，有时角度不明显，壁薄，淡粉红色。

生态习性　秋季生于蒙古栎林下地上，群生。

国内分布　吉林。辽宁新记录种。

经济作用　食用及其他用途不明。

蘑菇目 粉褶蕈科

130. 黑紫粉褶蕈 *Entoloma ater* Hongo

中文别名 黑紫粉褶菌。

分类地位 蘑菇目，粉褶蕈科，粉褶蕈属。

形态特征 子实体小。菌盖直径 2 ~ 4.5cm，扁半球形至扁平，中央下凹，暗紫黑色，有微细毛状鳞片，边缘有细条纹。菌肉薄。菌褶直生至延生，淡灰粉色，粉肉色，稀，不等长。菌柄长 2 ~ 6cm，粗 0.2 ~ 0.4cm，圆柱形，较盖色浅，中空基部白色。孢子印粉色。孢子多角形，（10.3 ~ 13）μm×（7.5 ~ 8）μm。褶缘囊体近棒状，壁薄，（50 ~ 70）μm×（6.5 ~ 22）μm。

生态习性 夏秋季生于栎树等混交林地内，多群生。

国内分布 湖北、西藏等。辽宁新记录种。

经济作用 药用抗癌，对小白鼠肉瘤的抑制率为 70%，对艾氏癌的抑制率为 80%。

蘑菇目　粉褶蕈科

131. 黑蓝粉褶蕈 *Entoloma chalybaeum var. lazulinum*（Fr.）Noordel.

中文别名　黑蓝粉褶菌。

分类地位　蘑菇目，粉褶蕈科，粉褶蕈属。

形态特征　子实体较小。菌盖直径 1 ~ 2cm，凸起，后期顶端扁平，暗蓝色，呈黑色盘状，表面覆盖暗色丝状纤维，菌盖边缘有条纹。菌肉暗蓝色，薄，蘑菇气味强烈。菌褶波状，初期浅蓝或蓝灰色，成熟时变成粉红色。菌柄大小（3 ~ 8）cm×（0.1 ~ 0.2）cm，上下等粗，光滑，深蓝色、暗蓝色至紫罗兰色，基部有白毛。孢子印粉红色。孢子浅紫色，（10 ~ 12）μm×（6.5 ~ 8.0）μm，5 个角，近椭圆形。

生态习性　夏秋季生于落叶松林地内，国外（英国）记录生长草地和石楠地上，单生或散生。

国内分布　未见记载。中国新记录种。

经济作用　有毒，不可食。

蘑菇目　粉褶蕈科

132. 长春粉褶蕈 *Entoloma changchunense* Xiao Lan He & T. H. Li

分类地位　蘑菇目，粉褶蕈科，粉褶蕈属。

形态特征　子实体较小。菌盖直径 2 ~ 5cm，半球形至平展，黄色至黄褐色，中央凸起，略显棕褐色。整个盖面有浅褐色或污白色的纤毛，靠近菌盖边缘毛长且密，成熟干燥菌盖边缘多呈均匀开裂状。菌肉污白色至米色，伤处不变色。菌褶稍密，延生，不等长，初期白色，后期淡褐色、黄褐色至褐色。菌柄长 5 ~ 10cm，粗 0.5 ~ 1cm，圆柱形，白色至米色，被黄褐色纤丝状鳞毛片，菌环丝膜状，易消失。担孢子（6.5 ~ 10）μm×（3.5 ~ 6）μm，近杏仁形，有不明显的小麻点，锈褐色至褐色。

生态习性　夏季生于杂木林下地上，群生。

国内分布　吉林。辽宁新记录种。

经济作用　食用及其他用途不明。

  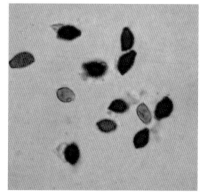

蘑菇目 粉褶蕈科

133. 靴耳状粉褶蕈 *Entoloma crepidotoides* W. Q. Deng & T. H. Li

分类地位 蘑菇目，粉褶蕈科，粉褶蕈属。

形态特征 子实体小。菌盖直径 0.5 ~ 2cm，扇形至贝形，幼时白色，成熟后带粉色，菌盖被微细白色绒毛。菌褶初期白色，后期带粉红色，从着生基部辐射状长出，不等长，短延生。菌柄缺，只有一个侧生的基部。担孢子（8 ~ 9）μm×（5 ~ 7）μm，6 ~ 7 个角，异径，淡粉红色。菌盖外皮层毛丝状。无锁状联合。

生态习性 夏秋季生于阔叶林下倒伏木的贴地面处，群生、簇生。

国内分布 华北地区。辽宁新记录种。

经济作用 食用及其他用途不明。

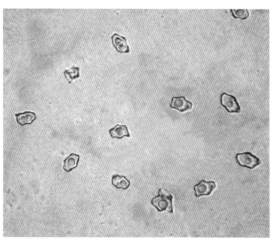

蘑菇目　粉褶蕈科

134. 暗蓝粉褶蕈　*Entoloma lazulinus*（Fr.）Quél.

中文别名　暗蓝粉褶菌。

分类地位　蘑菇目，粉褶蕈科，粉褶蕈属。

形态特征　子实体弱小。菌盖直径 1 ~ 3.5cm，初期近锥形或钟形，后期近半球形，暗蓝灰色，紫黑色至黑蓝色，中部色更深，表面具毛状鳞片，边缘有条纹。菌肉薄，暗蓝色，具强烈地蘑菇气味。菌褶稍密，直生，初期蓝色或带粉红色。菌柄细长，圆柱形，暗蓝色至蓝黑色或蓝紫色，长 3 ~ 4cm，粗 0.1 ~ 0.3cm，基部有白毛。孢子印粉色。孢子长方多角形，（8 ~ 12）μm×（6.5 ~ 8）μm。

生态习性　夏秋季生混交林中草地上，群生。

国内分布　广西、香港等。辽宁新记录种。

经济作用　记载有毒。

◆ 蘑菇目 粉褶蕈科

135. 方孢粉褶蕈 *Entoloma murraii*（Berk. & Curt.）Sing.

分类地位 蘑菇目，粉褶蕈科，粉褶蕈属。

形态特征 子实体弱小。菌盖直径 2 ~ 4cm，顶部具浅色凸尖，黄色到橙黄色，表面丝光发亮，湿润时边缘可见细条纹。菌肉薄，近无色。菌褶近粉黄色至粉红色，稍稀，不等长，弯生至近离生，边缘近波状。菌柄细长柱形，黄白色，光滑或有丝状细条纹，长 4 ~ 8cm，粗 0.2 ~ 0.4cm，内部空心，基部稍膨大。孢子印粉红色。孢子多 4 角呈方形，偶见 5 ~ 6 角呈近椭圆形，粉黄褐色，光滑，（9 ~ 12.8）μm×（8 ~ 10）μm。褶缘囊体袋状，无色。

生态习性 夏季生于阔叶树林地内，单生或群生。

国内分布 四川、湖南等。辽宁新记录种。

经济作用 记载有毒。

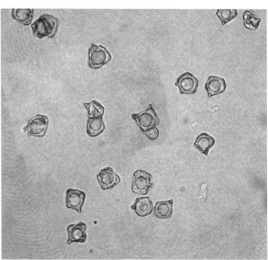

◆ 蘑菇目 粉褶蕈科

136. 木力粉褶蕈 *Entoloma murrili* Hesler

分类地位 蘑菇目，粉褶蕈科，粉褶蕈属。

形态特征 菌盖直径 2 ~ 3.5cm，中凸至平展，中部脐凹，纯白色，有时带极淡的黄色，光滑，边缘完整，幼时内卷。菌肉薄，白色或近白色稍厚，坚硬。菌褶直生至延生，密，窄，初期白色，后期粉红色至粉褐色，边缘同色。菌柄（2 ~ 3）μm×（0.2 ~ 0.3）μm，白色至近白色，也有纯白色的，略带白粉色或光滑，基部有白色菌丝体，常扁平，等粗，中空。孢子印粉红色。孢子 5 ~ 6 个角，不规则，（8 ~ 11）μm×（6 ~ 7）μm。

生态习性 夏秋季生于栎树树桩上，群生或丛生。

国内分布 吉林等。辽宁新记录种。

经济作用 食用及其他用途不明。

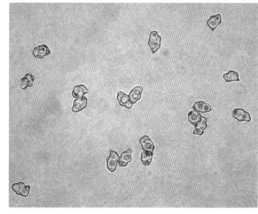

蘑菇目　粉褶蕈科

137. 臭粉褶蕈　*Rhodophyllus nidorosus*（Fr.）Quél.

中文别名　臭粉褶菌、臭赤褶菌。

分类地位　蘑菇目，粉褶蕈科，粉褶蕈属。

形态特征　菌盖直径 2 ~ 3.5cm，球形，后平展中部凸起，淡黄褐色或灰黄褐色，水渍状，黏，丝状纤维状，有时干性，边缘波状，开裂。菌肉白色。菌褶直生，宽，不等长，白色，枯草黄色或淡粉色，波状带暗色边缘。菌柄长 4 ~ 7cm，粗 0.4 ~ 0.8cm，光滑，中空，上部有白色，薄纤维状，白色后黄色，有纵条纹。孢子印粉红色。孢子角状椭圆形，带淡粉色，有 1 ~ 2 个油滴，（7 ~ 10）μm×（6 ~ 7.5）μm。

生态习性　夏秋季生于阔叶林或针叶林地内，群生。

国内分布　辽宁、吉林、湖南、四川、云南等

经济作用　记载有毒。树木外生菌根菌。

蘑菇目　粉褶蕈科

138. 梨味粉褶蕈 *Entoloma pyrinum*（B. et C.）Hesler

中文别名　梨味粉褶菌。

分类地位　蘑菇目，粉褶蕈科，粉褶蕈属。

形态特征　子实体小。菌盖直径 1.8 ~ 2.5cm，初期凸钟形，后期平展，微凹，浅色至深灰色，中部近黑色，边缘灰色至近灰色，其他部分浅褐色，灰褐色，伏生由纤毛形成的鳞片，中央密。菌肉薄，淡色，有熟梨味。菌褶延生，中等密，宽，初期白色至淡色，后期变粉红色。菌柄长 4 ~ 6cm，粗 0.1 ~ 0.3cm，暗褐色，光滑，基部有白色菌丝且稍膨大，有纵条纹，等粗或稍压扁，骨质脆，中空。孢子近椭圆形，5 个角，偶见 6 个角，（8.5 ~ 12）μm×（5.5 ~ 7.5）μm。

生态习性　夏秋季生于阔叶杂木林下，散生或群生。

国内分布　吉林。辽宁新记录种。

经济作用　食用及其他用途不明。

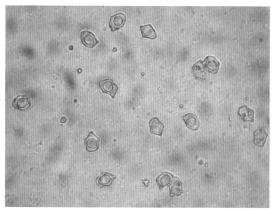

蘑菇目 粉褶蕈科

139. 纤弱粉褶蕈 *Entoloma tenuissimus* T. H. Li et Xiao Lan He

中文别名 纤弱粉褶伞。

分类地位 蘑菇目，粉褶蕈科，粉褶蕈属。

形态特征 子实体小。菌盖直径 0.3～1cm，灰褐色至浅褐色，边缘颜色略浅，幼时钝圆锥形，成熟宽凸镜至近钟形，菌盖中部略凹陷或无，具明显相间条纹，可达菌盖中部，被较稀疏的白色纤毛。菌肉薄，膜质。菌褶直生，具短的延生小齿，初期灰白色，成熟时浅褐色略带粉调，褶缘整齐。菌柄中生，长 2.5～5cm，粗低于 0.1cm，圆柱形，等粗，与菌盖同色，脆，中空，表面被稀疏白色纤毛。孢子近椭圆形，6～9角，（13～20）μm×（9～12.5）μm。褶缘体宽棒状至球形。

生态习性 夏秋季生于阔叶林地内，散生或群生。

国内分布 吉林、黑龙江。辽宁新记录种。

经济作用 食用及其他用途不明。

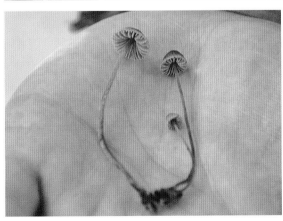
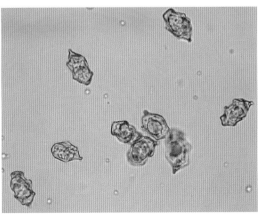

蘑菇目 粪锈伞科

140. 环锥盖伞 *Conocybe arrhenii*（Fr.）Kits van Wav.

分类地位 蘑菇目，粪锈伞科，锥盖伞属。

形态特征 子实体小。菌盖直径 1 ~ 2.4cm，幼时圆锥形至钟形，成熟后斗笠状，中央有明显凸起，黄褐色至灰褐色，中部颜色深，水渍状，表面有白色绒毛，从顶部到边缘有放射状条纹。菌肉薄，黄褐色，离生至直生，浅黄褐色至灰褐色。菌柄长 2.5 ~ 4cm，直径 0.1 ~ 0.2cm，圆柱形，表面具细微绒毛，鲜时上部浅黄色，下部颜色深。菌环中上位，较厚，易脱落，白色或同菌盖色。担孢子（11 ~ 15）μm×（7 ~ 9）μm，宽椭圆形或椭圆形，黄褐色，具芽孔，光滑。

生态习性 夏秋季生于杂木林内腐朽木上，单生或群生。

国内分布 吉林。辽宁新记录种。

经济作用 食用及其他用途不明。

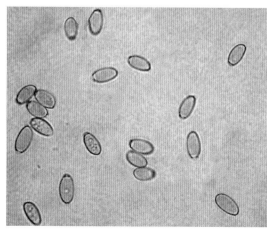

蘑菇目 光柄菇科

141. 暗色光柄菇 *Pluteus atricapillus*（Batsch）Fayod.

分类地位 蘑菇目，光柄菇科，光柄菇属。

形态特征 子实体较小。菌盖直径 3 ~ 6cm，初期扁半球形，后期近扁平，中部凹凸不平，褐色至暗褐色，中央色深。菌肉污白色。菌褶粉白至粉红色，后呈肉粉色，离生，不等长。菌柄长 3 ~ 9cm，粗 0.4 ~ 1cm，柱形，白色，有纤毛，实心。孢子几乎无色，近球形，（7 ~ 10）μm×（5.5 ~ 7）μm。囊体瓶状有角。

生态习性 夏秋季生于红松林地内的腐朽物或腐殖质多的地上，单生或群生。

国内分布 青海等。

经济作用 可食用。

◆ 蘑菇目 光柄菇科

142. 变黄光柄菇 *Pluteus lutescens*（Fr.）Bres.

分类地位 蘑菇目，光柄菇科，光柄菇属。

形态特征 子实体小或中等。菌盖直径 1.5～5.5cm，平展，具脐凸，褐黄色、黄色至浅黄色，脐凸茶褐色，干，有微细的绒毛或光滑，肉质，边缘有条纹。菌肉白色，无味。菌褶粉红色，离生，不等长，有横脉，边缘平滑。菌柄中生或偏生，（3～7）cm×（0.3～0.5）cm，圆柱形，中空，黄白色带微粉红色，有时微褐色，纤维质，尚有细绒毛和条纹，柄基部略大。孢子近球形，光滑，淡粉红色，（6～7）μm×（5～6.5）μm，成熟时多含 1 个大油滴。囊状体锥状。

生态习性 夏秋季生于阔叶树林地内，散生或丛生。

国内分布 四川等。辽宁新记录种。

经济作用 食用及其他用途不明。

蘑菇目　光柄菇科

143. 灰光柄菇 *Pluteus cervinus*（Schaeff.）P. Kumm.

分类地位　蘑菇目，光柄菇科，光柄菇属。

形态特征　子实体较大。菌盖直径 4 ~ 10cm，初期半球形，后期渐平展，中部黏，湿润，中央烟褐色、深褐色至焦茶色，有絮状绒毛，贴生，成熟时菌褶边缘波浪状浅裂。菌肉白色，薄。菌褶白色至粉红色，稍密，离生，不等长。菌柄近圆柱形，长 4 ~ 11cm，粗 0.4 ~ 1cm，同菌盖色且上部白色，具毛，脆，内实至松软。孢子印粉红色。孢子近卵圆形至椭圆形，稀近球形，无色或略带淡粉紫色，光滑，（6 ~ 8）μm×（4.5 ~ 6.5）μm。褶侧和褶缘囊体梭形，顶部具 3 ~ 5 个角。

生态习性　夏秋季生于阔叶树倒腐木上，单生或群生。

国内分布　吉林、黑龙江、河南、山西、江苏、福建、湖南、贵州、四川、甘肃、西藏、新疆等。辽宁新记录种。

经济作用　可食用，但味较差。木材腐朽菌。

  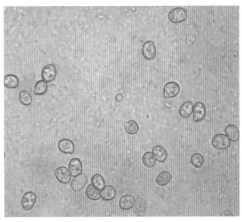

◆ 蘑菇目 光柄菇科

144. 裂盖光柄菇 *Pluteus rimosus* Murr.

分类地位 蘑菇目，光柄菇科，光柄菇属。

形态特征 子实体较小。菌盖直径 2 ~ 8cm，扁半球形至扁平或近平展，灰褐色至褐色，表面有条纹，并多开裂，菌肉白色，稍厚。菌褶污白色至粉红色，离生或直生，不等长。菌柄长 3 ~ 8cm，粗 0.5cm，圆柱形，污白色，或有灰褐色长纹，内实松软。孢子近无色，光滑，近球形，（6 ~ 10）μm×（4 ~ 7）μm，。

生态习性 夏季生于落叶松林地内，散生或单生。

国内分布 黑龙江、甘肃等。辽宁新记录种。

经济作用 食毒不明。

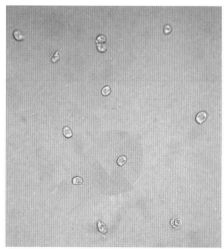

蘑菇目　光柄菇科

145. 狮黄光柄菇　*Pluteus leoninus*（Schaeff.：Fr.）Kumm.

分类地位　蘑菇目，光柄菇科，光柄菇属。

形态特征　子实体较小。菌盖直径 3 ~ 7cm，初期近钟形或扁半球形，后期扁平，中部稍凸起，表面湿润，鲜黄色或橙黄色，顶部色深或有皱凸起，边缘有细条纹及光泽。菌肉薄、脆，白色带黄。菌褶密，稍宽，离生，不等长，初期白色，后期粉红色或肉色。菌柄长 3 ~ 8cm，粗 0.4 ~ 1cm，向下渐粗，基部稍膨大，黄白色，有纵条纹或深色纤毛状鳞片，内部松软至变空心。孢子印肉色。孢子光滑，带浅黄色，近球形，（5.5 ~ 7）μm×（4.5 ~ 6）μm。褶侧囊体近纺锤状，（45 ~ 70）μm×（12 ~ 20）μm。

生态习性　夏秋季生于阔叶树倒腐木上，群生或丛生。

国内分布　辽宁、吉林、黑龙江、河南、四川、云南、西藏、香港等。

经济作用　日本记载可食用。

◆ 蘑菇目 假脐菇科

146. 鳞皮假脐菇 *Tubaria furfuracea*（Pers.）Gillet

分类地位 蘑菇目，假脐菇科，假脐菇属。

形态特征 子实体小。菌盖直径 1 ~ 3cm，凸镜形至平展，边缘初期内卷，后期平展呈波浪状，浅黄色、浅褐色至黄褐色，密被白色块状或丝状绒毛，边缘有水渍状条纹。菌肉薄，淡黄色至土黄色。菌褶淡黄色至黄褐色，稀疏，不等长。菌柄长 3 ~ 5cm，粗 0.2 ~ 0.4cm，近等粗，黄褐色，空心，基部有白色稠密的棉絮状菌丝。菌环不明显，常为纤维状。担孢子（6.5 ~ 8）μm×（4 ~ 4.5）μm，倒卵形至椭圆形，光滑，锗黄色或淡黄色。

生态习性 夏季生于阔叶杂木林地内，群生。

国内分布 吉林，西北、华北地区等。辽宁新记录种。

经济作用 食用及其他用途不明。

  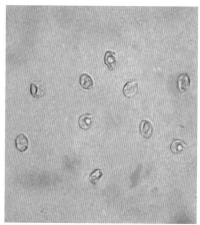

蘑菇目　口蘑科

147. 黄褐色孢菌 *Callistosporium luteo-olivaceum*（Berk. & Curt.）Sing.

分类地位　蘑菇目，口蘑科，色孢菌属。

形态特征　子实体小或中等。菌盖直径 1.5 ~ 6cm，平展或脐状，具秕糠纹或光滑，橄榄棕色、橄榄黄色至暗土黄色，老后或干时暗黄棕色。菌肉薄，污白色至暗白色，有辣味。菌褶直生，密，不等长，白色、浅黄色或金黄色，干时暗红至紫红色。菌柄长 2 ~ 5cm，直径 0.5 ~ 0.8cm，圆柱形，肉桂色、黄棕色或同菌盖色，老后或干时暗棕色至红褐色，纤维质，空心，有时具沟纹。担孢子（5 ~ 6）μm×（3 ~ 4）μm，宽椭圆形，个别一端有小尖，光滑，无色，常含 1 个或几个小油滴。

生态习性　夏秋季生于蒙古栎等阔叶杂木林地内，群生。

国内分布　吉林。辽宁新记录种。

经济作用　食用及其他用途不明。

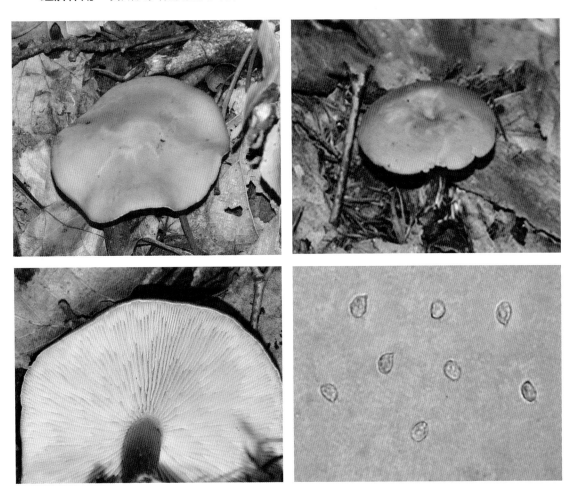

蘑菇目 口蘑科

148. 赭黄杯伞 *Clitocybe bresadoliana* Sing.

中文别名 倒垂杯伞。

分类地位 蘑菇目，口蘑科，杯伞属。

形态特征 子实体小。菌盖直径 2 ~ 5cm，扁球形或扁平，中部下凹呈漏斗状，土黄色至赭黄褐色，边缘渐内卷、波状且条纹不明显，湿时有环带。菌肉近白色至乳白色，有水果香气。菌褶乳白黄色，延生而较密。菌柄长 3 ~ 5cm，粗 0.4 ~ 1cm，柱形，同菌盖色，平滑，基部稍膨大且有白色绒毛，实心至松软。孢子无色，椭圆形，（5 ~ 6.9）μm ×（3 ~ 4.5）μm。

生态习性 夏秋季生于落叶松林地内，群生或丛生。

国内分布 河北、甘肃、青海等。辽宁新记录种。

经济作用 报道有毒，不宜食用。

蘑菇目 口蘑科

149. 小白杯伞 *Clitocybe candicans*（Pers.：Fr.）Kumm.

中文别名 变白杯伞。

分类地位 蘑菇目，口蘑科，杯伞属。

形态特征 子实体小。菌盖直径 2 ~ 5cm，扁半球形至扁平，中部下凹，白色，光滑有细毛，边缘稍向内弯。菌肉白色，薄。菌褶白色，延生，薄，窄。菌柄长 3 ~ 5.5cm，粗 0.3 ~ 0.5cm，弯曲，白色，光滑，空心，基部有白色绒毛。孢子光滑，无色，近球形，（4 ~ 5）μm ×（3 ~ 4）μm。

生态习性 夏秋生于阔叶杂木林地内，群生或丛生。

国内分布 辽宁、吉林、四川等。

经济作用 食用不明。

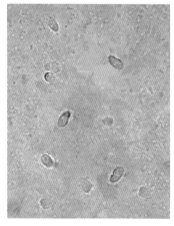

◆ 蘑菇目 口蘑科

150. 肋纹杯伞 *Clitocybe costata* Kühner & Romagn

分类地位 蘑菇目，口蘑科，杯伞属。

形态特征 子实体较小。菌盖直径 3 ~ 5cm，幼时平展，中央凹陷，成熟后呈漏斗状，边缘具有条肋状棱纹，菌盖边缘呈波浪状，表面具有微细绒毛，中央凹陷处常有粗绒毛，水渍状，锗棕色至米棕色，中央色深，干后污白色或近白色。菌肉白色，薄，菌褶白色至污奶油色，宽，延生，不等长，近菌柄处具有分叉。菌柄长 3 ~ 4.5，直径 0.3 ~ 0.8cm，圆柱形，光滑，锗棕色或同盖色，被细小白色纤维毛。担孢子（5 ~ 7）μm×（3.5 ~ 4.5）μm，椭圆形，光滑，无色。

生态习性 秋季生于林下草丛内或人工栽植绿化草坪上，群生。

国内分布 吉林。辽宁新记录种。

经济作用 食用及其他用途不明。

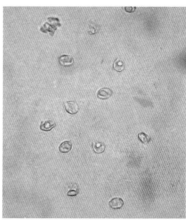

蘑菇目　口蘑科

151. 杯伞 *Clitocybe cyathiformis*（Bull. Ex Fr.）Quél.

中文别名　漏斗形杯伞、杯蕈。

分类地位　蘑菇目，口蘑科，杯伞属。

形态特征　子实体小至中等大。菌盖直径 5 ~ 10cm，中部下凹至漏斗状。往往幼时中央具小凸尖，干燥，薄，浅黄褐色或肉色，微有丝状柔毛，后变光滑，边缘平滑波状。菌肉白色，薄。菌褶白色，稍密，薄，窄，延生，不等长。菌柄圆柱形，长 4 ~ 8cm，粗 0.5 ~ 1.2cm，白色或近似菌盖色，光滑，内部松软，基部膨大且有白色绒毛。孢子印白色。孢子无色，光滑，近卵圆形，（5.6 ~ 7.5）μm×（3 ~ 4.5）μm。

生态习性　夏秋季生于阔叶林地的腐枝落叶层或草地上，单生或群生。

国内分布　吉林、黑龙江、河北、陕西、山西、甘肃、西藏、青海、新疆、四川等。辽宁新记录种。

经济作用　可食用，往往野生量大，便于收集加工。药用抗癌。

蘑菇目　口蘑科

152. 白霜杯伞 *Clitocybe dealbata*（Sow.）P. Kumm.

中文别名　象牙白陡头。

分类地位　蘑菇目，口蘑科，杯伞属。

形态特征　子实体较小。菌盖直径 3 ~ 4cm，表面白色或浅黄色或浅黄褐色。初期半球形，后期中部稍下凹，有时呈漏斗状。边缘内卷或呈波浪状。菌肉白色具强烈的淀粉味。菌褶延生，稍密，白色或稍带黄色，长短不一。菌柄圆柱形，基部稍膨大，长 2 ~ 3.5cm，粗 0.2 ~ 0.6cm，纤维质，内部松软。孢子印白色。孢子近椭圆形，光滑而无色，（5 ~ 6）μm×（3.5 ~ 4）μm。

生态习性　夏秋季生于杂木林林缘草地上，群生或丛生。

国内分布　青海、山西、云南、甘肃、内蒙古等。辽宁新记录种。

经济作用　不可食，菌体中含大量毒蝇碱，中毒后引起恶心、呕吐等症状。

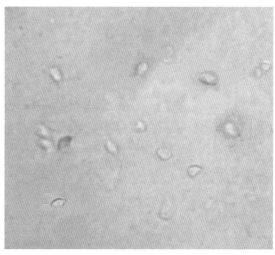

蘑菇目　口蘑科

153. 石楠杯伞 *Clitocybe ericetorum* Bull. ex Quél.

分类地位　蘑菇目，口蘑科，杯伞属。

形态特征　子实体一般较小。菌盖直径 3 ~ 5cm，呈杯状，白色至浅白黄色或乳黄色，表面平滑，具不明显条纹，边缘稍呈波浪状。菌肉白色。菌褶白色至黄白色，延生，较稀。菌柄长 3 ~ 4.5cm，粗 0.3 ~ 0.5cm，白色，似有短绒毛。孢子无色，光滑，微粗糙，卵圆形至椭圆形，（4 ~ 5）μm×（2.5 ~ 3）μm。

生态习性　夏秋季生于林中腐朽木或地上，群生或近丛生。

国内分布　四川、青海等。辽宁新记录种。

经济作用　资料记载加工后可食用。

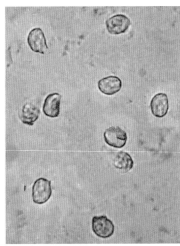

蘑菇目 口蘑科

154. 肉色杯伞 *Clitocybe geotropa*（Fr.）Quél.

分类地位 蘑菇目，口蘑科，杯伞属。

形态特征 子实体中等至大型。菌盖直径 4 ~ 15cm，扁平，中部下凹呈漏斗状，中央往往有小凸起，表面干燥，幼时带褐色，老时呈肉色或淡黄褐色并具毛，边缘内卷不明显。菌肉近白色，厚，紧密，味温和。菌褶近白色或同菌盖色，延生，不等长，密，比较宽。菌柄细长，上部较细，长 5 ~ 12cm，粗 1.5 ~ 3cm，白色或带黄色，或同菌盖色，表面有条纹呈纤维状，内部实心。孢子印白色。孢子无色，光滑，近球形或宽卵圆形，（6.4 ~ 10）μm×（4 ~ 6）μm。

生态习性 夏秋季生于阔叶树林地内，散生或群生。

国内分布 吉林、黑龙江、四川、云南、西藏、山西等。辽宁新记录种。

经济作用 可食用，国外曾栽培试验。药用抗癌。

蘑菇目　口蘑科

155. 黄白杯伞 *Clitocybe gilva*（Pers.：Fr.）Kumm.

分类地位　蘑菇目，口蘑科，杯伞属。

形态特征　子实体小或中等。菌盖直径 5 ～ 10cm，肉质，扁平，后平展，中部下凹，淡黄色至橙黄色，上有斑点，干，光滑，边缘内卷，波状。菌肉白色，薄。菌褶苍白色，后渐变赭色，有分叉和横脉，窄，延生。菌柄圆柱形，颜色较菌盖浅，肉质，光滑，长 2.5 ～ 5cm，粗 10 ～ 25mm，基部有绒毛。孢子无色，球形，4 ～ 5μm，微粗糙。

生态习性　夏秋季生于红松林地内，散生至群生。

国内分布　吉林、黑龙江、内蒙古等。辽宁新记录种。

经济作用　可食。

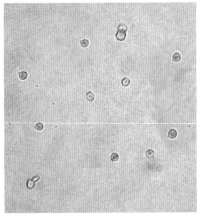

◆ 蘑菇目 口蘑科

156. 污白杯伞 *Clitocybe houghtonii*（Berk.et Br.）Dennis.

分类地位 蘑菇目，口蘑科，杯伞属。

形态特征 子实体一般较小。菌盖直径2～7.5cm，球形、扁平至近平展，中央具凹窝，污白带粉黄色，干时白色。菌肉白色，薄，有香气。菌褶粉黄色，延生，较密。菌柄长3～8cm，粗0.3～0.7cm，同菌盖色，近平滑，松软至空心，孢子无色，椭圆形，有小疣，微粗糙，（5～6.5）μm×（3～4）μm。

生态习性 夏秋季生于红松林林地内，群生或近丛生。

国内分布 云南等。辽宁新记录种。

经济作用 食用不明。

蘑菇目 口蘑科

157. 粉肉色杯伞 *Clitocybe leucodiatreta* Bon.

分类地位 蘑菇目，口蘑科，杯伞属。

形态特征 子实体较小。菌盖直径 3 ~ 7.5cm，幼时半球形，表面干，后期近平展，中部稍下凹似漏斗状。表近平滑，湿润，肉褐色，中部色深。菌肉浅黄褐色或浅乳白色，质脆。菌褶稍宽，污白至浅白黄色，直生至延生。菌柄柱形，长 4 ~ 5cm，粗 0.5 ~ 1cm，初期白色，后期同菌盖色，具条纹或白绒毛，实心。孢子椭圆形，光滑，（4.5 ~ 6.5）μm×（2.5 ~ 3.5）μm。

生态习性 夏秋季生长于红松、栎树混交林下地面上，群生。

国内分布 云南、四川等。辽宁新记录种。

经济作用 不宜食用。

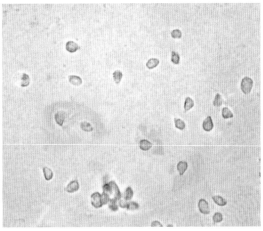

◆ 蘑菇目 口蘑科

158. 环纹杯伞 *Clitocybe metachroa*（Fr.：Fr.）Kumm.

分类地位 蘑菇目，口蘑科，杯伞属。

形态特征 子实体较小，菌盖直径 3 ~ 6.5cm，扁平，中部具凹窝，乳白色，中部带褐色，水渍状，边缘薄具深环带。菌肉近白色。菌褶污白色至浅灰褐色，延生，稍密，不等长。菌柄细长，长 3 ~ 6cm，粗 0.3 ~ 0.7cm，稍弯曲，等粗或向下变细，同菌盖色，实心变空心，表面有白色绒毛。孢子光滑，无色，椭圆形，（5.5 ~ 7）μm ×（2.5 ~ 4）μm。

生态习性 秋季生于道路旁云杉和阔叶树混交林地内，群生或散生。

国内分布 黑龙江、山东、陕西、青海等。辽宁新记录种。

经济作用 不宜食用。

蘑菇目 口蘑科

159. 水粉杯菌 *Clitocybe nebularis*（Batsch.：Fr.）Kumm.

中文别名 水粉蕈、烟云杯伞。

分类地位 蘑菇目，口蘑科，杯菌属。

形态特征 子实体较大。菌盖直径 4～13cm。常常颜色多变化，呈灰褐色、烟灰色至近淡黄色，干时稍变白。菌盖边缘平滑无条棱，但有时成波浪状或近似花瓣状。菌褶窄而密，污白色，稍延生。菌柄长 5～9cm，粗达 3cm，表面白色，基部往往膨大。孢子印白色。孢子光滑，无色，椭圆形，（5.5～7.5）μm×（3.5～4）μm。

生态习性 秋季生于云杉林地内，群生或散生。

国内分布 吉林、黑龙江、河南、山西、四川、青海、台湾等。辽宁新记录种。

经济作用 记载可食用，但有报道有毒，慎食。

蘑菇目　口蘑科

160. 林地杯伞 *Clitocybe obsolota*（Batsch.）Quél.

分类地位　蘑菇目，口蘑科，杯伞属。

形态特征　子实体较小。菌盖直径 2 ~ 5cm，幼时半球形，渐平展后中部下凹，呈浅漏斗状，浅奶油褐色，中部色深，表面平滑，水渍状，边缘内卷且波浪状。菌肉污白色，有气味。菌褶污白色，直生或近延生，较密，不等长。菌柄长 3 ~ 7cm，粗 0.5 ~ 0.8cm，常弯曲，同菌盖色，有白色小鳞片，基部有白色绒毛。孢子无色，光滑，椭圆形，（6.6 ~ 8.5）μm×（3.5 ~ 4.2）μm。担子 4 小梗。

生态习性　夏秋季生于林地腐朽木及地上，单生或群生。

国内分布　香港等。辽宁新记录种。

经济作用　资料报道疑有毒，慎食。

蘑菇目　口蘑科

161. 香杯菌　*Clitocybe odera*（Bull.：Fr.）Quél.

分类地位　蘑菇目，口蘑科，杯菌属。

形态特征　子实体小至中等。菌盖直径 2 ~ 8cm，幼时扁半球形，后扁平，中部凸起或稍下凹或稍平，边缘内卷，表面湿润或呈水渍状，带灰绿色，后期褪为污白色，边缘平滑或有不明显条纹。菌肉白色，稍薄，具强烈特殊香气味。菌褶延生，不等长，稍密，白色至污白色或变暗。菌柄圆柱形或基部稍粗，有时弯曲，长 2.5 ~ 6cm，粗 0.5 ~ 0.8cm，同菌盖色，往往上部有粉末，向下有条纹，基部有白色绒毛，内部松软至空心。孢子无色，光滑，椭圆形，（7 ~ 7.5）μm×（4.5 ~ 5）μm。孢子印白色。

生态习性　夏秋季生于阔叶林中落叶层上，散生或群生。

国内分布　辽宁、内蒙古、山西等。

经济作用　可食用，其质味好，特别具强烈的特殊香气味。

◆ 蘑菇目 口蘑科

162. 白杯伞 *Clitocybe phyllophila*（Pers.：Fr.）Kummer

中文别名 白杯蕈、落叶杯伞。

分类地位 蘑菇目，口蘑科，杯伞属

形态特征 子实体较小或中等，近乎白色或淡黄色。菌盖直径 5 ~ 10cm。初期扁球形，后期中部下凹呈浅杯状，菌盖边缘呈波浪状。菌肉白色或浅黄色。菌褶白色，在菌柄上延生，密，不等长。菌柄较细，常弯曲，近乎菌盖色，长 4 ~ 7cm，粗 0.5 ~ 1cm，基部稍膨胀，有白色绒毛。孢子光滑，卵圆形或椭圆形，（5 ~ 7.5）μm×（3 ~ 4）μm。

生态习性 夏秋季生于红松林地内，群生，有时近丛生。

国内分布 吉林、黑龙江、四川、云南等。辽宁新记录种。

经济作用 记载含有毒蝇碱（muscarin）毒素。往往因生长量大而诱人采食，误食后中毒严重。

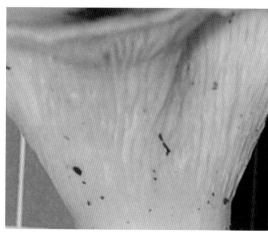
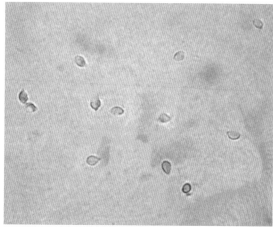

蘑菇目　口蘑科

163. 粗壮杯伞　*Clitocybe robusta* Pk.

分类地位　蘑菇目，口蘑科，杯伞属。

形态特征　子实体中等至较大。菌盖直径 6 ~ 16cm，平展，肉质，乳白色或污白色，中心颜色略深，菌盖表面稍黏，边缘内卷。菌肉厚，白色，干时坚硬。菌褶白色、乳黄色，直生稍延生，不等长。菌柄长 3 ~ 8cm，粗 0.8 ~ 1.8cm，近棒形，白色，中空，有白色纤毛状条纹，有时柄基略膨胀。孢子带黄色，光滑，椭圆形，（4.5 ~ 10）μm×（3.5 ~ 4.5）μm。

生态习性　夏秋季生于阔叶树林下地上，散生或群生。

国内分布　广东等。辽宁新记录种。

经济作用　可食用。

蘑菇目 口蘑科

164. 锗杯伞 *Clitocyb sinopica*（Fr.）Gill

分类地位 蘑菇目，口蘑科，杯伞属。

形态特征 子实体较小。菌盖直径 5 ~ 7cm，中间下凹呈漏斗状，干燥，无光泽，土红色至砖红色，干后浅朽叶色至朽叶色，中部色深，具有细小鳞片，后变光滑。菌肉白色，薄。菌褶白色，渐变黄色。稠密，延生，不等长。菌柄圆柱形，内部松软，近似菌盖色或浅黄褐色。长 4 ~ 9cm，粗 0.4 ~ 1cm。孢子无色。光滑。倒卵圆形或近椭圆形，（7.5 ~ 9.5）μm×（5.5 ~ 7）μm。

生态习性 夏秋季生于落叶松林地内，单生或散生。

国内分布 吉林、云南、新疆等。辽宁新记录种。

经济作用 可食用。

蘑菇目　口蘑科

165. 菫紫金钱菌 *Collybia iocephala*（Berk.et Curt.）Sing.

分类地位　蘑菇目，口蘑科，金钱菌属。

形态特征　子实体小。菌盖直径 1 ~ 3.2cm，半球形或扁半球形或近似钟形至近扁平，菫紫色，干燥时褪色，中部色深，表面平滑且边缘有宽的沟纹。菌肉薄。菌褶浅菫紫色，直生至弯生，稍稀，不等长。菌柄细长，长 3 ~ 5.5cm，粗 0.2 ~ 0.3cm，向基部稍膨大且有白色绒毛。孢子无色，光滑，椭圆形，（6.5 ~ 9）μm×（3 ~ 5）μm。

生态习性　夏秋季生于阔叶林地内，散生或群生。

国内分布　吉林、河北、香港等。辽宁新记录种。

经济作用　可食。

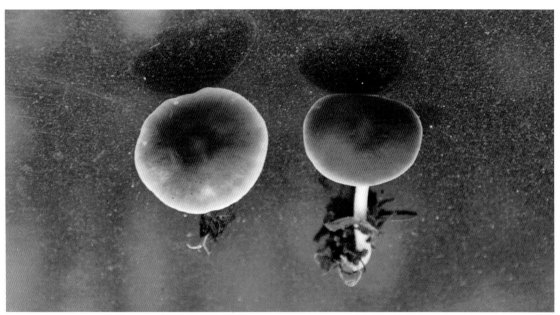

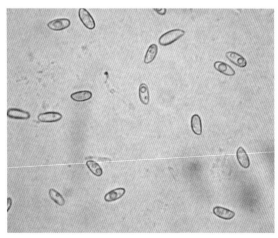

蘑菇目 口蘑科

166. 褐黄金钱菌 *Collybia luteifolia* Gill.

分类地位 蘑菇目，口蘑科，金钱菌属。

形态特征 子实体小。菌盖直径 2.5 ～ 5cm，幼时半球形，边缘内卷条纹不明显，后呈扁半球形，表面光滑湿润时光亮或水渍状，棕褐色或棕红褐色，中央往往具一平的凸起，中部有时色浅呈乳黄色。菌肉白色或带红色，稍薄，具蘑菇香气味。菌褶带黄色，稍宽，密，弯生至离生，不等长。菌柄柱形，长 3 ～ 6cm，粗 0.3 ～ 0.5cm，水渍状，顶端稍粗，黄褐色，光滑或有的具细小粉粒，内部松软，基部有白色绒毛。孢子椭圆形或近卵圆形，光滑，无色，（4.5 ～ 6.5）μm×（3 ～ 3.5）μm。

生态习性 夏秋生于阔叶或针叶林地内，群生，有时近丛生。

国内分布 黑龙江、甘肃、香港等。辽宁新记录种。

经济作用 记载可食用。

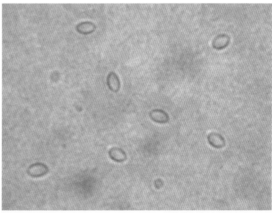

蘑菇目 口蘑科

167. 白香蘑 *Lepista caespitosa*（Ber.）Sing.

中文别名 口香白蘑、香白蘑、白花脸蘑、鸡腿白蘑。

分类地位 蘑菇目，口蘑科，香蘑属。

形态特征 子实体白色。菌盖直径 4 ~ 10cm，扁半球形至近平展，白色，边缘平滑近波浪状或具环带。菌肉白色，菌褶白色，稍带粉色，稍密，直生或近延生，老后变离生。菌柄柱形，长 3 ~ 5cm，粗 0.5 ~ 1.2cm，白色，基部稍膨大。孢子印浅粉红色。孢子无色，粗糙具小麻点，卵圆形至宽椭圆形，（5 ~ 6.2）μm×（3 ~ 4）μm。

生态习性 夏秋季生于山坡草丛、林缘及路旁，丛生或群生，常见蘑菇带或蘑菇圈。

国内分布 辽宁、吉林、黑龙江、山西、内蒙古、福建、贵州、新疆等。

经济作用 可食，鲜美可口。子实体浸出液对农作物种子发芽、生长、结实有促进作用。

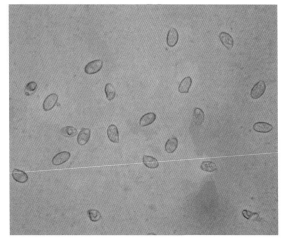

蘑菇目 口蘑科

168. 黄白香蘑 *Lepista flaccida*（Sowerby）Pat.

中文别名 卷边杯伞、倒垂杯伞、狐色晶蘑。

分类地位 蘑菇目，口蘑科，香蘑属。

形态特征 子实体中等至大。菌盖直径2.5～13cm，初期凸镜形，后平展，中部下陷呈漏斗状，边缘初期内卷，有时波浪状至稍浅裂，表面湿，光滑，水渍状，浅橙褐色、粉褐色至肉桂色或红褐色。边缘颜色较浅。菌肉白色，薄。菌褶直生至延生，稍密，不等长，白色至浅黄杏色。菌柄长4～10cm，粗0.5～1cm，有微细条纹，与菌盖同色，基部具黄白色菌丝体。孢子印白色，孢子无色，椭圆形，宽椭圆形或近球形，微粗糙，（3～4.5）μm×（2.5～4）μm。

生态习性 秋季生于落叶松与阔叶杂木混交林地内，群生，常见蘑菇圈。

国内分布 吉林、西藏、新疆等。辽宁新记录种。

经济作用 可食用。味道较好。

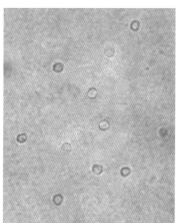

蘑菇目 口蘑科

169. 灰紫香蘑 *Lepista glaucocana*（Bres.）Sing.

中文别名 亮紫口蘑，花脸蘑。

分类地位 蘑菇目，口蘑科，香蘑属。

形态特征 子实体中等至稍大。菌盖直径 6 ~ 12cm，扁半球形至近平展，光滑，淡灰紫色或灰丁香紫色，后退至带白色，边缘稍内卷且有细小絮状粉末。菌肉白色，具明显的淀粉气味。菌褶灰紫色，密，窄，直生至弯生，不等长。菌柄长 3 ~ 8cm，粗 1.5 ~ 2.5cm，内实，带紫色，上部具小鳞片，下部光滑或有绒毛及纵条纹，基部膨大。孢子无色，椭圆形，粗糙，（6 ~ 7.6）μm×（3 ~ 4.5）μm。

生态习性 秋季生于针阔叶树林地内，群生。

国内分布 黑龙江、甘肃、山西等。辽宁新记录种。

经济作用 可食用。注意此种新鲜时具强烈的淀粉气味，干后气香浓。

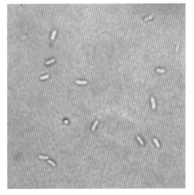

蘑菇目 口蘑科

170. 肉色香蘑 *Lepista irina*（Fr.）Bigelow

中文别名 肉色花脸蘑。

分类地位 蘑菇目，口蘑科，香蘑属。

形态特征 子实体中等至稍大。菌盖直径 5 ～ 13cm，扁平球形至近平展，表面光滑，干燥，初期边缘絮状且内卷，带白色或淡肉色至暗黄白色。菌肉较厚，柔软，白色至带浅粉色。菌褶白色至淡粉色，密或较密，直生至延生，不等长。菌柄长 4 ～ 8cm。粗 1 ～ 2.5cm，同菌盖色，表面纤维状，内实，上部粉状，下部多弯曲。孢子印带粉红色或淡粉黄色。孢子无色，椭圆形至宽椭圆形，粗糙至近光滑，（7 ～ 10.2）μm×（4 ～ 5）μm。

生态习性 秋季生于杂木林地上，群生或散生，往往形成蘑菇圈。

国内分布 辽宁、黑龙江、山西、陕西、甘肃、西藏等。

经济作用 食用美味。

◆ 蘑菇目 口蘑科

171. 紫丁香蘑 *Lepista nuda*（Bull.：Fr.）Cooke

中文别名 裸口蘑、紫晶蘑。

分类地位 蘑菇目，口蘑科，香蘑属。

形态特征 子实体一般中等大。菌盖直径 3.5 ~ 10cm，半球形至平展，有时中部下凹，亮紫色或丁香紫色变至褐紫色，光滑，湿润，边缘内卷，无条纹。菌肉淡紫色，较厚。菌褶紫色，密，直生至稍延生，不等长，往往边缘呈小锯齿状。菌柄长 4 ~ 9cm，粗 0.5 ~ 2cm，圆柱形，同菌盖色，初期上部有絮状粉末，下部光滑或具纵条纹，内实，基部稍膨大。孢子印肉粉色。孢子无色，椭圆形，近光滑至具小麻点，（5 ~ 7.5）μm ×（3 ~ 5）μm。

生态习性 夏秋季生于栎树等阔叶杂木林中地上，群生、近丛生或单生。

国内分布 辽宁、吉林、黑龙江、福建、陕西、青海、新疆、云南、甘肃、西藏等。

经济作用 可食用。记载与松、榛、山杨等树种形成外生菌根。

蘑菇目 口蘑科

172. 粉紫香蘑 *Lepista personata*（Fr.：Fr.）Sing.

分类地位 蘑菇目，口蘑科，香蘑属。

形态特征 子实体中等至较大。菌盖直径5～10（20）cm，半球形至近平展，藕粉色或淡紫粉色，较快褪色至带污白色或蛋壳色，幼时边缘具絮状物。菌肉白色带紫色，较厚，具明显的淀粉气味。菌褶淡粉紫色，密，弯生，不等长。菌柄柱形，长4～7cm，有时达15cm，粗0.5～3cm，菌柄紫色或淡青紫色，具纵条纹，上部色淡，具白色絮状鳞片，内实至松软，基部稍膨大。孢子印淡肉粉色。孢子无色，椭圆形，具小麻点，（7.5～8.2）μm×（4.2～5）μm。

生态习性 夏秋季生于红松林阔叶杂木林地内，群生，常形成蘑菇圈。

国内分布 黑龙江、内蒙古、甘肃、新疆等。辽宁新记录种。

经济作用 菌肉厚，具香气，味鲜美，是一种优良食菌。另外记载可与云杉、松、栎形成外生菌根。

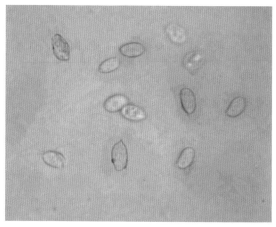

蘑菇目 口蘑科

173. 花脸香蘑 *Lepista sordida*（Schum.：Fr.）Sing.

中文别名 花脸蘑、紫花脸。

分类地位 蘑菇目，口蘑科，香蘑属。

形态特征 一般子实体较小。菌盖直径3～7.5cm，扁半球形至平展，有时中部稍下凹，薄，湿润时半透明状或水渍状，紫色，边缘内卷，具不明显的条纹，常呈波浪状或瓣状。菌肉带淡紫色，薄。菌褶淡蓝紫色，密，直生或弯生，有时稍延生，不等长。菌柄长3～6.5cm，粗0.2～1cm，同菌盖色，靠近基部常弯曲，内实。孢子印带粉红色。孢子无色，具麻点至粗糙，椭圆形至近卵圆形，（6.2～9.8）μm×（3.2～5）μm。

生态习性 夏秋季生于林区公路旁、山坡草地、火烧地、堆肥等处，群生或近丛生。

国内分布 辽宁、吉林、黑龙江、内蒙古、河南、甘肃、青海、四川、新疆、西藏、山西等。

经济作用 可食用，味道鲜美，优良食用菌。注意东北地区群众常将紫蜡蘑（*Larriaria amethystea*）称作假花脸蘑，但其味较差。

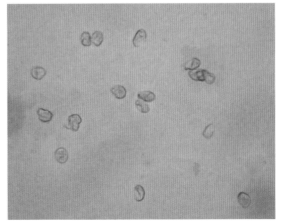

◆ 蘑菇目 口蘑科

174. 球根白丝膜菌 *Leucocortinarius bulbiger*（Alb. et Schw.）Sing.

中文别名 白丝膜菌。

分类地位 蘑菇目，口蘑科，白丝膜菌属。

形态特征 子实体较小或中等。菌盖直径 3 ~ 9cm，初期半球形，后渐平展，顶部稍凸起或略下凹，光滑，淡赭色，中部深色呈红褐色，边缘往往有丝状菌幕残片。菌肉白色，较厚。菌褶近白色至米色，后变褐色，较密，近直生至近弯生，不等长。菌柄近柱形。长 5.5 ~ 12cm，粗 0.5 ~ 1cm，污白色或带浅黄褐色，幼时具白色丝膜状菌环，内实，具纤毛，基部明显膨大呈球形或块茎状。孢子无色，光滑，卵圆形至椭圆形，壁厚，（6.4 ~ 9）μm ×（4 ~ 5.5）μm。

生态习性 秋季生于阔叶杂木林地内，散生。

国内分布 吉林、黑龙江、甘肃等。辽宁新记录种。

经济作用 可食用，干品具香气。树木外生菌根菌。

  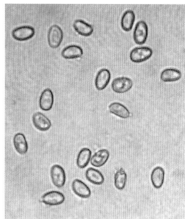

蘑菇目 口蘑科

175. 大白桩菇 *Leucopaxillus giganteus*（Sowerby）Sing.

中文别名 雷蘑。

分类地位 蘑菇目，口蘑科，白桩菇属。

形态特征 子实体大型。菌盖直径 7 ~ 36cm，扁半球形至近平展，中部下凹呈漏斗状，污白色，青白色或稍带灰黄色，光滑，边缘内卷至渐伸展。菌肉白色，厚。菌褶白色至污白色，老后青褐色，延生，稠密，窄，不等长。菌柄较粗壮，长 5 ~ 13cm，粗 2 ~ 5cm，白色至青白色，老后呈褐色，光滑，肉质，基部膨大可达 6cm。孢子印白色。孢子无色，光滑，椭圆形，（6 ~ 8）μm×（4 ~ 6）μm。

生态习性 夏秋季生于落叶松与杂木混交林内有木贼植物丛中，单生或群生，常形成蘑菇圈。

国内分布 辽宁、吉林、黑龙江、河北、内蒙古、山西、青海、新疆等。

经济作用 可食。药用治小儿麻疹欲出不出，烦躁不安；加鲜姜水煎治伤风感冒；抗肺结核病。

蘑菇目 口蘑科

176. 梅氏毛缘菇 *Ripartites metrodii* Huijsman

分类地位 蘑菇目,口蘑科,毛缘菇属。

形态特征 子实体小。菌盖直径 1 ~ 3.5cm,凸镜形至平展,中部凸起,成熟时逐渐下凹,幼时表面白色,后乳白色,幼时菌盖中央呈淡赭色或土黄色,菌盖表面具辐射状白色纤维毛,边缘尤为明显,菌盖边缘稍波浪状。菌肉薄,干时白色,湿时淡褐色。菌褶延生,不等长,幼时乳白色,成熟时淡褐色。菌柄圆柱形,长 2.5 ~ 7cm,粗 0.3 ~ 0.6cm,淡褐色,具纵向小纤维,柄上部呈白色粉霜状,柄下有时渐粗,基部有白色絮状菌丝,实心,软骨质。孢子印土黄褐色。担孢子近球形,无色至淡黄色,大小(4 ~ 5.5)μm×(3.5 ~ 5)μm,表面具疣突,有时具有 1 个小油滴。

生态习性 夏秋季生于落叶松阔叶混交林地内,单生或散生。

国内分布 吉林。辽宁新记录种。

经济作用 食用及其他用途不明。

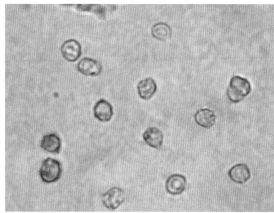

蘑菇目　口蘑科

177. 凹陷辛格杯伞 *Singerocybe umbilicata* Zhu L. Yang & J. Qin

分类地位　蘑菇目，口蘑科，辛格杯伞属。

形态特征　子实体较小。菌盖直径 2 ~ 4cm，中央下陷呈杯状，表面白色至米色，边缘波浪状。菌肉薄，白色，气味难闻。菌褶延生，密，不等长，白色。菌柄长 3 ~ 5cm，粗 0.3 ~ 0.6cm，圆柱形，白色、米色至淡褐色，空心。担孢子（5 ~ 8）μm×（3.5 ~ 5）μm，近椭圆形、舟形至不规则形，向一端弯曲，光滑，无色，非淀粉质。

生态习性　夏秋季生于阔叶杂木林地内。群生或散生。

国内分布　华中地区。辽宁新记录种。

经济作用　食用及其他用途不明。

蘑菇目　口蘑科

178. 豹斑口蘑 *Tricholoma pardinum* Quél.

分类地位　蘑菇目，口蘑科，口蘑属。

形态特征　子实体较小至中等大。菌盖表面显得干，并有灰褐色鳞片，直径 3.5 ~ 12cm。菌肉白色，稍厚。菌褶白色或污白色，弯生。菌柄近圆柱形，直生或弯生，长 5.5 ~ 10cm，粗 1.5 ~ 2cm，表面粉白色，干燥，光滑无毛，受伤变红色。孢子印白色。孢子宽椭圆形，光滑，有 1 个油滴，（7.5 ~ 10）μm×（5.5 ~ 6.5）μm。

生态习性　夏季在针叶或阔叶林地内，群生或散生。

国内分布　辽宁、云南、四川等。

经济作用　有毒，中毒后产生恶心、呕吐等症状。

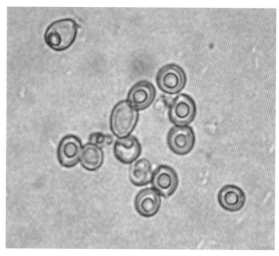

◆ 蘑菇目　口蘑科

179. 闪光口蘑 *Tricholoma resplendens*（Fr.）Karst.

分类地位　蘑菇目，口蘑科，口蘑属。

形态特征　闪光口蘑子实体较小，纯白色。菌盖直径 3.5 ~ 7.6cm，扁半球形或扁平，表面光滑，黏。菌肉白色，松软，气味香。菌褶白色，直生至弯生，密。菌柄长 0.5 ~ 12.5cm，粗 1 ~ 1.5cm，柱形，白色，平滑，干，松软至空心。孢子无色，光滑，椭圆形，（5 ~ 7）μm×（3.5 ~ 5.2）μm。

生态习性　夏秋季于阔叶林地内，单生或群生。

国内分布　河北、青海等。辽宁新记录种。

经济作用　可食用。树木外生菌根菌。

◆ 蘑菇目 口蘑科

180. 多鳞口蘑 *Tricholoma squarrulosum* Bres.

分类地位 蘑菇目，口蘑科，口蘑属。

形态特征 子实体通常中等大。菌盖直径 4～8cm，半球形，后期扁半球形，中部钝凸，表面干燥，褐色，密被黑褐色鳞片，中部鳞片黑色，菌盖边缘有絮状淡色鳞片。菌肉白色带灰色，无明显气味。菌褶弯生至离生，灰白色，密，宽，触摸处变褐色，不等长。菌柄长 4～10cm，粗 0.6～1cm，圆柱形，基部往往膨大，被褐黑色鳞片及纤毛，内部实心变空心。孢子印白色。孢子光滑，无色，椭圆形至卵圆形，（5.6～9）μm×（3～5）μm。

生态习性 秋季生于红松林或针阔混交林地内，散生或群生。

国内分布 辽宁、吉林、四川、山西等。

经济作用 可食用，但常见引起呕吐、腹泻等症状，须谨慎。树木外生菌根菌。

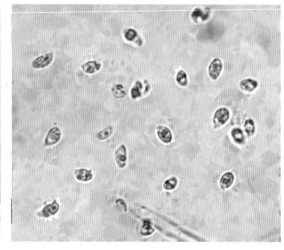

蘑菇目　口蘑科

181. 硫磺色口蘑 *Tricholoma sulphureum*（Bull.：Fr.）Kumm.

中文别名　地黄蘑。

分类地位　蘑菇目，口蘑科，口蘑属。

形态特征　子实体一般中等大，黄色。菌盖直径 4～8cm，初期半球形，后渐平展，或中部稍凸起，带褐色，表面稍有毛至光滑，湿时有黏性。菌肉硫磺色至黄色，中部稍厚，有一种刺激性的气味。菌褶硫磺色至黄色，较宽，直生至弯生，不等长。菌柄长 5～15cm，粗 0.8～1cm，圆柱形，往往细长，表面有纵条纹，同菌盖色，内部松软。孢子无色，椭圆形，光滑，（6.5～11）μm×（5～8）μm。

生态习性　秋季生于阔叶林地内，有时生针叶林中，散生或群生。

国内分布　青海、四川等。辽宁新记录种。

经济作用　记载可食用，当地百姓多采集食用，但有一种刺激性气味。树木的外生菌根菌。

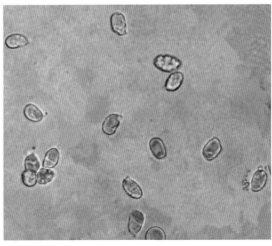

蘑菇目 口蘑科

182. 棕灰口蘑 *Tricholoma terreum*（Schaeff.：Fr.）Kumm.

中文别名 灰蘑、小灰蘑。

分类地位 蘑菇目，口蘑科，口蘑属。

形态特征 子实体中等。菌盖直径 2～9cm，半球形至平展，中部稍凸起，灰褐色至褐灰色，干燥，具暗灰褐色纤毛状小鳞片，老后边缘开裂。菌肉白色，稍厚，无明显气味。菌褶白色变灰色，稍密，弯生，不等长。菌柄柱形，长 2.5～8cm，粗 0.5～2cm，白色至污白色，具细软毛，内部松软至中空，基部稍膨大。孢子印白色。孢子无色，光滑，椭圆形，（6.2～8）μm×（4.7～5）μm。

生态习性 秋季生于落叶松或落叶松混交林地内，群生或散生。

国内分布 辽宁、黑龙江、河北、山西、江苏、河南、甘肃、青海、湖南等。

经济作用 食用味道较好，注意同突顶口蘑相区别。与松、云杉、山毛榉等多种树木形成外生菌根。

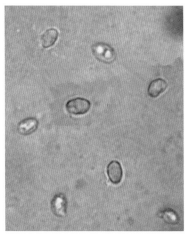

蘑菇目　口蘑科

183. 褐黑口蘑　*Tricholoma ustale*（Fr.：Fr.）Kumm.

分类地位　蘑菇目，口蘑科，口蘑属。

形态特征　子实体一般中等大。菌盖直径4～10cm，近扁半球形至扁平，顶部钝或凸起，红褐色至棕褐色或暗栗褐色，黏或很黏，无毛光亮，边缘内卷。菌肉白色或部分带红色，稍厚，细密。菌褶直生至弯生，密，稍宽，初期白色，后期带红色，伤处变红褐色。菌柄圆柱形，长4～8cm，粗0.8～2cm，上部白色至污白，下部带红色，有细粉末，基部往往变细似根状，内部实心至变空心。孢子印白色。孢子椭圆至卵圆形，无色，光滑，（6～8）μm×（4～5）μm。

生态习性　夏秋季生于蒙古栎林下地内，单生至有时近丛生。

国内分布　辽宁、四川、台湾、湖北等。

经济作用　记载有毒，也有人认为无毒采集食用，需慎食。树木外生菌根菌。

◆ 蘑菇目 口蘑科

184. 赭红拟口蘑 *Tricholomapsis rutilans*（Schaeff. Fr.）Sing.

中文别名 赭红口蘑。

分类地位 蘑菇目，口蘑科，口蘑属。

形态特征 子实体中等或较大。菌盖直径 4 ~ 12cm，有短绒毛组成的鳞片，浅砖红色或紫红色，甚至褐紫红色，往往中部色深。菌褶带黄色，弯生或近直生，密，不等长，褶缘锯齿状。菌肉白色带黄色，中部厚。菌柄细长或者粗壮，长 3.5 ~ 6cm，粗 0.7 ~ 3cm，上部黄色向下变红褐色或紫红褐色小鳞片，内部松软变空心，基部稍膨大。孢子带黄色，椭圆形，光滑，（7 ~ 8）μm×（5 ~ 6）μm，有 1 个油滴。

生态习性 夏秋季生于落叶松等针叶树腐木上或腐树桩上，群生或成丛生长。

国内分布 吉林、甘肃、陕西、广西、四川、西藏、新疆、台湾等。辽宁新记录种。

经济作用 记载有毒，误食后往往产生呕吐、腹痛、腹泻等胃肠炎病症，但也有人无中毒反应。

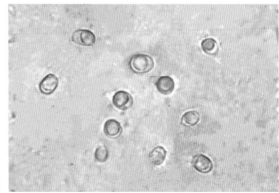

蘑菇目　口蘑科

185. 淡红拟口蘑 *Tricholomopsis crocobapha*（Berk. & Br.）Pegler

分类地位　蘑菇目，口蘑科，拟口蘑属。

形态特征　子实体小至较小。菌盖直径 2 ~ 8cm，扁半球形，平展后中部凸起，表面红褐色至硫磺色或带红色，被近似辐射状的小鳞片。菌肉白黄色，稍厚。菌褶黄色，近直生，较密，不等长。菌柄长 3 ~ 8cm，粗 0.3 ~ 1cm，圆柱形，浅黄色或带红色，有小鳞片。袍子无色，近球形至宽卵圆形，（5 ~ 6.5）μm×（4.5 ~ 6）μm。褶缘囊体近圆柱形或梭形。

生态习性　夏秋季生长于针叶树林下木桩或腐殖质上，单生或散生。

国内分布　四川等。辽宁新记录种。

经济作用　木材腐朽菌。

蘑菇目 蜡伞科

186. 棒柄杯伞 *Ampulloclitocybe clavipes*（Pers.）Redhead et al.

分类地位 蘑菇目，蜡伞科，棒柄杯伞属。

形态特征 子实体较小或中等。菌盖直径 3.5 ~ 7cm，幼时扁平或稍下凹，后中部渐下凹呈漏斗状，中部常具小凸起，新鲜时灰褐色或深褐色，中部色暗，光滑或被绒毛，初期边缘常内卷。菌肉白色，较厚。菌褶延生，薄，白色、乳白色或淡黄色，老熟时浅褐色，不等长。菌柄长 3 ~ 6.5cm，粗 0.6 ~ 2cm，圆柱形、扁圆柱形或近棒状，向基部膨大，表面有纤维状条纹，与菌盖同色或稍浅，实心，老熟后中空。担孢子（6 ~ 9.5）μm×（4 ~ 5.5）μm，球形至椭圆形，光滑，无色。

生态习性 夏秋季生于落叶松林内地面上，单生、散生或群生。

国内分布 辽宁、内蒙古、西藏等。

经济作用 国外记载不可食。

蘑菇目 蜡伞科

187. 雪白拱顶蘑 *Cuphophyllus niveus*（Scop.）Wünsche.

分类地位 蘑菇目，蜡伞科，拱顶菇属。

形态特征 子实体小。菌盖直径 1 ~ 3cm，初期扁半球形，后呈扁半球形至平展，污白至粉白稍带褐色。菌肉白色。菌褶白色，延生，较稀。菌柄长 2 ~ 5cm，粗 0.2 ~ 0.4cm，稍弯曲，白色，向下渐细，内部松软。孢子无色，光滑，椭圆形，（8 ~ 9）μm×（4 ~ 6）μm。

生态习性 夏秋季生于落叶松林下或针阔混交林内地面上，群生。

国内分布 分布较广泛。

经济作用 可食用。

蘑菇目 蜡伞科

188. 洁白拱顶菇 *Cuphophyllus virgineus*（Wulfen）Kovalenko

分类地位 蘑菇目，蜡伞科，拱顶菇属。

形态特征 子实体较小，白色。菌盖直径 3 ~ 7cm，初期近钟形，后扁平，中部稍下凹，白色至浅黄色，中部带黄色，初期表面湿润，后期干燥至龟裂，菌盖边缘薄。菌肉稍软，白色，稍厚，味温和。菌褶延生，稀厚，不等长，褶间有横脉相连。菌柄长 3 ~ 7cm，粗 0.5 ~ 1cm，向下部渐变细，平滑或上部有粉末，干燥，内实至松软。孢子印白色。孢子光滑，无色，椭圆形或卵圆形，（7.9 ~ 12）μm×（4 ~ 5.1）μm。

生态习性 秋季生于红松林下地面空旷处，群生或丛生。

国内分布 分布广泛。

经济作用 可食用。

蘑菇目 蜡伞科

189. 小红湿伞 *Hygrocybe miniatus*（Fr.）Kumm.

中文别名 小红蜡伞、朱红蜡伞。

分类地位 蘑菇目，蜡伞科，湿伞属。

形态特征 子实体小。菌盖直径 2 ~ 4cm，扁半球形，后中部脐状，干，有微细鳞片或近光滑，橘红色至朱红色。菌肉薄，黄色。菌褶直生至近延生，鲜黄色。菌柄长 0.5 ~ 5cm，粗 0.2 ~ 0.4cm，圆柱形，内实变中空，光滑，橘黄色。孢子无色，光滑至近光滑，椭圆形，（6 ~ 7.9）μm×（4.5 ~ 6）μm。

生态习性 夏秋季生于红松林缘地上，群生。

国内分布 吉林、江苏、安徽、广西、广东、西藏、甘肃、湖南、台湾等。辽宁新记录种。

经济作用 子实体弱小而水分多，食用意义不大。

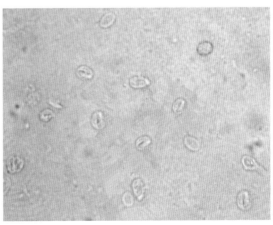

◆ 蘑菇目 蜡伞科

190. 小变黑蜡伞 *Hygrophorus conicus* f. *carbonaria*（Hongo）Hongo

分类地位 蘑菇目，蜡伞科，蜡伞属。

形态特征 子实体较小，菌盖直径 1 ～ 2.5cm，橘红色或橙黄色，受伤后黑色。菌盖初期半圆形，后平展呈伞状，有浅色小鳞片。菌肉薄，橙红色、橙黄色或鲜红色。菌褶浅黄色。菌柄长 2 ～ 3cm，粗 0.2 ～ 0.4cm，橘红色或橘黄色。内部变空心。孢子印白色。孢子光滑，椭圆形，带黄色，（8 ～ 12）μm×（5.5 ～ 8.0）μm。

生态习性 夏秋季生于阔叶树林地内，单生或散生。

国内分布 香港。辽宁新记录种。

经济作用 食用及其他用途不明。

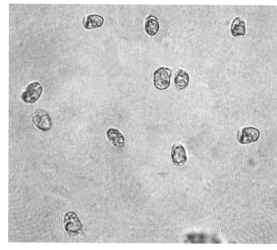

蘑菇目　蜡伞科

191. 变黑蜡伞 *Hygrophorus conicus*（Fr.）Fr.

中文别名　变黑湿伞、锥形蜡伞、锥形伞菌。

分类地位　蘑菇目，蜡伞科，蜡伞属。

形态特征　子实体较小。受伤处易变黑色。菌盖初期圆锥形，后呈斗笠形，直径 2 ~ 6cm，橙红色、橙黄色或鲜红色，从顶部向四面分散出许多深色条纹，边缘常开裂。菌褶浅黄色。菌肉浅黄色，尤其菌柄下部最容易变黑色。菌柄长 4 ~ 12cm，粗 0.5 ~ 1.2cm，表面带橙色并有纵条纹。内部变空心。孢子印白色。孢子光滑，稍圆形，带黄色，（10 ~ 12）μm×（7.5 ~ 8.7）μm。担子细长，往往是孢子长度的 5 倍。

生态习性　夏秋季生于阔叶树或针叶林地内，单生或散生。

国内分布　辽宁、吉林、黑龙江、河南、河北、四川、云南、西藏、台湾等。

经济作用　有毒，引起剧烈吐泻、休克等。

  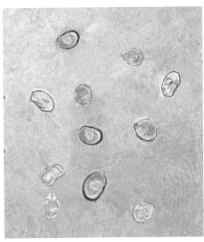

蘑菇目 蜡伞科

192. 纯白蜡伞 *Hygrophorus ligatus* Fr.

分类地位 蘑菇目、蜡伞科、蜡伞属。

形态特征 子实体较小。菌盖直径 3 ~ 7.5cm，初期近锥形至钟形，后期扁半球形，中部平凸，纯白色至乳白色，往往中部色深，边缘内卷，湿时黏。菌肉白色，较厚。菌褶白色至带粉黄色，直生，宽，不等长。菌柄长 3 ~ 7cm，粗 0.8 ~ 1.5cm，粗壮，白色至乳白色，顶部有粉粒，基部稍膨大，具长条纹，内实至松软。孢子无色，光滑，椭圆形，（6.5 ~ 9.5）μm×（4.5 ~ 5.5）μm。

生态习性 夏秋季在针叶和阔叶林地内，群生、单生或散生。

国内分布 黑龙江、四川、青海等。辽宁新记录种。

经济作用 不宜食用。

蘑菇目 蜡伞科

193. 云杉白蜡伞 *Hygrophorus piceae* Kühn.

分类地位　蘑菇目、蜡伞科、蜡伞属。

形态特征　子实体小，白色。菌盖直径 1～4.5cm，扁半球形至近平展，有细小纤毛至平滑。菌肉白色，软，较薄。菌褶白色至微乳黄色，稀疏，薄，延生，不等长，边缘平滑，近菌盖边缘有分叉。菌柄长 3～7cm，粗 0.3～0.6cm，柱形或稍弯曲，有时顶部稍粗，光滑，同菌盖色，内实后中空。孢子无色，光滑，宽椭圆形，（6～9）μm×（4～6.5）μm。无囊状体。

生态习性　夏秋季生于蒙古栎林下地上，单生或群生。

国内分布　吉林、山东、青海等。辽宁新记录种。

经济作用　不宜食用。

蘑菇目 蜡伞科

194. 红菇蜡伞 *Hygrophorus russula*（Fr.）Quél.

中文别名 趟子蘑、红趟子蘑。

分类地位 蘑菇目，蜡伞科，蜡伞属。

形态特征 子实体中等至大型。菌盖直径 8 ~ 17cm，扁半球形至近平展，污粉红色至暗紫红色，常有深色斑点，一般不黏，中部具细小的块状鳞片。菌肉厚，白色近表皮处带粉红色。菌褶初期近白色，常常有紫红色至暗紫红色斑点，较密，直生至延生或有时近弯生，不等长，蜡质。菌柄长 6 ~ 11cm，粗 1.5 ~ 4cm，污白色至暗紫红色，具细条纹，上部近粉状，实心。孢子无色，光滑，椭圆形或长椭圆形或近似杆状，一端尖，（6 ~ 10）μm×（3.3 ~ 4.5）μm。

生态习性 夏秋季生于栎树或栎杂混交林地内，群生，经常可见蘑菇圈。

国内分布 辽宁、吉林、黑龙江、西藏、台湾等。

经济作用 可食用，其个体大、肉厚、味较好。树木外生菌根菌，可与栎、赤松形成菌根。

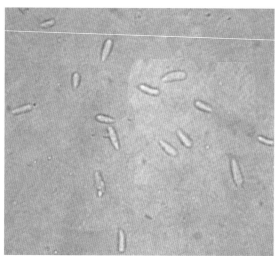

蘑菇目 类脐菇科

195. 栎裸脚伞 *Gymnopus dryophilus*（Bull.）Murrill

中文别名 喜栎金钱菇、奢栎金钱菌。

分类地位 蘑菇目，类脐菇科，裸脚伞属。

形态特征 子实体群生或近丛生。菌盖直径 1 ~ 4cm，半球形至平展，光滑，黏，黄白色或淡土黄色，中部带黄褐色，周围色淡或白色，边缘具细条纹。菌肉近似菌盖色，薄。菌褶白色，密集，不等长，褶缘平滑或有小锯齿。菌柄长 2.5 ~ 6cm，粗 0.1 ~ 0.3cm，淡土黄色，上部色淡，光滑，空心，基部稍膨大且有白色绒毛。孢子印白色；孢子无色，光滑，椭圆形，（4 ~ 5.5）μm×（2.5 ~ 3.5）μm。

生态习性 秋季生于蒙古栎林内的枯枝落叶层上，簇生。

国内分布 辽宁、吉林、黑龙江、内蒙古、河北、陕西、河南、甘肃、江西、贵州、四川、安徽、广西、福建、云南、西藏等。

经济作用 可食用，品质较差。

蘑菇目 类脐菇科

196. 红柄裸脚伞 *Gymnopus erythropus*（Pers.）Aotonin. et al.

中文别名 红柄小皮伞。

分类地位 蘑菇目，类脐菇科，裸脚伞属。

形态特征 子实体较小。菌盖直径 1 ~ 4cm，光滑或有时稍有皱纹，半球形至扁半球形，后期稍扁平，浅黄褐色，中部褐黄色，边缘色浅。菌肉近无色，薄。菌褶细密，窄，不等长，白色至浅黄褐色，近直生。菌柄细长，4 ~ 7.5cm，粗 0.2 ~ 0.35cm，近柱形或扁压，深红褐色，顶部色浅而向下色深，基部有暗红色绒毛。孢子印白色。孢子椭圆形或卵圆形，光滑，无色，（6 ~ 8.1）μm×（3.5 ~ 4.5）μm。

生态习性 夏季生于阔叶林地内，群生或近丛生。

国内分布 江苏、云南、西藏、台湾等。辽宁新记录种。

经济作用 可食用。

蘑菇目　类脐菇科

197. 梭柄裸脚伞 *Gymnopus fusipes*（Bull.）Gray.

分类地位　蘑菇目，类脐菇科，裸脚伞属。

形态特征　子实体小或中等大。菌盖直径 3 ~ 12cm，半球形至扁半球形，斗笠形，后期近平展，中部稍有凸起，水渍状，带红褐色到褐色，干时色浅，光滑，初期边缘内卷。菌肉污白色至浅红褐色。菌褶直生到离生，带污白色至浅红褐色，宽，不等长。菌柄长 6.5 ~ 15cm，粗 0.8 ~ 1.8cm，浅红褐色，靠下部膨大呈梭形，基部渐变细呈根状，常有纵条纹。孢子椭圆形至卵圆形，无色，壁薄。（5.5 ~ 6.3）μm×（3 ~ 3.5）μm。褶缘囊梭形或柱形，（30 ~ 35）μm×（2 ~ 5）μm。褶侧囊体（20 ~ 25）μm×（2.5 ~ 3.5）μm，梭形。

生态习性　春夏生于落叶松林地枯死枝上，丛生。

国内分布　河北、湖北、山西、西藏等。辽宁新记录种。

经济作用　可食用。

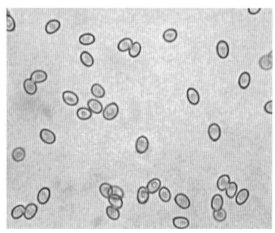

蘑菇目 类脐菇科

198. 密褶裸脚伞 *Gymnopus polyphyllus*（Peck）Halling

分类地位　蘑菇目，类脐菇科，裸脚伞属。

形态特征　子实体较小。菌盖直径 3 ~ 8cm，幼时凸镜形，成熟时广凸镜形至平展或盖面中央具有浅凹陷，边缘反卷，幼时呈波浪状，表面光滑，平坦，湿时黏，近中心呈暗棕色，边缘呈淡粉棕色。菌肉薄，白色。菌褶直生、弯生至延生，密，不等长，白色，成熟后期污白色后浅黄色，边缘平滑。菌柄长 3 ~ 5cm，粗 2 ~ 5cm，近圆柱形，表面肉桂色至白色透酒红褐色，具亮灰色绒毛，有时顶端白色粉末状，空心。担孢子（5 ~ 7.5）μm×（2.5 ~ 3.5）μm，杆状，光滑，无色，非淀粉质。

生态习性　夏秋季生于落叶松阔叶杂木混交林内腐殖质上，单生至群生。

国内分布　吉林。辽宁新记录种。

经济作用　食用及其他用途不明。

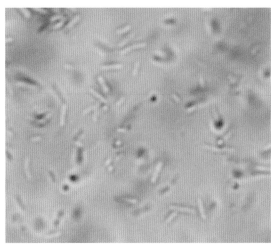

蘑菇目　离褶伞科

199. 紫皮丽蘑　*Calocybe ionides*（Bull. Fr.）Donk

中文别名　紫皮口蘑。

分类地位　蘑菇目，离褶伞科，丽蘑属。

形态特征　子实体小型。菌盖直径 2 ~ 5cm，扁半球形至平展，湿润时呈半透明状，光滑，灰紫蓝色，边缘平滑。菌肉白色或带紫蓝色。菌褶白色，稠密，弯生，不等长。菌柄长 2 ~ 5cm，粗 0.3 ~ 0.5cm，圆柱形，与菌盖同色，内部松软。孢子无色，光滑或近光滑，短椭圆形至近球形，（4 ~ 5）μm×（3 ~ 3.5）μm。

生态习性　夏秋季生于云杉林地内，群生。

国内分布　安徽、浙江、山西、四川等。辽宁新记录种。

经济作用　可食用，但个体较小，菌肉薄。此菌外形似紫花脸香蘑（*Lepista sordida*）野外采食时注意同有毒的淡紫丝盖伞（*Inocybe lilacina*）区别。

◆ 蘑菇目　离褶伞科

200. 簇生离褶伞 *Lyophyllum aggregatum*（Schaeff. ex Secr.）Kühn.

中文别名　聚生离褶伞、荷叶伞、荷叶离褶伞。

分类地位　蘑菇目，离褶伞科，离褶伞属。

形态特征　子实体中等至较大。成群子实体生长一起，往往有主要的或共同的基部。菌盖直径 5 ～ 10cm，扁半球形，后平展稍凸或平凹，表面呈灰色或灰黑色至褐棕色，光滑无毛或有隐纤毛状条纹，干时光亮，波浪状或有开裂。菌肉中部厚而边缘薄，白色或带黄色，气味温和。菌褶白色或带黄色至带微粉肉色，稍宽，密，直生至延生，不等长。菌柄弯曲，下部膨大，大小（6 ～ 10）μm×（0.4 ～ 1.5）cm，稀有偏生，白色而下部深色，顶部粉末状，内实。孢子印白色。孢子无色，光滑，球形至近球形，4 ～ 7μm，无囊体。

生态习性　秋季生于林区道路旁树木下的草丛中，群生、簇生。

国内分布　辽宁、吉林、黑龙江、江苏、广西、四川、贵州、青海、云南、新疆等。

经济作用　可食，味美。抗癌。

◆ 蘑菇目　离褶伞科

201. 银白离褶伞 *Lyophyllum connatum*（Schum.：Fr.）Sing.

中文别名　丛生离褶伞、水银伞。

分类地位　蘑菇目，离褶伞科，离褶伞属。

形态特征　子实体呈石膏样白色。一般较小或中等大，菌盖直径3～8cm，扁平球形至近平展，近边缘有皱条纹，中部稍凸或平，表面白色，后期近灰白色。菌肉白色。菌褶直生又延生，不等长，稠密，后期似带粉黄色。菌柄细长，2～10cm，下部弯曲，常有许多柄丛生一起，内部实心至松软。孢子印白色。孢子椭圆形，无色，光滑，（5～7）μm×（2.5～4）μm。

生态习性　夏秋季生于落叶松林地内，丛生，往往有数十枚子实体生长一起。

国内分布　黑龙江、河北、陕西、甘肃、青海等。辽宁新记录种。

经济作用　可食用。有特殊的香气味。其形态特征与杯伞属个别毒菌相似，采食时需注意。

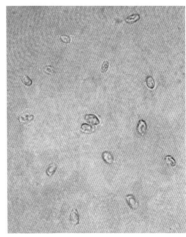

蘑菇目 离褶伞科

202. 荷叶离褶伞 *Lyophyllum decastes*（Fr.：Fr.）Sing.

中文别名 北风菌，一窝蜂，栎窝菌（云南）。

分类地位 蘑菇目，离褶伞科，离褶伞属。

形态特征 子实体中等至较大。菌盖直径 5 ~ 16cm，扁半球形至平展，中部下凹，灰白色至灰黄色，光滑，不黏，边缘平滑且初期内卷，后伸展呈不规则波浪状瓣裂。菌肉白色，中部厚。菌褶白色，稍密至稠密，直生至延生，不等长。菌柄近柱形或稍扁，长 3 ~ 8cm，粗 0.7 ~ 1.8cm，白色，光滑，内实。孢子印白色。孢子无色，光滑，近球形，（5 ~ 7）μm×（4.8 ~ 6）μm。

生态习性 夏秋季生于林地山坡、林缘、草地、菜园、公园等，适当的树木遮阴下易出现。

国内分布 辽宁、吉林、黑龙江、江苏、广西、青海、云南、甘肃、西藏、新疆等。

经济作用 可食用，味道鲜美，属优良食用菌。已驯化栽培。

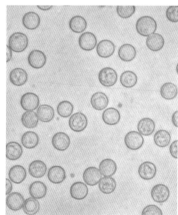

蘑菇目 离褶伞科

203 烟熏褐离褶菌 *Lyophyllum infumatum*（Bres.）Kuhner

中文别名 烟熏离褶伞。

分类地位 蘑菇目，离褶伞科，离褶伞属。

形态特征 子实体小至中等。菌盖直径 4 ~ 8cm，扁半球形至扁平，中部稍凸，表面烟灰色至烟褐色，边缘色较浅，稍内卷。菌肉白色变灰色。菌柄长 4 ~ 6cm，粗 0.8 ~ 1.3cm，圆柱形，污白色，基部稍膨大，表面有纵条纹，内实。菌褶污白色变灰色，不等长。孢子无色，光滑，不等边似近角形，椭圆形，大小（8 ~ 9）μm×（4.5 ~ 5.6）μm。

生态习性 夏秋季生于林缘、草地、路旁地上，群生、丛生。

国内分布 青海、河北等。辽宁新记录种。

经济作用 食、毒不明。

蘑菇目　离褶伞科

204. 真姬离褶伞 *Lyophyllum shimeji*（Kawam.）Hongo

中文别名　玉蕈离褶伞、地菇、本菇、九月菇、姬菇、真姬菇。

分类地位　蘑菇目，离褶伞科，离褶伞属。

形态特征　其子实体较小至中等。菌盖直径 2 ~ 7cm，半球形、扁半球形至扁平，暗灰褐色、浅灰褐色，边缘内卷，表面平滑。菌肉白色。菌褶白色至污白色或稍暗，直生又延生，不等长。菌柄长 3.5 ~ 8cm，幼时粗壮，稍呈瓶状，稍弯曲，污白色带黄色或乳白色，上部有颗粒，具纵条纹，实心。孢子无色，光滑，球形，4 ~ 6μm。

生态习性　秋季生于蒙古栎林内腐殖质上，群生，丛生。

国内分布　云南、青海、西藏等。辽宁新记录种。

经济作用　可食用，味美。

蘑菇目 裂褶菌科

205. 裂褶菌 *Schizophyllum commune* Fr.

中文别名　鸡毛菌子，白参、鸡冠菌。

分类地位　蘑菇目，裂褶菌科，裂褶菌属。

形态特征　实体小型，群生多呈覆瓦状。菌盖直径 0.6 ~ 4.2cm，白色至灰白色，上有绒毛或粗毛，扇形或肾形，具多数裂瓣，菌肉薄，白色，菌褶窄，从基部辐射状生出，白色或灰白色，有时肉质至淡紫色，沿边缘纵裂而反卷，柄短或无。孢子无色，杆状或长椭圆形，大小（6.25 ~ 8.75）μm×（2.5 ~ 3.75）μm。

生态习性　春秋生于阔叶树活立木或针阔枯倒木上，散生或群生。

国内分布　全国各地。

经济作用　幼嫩可食。木材腐朽菌或病原菌。也是段木栽培香菇、木耳或毛木耳或银耳时的"杂菌"。

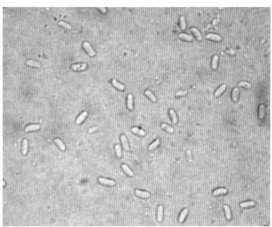

◆ 蘑菇目 蘑菇科

206. 球基蘑菇 *Agaricus abruptibulbus* Peck

分类地位 蘑菇目，蘑菇科，蘑菇属。

形态特征 子实体中等至较大。菌盖直径 4 ~ 12cm，初期近卵形。扁半球形，后期近扁平，中部有宽的凸起，表面白色至浅黄白色，平滑或似有丝光，触摸处呈污黄色，边缘附有菌幕残片。菌肉厚，白色或带微黄色。菌褶离生，初期污白色至粉灰红色，最后紫黑褐色，密，不等长。菌环膜质，白色，其下面呈放射状排列的棉絮状物，生柄之上部。菌柄近圆柱形，稍弯曲，白色，触摸处呈污黄色，光滑，长 5 ~ 18cm，粗 1 ~ 2.5cm，中空，基部明显膨大近球形。孢子光滑，椭圆至宽椭圆或近卵圆形，褐黑色，（6.5 ~ 10）μm×（3.5 ~ 5）μm。

生态习性 夏秋季生于红松林地内，群生或散生。

国内分布 辽宁、贵州、西藏等。

经济作用 可食用。采食此种时要注意同白毒鹅膏菌相区别，以防误食中毒。

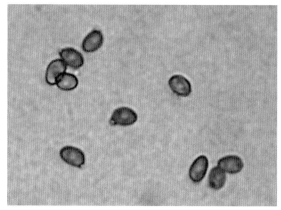

◆ 蘑菇目　蘑菇科

207. 褐顶银白蘑菇 *Agaricus argyropotamicus* Speg.

中文别名　褐顶环柄菇、褐盖环柄菇。

分类地位　蘑菇目，蘑菇科，蘑菇属。

形态特征　子实体一般中等大。菌盖直径 5 ~ 10cm，肉质，半球形，后平展，中央凸起，褐色，四周淡锈色，表面有向外逐渐稀少的浅褐色鳞片。菌肉白色，较薄。菌褶白色，稍密，离生，不等长。菌柄长 7 ~ 15cm，粗 0.8 ~ 1.2cm，圆柱形，基部膨大成球形，与菌盖同色。菌环白色，膜质，生菌柄的上部或近中部，后期能上下移动。孢子印褐色。孢子褐色，平滑，椭圆形，（12 ~ 15.5）μm×（8 ~ 9）μm。

生态习性　夏季生于红松林或针阔混交林地内，群生。

国内分布　云南、香港等。辽宁新记录种。

经济作用　可食用，需慎食。据试验对小白鼠肉瘤 180 和艾氏癌的抑制为 100%。

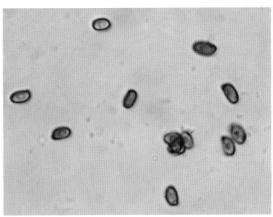

蘑菇目　蘑菇科

208. 小白蘑菇 *Agaricus comtulus* Sacc.

中文别名　小白菇、孖白菇。

分类地位　蘑菇目，蘑菇科，蘑菇属。

形态特征　子实体小型。菌盖直径 1.5 ~ 4cm，初期半球形，后呈扁半球形至平展，表面白色或污白色，中部略带黄色，光滑，边缘乳白色，稍有纤毛状鳞片，菌肉白色，较薄。菌褶初期粉红色，后呈褐色至黑褐色，密，离生，不等长。菌柄圆柱形，长 2.5 ~ 6cm，粗 0.3 ~ 0.8cm，白色，光滑，中空。菌环膜质，白色，单层，生柄之中部，易消失，有时破裂后附着在菌盖边缘。孢子印深褐色，孢子光滑，褐色，广椭圆形，含 1 个油滴，（6 ~ 7）μm×（4 ~ 5）μm。

生态习性　夏秋季生于阔叶树林地内，单生。

国内分布　辽宁、吉林、河北、山东、陕西、四川、广东、云南等。

经济作用　可食用。

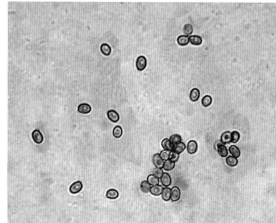

蘑菇目　蘑菇科

209. 细鳞蘑菇 *Agaricus decoratus*（Moller）Plat

中文别名　雀斑菇、小蘑菇。

分类地位　蘑菇目，蘑菇科，蘑菇属。

形态特征　子实体小或中等。菌盖直径 3 ~ 8cm，初期扁半球形，后平展，白色，具浅褐色丛毛状小鳞片，中部色深。菌肉污白色，稍厚。菌褶初期粉红色，后渐变至黑褐色，密，离生，不等长。菌柄长 7 ~ 10cm，粗 0.8 ~ 1cm，白色，后期水渍状，圆柱形而向上渐细，基部有时膨大。菌环双层，白色，膜质，下层放射状撕裂，绒毛状，生柄之上部，不易脱落。孢子椭圆形，光滑，浅紫色至褐紫色，（5 ~ 8.5）μm×（3.5 ~ 4.5）μm。

生态习性　秋季生于落叶松林地内，单生或群生。

国内分布　辽宁、吉林、内蒙古、河北、云南等。

经济作用　可食用。

◆ 蕈菇目　蘑菇科

210. 红肉蘑菇 *Agaricus haemorrhoidarius* Schw. et Kalchbr.

中文别名　肉蘑。

分类地位　蘑菇目，蘑菇科，蘑菇属。

形态特征　子实体中等大。菌盖直径 5 ~ 10cm，褐色，初期扁半球形，后期渐平展，由红色到红褐色的纤毛组成平伏状鳞片，边缘内卷，有时纵裂，菌肉厚，白色，受伤变粉红色到血红色。菌褶初白色、粉红色，后呈黑褐色，稠密，离生，不等长。菌柄长 6 ~ 7cm，粗 0.8 ~ 1.5cm，近圆柱形，具丝光，中空，白色或近白色，伤后变红色。菌环单层，白色，膜质，生菌柄上部或中部，表面有皱褶状沟槽。孢子椭圆形到卵圆形，光滑，褐色，通常含 1 个油滴，（6.5 ~ 7.5）μm×（5 ~ 5.5）μm。

生态习性　夏秋季生于阔叶林地内，群生。

国内分布　新疆、四川、西藏、青海等。

经济作用　可食用。

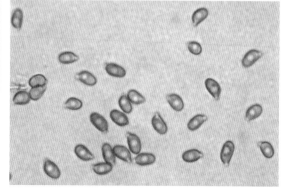

蘑菇目 蘑菇科

211. 赭褐蘑菇 *Agaricus langei*（Moller）Moller

分类地位 蘑菇目，蘑菇科，蘑菇属。

形态特征 子实体中等至稍大。菌盖直径 3～12cm，扁半球形，被锈褐色近鳞片状鳞片。菌肉白色，很快呈粉红色。菌褶深粉红色至暗色，离生，密。菌柄粗，长 3～11cm，粗 1～3cm，柱状，污白色，有浅粉褐鳞片，内部实心。菌环膜质，似双层。孢子光滑，椭圆形，（7～9）μm×（3.5～5）μm。

生态习性 夏秋季于混交林地内，散生、群生。

国内分布 中国新记录种。欧洲、北美洲也有分布。

经济作用 食用菌，可栽培。我国引进食用菌名录里记载。

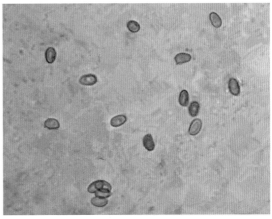

蘑菇目 蘑菇科

212. 雀斑蘑菇 *Agaricus micromegethus* Peck

中文别名 雀斑菇。

分类地位 蘑菇目，蘑菇科，蘑菇属。

形态特征 子实体小或中等大。菌盖直径 2 ～ 8cm，初期扁半球形，后平展，白色，具浅棕灰色至浅灰褐色纤毛状鳞片，中部色深，老时边缘开裂。菌肉污白色，伤处不变色。菌褶初期污白色，后渐变粉色、紫褐色至黑褐色，稠密，离生，不等长。菌柄长 2 ～ 6cm，粗 0.7 ～ 1cm，圆柱形并向上渐细，基部有时膨大。菌环单层，白色，膜质，生柄之上部，易脱落。

生态习性 夏秋季生于蒙古栎等阔叶杂木林地内，单生或群生。

国内分布 辽宁、河北、江苏、海南、广西等。

经济作用 可食用。

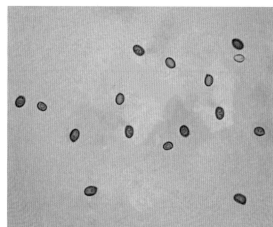

蘑菇目 蘑菇科

213. 灰鳞蘑菇 *Agaricus moelleri* Wasser

中文别名 细褐鳞蘑菇。

分类地位 蘑菇目，蘑菇科，蘑菇属。

形态特征 子实体中等至较大。菌盖直径 5 ~ 10cm，初期半球形，后期近平展，中部平、稍凸或稍凹，表面污白色，成熟时常淡粉色，被黑灰色或褐色纤毛状小鳞片，中部黑褐色。菌肉白色，稍厚。菌褶离生，较密，不等长，初期灰白色至粉红色，最后变黑褐色。菌柄长 6 ~ 10cm，粗 0.5 ~ 1cm，圆柱形，污白色，表面平滑或有白色的短细小纤毛，伤处变黄色，内部松软，基部膨大近球形，有白色绒毛状菌丝体。菌环白色、薄膜质，双层，生菌柄的上部，上面有辐射状条纹。担孢子（5 ~ 6.5）μm×（3.5 ~ 4）μm，椭圆形至卵圆形，光滑，褐色。

生态习性 夏秋季生于阔叶杂木林地内，群生。

国内分布 内蒙古等。辽宁新记录种。

经济作用 不可食，中毒引起胃肠炎。

◆ 蘑菇目 蘑菇科

214. 双环林地蘑菇 *Agaricus placomyces* Peck

中文别名 扁圆盘伞菌、双环菇。

分类地位 蘑菇目，蘑菇科，蘑菇属。

形态特征 菌盖直径 3 ~ 16cm，初期扁半球形，后平展，近白色，中部淡褐色到灰褐色，覆有纤毛组成的褐色鳞片，边缘有时纵裂或有不明显的纵沟。菌肉白色，较薄，具有双孢蘑菇气味。菌褶初期近白色，很快变为粉红色，后呈褐色至黑褐色，稠密，离生，不等长。菌柄长 4 ~ 15cm，粗 0.4 ~ 1.5cm，白色，光滑，内部松软，后中空，基部稍膨大。菌环边缘成双层，白色，后渐变为淡黄色或褐色，膜质，表面光滑，下面略呈海绵状，生菌柄中上部，干后有时附着在菌柄上，易脱落。孢子褐色，椭圆形至广椭圆形，光滑，（5 ~ 6.5）μm×（3.5 ~ 5）μm。褶缘囊体无色至淡黄色，棒状。

生态习性 秋季于村中地上及杨树根部单生，群生及丛生。

国内分布 辽宁、吉林、河北、黑龙江、山西、江苏、安徽、湖南、青海、云南、西藏、香港、台湾等。

经济作用 可食用，味道较鲜美，不过有记载具毒。慎食。

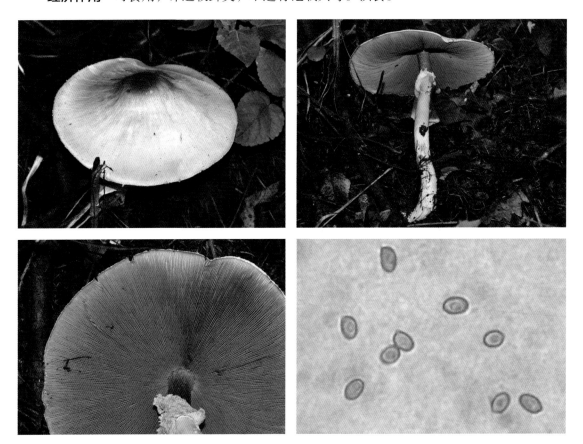

蘑菇目 蘑菇科

215. 紫肉蘑菇 *Agaricus porphyrizon*（Kauffm.）P. D. Orton

分类地位 蘑菇目，蘑菇科，蘑菇属。

形态特征 子实体大。菌盖直径5~13cm，半球形、扁半球形，后期近平展，有时中央凹陷，表面具有暗红色至粉棕色鳞片，不易脱落，成熟后颜色稍淡，边缘内卷，开裂。菌肉白色，较厚，杏仁味。菌褶离生，密，幼时白色，成熟后灰色至紫褐色。菌柄圆柱形，长5~8cm，粗0.5~1cm，光滑，白色，向基部渐粗，成熟后空心。菌环上位，白色膜质。孢子光滑，椭圆形，棕色至紫棕色，（5~6.5）μm×（3.5~5）μm。

生态习性 夏季生于红松林地内，单生或群生。

国内分布 东北、华北等地区。

经济作用 可食用，但也有资料记载有毒，慎用。药用抗癌。

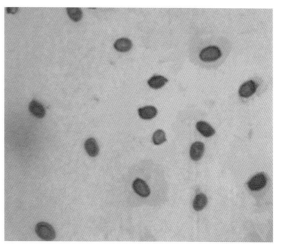

◆ # 蘑菇目　蘑菇科

216. 假根蘑菇 *Agaricus radicata* Schumach.

中文别名　假根蘑。

分类地位　蘑菇目，蘑菇科，蘑菇属。

形态特征　子实体小或中等大。菌盖直径 4.5 ~ 8.5cm，污白色，初半球形，后平展，中部有黄褐色或浅褐色的平伏鳞片，向外渐稀少。菌肉白色，较厚，伤处稍变暗红色。菌褶初期白色，粉红色，后渐变为褐色到黑褐色，较密，离生，不等长。菌柄长 5 ~ 10cm，粗 0.6 ~ 1cm，白色，中实到中空，菌环以下有纤毛形成的白色鳞片，渐变褐色，后期脱落，基部膨大，有白色短小假根，伤后变浅黄色，干后色退尽。菌环单层，白色，膜质，较易脱落，生菌柄上部。孢子印深褐色。孢子褐色，椭圆形，光滑，（6.5 ~ 8）μm ×（4.5 ~ 5.5）μm。褶缘囊体稀少，无色，呈棒状，有时略高于担子，（22 ~ 33）μm ×（8 ~ 12.5）μm。

生态习性　夏季生于落叶松林缘内的杂木林地内，散生或单生。

国内分布　辽宁、河北、山西等。

经济作用　可食用。有资料记载食后引起轻微的腹痛或腹泻，食用时需注意。

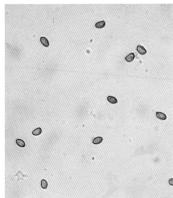

蘑菇目　蘑菇科

217. 拟林地蘑菇 *Agaricus rubribrunnescens* Murr.

分类地位　蘑菇目，蘑菇科，蘑菇属。

形态特征　子实体较小至中等。菌盖直径 6 ~ 8cm，扁半球形至近平展，污白色，被淡红褐色纤毛状鳞片。菌肉白色。菌褶黑褐色，离生，不等长，稍密。菌柄长 6 ~ 12cm，粗 0.5 ~ 0.8cm，污白色至淡褐色，基部稍膨大，中空。菌环膜质，单层，生菌柄之上部，易脱落。孢子褐色，光滑，卵圆形至椭圆形，（3.6 ~ 6.2）μm×（2.7 ~ 3.6）μm。担子 4 小梗。

生态习性　夏季生于栎树林或杂木林下地面上，单生、散生。

国内分布　北京、贵州等。辽宁新记录种。

经济作用　记载可食用。

蘑菇目　蘑菇科

218. 林地蘑菇　*Agaricus silvaticus* Schaeff.：Fr.

中文别名　林地伞菌

分类地位　蘑菇目，蘑菇科，蘑菇属。

形态特征　菌盖直径5～12cm，扁半球形，逐渐伸展，近白色，中部覆有浅褐色或红褐色鳞片，向外渐稀少，干燥时边缘呈辐射状裂开。菌肉白色，较薄。菌褶初白色，渐变粉红色，后栗褐色至黑褐色，离生，稠密，不等长。菌柄长6～12cm，粗0.8～1.6cm，白色，菌环以上有白色纤毛状鳞片，充实至中空，基部略膨大，伤后变污黄色。菌环单层，白色，膜质、生菌柄上部或中部。孢子椭圆形，光滑，紫褐色或褐色，具芽孔，（5.5～6.5）μm×（3.5～4.5）μm。褶缘囊体近宽棍棒状。

生态习性　夏秋季生于落叶松或针阔叶混交林地内，单生至群生。

国内分布　辽宁、吉林、黑龙江、河北、江苏、安徽、山西、浙江、甘肃、陕西、新疆、四川、云南、西藏等。

经济作用　可食用。

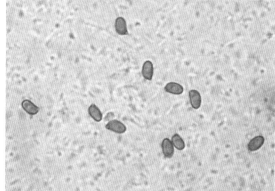

蘑菇目　蘑菇科

219. 白林地蘑菇 *Agaricus silvicola*（Vitt.）Sacc.

中文别名　林生伞菌。

分类地位　蘑菇目，蘑菇科，蘑菇属。

形态特征　子实体中等至稍大。菌盖直径 6.5 ～ 11cm，初期扁半球形，后期平展，白色或淡黄色，有时中部浅褐色，覆有平伏丝状纤毛，边缘时常开裂。菌肉白色，稍厚。菌褶初白色，渐变粉红色、褐色、黑褐色，密，离生，不等长。菌柄长 7 ～ 15cm，粗 0.6 ～ 1.5cm，污白色，松软到中空，近圆柱形，基部稍膨大。菌环单层，白色，膜质，生菌柄上部，上部平滑，下面棉绒状，大，易脱落。孢子印深褐色。孢子褐色，椭圆形到卵形，光滑，多数有 1 个油滴，（5 ～ 8）μm×（3 ～ 4.5）μm。褶缘囊体近洋梨形。

生态习性　夏秋季生于林地内，单生、散生。

国内分布　辽宁、吉林、黑龙江、河北、山西、四川、云南、甘肃、青海、台湾等。

经济作用　可食用，味道好，已有人工栽培。

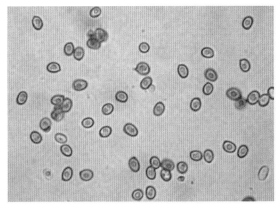

蘑菇目 蘑菇科

220. 絮边蘑菇 *Agaricus subfloccosus*（Lange）Pilat

中文别名 棕色蘑菇。

分类地位 蘑菇目，蘑菇科，蘑菇属。

形态特征 子实体一般中等。菌盖直径 6 ~ 8cm，半球形至扁半球形或近平展，表面光滑，白色至浅黄色，中部带黄褐色，被纤毛状细鳞片，边缘内卷，有白色絮状鳞片。菌肉白色，伤处变红色，菌褶粉红色至黑褐色，离生，密，不等长。菌柄长 9 ~ 17cm，粗 1 ~ 1.5cm，柱形，向下部稍粗，白色至灰粉白色，基部稍膨大。孢子褐色，光滑，宽卵圆形，（5 ~ 7.5）μm×（3.5 ~ 5）μm。褶缘囊体棒状。

生态习性 夏秋季生于云杉林地内，群生。

国内分布 四川、香港等。辽宁新记录种。

经济作用 食用情况不明。

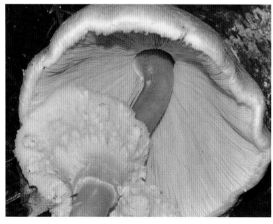

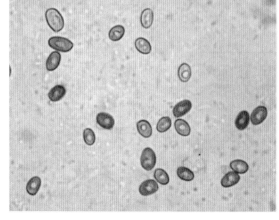

蘑菇目 蘑菇科

221. 毛头鬼伞 *Coprinus comatus*（O. F. Müll.）Pers.

中文别名 毛鬼伞、鸡腿蘑、鸡腿菇、刺蘑菇。

分类地位 蘑菇目，蘑菇科，鬼伞属。

形态特征 子实体小到大。菇蕾期菌盖圆柱形，连柄似火鸡腿，故名鸡腿菇。高5～15cm，后期菌盖呈钟形，最后展平，盖宽4～6cm。菌盖表面初期光滑，后期表皮裂开，成为平伏的鳞片，初期白色，中期淡锈色，后期色渐加深。菌肉白色，薄。菌柄白色，有丝状光泽，纤维质，长17～30cm，粗1～4cm，上细下粗。菌环白色，脆薄，可以上下移动，易脱落。菌褶密集，与菌柄离生，宽6～10mm，白色，后变黑色。孢子黑褐色，光滑，杏仁状或近椭圆形，有芽孔，（10～13）μm×（6.5～8）μm。

生态习性 春、夏、秋季生长于林下、林缘、道旁、田野等地面上。群生，少单生。

国内分布 辽宁、吉林、黑龙江、河南、河北、山西、山东、安徽、江苏、甘肃、青海、西藏、云南等。

经济作用 可食用，注意与酒同吃易中毒。可栽培，具有商业潜力的珍稀食用菌之一。

蘑菇目　蘑菇科

222. 野生鬼伞 *Coprinus silvaticus* Peck

中文别名　林地鬼伞。

分类地位　蘑菇目，蘑菇科，鬼伞属。

形态特征　子实体小。菌盖直径 1 ~ 3cm，卵圆形或锥形至稍开展，淡黄褐色，顶部赭黄色，长条棱接近盖顶。菌肉白色，薄。菌褶浅灰黄色至褐黑色。菌柄长 4 ~ 8cm，粗 0.3 ~ 0.5cm，白色变至浅黄褐色，脆。孢子光滑，深褐色，近卵圆形或椭圆形，（11 ~ 14.5）μm×（8 ~ 10）μm。

生态习性　秋季生于阔叶杂木林地内或腐木上，群生。

国内分布　辽宁、河北、甘肃。

经济作用　食用及其他用途不明。

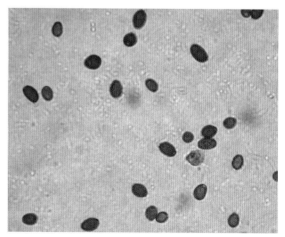

蘑菇目　蘑菇科

223. 疣盖囊皮伞 *Cystoderma granulosum*（Batsch）Fayod.

中文别名　颗粒囊皮伞、金粒囊皮菌。

分类地位　蘑菇目，蘑菇科，囊皮伞属。

形态特征　子实体较小，全体黄色或黄褐红色。菌盖直径 2 ~ 5cm，初期扁半球形，后期稍平展，表面密被土褐色或红褐色小疣。菌肉稍厚，黄白色。菌褶密，黄白色，近直生，不等长。菌柄长 4 ~ 7.5cm，粗 0.3 ~ 0.6cm，近圆柱形，菌环以上乳白黄色，近光滑，菌环以下同菌盖色，有黄褐色颗粒或鳞片，基部膨大，内部松软。菌环易消失。孢子光滑，无色，椭圆形，（3.5 ~ 4.5）μm×（2.5 ~ 3）μm。

生态习性　秋季生于阔叶树杂木林地内腐殖质上，散生。

国内分布　吉林、黑龙江、江苏、山西、新疆、甘肃、西藏、香港等。辽宁新记录种。

经济作用　可食用。注意此种与金盖鳞伞形态特征相似。

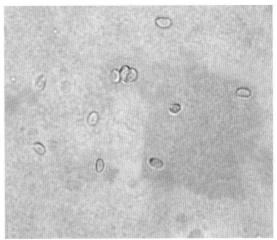

◆ 蘑菇目 蘑菇科

224. 皱盖囊皮伞 *Cystoderma amianthinum*（Scop.：Fr.）Fayod.

中文别名 皱皮蜜环菌、黄盖囊皮菌。

分类地位 蘑菇目，蘑菇科，囊皮伞属。

形态特征 子实体小。菌盖直径 2 ～ 5cm，中央凸起，钝圆锥状，或钟形、宽钟形或平展，淡红棕色至黄褐色或淡黄色，菌盖表面覆有浅褐色或褐色粉状颗粒，菌盖边缘附着黄色残存菌幕片。菌褶近直生或离生，不等长，白色至米色。菌柄长 5 ～ 7cm，粗 0.3 ～ 0.6cm，圆柱形，菌环上部白色至米色，下部密布黄褐色细小鳞毛。菌环易消失。担孢子（4 ～ 7）μm ×（2.5 ～ 3.7）μm，近椭圆形，无色，光滑，淀粉质。

生态习性 夏秋季生于阔叶杂木林腐枝上，单生，散生。

国内分布 辽宁、吉林、黑龙江、河南、山西、云南、甘肃、西藏等。

经济作用 可食用。

蘑菇目 蘑菇科

225. 纤巧囊小伞 *Cystolepiota seminuda*（Lasch）Bon.

中文别名 半裸囊小伞。

分类地位 蘑菇目，蘑菇科，囊小伞属

形态特征 子实体小。菌盖直径 0.5 ~ 2cm，表面白色至米白色，中央米色至淡黄褐色，被白色、粉红色至淡褐色粉末状鳞片。菌肉白色。菌褶离生，近白色至米色。菌柄长 1.5 ~ 4cm，粗 0.3 ~ 0.6cm，圆柱形，幼时被白色、粉红色至淡褐色粉末鳞片，上半部色浅近白色，老时菌柄下方变淡褐色、粉红色。菌环上位，白色，易消失。担孢子（3.5 ~ 4.5）μm×（2.5 ~ 3）μm，椭圆形，光滑或有不明显的小疣。

生态习性 夏秋季生于落叶松阔叶树混交林地内腐殖质上，散生。

国内分布 大部分地区。辽宁新记录种。

经济作用 食用及其他用途不明。

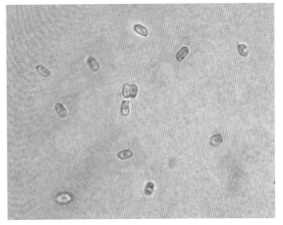

蘑菇目 蘑菇科

226. 白环柄菇 *Lepiota alba*（Bres.）Fr.

分类地位 蘑菇目，蘑菇科，环柄菇属。

形态特征 子实体较小。菌盖直径 3～7cm，半球形，开伞后中部凸起，表面白色，老后淡黄色，具纤维状丛毛鳞片或往往后期有鳞片，菌褶密，稍宽，白色，不等长。菌柄较细长，圆柱形，向下渐粗，白色，长 5～9cm，粗 0.4～0.6cm，菌环以上光滑，以下初期有白色粉末，后变光滑，内实至空心。菌环白色，易消失。孢子印白色。孢子无色，平滑，椭圆形，含 1 个油滴，（10～12）μm×（7～7.3）μm。有褶缘囊体。

生态习性 夏秋季生于阔叶树林地内腐殖层上或草地上，群生。

国内分布 辽宁、吉林、黑龙江、台湾等。

经济作用 记载可食用。

蘑菇目　蘑菇科

227. 红鳞环柄菇 *Lepiota cinnamomea* Hongo

分类地位　蘑菇目，蘑菇科，环柄菇属。

形态特征　子实体较小。菌盖直径 1.5 ~ 5cm，幼时近卵圆形至钟形，后期近平展，中部凸起，表面污白色至带浅土黄色，被细小颗粒状鳞片，中部密集深褐色，边缘鳞片渐少。菌肉白色，伤处微变色。菌褶白色至奶油黄色，离生、不等长。菌柄长 3 ~ 7cm，粗 0.3 ~ 0.5cm，白色至污白色，表面粗糙，中部向下有褐色至红褐色颗粒状小鳞片，质脆，中空。菌环膜质，易破碎消失，孢子无色，光滑，椭圆形，（4 ~ 6.3）μm×（2.3 ~ 3）μm。囊状体棒状。

生态习性　夏秋季生于针阔混交林下，散生或群生。

国内分布　山东、香港等。辽宁新记录种。

经济作用　食毒不明。

蘑菇目 蘑菇科

228. 细环柄菇 *Lepiota clypeolaria*（Bull.：Fr.）Kumm.

中文别名 盾形环柄菇。

分类地位 蘑菇目，蘑菇科，环柄菇属。

形态特征 子实体一般较小。菌盖直径 3 ~ 7cm，初期半球形，后扁平且中部凸起，表面白色，有红褐色鳞片且中部较密集，边缘鳞片渐少并有短条纹或有絮状菌幕残片。菌肉白色。菌褶白色，离生，稍密，不等长。菌柄柱形，向下渐长，长 4 ~ 10cm，粗 0.3 ~ 1cm，白色，菌环以下有棉毛状鳞片，实心至松软，质脆。菌环近膜质，易碎，生菌柄上部。孢子无色，光滑，近梭形，（10 ~ 18）μm×（4 ~ 6）μm。

生态习性 夏秋季在林地内，散生或群生。

国内分布 吉林、黑龙江、广东、山西、江苏、云南、青海、新疆、西藏、香港等。辽宁新记录种。

经济作用 此种有的记载可食，但有人认为有毒，不能轻易采集食用。

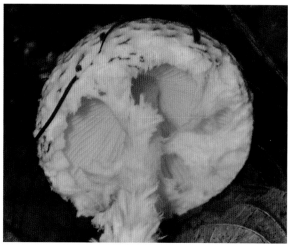
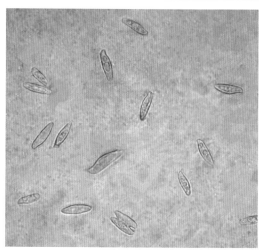

蘑菇目　蘑菇科

229. 冠状环柄菇 *Lepiota cristata*（Bolt.：Fr.）Kumm.

中文别名　小环柄菇。

分类地位　蘑菇目，蘑菇科，环柄菇属。

形态特征　子实体小而细弱。菌盖直径 1 ~ 4cm，白色，中部至边缘有红褐色鳞片，边缘近齿状。菌肉白色，薄。菌褶白色，密，离生，不等长。菌柄细长，柱形，长 3 ~ 6cm，粗 0.2 ~ 0.6cm，空心，表面光滑，基部稍膨大。菌环白色，菌柄上位生。孢子印白色。孢子无色，光滑，卵圆形、椭圆形、长椭圆形，或近似角形，（5.5 ~ 8）μm×（3 ~ 4.5）μm。有褶缘囊体。

生态习性　夏秋季在林中腐叶层、草丛或苔藓间，群生或单生。

国内分布　辽宁、河北、山西、江苏、湖南、甘肃、青海、西藏、香港等。

经济作用　记载有毒，不宜采食。

蘑菇目　蘑菇科

230. 天鹅色环柄菇 *Lepiota cygnea* J. Lange

分类地位　蘑菇目，蘑菇科，环柄菇属。

形态特征　子实体小。菌盖直径 1 ~ 3cm，白色，扁半球形至近扁平，有丝状鳞片。菌肉白色。菌褶白色离生，较密。菌柄长 3 ~ 6cm，粗 0.2 ~ 0.4cm，柱形，白色，空心。有菌环。孢子椭圆形至近卵形，一端带小尖，无色，透明，大小（6 ~ 7.5）μm×（3 ~ 5）μm。未见锁状联合。

生态习性　秋季生于阔叶树林地内，单生或散生。

国内分布　辽宁、内蒙古、吉林、福建、云南、广东、湖南、香港等。

经济作用　食毒不明，可能有毒。

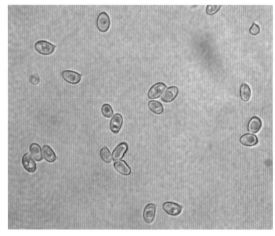

蘑菇目 蘑菇科

231. 红顶环柄菇 *Lepiota gracilenta*（Krombh.）Quél.

分类地位 蘑菇目，蘑菇科，环柄菇属。

形态特征 子实体中等至较大。菌盖直径 6 ~ 13cm，肉质，初期钟形到半球形，后平展，中部凸起，浅朽叶色，边缘白色，有浅褐色的块状鳞片，向外逐渐稀少，并变小。菌肉白色。菌褶白色，离生，不等长。菌柄长 6 ~ 18cm，粗 0.5 ~ 1cm，圆柱形，肉质，有白色纤毛状鳞片，内部松软到中空，基部膨大呈球形。菌环白色，膜质，生柄之上部，后与菌柄分离，能上下移动。孢子印白色。孢子无色，宽椭圆形至卵圆形，（12.6 ~ 18.5）μm×（7.2 ~ 11）μm。

生态习性 夏秋季生于杂木林地内或林缘空旷处的地上，单生或散生。

国内分布 辽宁、吉林、内蒙古、河北、上海、甘肃、青海、四川、山西、广东、贵州、云南、海南、台湾等。

经济作用 可食用。

◆ 蘑菇目　蘑菇科

232. 褐鳞环柄菇 *Lepiota helveola* Bres.

中文别名　褐鳞小伞。

分类地位　蘑菇目，蘑菇科，环柄菇属。

形态特征　子实体小。菌盖表面有褐色小鳞片，具菌环且无菌托。菌盖初期扁半球形，开伞后平展，中部稍凸起，直径 1 ~ 4cm。表面密被红褐色或褐色小鳞片，尤其中部较多，往往呈环带状排列。菌肉白色。菌褶白色或带污黄色，离生，较密，不等长。菌柄细弱，长 2 ~ 6cm，粗 0.3 ~ 0.7cm，白色稍带粉红色，内部空心，基部稍膨大。菌环白色，小而易脱落，生柄之上部。孢子印白色。孢子无色，光滑，椭圆形，（5 ~ 9）μm×（3.5 ~ 5）μm。

生态习性　春至秋季多生于落叶松和阔叶树混交林地内，群生。

国内分布　北京、河北、江苏、云南、青海、西藏等。辽宁新记录种。

经济作用　不可食，毒性很强，含有毒肽及毒伞肽类毒素，可导致死亡。

蘑菇目 蘑菇科

233. 纯白环菇 *Leucoagaricus pudicus* Sing.

分类地位 蘑菇目，蘑菇科，白环菇属。

形态特征 子实体中等。菌盖直径 6 ~ 10cm，初期半球形，渐开展呈扁半球形，纯白色至中部略带土黄色，顶部平凸，表面有鳞片，边缘有絮状菌幕残物。菌肉白色。菌褶白色，离生，较密，不等长。菌柄圆柱形，白色，长 4 ~ 8cm，粗 0.8 ~ 1.2cm，表面光滑或有小鳞片，内部松软变空心。菌环膜质，较大，生于菌柄上部。孢子印白色。孢子卵圆形，无色、光滑，（7 ~ 9）μm×（4.5 ~ 6）μm，具褶缘囊体。

生态习性 夏秋季生于杂木林中草地上，单生或散生。

国内分布 青海、香港等。辽宁新记录种。

经济作用 可食，慎食。

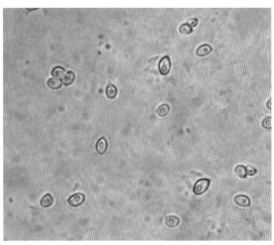

蘑菇目　蘑菇科

234. 红色白环菇 *Leucoagaricus rubrotinctus*（Pk.）Sing.

中文别名　红盖白蘑菇、染红白蘑菇、日本环柄菇。

分类地位　蘑菇目，蘑菇科，白环菇属。

形态特征　子实体单生，中等大小。菌盖直径 5 ~ 8cm，初半球形，后开展，中部凸起，表面初期具暗红褐色绒毛状，随菌盖开展表面破裂变成鳞片，菌盖边缘颜色较浅。菌肉薄，白色。菌褶离生，白色，密。菌柄质脆，中空，白色，（8 ~ 12）cm×（0.4 ~ 0.6）cm，常弯曲，基部膨大；孢子无色，光滑，发芽孔不明显，卵圆形或纺锤状椭圆形，（7 ~ 9）μm×（4 ~ 5）μm。褶缘囊状体棒状或近纺锤形。

生态习性　夏季生于落叶松与栎树混交林下腐殖质层上，单生。

国内分布　辽宁、吉林、广东、贵州、香港、台湾等。

经济作用　食毒不明。

蘑菇目　蘑菇科

235. 壳皮大环柄菇　*Macrolepiota crustosa* Shao et Xiang

分类地位　蘑菇目，蘑菇科，大环柄菇属。

形态特征　子实体较大。菌盖直径 6 ~ 13cm，初期球形，柔软，后期扁平或中部略凹，中央具乳头状凸起，表面具壳状表皮，初期灰白色，干后变煤褐色，龟裂成块状裂片，周围易脱落且露出白色。菌肉白色，后变黄色，无气味。菌褶离生，宽，白色，干后污白色或浅褐色。菌柄细长，17 ~ 25cm，粗 0.8 ~ 1.1cm。菌环生于柄之上部，白色，后期与菌柄分离，能上下移动。孢子印白色，孢子无色，卵形至椭圆形，（11 ~ 14.5）μm ×（7.5 ~ 8.5）μm。

生态习性　夏秋季生落叶松林缘的草地上，单生或散生。

国内分布　辽宁、吉林、黑龙江等。

经济作用　可食用。

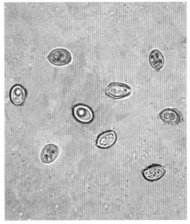

蘑菇目 蘑菇科

236. 小假鬼伞 *Pseudocoprinus disseminatus*（Pers.：Fr.）Kuhner.

分类地位 蘑菇目，蘑菇科，假鬼伞属。

形态特征 子实体很小。菌盖膜质，卵圆形至钟形，直径约1cm，白色至污白色，顶部呈黄色，有明显的长条棱。菌肉白色，很薄。菌褶灰白色，后变黑色，较稀，直生，不等长。菌柄白色，长2～3cm，粗约1cm，有时稍弯曲，中空。孢子椭圆形，光滑，褐黑色，（6～10）μm×（4～5）μm。有褶缘囊体，近长棒状或似长颈瓶状。

生态习性 夏季生腐木上，群生、丛生。

国内分布 辽宁、吉林、黑龙江、福建、山西、广西、云南、新疆、西藏、河北、台湾、香港等。

经济作用 有记载可食用，但无食用价值。偶尔见于香菇的木段上。

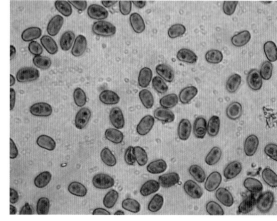

蘑菇目 泡头菌科

237. 北方蜜环菌 *Armillaria borealis* Marxm. et Korhonen

中文别名 榛蘑。

分类地位 蘑菇目，泡头菌科，蜜环菌属。

形态特征 子实体中等至较大。菌盖直径 3 ~ 10cm，初期半球形至扁半球形，后期扁平，幼时边缘内卷而成熟后往往拱起并呈现深色的环带，表面黄褐色至浅黄褐色，中部稍凸有短纤毛，四周鳞片稀少，后期近光滑。菌肉白色，湿时灰褐色，稍厚，具香气，味温和。菌褶白色至带粉红色，后呈红褐色，直生或稍延生，不等长，菌柄长 5 ~ 13cm，粗 0.5 ~ 1.5cm，近柱形，向下渐增粗，基部明显膨大，菌环以上色浅，以下浅黄色或粉黄色，有白色绒毛或纤毛状鳞片，内部松软。菌环生近顶部，内部实心至空心。孢子宽椭圆形，光滑，无色。（6 ~ 9）μm×（4.5 ~ 5）μm。

生态习性 夏秋季生于栎树或杂木林的木桩上或地上，群生，稀单生。

国内分布 辽宁、黑龙江、陕西、青海、甘肃等。

经济作用 可食用。与蜜环菌（*Armillariella mellea*）形态特征很相似。

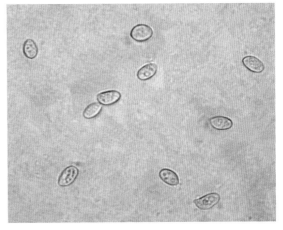

蘑菇目 泡头菌科

238. 蜜环菌 *Armillaria mellea*（Vahl.）P. Kumm.

中文别名 榛蘑、臻蘑、蜜蘑、蜜环蕈、栎蕈。

分类地位 蘑菇目，泡头菌科，蜜环菌属。

形态特征 子实体一般中等大。菌盖直径4～14cm，淡土黄色、蜂蜜色至浅黄褐色，中部有平伏或直立的小鳞片，边缘具条纹，菌肉白色。菌褶白色或稍带粉色，老后常出现暗褐色斑点，直生至延生，稍稀。菌柄细长，圆柱形，稍弯曲，同菌盖颜色，有纵条纹和毛状小鳞片，纤维质，内部松软至空心，基部稍膨大。菌环白色，生柄的上部，幼时常呈双层，后期带奶油色。孢子印白色，孢子无色，光滑，椭圆形或卵圆形，（7～13）μm×（5～7.5）μm。

生态习性 秋季生于栎树或杂木林树干基部，群生、丛生。

国内分布 分布广泛。

经济作用 可食用。入药。可导致树木根朽病。可利用共生原理栽培天麻。

蘑菇目　泡头菌科

239. 奥氏蜜环菌 *Armillaria ostoyae*（Romagn.）Herink

中文别名　榛蘑。

分类地位　蘑菇目，泡头菌科，蜜环菌属。

形态特征　子实体一般中等大。菌盖直径 3 ~ 12cm，初时凸镜形，红棕色至深棕色，后渐平展，颜色稍浅，边缘黄棕色，中央浅棕色，具浅褐色毛状鳞片，向边缘渐少。菌肉白色至污白色，一般在个体成熟时变为浅棕色。菌褶直生至延生，初时白色至污白色，后变为浅褐色。菌柄长 5 ~ 12cm，粗 3 ~ 3.5cm，圆柱形，稍弯曲，同菌盖色，纤维质，内部松软变至空心，基部稍膨大。菌环白色，生柄的上部。孢子无色，光滑，椭圆形，大小（8 ~ 11）μm×（5.5 ~ 7.5）μm，非淀粉质。

生态习性　夏秋季在很多种阔叶树树干基部、根部或倒木上丛生。

国内分布　广泛分布。

经济作用　可食用，干后气味芳香，但略带苦味，食前须焯后浸泡处理。

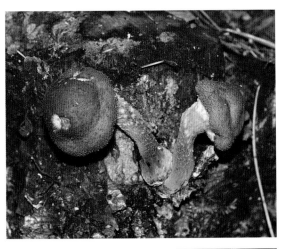

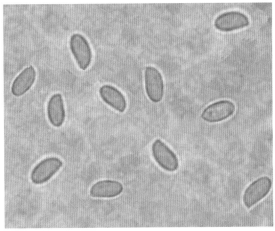

◆ 蘑菇目 泡头菌科

240. 黄假蜜环菌 *Armillariella cepistipes* Velen.

分类地位 蘑菇目，泡头菌科，假蜜环菌属。

形态特征 子实体大。菌盖直径4～15cm，半球形至扁平，浅黄褐色或红褐色，中央色深，形成宽的环带，幼时有暗褐色鳞片，老后边缘上翘并有条纹，表面湿时水渍状，有细小纤毛或老后变光滑。菌肉污白色或变深。菌褶污白或出现褐斑，直生又延生，稍密，不等长。菌柄长5～12cm，粗0.5～1.3cm，上部污白色，下部色深，有白色或浅黄色鳞片，向下渐粗，基部膨大明显。菌环呈污白色或带黄色丝膜状，后期仅留痕迹，有时菌盖边缘留有残迹。孢子光滑，宽椭圆形，（7.2～9.5）μm×（5～6.5）μm。

生态习性 夏秋季于腐木上群生，稀单生。

国内分布 吉林等。辽宁新记录种。

经济作用 可食。

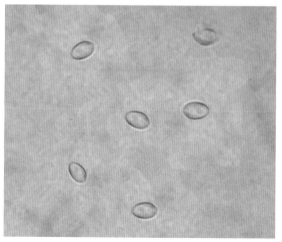

蘑菇目 泡头菌科

241. 红褐假蜜环菌 *Armillariella polymyces*（Pers. ex Gray）Sing. et Clc.

中文别名 榛蘑。

分类地位 蘑菇目，泡头菌科，假蜜环菌属。

形态特征 子实体中等至较大。菌盖直径 3.5 ~ 11cm，初期扁半球形或平展，后期平展，中央稍凹或稍凸，表面近土红色，边缘色浅近白色，波浪状或翘起，鳞片白色变至褐色。菌褶污白色，浅肉色或灰白色，往往出现红褐色斑点，直生至弯生，不等长。菌柄近圆柱形，基部稍膨大，长 5 ~ 13cm，粗 0.5 ~ 1.5cm，上部色浅近污白色，中部以下褐色至暗褐或黑褐色，具明显鳞片，内部实心至松软。菌环膜质，上表面白色，下表面暗褐色。孢子近球形或宽椭圆形，无色，光滑，（6.5 ~ 7.8）μm×（4.5 ~ 6.9）μm。

国内分布 夏秋季生于阔叶林或针阔混交林地内，群生、丛生，稀单生。

生态习性 甘肃、新疆、四川。辽宁新记录种。

经济作用 可食用。寄生在栎树活立木根部，树木腐朽病病原菌。

  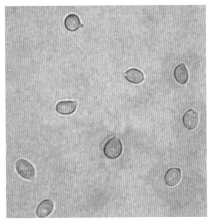

蘑菇目　泡头菌科

242. 假蜜环菌 *Armillariella tabescens*（Scop.：Fr.）Sing.

中文别名　树秋（河南）、青杠菌、青杠钻（四川）、榛蘑。

分类地位　蘑菇目，泡头菌科，假蜜环菌属。

形态特征　子实体中等大。菌盖直径 2.8 ～ 8.5cm，幼时扁半球形，后渐平展，有时边缘稍翻起，蜜黄色或黄褐色，老后锈褐色，往往中部色深并有纤毛状小鳞片，不黏。菌肉白色或带乳黄色。菌褶白色、污白色，或肉粉色、浅黄色，稍稀，近延生，不等长。菌柄长 2 ～ 13cm，粗 0.3 ～ 0.9cm，上部污白色，中部以下灰褐色至黑褐色，有时扭曲，具平伏丝状纤毛，内部松软变至空心，无菌环。孢子印近白色。孢子无色，光滑，宽椭圆形至近卵圆形，（7.5 ～ 10）μm×（5.3 ～ 7.5）μm。

生态习性　秋季生于阔叶林树干基部或根部，群生、丛生。

国内分布　分布广泛。

经济作用　可食用，味好。引起梨、桃等很多种阔叶树木根腐病。

◆ 蘑菇目　泡头菌科

243. 金黄鳞盖伞 *Cyptotrama chrysopelum*（Berk.et Curt.）Sing.

中文别名　粗糙鳞盖伞。

分类地位　蘑菇目，泡头菌科，鳞盖伞属。

形态特征　子实体小，菌盖直径 0.8 ~ 4cm，半球形或扁半球形至平展，橙黄色、柠檬黄色或金黄色，表面粗糙有近直立似角锥状小鳞片，后期往往鳞片脱落，边缘内卷。菌肉白色，近表皮处黄色，较薄，无明显气味，菌褶白色，直生或弯生，稀，不等长。菌柄长 1 ~ 5cm，粗 0.2 ~ 0.4cm，柱形，稀弯曲，内部实心至松软，具明显的鳞片，基部膨大。孢子无色，光滑，含 1 个大油滴，宽椭圆形或卵圆形，（6 ~ 8）μm×（4 ~ 6）μm。褶缘体近棒状至梭状。

生态习性　夏季生于阔叶树林下的腐木上，单生或散生。

国内分布　广东、福建、海南、香港、台湾等。辽宁新记录种。

经济作用　木材腐朽菌。

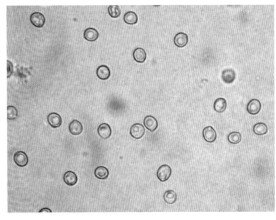

蘑菇目 泡头菌科

244. 冬菇 *Flammulina velutipes*（Curt.：Fr.）Sing.

中文别名 金针菇、毛柄小火菇、毛柄金钱菌、构菌、朴菇、冻菌、智力菇。

分类地位 蘑菇目，泡头菌科，小火焰菌属。

形态特征 子实体一般小。菌盖直径 1.5 ~ 7cm，幼时扁半球形，后渐平展，黄褐色或淡黄褐色，中部肉桂色，边缘乳黄色并有细条纹，较黏，湿润时黏滑。菌肉白色，较薄。菌褶白色至乳白色或微带肉粉色，弯生，稍密，不等长。菌柄长 3 ~ 10cm，具黄褐色或深褐色短绒毛，纤维质，内部松软，往往基部延伸似假根并紧靠一起。孢子无色或淡黄色，光滑，长椭圆形，（6.5 ~ 7.8）μm×（3.5 ~ 4）μm。

生态习性 早春、晚秋至初冬季节生于阔叶树倒伏腐木、腐木桩上，丛生。

国内分布 分布广泛。

经济作用 可食用，人工广泛栽培。能导致树木黄白色腐朽。

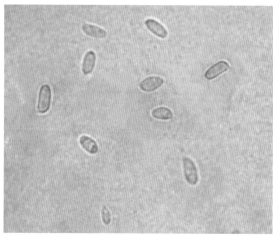

蘑菇目　泡头菌科

245. 长根奥德蘑　*Oudemansiella radicata*（Relhan.：Fr.）Sing.

中文别名　长根小奥德蘑。

分类地位　蘑菇目，泡头菌科，奥德蘑属。

形态特征　子实体中等至稍大。菌盖直径 2.5 ~ 11.5cm，半球形至渐平展，中部凸起或似脐状并有深色辐射状条纹，浅褐色或深褐色至暗褐色，光滑、湿润，黏。菌肉白色，薄。菌褶白色，弯生，较宽，稍密，不等长。菌柄近柱状，长 5 ~ 18cm，粗 0.3 ~ 1cm，浅褐色，近光滑，有纵条纹，往往扭转，表皮脆骨质，内部纤维质且松软，基部稍膨大且延生成假根。孢子印白色。孢子无色，光滑，卵圆形至宽圆形，（13 ~ 18）μm×（10 ~ 15）μm。囊体近梭形，（75 ~ 175）μm×（10 ~ 29）μm。褶缘囊体无色，近梭形，顶端稍钝，（87 ~ 100）μm×（10 ~ 25）μm。

生态习性　秋季生于红松与蒙古栎等阔叶林混交林地内，单生或群生，其假根着生在地下腐木上。

国内分布　吉林、河北、江苏、安徽、湖北、湖南、浙江、福建、河南、海南、广西、甘肃、四川、云南、西藏等。辽宁新记录种。

经济作用　可食。药用降压或抗癌。

蘑菇目 泡头菌科

246. 宽褶奥德蘑 *Oudemasiella platyphylla*（Pers.：Fr.）Moser in Gams

中文别名 宽褶拟口蘑、宽褶菇、宽褶金钱菌.

分类地位 蘑菇目，泡头菌科，奥德蘑属。

形态特征 子实体中等至较大。菌盖直径 5 ~ 12cm，扁半球形至平展，灰白色至灰褐色，湿润时水渍状，光滑或具深色细条纹，边缘平滑且往往裂开或翻起。菌肉白色，薄。菌褶白色，很宽，稀，初期直生后变弯生或近离生，不等长。菌柄白色至灰褐色，长 5 ~ 12cm，粗 0.8 ~ 1.5cm，具纤毛和纤维状条纹，表皮脆骨质，里面纤维质，基部往往有白色根状菌丝索。孢子印白色。孢子无色，光滑，卵圆形至宽椭圆形，（7.5 ~ 10）μm×（6.0 ~ 8.0）μm。褶缘囊体无色，袋状至棒状，（30 ~ 55）μm×（5 ~ 10）μm。

生态习性 夏秋季生于杂木林的腐木上或土中腐木上，单生或近丛生。

国内分布 黑龙江、江苏、浙江、福建、山西、四川、青海、西藏、云南等。辽宁新记录种。

经济作用 可食，菌肉细嫩，软滑，味较鲜美。试验抗癌，对小白鼠肉瘤 180 的抑制率为 80%，对艾氏癌的抑制率为 90%。

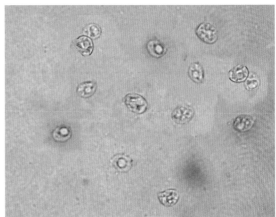

蘑菇目　泡头菌科

247. 掌状玫耳　*Rhodotus palmatus*（Bull.）Maire.

中文别名　缘网粉菇、网盖红褶伞。

分类地位　蘑菇目，泡头菌科，玫耳属。

形态特征　子实体小或中等大，粉红色或粉肉色。菌盖直径 1.5 ~ 6cm，半球形至扁球形，后期近平展，个别中部稍下凹，边缘内卷，表面平滑，幼时菌盖表面或边缘具有浅色网棱。菌肉近白色或带粉红色，稍厚，气味香。菌褶粉红色至粉黄色，直生，稍宽，较密，不等长。菌柄较短，等粗，近柱形，常偏生，长 3 ~ 6cm，粗 0.5 ~ 1.5cm，较菌盖色浅，有条纹，纤维质，表面常附有浅黄色液体，内部实心。无菌环。孢子印粉红色。孢子无色或略带粉红色，近球形，粗糙有小疣，（5 ~ 7）μm×（5 ~ 6）μm。

生态习性　夏秋季生于林内倒腐木桩上，单生或群生。

国内分布　吉林。辽宁新记录种。

经济作用　可食用，但往往带苦味。目前有人工驯化。

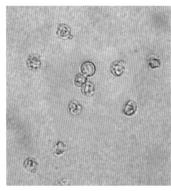

蘑菇目　球盖菇科

248. 枞裸伞 *Gymnopilus sapineus*（Fr.）Maire

分类地位　蘑菇目，球盖菇科，裸伞属。

形态特征　子实体小。菌盖直径 2 ~ 5cm，灰黄色至橙黄色，扁半球形至扁平，中部稍平或稍低，边缘延伸且撕裂。菌肉白色带黄色，味苦。菌褶锈色至褐红色，近弯生。菌柄长 2 ~ 6cm，粗 0.3 ~ 0.5cm，弯曲，上部浅黄色，下部褐红色至棕红色，有绒毛和小鳞片，局部膨大有白色菌丝体，内部实心。菌环橘红色，膜质，易脱落。孢子锈色，有小疣，椭圆形，大小（8 ~ 10）μm×（4 ~ 6）μm。

生态习性　夏秋季生于林下栎树腐木上，群生。

国内分布　广东、新疆及西南地区等。辽宁新记录种。

经济作用　味苦，不宜食用。

蘑菇目　球盖菇科

249. 烟色垂幕菇 *Hypholoma capnoides*（Fr.）P. Kumm.

中文别名　烟色沿丝伞、橙黄褐韧伞。

分类地位　蘑菇目，球盖菇科，垂幕菇属。

形态特征　子实体较小。菌盖直径 2 ~ 5cm，半球形至扁半球形，中央凸起，边缘内卷且有菌丝膜状残物，表面橙黄色至黄褐色，往往带土红黄色，边缘颜色较浅，湿润，表面光滑或光亮。菌肉较薄，白黄色，伤处不变色，无明显气味。菌褶直生，密，稍宽，不等长，污白色渐呈灰褐色至紫褐色或烟褐色。菌柄近圆柱形，黄白色，后期变至褐黄色，长 2 ~ 8cm，粗 0.4 ~ 0.8cm，纤维质，有纤毛，基部有绒毛，内部松软至空心。柄上部有丝幕，后期消失。孢子印紫褐色。孢子光滑，椭圆形，灰褐色，具发芽孔，（6 ~ 8）μm×（4 ~ 4.8）μm。褶侧囊体和褶缘囊体似呈圆柱形或梭形，黄色。

生态习性　夏秋季生于针阔混交林内的腐朽木桩上或倒伏腐朽木上，群生、簇生。

国内分布　吉林、四川、新疆等。辽宁新记录种。

经济作用　可食用。形态相近于有毒的簇生黄韧伞（*Hypholoma fasciculare*），后者味苦。

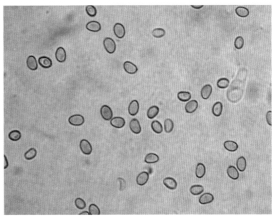

蘑菇目　球盖菇科

250. 簇生垂幕菇 *Hypholoma fasciculare*（Fr.）P. Kumm.

中文别名　簇生黄韧伞、簇生沿丝伞、黄香杏（河南）、包谷菌（四川）。

分类地位　蘑菇目，球盖菇科，垂幕菇属。

形态特征　菌体较小，黄色。菌盖直径 1.5 ~ 5cm，初期半球形，开伞后平展，表面硫磺色或玉米黄色，中部锈褐色至红褐色。菌褶密，直生至弯生，不等长，青褐色。菌环呈蛛网状。菌柄黄色而下部褐黄色，纤维质，长 1.5 ~ 12cm，粗可达 1cm，表面附纤毛，内部实心至松软。孢子印紫褐色。孢子淡紫褐色，光滑，椭圆形至卵圆形，（6 ~ 9）μm ×（4 ~ 5）μm。褶侧和褶缘囊体金黄色，近梭形，顶端较细，往往有金黄色内含物，（25 ~ 49）μm ×（7 ~ 12）μm。

生态习性　夏秋季生于阔叶树林内的腐朽木桩或枯木上，簇生。

国内分布　吉林、黑龙江、河北、江苏、安徽、山西、广东、广西、湖南、河南、四川、云南、西藏、青海、甘肃、陕西、香港、台湾等。辽宁新记录种。

经济作用　味苦，有人采食，食前煮后浸泡。也曾发生中毒，引起呕吐、恶心、腹泻等，慎食。

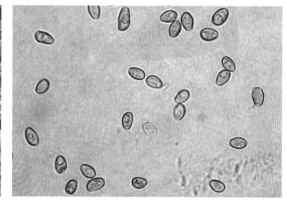

蘑菇目 球盖菇科

251. 白小圈齿鳞伞 *Pholiota albocrenulata*（Pk.）Sacc.

中文别名 白褐环锈伞。

分类地位 蘑菇目，球盖菇科，鳞伞属。

形态特征 子实体中等至较大。菌盖初期近半球形，后期稍平展至扁平，直径 3 ~ 12cm，表面黏或干，污白色、黄褐色至褐红色，中部色较深，具明显的丛毛状鳞片且往往后期干燥脱落，边缘平滑无条棱且附有菌幕残片。菌肉白色至污白色，厚。菌褶稀，宽，较厚，初期污白色，后期变褐色至肉桂色，褶缘色浅，呈锯齿状。菌柄较长，近圆柱形，稍弯曲，长 5 ~ 8cm，粗 0.7 ~ 1.2cm，菌环以上污白色或带浅褐色及粉末，以下褐黄色至肉桂色，被纤毛状鳞片，内部松软至空心。菌环生柄之上部，易消失。孢子光滑，褐黄色，纺锤形或椭圆形，两端稍尖，（12 ~ 13）μm×（6 ~ 7.5）μm。褶侧囊体褐黄色，（30 ~ 48）μm×（7.7 ~ 10）μm。

生态习性 夏秋季生于阔叶树林内腐木上或林区贮木场的原木上，单生。

国内分布 辽宁、吉林等。

经济作用 可食用，亦记载含微毒。

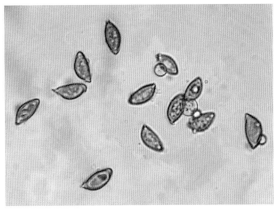

◆ **蘑菇目 球盖菇科**

252. 金毛鳞伞 *Pholiota aurivella*（Batsch）P. Kumm.

中文别名 丝金毛鳞伞、金盖环锈伞、金褐伞、金盖鳞伞。

分类地位 蘑菇目，球盖菇科，鳞伞属。

形态特征 子实体中等至大型，黄色。菌盖直径 5 ~ 15cm，初期半球形，扁半球形，后期稍平展，中部凸起或有皱，金黄色，后期锈黄色，具平伏近三角形鳞片且呈同心环分布，中部密，初期鳞毛呈锥体直立状，后期鳞毛易脱落。菌盖边缘初期内卷，挂有纤维状菌幕残留物。菌肉初期淡黄色，后期柠檬黄色。菌褶直生或延生，密，不等长，初期乳黄色，渐变成黄锈色，后期褐色。菌柄长 6 ~ 12cm，粗 0.6 ~ 1.4cm，圆柱形，基部常为假根状，黏，上部黄色，下部锈褐色，初期菌环以下具阶梯状排列的反卷鳞片，后期消失，有时弯曲，实心。菌环上位，丝膜状，易消失。孢子椭圆形，光滑，锈褐色，大小（7 ~ 10）μm×（4.5 ~ 6.5）μm。

生态习性 秋季生于阔叶树腐木上，分散或成群生长，近丛生。

国内分布 辽宁、吉林、甘肃、陕西、西藏、福建等。

经济作用 野生食用菌，其营养丰富，味道鲜美。可药用。

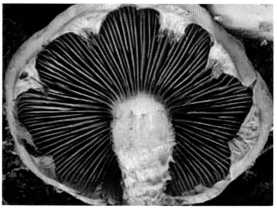

蘑菇目　球盖菇科

253. 烧地鳞伞 *Pholiota carbonaria*（Fr.）Sing.

中文别名　烧迹环锈伞、烧地环锈伞。

分类地位　蘑菇目，球盖菇科，鳞伞属。

形态特征　子实体较小。菌盖扁球形，开伞后近平展，直径 2 ~ 4cm，黄褐色至茶褐色，中部赤褐色，具浅色小鳞片，湿时黏。菌肉白色带黄色，近表皮处带褐色。菌褶直生，污白黄色至褐色，较密，不等长。菌柄较盖色浅，下部浅黄色，后期具赤褐色纤毛状鳞片，长 1.5 ~ 5cm，粗 0.3 ~ 0.4cm，内部松软至中空。菌环呈丝膜状，后消失。孢子椭圆形、光滑、黄色或浅黄褐色，（6.5 ~ 8）μm×（3.3 ~ 4.5）μm。囊体近宽棒状至近纺锤形，黄褐色，（33 ~ 40）μm×（7.6 ~ 18）μm。

生态习性　秋季生于红松林缘阔叶树林中火烧迹地区域，群生。

国内分布　吉林、西藏等。辽宁新记录种。

经济作用　可食用。日本记载有毒。药用抗癌。

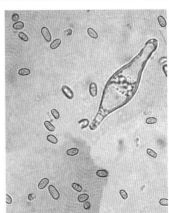

蘑菇目 球盖菇科

254. 粗糙鳞伞 *Pholiota confragosa*（Fr.）Karst.

中文别名 粗糙环锈伞。

分类地位 蘑菇目，球盖菇科，鳞伞属。

形态特征 子实体小。菌盖直径 1 ~ 3cm，中凸至平展，不黏，淡黄色至黄褐色，表面粗糙。菌肉薄，脆，黄色。菌褶初期白色后锈色，密，直生至稍延生，边缘有小流苏状齿。菌柄短，（2 ~ 4）cm×（0.2 ~ 0.4）cm，等粗或基部少膨大，中空，菌环以上色淡，具纤毛或白粉末，菌环以下同菌盖色，有近褐色纤毛。菌环膜质，易脱落。孢子椭圆形，光滑，赭褐色，（6 ~ 8）μm×（4 ~ 5）μm。

生态习性 夏秋季生于阔叶树林下腐木上，单生或群生。

国内分布 辽宁、黑龙江、河北、内蒙古、青海等。

经济作用 食用及其他用途不明。

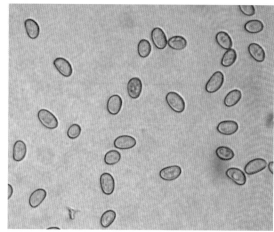

蘑菇目 球盖菇科

255. 胶状鳞伞 *Pholiota gummosa*（Lasch）Sing.

分类地位 蘑菇目，球盖菇科，鳞伞属。

形态特征 子实体中等。菌盖直径 2 ~ 5cm，初期半球形，后期凸透镜形。初期具乳头状凸起，渐变钝或稍下陷，初期稍带浅绿色，后期变成柠檬色，中部呈浅红色至红褐色。盖缘初期内卷，后渐平展或呈不规则波浪状。初期黏，后期干。表面具浅褐色鳞片，后期常消失。菌肉薄，黄色。菌褶直生或至稍延生，窄，浅黄色，不等长，后期渐变为黄褐色。菌柄长 3 ~ 8cm，粗 0.3 ~ 0.7cm，等粗，有时弯曲至扭曲，初期浅黄色至柠檬色，下部渐变为褐锈色，表面具块状菌幕残留物。担孢子光滑，椭圆形，黄褐色，（5.5 ~ 7）μm×（3.5 ~ 5）μm。

生态习性 夏秋季在林中生于腐木上，群生或丛生。

国内分布 吉林。辽宁新记录种。

经济作用 食用及其他用途不明。

  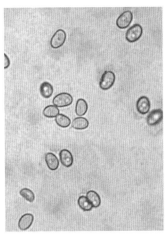

蘑菇目　球盖菇科

256. 稳固鳞伞 *Pholiota lenta* (Pers.) Sing.

中文别名　黏环鳞伞。

分类地位　蘑菇目，球盖菇科，鳞伞属。

形态特征　子实体较小。菌盖直径 3 ~ 8cm，半球形，后扁平，中部钝，污白色至带黄色，中部色深，表面黏至胶黏，初期有白色鳞片。菌肉带白色至浅黄色，味温和。菌褶白色至淡黄色，最后呈赭肉桂色，直生至弯生，密，边缘白色絮状，不等长。菌柄近圆柱形，基部膨大，长 4 ~ 9cm，粗 0.5 ~ 1.2cm，菌环以上有白色粉状，其以下白色或带黄褐色且表面有白色棉絮状鳞片，内部实心至松软。菌环易消失。孢子印肉桂色。担孢子（5 ~ 7.5）μm×（3 ~ 4）μm，椭圆形，平滑，带黄褐色。褶缘近纺锤状，（35 ~ 45）μm×（12 ~ 16）μm。

生态习性　秋季生于红松阔叶混交林地面的腐朽干枝上，单生至近丛生。

国内分布　辽宁、吉林、云南、西藏、台湾等。

经济作用　可食用，味道一般。药用抗癌。木材腐朽菌。

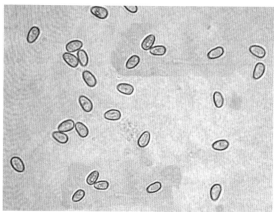

蘑菇目 球盖菇科

257. 黏皮鳞伞 *Pholiota lubrica* (Fr.) Sing.

中文别名 粘盖鳞伞、粘皮鳞伞、粘皮伞。

分类地位 蘑菇目，球盖菇科，鳞伞属。

形态特征 子实体中等或较小。菌盖直径 3 ~ 7cm，初期扁半环形，后渐平展，中部凸起，表面黏或很黏，土黄色且中部红褐色，鳞片少，边缘色浅且无细条纹。菌肉污白色，近表皮下带黄色，中部厚而边缘薄，韧。菌褶直生至弯生，密，不等长，初期色浅近白色，后变赭色，褶缘色浅，菌柄长 8 ~ 10cm，粗 0.5 ~ 1.2cm，近圆柱形而向下渐粗，基部膨大，表面具纤毛，内实。菌环污白丝膜状，易消失，生于柄上部。孢子印锈色。孢子光滑，淡黄褐色，椭圆形，(6.3 ~ 7) μm × (3 ~ 4) μm。褶侧囊体多，披针形，带褐色，(38.3 ~ 61) μm × (8.9 ~ 12.7) μm。

生态习性 夏秋季生于红松林或针阔混交林地内，散生、群生。

国内分布 吉林、青海、西藏等。辽宁新记录种。

经济作用 可食用。对癌有抑制作用。

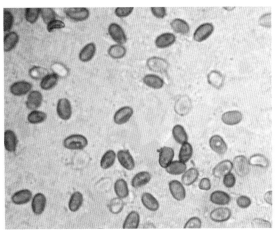

蘑菇目　球盖菇科

258. 杨鳞伞 *Pholiota populnea*（Pers.）Kuyper & Tiall. Beuk.

中文别名　白鳞环锈伞、白鳞环伞、白鳞伞。

分类地位　蘑菇目，球盖菇科，鳞伞属。

形态特征　菌盖直径 5 ~ 12cm，半球形至扁平，稍黏，淡肉色至肉桂色，附白鳞片，边缘稍内卷。菌肉白色，厚。菌褶弯生至直生，稍密至稠密，初期白色，后期呈肉桂色，最后呈深咖啡色。菌柄长 3.5 ~ 6cm，基部膨大处粗 1.5 ~ 3.5cm，向上渐细，向下延伸成假根状，往往弯曲，内实，覆有白色毛状鳞片。菌环生柄上部，白色，松软，易脱落，常在柄上留有痕迹或菌盖边缘有残存膜片。孢子印肉桂褐色。孢子椭圆形或近卵形，平滑，锈黄色，（7.5 ~ 10）μm×（4.5 ~ 5.5）μm，成熟时多数有油滴。褶缘囊体无色或稍带黄褐色，近圆柱形或棒形，（25 ~ 37）μm×（7 ~ 8）μm。

生态习性　夏秋季生于杨木原木上或杨树干基部，单生至丛生。

国内分布　辽宁、吉林、黑龙江、河北、四川、新疆、西藏等。

经济作用　可食用，味道一般。木材腐朽菌，可致心材腐朽。据报道试验抗癌。

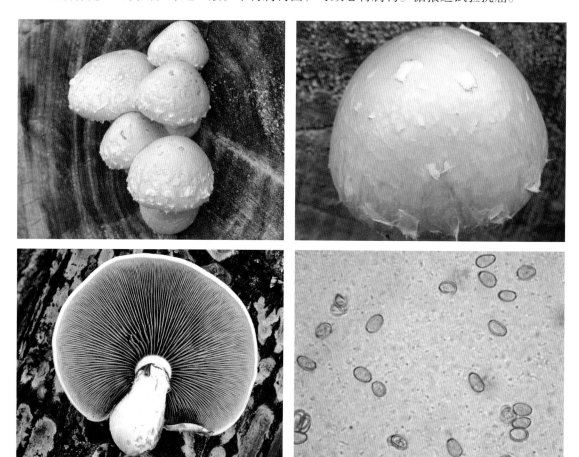

蘑菇目　球盖菇科

259. 泡状鳞伞　*Pholiota spumosa*（Fr.）Sing.

中文别名　黄褐环锈伞、黄粘锈伞、黄粘皮伞、泡状火菇。

分类地位　蘑菇目，球盖菇科，鳞伞属。

形态特征　子实体较小至中等。菌盖直径 2.5 ~ 7cm，扁球形，黄色，湿时黏，中部黄褐色，后表皮破裂呈细小鳞片状，边缘常挂有黄色棉絮状丝膜。菌肉薄，软，黄色。菌褶较密，弯生至直生，不等长，浅黄色或黄褐色，后期变褐色至锈褐色。菌柄长 4 ~ 8cm，圆柱形等粗，直径 0.3 ~ 0.6cm，上部有白粉呈黄白色，下部褐色，纤维质，空心。孢子（6 ~ 8）μm×（4 ~ 5）μm，卵圆形至椭圆形，一端钝，光滑，黄褐色。褶缘囊侧体瓶状。

生态习性　秋季生于红松阔叶混交林内枯枝落叶层上，单生或群生。

国内分布　吉林、黑龙江、山西、青海、福建、四川、云南、西藏等。辽宁新记录种。

经济作用　可食用。

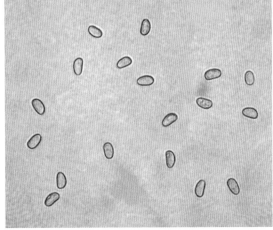

◆ 蘑菇目 球盖菇科

260. 地毛柄鳞伞 *Pholiota terrigena*（Fr.）Karst.

中文别名 地毛柄环锈伞、地毛腿环锈伞、地鳞伞。

分类地位 蘑菇目，球盖菇科，鳞伞属。

形态特征 子实体小或中等大。菌盖直径 2 ~ 4cm，扁半球形，后扁平，污黄色至黄褐色，边缘色较浅，有翘起鳞片。菌肉污白色至淡黄色，质地紧密。菌褶污黄色到污锈黄色，较稀，中部较宽，直生。菌柄长 1 ~ 4cm，粗 0.4 ~ 0.8cm，上下等粗或基部稍膨大，污黄色，肉质到纤维质，有毛状鳞片，中空。菌环易脱落，常留有环痕。孢子印锈褐色。孢子椭圆形，平滑，淡锈色，（10.5 ~ 12）μm×（5.5 ~ 6.5）μm。褶缘囊体无色，棒形或近球形，（27.5 ~ 52）μm×（15 ~ 27.5）μm。

生态习性 秋季生于阔叶杂木林下地面上，群生、散生。

国内分布 河北、山西、青海、甘肃、西藏、云南等。辽宁新记录种。

经济作用 可食用。

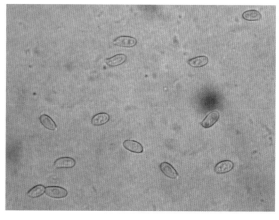

蘑菇目　球盖菇科

261. 伏鳞伞 *Pholiota tuberculosa*（Schaeff.：Fr）Gill.

中文别名　伏鳞环锈伞、小疣鳞伞、小瘤鳞伞。

分类地位　蘑菇目，球盖菇科，鳞伞属。

形态特征　子实体较小。菌盖直径 3～6cm，半球形至扁半球形，最后扁平，中部稍凸，表面干燥，深黄色至黄褐色，散布黄褐色纤毛鳞片。菌盖边缘常稍波浪状，幼时内卷。菌肉黄色，致密。菌褶初时直生，后期弯生，硫磺色至锈色。菌柄近圆柱形，长 3～7cm，粗 0.5～0.8cm，等粗，基部膨大延伸成假根，黄褐色。菌环以上平滑，以下黄褐色，散生黄褐色纤毛，中空。孢子平滑，锈褐色，椭圆形，（6.0～8.5）μm×（4～5）μm。

生态习性　夏秋季生于林地或贮木场的腐木上，丛生。

国内分布　辽宁、吉林、甘肃等。

经济作用　食用及其他用途不明。

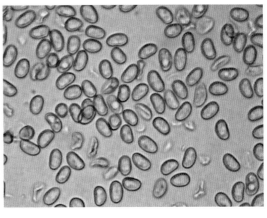

蘑菇目　球盖菇科

262. 铜绿球盖菇 *Stropharia aeruginosa*（Curt.：Fr.）Quél.

中文别名　黄铜绿球盖菇。

分类地位　蘑菇目，球盖菇科，球盖菇属。

形态特征　子实体小至中等。菌盖直径 3 ~ 7cm，半球形至扁平，光滑，淡绿色至灰黄绿色，后呈黄带绿色，湿润时黏，往往近边缘有白絮状鳞片。菌肉白色，中部稍厚。菌褶污白色至青褐色或紫褐褐，边缘白色，中等密，不等长，直生至弯生。菌柄白色，下部带淡绿黄色，直或稍弯曲，长 5 ~ 10cm，粗 0.5 ~ 0.1cm，幼时菌环以下常有白色毛状鳞片，内部松软。菌环生中部或近上部，其上面有条纹，膜质。孢子光滑，紫褐色，近卵圆形或近椭圆形，（7.5 ~ 9）μm ×（4.5 ~ 6）μm。褶缘囊体近纺锤状或近棒状，（25 ~ 50）μm ×（4.5 ~ 10）μm。

生态习性　夏季生于湿度较大的阔叶林下腐枝落叶层上或落叶松林下地面上，群生。

国内分布　辽宁、吉林、黑龙江、河北、陕西、甘肃、云南、青海、内蒙古、台湾等。

经济作用　可食用。但也有记载不宜食用。

  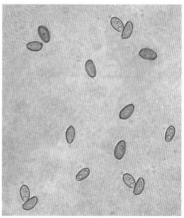

蘑菇目　球盖菇科

263. 浅黄色皱环球盖菇 *Stropharia rugosoannulata* f. lutea Hongo

中文别名　皱球盖菇。

分类地位　蘑菇目，球盖菇科，球盖菇属。

形态特征　子实体中等至较大。菌盖扁半球形至扁平，直径 5 ~ 13cm，湿润时稍黏，浅黄色至浅灰褐色，平滑或有纤毛状鳞片，干时表面有光泽，菌盖边缘初期内卷且附着菌幕残片。菌肉白色，稍厚。菌褶初期污白，渐变灰紫色至暗褐紫色，直生，密，较宽，不等长。菌柄近圆柱形，长 7 ~ 10cm，粗 1.0 ~ 2cm，菌环以上污白色，近光滑，菌环以下带黄色细条纹，内部松软至变空心。菌环生中上部，膜质，较厚，窄，双层似齿轮状，白色或带黄色，易脱落。孢子棕褐色，光滑，具不明显的麻点，椭圆形、卵形或近柠檬形，（11 ~ 12.5）μm×（6.5 ~ 8）μm。

生态习性　秋季生于本地林缘草地上或堆放已腐烂玉米秸秆上，群生或丛生。

国内分布　吉林、陕西、甘肃等。辽宁新记录种。

经济作用　记载可食用。

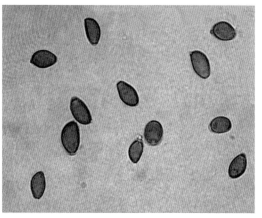

◆ 蘑菇目　球盖菇科

264. 皱环球盖菇 *Stropharia rugosoannulata* Farlow

中文别名　大球盖菇、酒红球盖菇、斐氏球盖菇、斐氏假黑伞。

分类地位　蘑菇目，球盖菇科，球盖菇属。

形态特征　子实体中等至较大。菌盖扁半球形至扁平，直径 5 ~ 15cm，湿润时稍黏，褐色至灰褐色或锈褐色，平滑或有纤毛状鳞片，干时表面有光泽，菌盖边缘初期内卷且附着菌幕残片。菌肉白色，稍厚。菌褶初期污白色，渐变灰紫色至暗褐紫色，直生，密，较宽，不等长。菌柄近圆柱形，靠近基部稍膨大，长 5 ~ 12cm，粗 0.5 ~ 2cm，菌环以上污白色，近光滑，菌环以下带黄色细条纹，内部松软至变空心。菌环生中上部，膜质，较厚，窄，双层似齿轮状，白色或带黄色，易脱落。孢子棕褐色，光滑，具不明显的麻点，椭圆形至卵形，（11.4 ~ 15.5）μm×（8 ~ 10.9）μm。

生态习性　秋季生于本地林缘草地上或堆放已腐烂玉米秸秆上，群生或丛生。

国内分布　辽宁、吉林、四川、陕西、甘肃、贵州、云南、西藏、香港、台湾等。

经济作用　可食用，国内外已有栽培。药用抗癌。

蘑菇目 丝盖伞科

265. 小黄褐丝盖伞 *Inocybe auricoma* Fr.

分类地位 蘑菇目，丝盖伞科，丝盖伞属。

形态特征 子实体小。菌盖直径 1 ~ 2cm，圆锥形至钟形或斗笠形，最后近平展，有黄褐色放射状纤毛条纹，中部凸起且色深。菌肉污白色，薄。菌褶污白色至浅红褐色，近直生，稍密。菌柄长 3.5 ~ 5cm，粗 0.2 ~ 0.3cm，柱形，污白黄色，平滑或有小条纹。孢子近椭圆形，光滑，浅粉褐色，（8.5 ~ 10）μm×（4.5 ~ 6.2）μm。

生态习性 夏秋季生于落叶松林地内，散生、群生。

国内分布 吉林、青海、台湾等。辽宁新记录种。

经济作用 可能有毒，具体不详。

蘑菇目 丝盖伞科

266. 粗鳞丝盖伞 *Inocybe calamistrata*（Fr.）Gill.

中文别名 翘鳞毛锈伞。

分类地位 蘑菇目，丝盖伞科，丝盖伞属。

形态特征 子实体较小。菌盖直径 1.5 ~ 4cm，钟形至扁半球形，中部凸起，不黏，表面暗褐色或酱色，顶部有栗褐色密集翘起的鳞片，边缘不开裂。菌褶直生，稍密，不等长，褐色至锈褐色，边沿带白色。菌柄长 6 ~ 11cm，粗 0.3 ~ 0.5cm，实心，暗褐色，具毛状鳞片。孢子印褐色。孢子椭圆形或近肾脏形，光滑，浅锈色，（9 ~ 12）μm×（4.5 ~ 6.5）μm。褶缘囊体近棒状，（28 ~ 50）μm×（8 ~ 12）μm。

生态习性 春夏季生于落叶松或阔叶树林下，群生。

国内分布 吉林、内蒙古、北京、湖南、云南等。辽宁新记录种。

经济作用 据记载有毒，可能含有类似裂丝盖伞的毒素。有记载可与柳形成外生菌根。

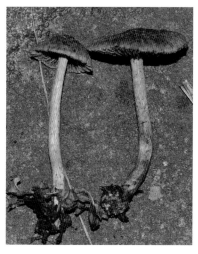

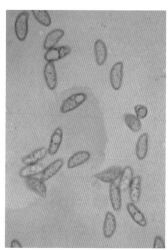

蘑菇目　丝盖伞科

267. 小褐丝盖伞 *Inocybe cincinnata*（Fr.：Fr.）quél.

分类地位　蘑菇目，丝盖伞科，丝盖伞属。

形态特征　子实体小。菌盖直径 1 ~ 3cm，圆锥形、半球形至近平展，表面灰紫褐色或褐黄色，具深色纤毛状小鳞片。菌肉淡紫色。菌褶初期淡紫色，后呈褐色，直生。菌柄长 3 ~ 5cm，粗 0.2 ~ 0.4cm，带紫色，有小鳞片，基部稍膨大，内松软。孢子卵圆形或近纺锤形，（7.5 ~ 11）μm×（4.5 ~ 6）μm。

生态习性　夏秋季生于杂木林或针阔混交林，群生或丛生。

国内分布　吉林、青海等。辽宁新记录种。

经济作用　可能有毒。

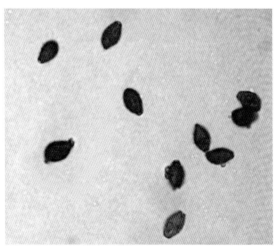

◆ 蘑菇目　丝盖伞科

268. 亚黄丝盖伞　*Inocybe cookei* Bres.

分类地位　蘑菇目，丝盖伞科，丝盖伞属。

形态特征　子实体小。菌盖直径 2 ~ 5cm，初期近锥形，后期平展中部凸起，表面黄土色至带黄褐色，被纤毛状条纹及鳞片。菌肉白色至黄白色。菌褶近离生，青褐色，不等长。菌柄近柱形，长 2 ~ 6cm，粗 0.2 ~ 0.8cm，表面有纤维状条纹，基部膨大，内部实心。孢子黄锈色光滑，椭圆形，（7 ~ 10）μm×（4 ~ 5.5）μm。褶缘囊体近宽棒状，（21 ~ 38）μm×（10 ~ 15）μm。

生态习性　秋季生于落叶松林下地上，群生。

国内分布　辽宁、吉林、云南、西藏、新疆等。

经济作用　记载有毒。

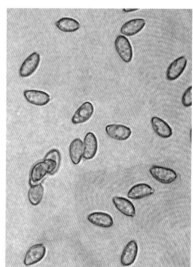

蘑菇目   丝盖伞科

269. 刺孢丝盖伞 *Inocybe culospora* Quél.

分类地位   蘑菇目，丝盖伞科，丝盖伞属。

形态特征   子实体小。菌盖直径 1 ~ 2.5cm，圆锥形至斗笠状，中部凸起，黄褐至锈褐色，有褐色鳞片及绒毛，边缘有平伏纤毛，可裂开。菌肉污白黄色，薄。菌褶肉桂色，近离生，密，不等长。菌柄细长，长 4 ~ 7cm，粗 0.3 ~ 0.6cm，柱形，同菌盖色，具毛或条纹，基部膨大，纤维质。孢子锈褐色，有棘刺，球形，（7 ~ 10）μm×（6.5 ~ 8）μm。

生态习性   夏秋季生于栎树林下的腐木上，群生或散生。

国内分布   辽宁、陕西、浙江、四川、贵州、广东、西藏等。

经济作用   食用及其他用途不明。

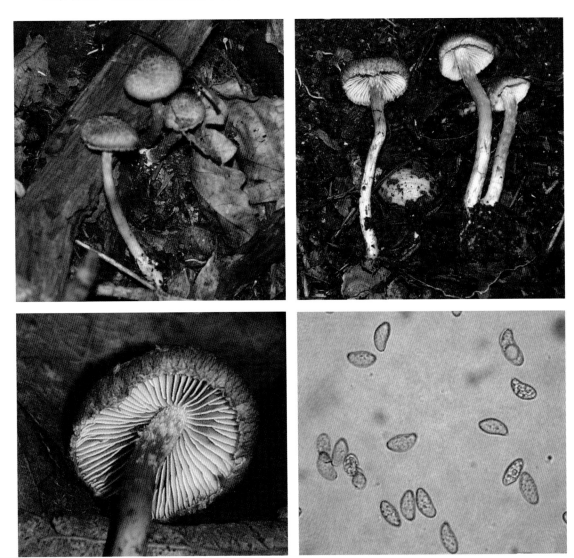

蘑菇目 丝盖伞科

270. 旱生丝盖伞 *Inocybe earleana* Kauffm.

分类地位 蘑菇目，丝盖伞科，丝盖伞属。

形态特征 子实体小。菌盖直径 1.8 ～ 4cm，初期近球形至钟形，后平展，中部脐凸，菌盖表面干，浅赭褐色至亮粉红褐色，有纤毛，后裂缝。菌褶弯生或直生，稍密，幅稍宽，初期近白色，后肉桂色，褶缘流苏状，白色或带褐色。菌柄圆柱形，长 2.5 ～ 8cm，粗 0.2 ～ 0.3cm，较纤细，等粗，基部稍膨大，中实，白色或褐色。孢子不规则角形，有瘤，长方形至近球形，黄褐色，（7 ～ 9）μm×（5 ～ 7）μm。囊状体烧瓶状。

生态习性 夏秋季生于栎树等杂木林下地上，散生或群生。

国内分布 辽宁、吉林、内蒙古、四川等。

经济作用 记载有毒。

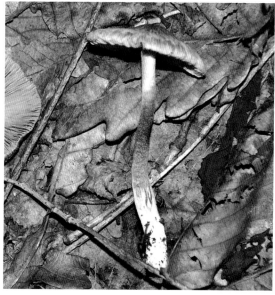

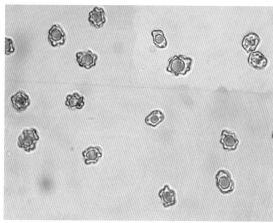

蘑菇目 丝盖伞科

271. 浅黄丝盖伞 *Inocybe fastigiata* f.subcandida Malen et Bertault

分类地位 蘑菇目，丝盖伞科，丝盖伞属。

形态特征 子实体小。菌盖直径 2 ~ 4.5cm，圆锥形、斗笠形至近平展，顶部凸尖，有平伏纤毛和丝光，边缘撕裂，污白色，象牙白至淡黄褐色。菌褶污白色或灰橄榄色至浅褐色，边缘白色，直生至弯生，窄，不等长。菌柄圆柱形，白色，长 4.5 ~ 9cm，粗 0.3 ~ 0.5cm，向下渐粗，上部有白色粉末，下部纤维条纹。孢子光滑，淡锈色，椭圆形或肾形，大小（11 ~ 14）μm×（5.5 ~ 7.0）μm。褶缘囊体棒状。

生态习性 夏秋季生于杂木林缘，单生或群生。

国内分布 黑龙江、云南、青海、内蒙古等。辽宁新记录种。

经济作用 有毒，不可食用。

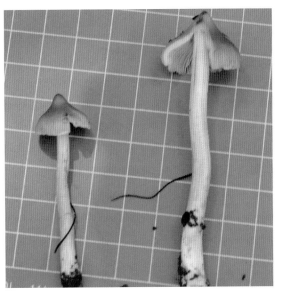

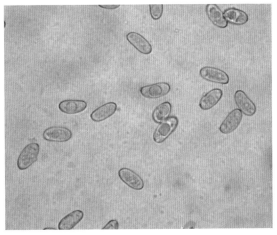

◆ 蘑菇目　丝盖伞科

272. 土味蓝紫色丝盖伞变种 *Inocybe geophylla* var. *violacea*（Pat.）Sacc.

分类地位　蘑菇目，丝盖伞科，丝盖伞属。

形态特征　菌盖直径 1 ~ 1.5cm，幼时锥形，后平展，中部有乳状小凸起，蓝紫色至深紫丁香色，中部凸起部分黄色或浅褐色，光滑。菌肉厚 0.2cm，土味淡，肉质，白色。菌褶中等密，灰白色至黄褐色，直生，褶缘不平滑。菌柄长 2 ~ 4cm，直径 0.15 ~ 0.3cm，圆柱形，等粗或下部略粗，基部膨大，蓝紫色，基部膨大呈淡黄色，顶部具白霜状鳞片，实心。孢子近杏仁形，顶端稍钝，光滑，黄褐色，大小（8.5 ~ 10）μm×（5 ~ 6）μm。

生态习性　秋季生于云杉林地内，散生或单生。

国内分布　东北地区。

经济作用　国外记载有毒。

蘑菇目 丝盖伞科

273. 污白丝盖伞 *Inocybe geophylla*（sow.：Fr.）Kumm.

中文别名 土味丝盖伞。

分类地位 蘑菇目，丝盖伞科，丝盖伞属。

形态特征 子实体较小。菌盖直径 1 ~ 2.5cm，初期钟形，后平展中部凸起，表面干近污白色，中部带黄色，具放射状纤毛且有丝光，菌盖边缘呈齿状。菌肉白色，薄。菌褶较密，灰褐色，直生后弯生。菌柄圆柱形，长 3 ~ 6cm，粗 0.2 ~ 0.3cm，白色，顶部具粉状物，内实后变中空。孢子椭圆形，平滑，淡褐色，（7 ~ 9）μm×（4.5 ~ 5）μm，内含颗粒。褶侧囊体中部膨大呈纺锤形，厚壁，顶端有结晶。

生态习性 夏秋季在林地内，群生或散生。

国内分布 辽宁、吉林、黑龙江、广东等。

经济作用 有毒。与树木形成外生菌根。

蘑菇目　丝盖伞科

274. 毛纹丝盖伞 *Inocybe hirtella* Bres.

中文别名　毛丝盖伞。

分类地位　蘑菇目，丝盖伞科，丝盖伞属。

形态特征　子实体小。菌盖直径 1.5 ~ 2cm，幼时半球形，后渐平展，中央具钝凸，有时不明显，菌盖表面纤丝状至绒毛状，土黄色至锗色，湿润时水渍状，干燥时呈蛋壳色。菌肉白色，苦杏仁至土腥味。菌褶直生，密，不等长，幼时白色至灰白色，成熟时褐色。菌柄长 3 ~ 4.5cm，粗 0.3 ~ 0.4cm，圆柱形，肉粉色，纤维质，表面具白色粉末状颗粒，具扭曲的纵条纹，基部具白色绒毛状菌丝。担孢子（6.5 ~ 9.0）μm×（5 ~ 6）μm，椭圆形，光滑，淡黄褐色。

生态习性　夏秋季生于针阔混交林地内，单生或群生。

国内分布　吉林、山东等。辽宁新记录种。

经济作用　可食。药用。

蘑菇目　丝盖伞科

275. 斑纹丝盖伞 *Inocybe maculata* Boud.

分类地位　蘑菇目，丝盖伞科，丝盖伞属。

形态特征　子实体小。菌盖直径 2 ~ 6cm，扁半球形、钟形至斗笠形，顶部凸起，黄棕色纤毛状长条纹，幼时有白色纤毛，边缘开裂。菌肉污白色。菌褶浅灰褐色至褐黄色，边缘白色，直生。菌柄长 3 ~ 8cm，粗 0.5 ~ 1.2cm，污白色至浅黄褐色，有纵条纹，弯生，基部稍膨大且色浅。内部实心。孢子菜豆籽形或肾形，浅锈色或浅褐色，光滑，（8 ~ 12）μm×（5 ~ 6）μm。

生态习性　秋季生于红松和阔叶树混交林地内，散生或群生。

国内分布　青海等。辽宁新记录种。

经济作用　记载有毒。

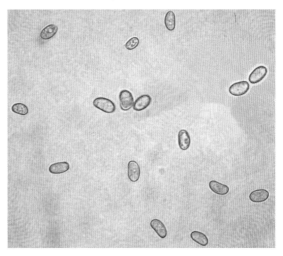

蘑菇目 丝盖伞科

276. 瘤孢丝盖伞 *Inocybe nodulosospora* Kobayasi

分类地位 蘑菇目，丝盖伞科，丝盖伞属。

形态特征 子实体小。菌盖直径1.5 ~ 3.5cm，钟形、斗笠形至近平展，中央凸起，表面褐色、暗灰褐色，顶部色深，有纤毛状鳞片，边缘放射状开裂。菌肉浅黄白色。菌褶暗灰褐色，近离生，较密，不等长。菌柄长3 ~ 6cm，粗0.2 ~ 0.4cm，柱形，似菌盖色或浅色，下部有白色丝状纤毛，顶部似有粉粒。孢子有瘤状凸起，（7.8 ~ 9）μm×（6.6 ~ 7.2）μm。褶缘及褶侧囊体纺锤状，顶部有附属物。

生态习性 夏秋季生于红松林下地上，单生或群生。

国内分布 山东、云南等。辽宁新记录种。

经济作用 食用不明。

◆ 蘑菇目 丝膜菌科

277. 掷丝膜菌 *Cortinarius bolaris*（Pers.）Fr.

分类地位 蘑菇目，丝膜菌科，丝膜菌属。

形态特征 子实体较小。菌盖直径 3 ~ 5cm，初期半球形，后期凸镜形至平展，有时中央凸起，表面浅黄色至褐黄色，密布浅褐色或褐色绒毛状小鳞片，菌盖边缘残留毛絮状的褐色菌幕。菌肉白色，伤后橘黄色。菌褶弯生，不等长，浅褐色至黄褐色或肉桂色。菌柄长 2.5 ~ 4cm，粗 0.3 ~ 0.6cm，圆柱形，基部稍膨大，成熟后空心，上部近白色，下部浅黄色，密布平伏的奶油色、浅褐色至褐色绒毛状鳞片或粉末状鳞片。孢子宽卵圆形至近球形，粗糙具小点，浅褐色，大小（6 ~ 8）μm×（4.5 ~ 6）μm。

生态习性 夏秋季生于落叶松阔叶树混交林地内，散生或群生。

国内分布 湖南等。辽宁新记录种。

经济作用 据记载有毒。与树木形成菌根。

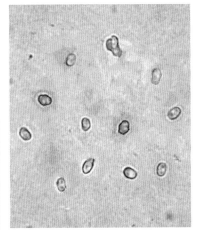

蘑菇目 丝膜菌科

278. 污褐丝膜菌 *Cortinarius bovinus* Fr.

中文别名 牛丝膜菌。

分类地位 蘑菇目，丝膜菌科，丝膜菌属。

形态特征 子实体小至中等。菌盖直径 4 ~ 8cm，初时圆锥形至钟形，后近平展，中部稍凸起，表面湿润，浅褐色、深褐色至暗栗褐色，干后灰褐色，具纤维状平伏条纹，幼时菌盖边缘及附近表面多附有白色纤维状毛。菌肉厚，带浅褐色。菌褶直生又弯生，幼时浅褐色，后变暗褐色至深肉桂色，不等长。菌柄圆柱形，向下渐粗，长 6 ~ 8cm，粗 0.7 ~ 2.5cm，同菌盖色，有白色丝状条纹，并附有污白色絮状丝膜，基部膨大。孢子椭圆形，粗糙具疣，锈褐色，（7.5 ~ 11）μm×（5 ~ 6.5）μm。

生态习性 夏季生于针阔混交林地内，单生、散生。

国内分布 辽宁、内蒙古、新疆、西藏等。

经济作用 可食用。抗癌。菌根菌，与云杉、冷山等树木形成外生菌根。

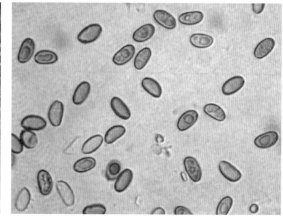

蘑菇目　丝膜菌科

279. 黄棕丝膜菌 *Cortinarius cinnamomeus*（L.）Fr.

分类地位　蘑菇目，丝膜菌科，丝膜菌属。

形态特征　子实体小。菌盖扁半球形，直径 2～6cm，中部钝或稍有凸起，表面干，浅黄褐色，中部色深，密被浅黄褐色小鳞片，老后变平滑至有光泽。菌肉浅橘黄色或稻草黄色，薄。菌褶直生至弯生，密，稍宽，不等长，铬黄色至橘黄色，变至褐色。菌柄长 5～8cm，粗 0.4～0.7cm，圆柱形或稍弯曲，黄色有褐色纤毛，伤处变暗色，内实至空心，基部膨大附有黄色菌索。丝膜黄色，纤毛状易消失。孢子印暗黄锈色。孢子宽椭圆形，稍粗糙，（6～7）μm×（4～4.5）μm。

生态习性　秋季生于落叶松阔叶树混交林地内，单生或群生。

国内分布　吉林、黑龙江、四川、新疆等。辽宁新记录种。

经济作用　可食。是云杉、松、柳等树木的外生菌根菌。药用抗癌，对艾氏癌的抑制率为 90%。

蘑菇目　丝膜菌科

280. 黄花丝膜菌 *Cortinarius crocolitus* Quél.

分类地位　蘑菇目，丝膜菌科，丝膜菌属。

形态特征　子实体中等至较大。菌盖直径 4 ~ 12cm，初期半球形或扁半球形，后变扁平至近平展，中部平凸，表面近平滑，黄色而中央色较深呈土黄色，有不明显放射状条纹，边缘有浅黄色丝膜状物。菌肉较厚，白色带黄色，无明显气味。菌褶直生至近离生，较密，不等长，褐黄色带黄紫色，最后呈褐红色或锈红色。菌柄近柱形或弯曲，基部稍膨大并稍延伸，长 7 ~ 8cm，粗 1 ~ 2.5cm，浅黄白色，中下部有黄褐色纤毛状鳞片及丝膜的痕迹。孢子宽椭圆形且两端较尖，锈色，（10 ~ 13）μm×（5 ~ 7.5）μm。

生态习性　夏秋季生于栎树林下地上，单生或散生。

国内分布　甘肃等。辽宁新记录种。

经济作用　食、毒不明。树木的外生菌根菌。

蘑菇目　丝膜菌科

281. 较高丝膜菌 *Cortinarius elatior* Fr.

分类地位　蘑菇目，丝膜菌科，丝膜菌属。

形态特征　子实体中等大。菌盖直径 3 ～ 9cm，初期近球形或钟形，后渐平展成盘状，中部凸起，污黄色至黄褐色，中部色较深，有透明黏液，有不明显放射状条纹，边缘有白色丝膜残留。菌肉薄，白色至浅黄色。菌褶弯生、离生或直生，不等长，密，幅宽，初期白色，后浅黄色至锈褐色。菌柄长 5 ～ 10cm，粗 0.3 ～ 1.5cm，顶部及基部白色，中部初期蓝紫色，后期淡黄色至浅褐色，中间较粗，向上及向下均渐细，有纵纹，黏。孢子近椭圆形，淡黄褐色，有疣，（12 ～ 15）μm×（7.5 ～ 10）μm。褶缘囊体近倒梨形。

生态习性　秋季生于落叶松杂木林落叶层上，单生，散生或群生。

国内分布　黑龙江、广西、云南、新疆、四川、西藏、台湾等。辽宁新记录种。

经济作用　可食用，东北多产；药用抗癌；外生菌根菌，与松、柳等形成菌根。

蘑菇目　丝膜菌科

282. 紫皱盖丝膜菌 *Cortinarius emodensis*（Berk.）Moser.

中文别名　紫皱盖罗鳞伞、喜山罗鳞伞、喜山丝膜菌。

分类地位　蘑菇目，丝膜菌科，丝膜菌属。

形态特征　子实体中等至稍大，紫色。菌盖直径 4～12cm，幼时半球形至扁半球形，后期稍平展或扁平，中部凸起，表面紫色到浅紫褐色，后呈褐黄色。有皱或白色粗糙附属物，边缘内卷。菌肉浅紫色，较厚。菌褶初期浅紫色后变锈色，较密，不等长，直生至近弯生，褶间有横脉。菌柄比较粗壮，圆柱形，长 7～15cm，粗 2～3.5cm，菌环以上淡紫色，菌环以下污白带紫色或褐红色，有纵条纹或纤毛状鳞片，基部有环带状附物，内部实心或变松。菌环膜质，白色带紫色，位于柄之上部，上面有条纹，近双层，不易脱落。孢子印锈褐色。孢子锈色，近卵圆形而两端稍凸，表面有疣，（12.5～16）μm×（8.5～11）μm。褶缘囊体近棒状，（35～48）μm×（9.5～12）μm。

生态习性　夏秋季生于栎树林地内，单生或群生。

国内分布　云南、西藏、四川等。辽宁新记录种。

经济作用　可食用，味道好。是树木的外生菌根菌。

蘑菇目 丝膜菌科

283. 黄盖丝膜菌 *Cortinarius latus*（Pers.）Fr.

中文别名 侧丝膜菌。

分类地位 蘑菇目，丝膜菌科，丝膜菌属。

形态特征 子实体中等。菌盖直径6～10cm，扁半球形，后平展，稍黏，有纤毛，渐变光滑，浅土黄色，中央色较深，干燥时颜色加深。菌肉白色。菌柄白色，内实，纤维质，圆柱形，基部膨大，长5～7cm，粗1.5～2cm。菌褶密或稍密，凹生，淡色后变土黄色。孢子淡锈色，长方椭圆形，微粗糙，（10～13）μm×（6～7）μm。

生态习性 夏秋季生于针阔混交林地内，群生。

国内分布 吉林、青海、西藏、云南、新疆等。辽宁新记录种。

经济作用 可食用。为树木的外生菌根菌。

◆ 蘑菇目　丝膜菌科

284. 褐紫丝膜菌 *Cortinarius nemorensis*（Fr.）Lange

分类地位　蘑菇目，丝膜菌科，丝膜菌属。

形态特征　子实体中等或稍大。菌盖直径 4 ~ 11cm，扁半球形至扁平，褐紫色或褐色，稍有纤毛或近平滑，表面稍干燥。菌肉白色或带淡紫色，稍厚。菌褶初期紫褐色，后期变褐紫褐色，直生或近弯生，密。菌柄长 4 ~ 9cm，粗 1 ~ 3cm，柱形，基部稍膨大，污白色至紫堇色，有纤毛和丝膜。孢子锈色，粗糙，椭圆形或柠檬形，（9 ~ 13）μm×（6 ~ 7）μm。

生态习性　秋季生于阔叶树林地内，散生。

国内分布　辽宁、吉林等。辽宁新记录种。

经济作用　可食用。树木外生菌根菌。

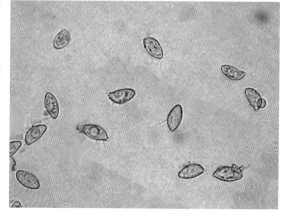

蘑菇目 丝膜菌科

285. 帕里丝膜菌 *Cortinarius paleaceus*（Weinm.）Fr.

分类地位 蘑菇目，丝膜菌科，丝膜菌属。

形态特征 子实体较小。菌盖初期锥形，后平展，菌盖有时撕裂，中央有较锐状凸。直径 2 ~ 4cm，灰褐色、褐灰色、有时中心呈赭色，中央有凸尖，干燥时黄白色。初期备有纤细的白色斑点状或片状物，后期变得略为光滑。菌肉白色，较薄。菌褶初期灰褐色，后期呈肉桂色，直生或近凹生。菌柄褐色，菌环上面光滑，菌环下部附着白色棉花膜状残留，菌柄基本等粗，较细。菌环薄，易脱落，常残留肉白色纤维状鳞片。孢子锈色，椭圆形，有小疣，（6.5 ~ 9）μm×（4 ~ 6.5）μm。无囊状体。

生态习性 秋季生于落叶松和阔叶树混交林地内，单生或散群生。

国内分布 甘肃。辽宁新记录种。

经济作用 食用及其他用途不明。

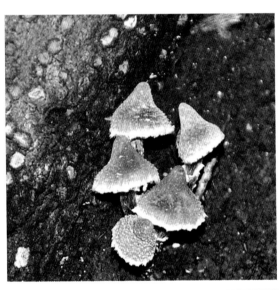

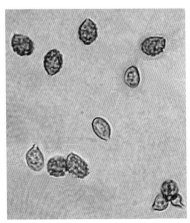

蘑菇目 丝膜菌科

286. 松杉丝膜菌 *Cortinarius pinicola* Orton

分类地位 蘑菇目，丝膜菌科，丝膜菌属。

形态特征 子实体一般中等。菌盖直径 3.5 ~ 9.5cm，扁半球形至扁平，中部稍凸，黏，浅黄褐色、土黄褐色，边缘乳白黄色或呈波浪状。菌肉污白黄色。菌褶直生又弯生，稍密，边缘波浪状，土黄褐色至锈黄褐色，菌柄近等粗，长 10 ~ 15cm，粗 0.8 ~ 1.8cm，污白色至浅黄褐色，表面有絮状绒毛及纵条纹，丝膜白色。孢子锈色，近柠檬形，外表粗糙有疣，（13 ~ 16）μm×（7 ~ 8.5）μm。

生态习性 夏秋季于杉等针叶林地内，散生。

国内分布 陕西、青海等。辽宁新记录种。

经济作用 可食用。属树木外生菌根菌。

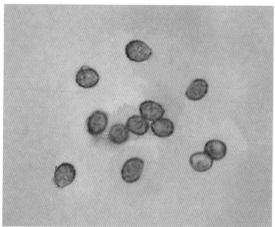

蘑菇目 丝膜菌科

287. 芜菁状丝膜菌 *Cortinarius rapaceus* Fr.

分类地位 蘑菇目，丝膜菌科，丝膜菌属。

形态特征 子实体一般中等。菌盖直径 3 ~ 8cm，初期半球形后至扁平状，中部稍凸，表面象牙白色至奶油赭色，菌盖边缘有丝状毛。菌肉白色，气味悦人。菌褶暗灰白色到锈色，稍带紫色，直生。菌柄长 4 ~ 7cm，粗 0.9 ~ 1.2cm，柱形，白色或暗褐色，有白色丝毛，基部膨大，带紫色，内实。孢子有疣，椭圆形或柠檬形，（8.4 ~ 9）μm×（5 ~ 6）μm。

生态习性 夏秋季生于蒙古栎阔叶树杂木林地内，单生或群生。

国内分布 四川。辽宁新记录种。

经济作用 食用不明。树木外生菌根菌。

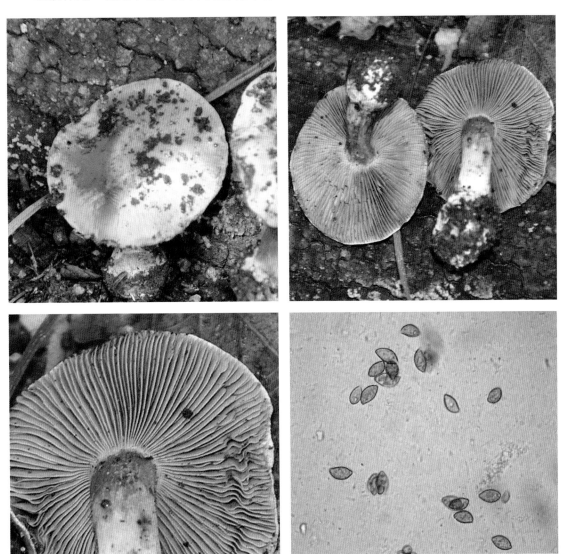

◆ 蘑菇目　丝膜菌科

288. 血红丝膜菌 *Cortinarius sanguineus*（Wulfen）Fr.

中文别名　红丝膜菌。

分类地位　蘑菇目，丝膜菌科，丝膜菌属。

形态特征　菌盖直径 2 ~ 6cm，初期扁半球形，中部稍凸起，后期逐渐平展，微下凹，血红色至紫褐色，干后颜色变浅，幼时菌盖有绒毛状鳞片，后期变光滑。菌肉淡血红色至血红色，薄。菌褶直生，密，不等长，幅宽缘平整，血红色至暗血红色，后期为锈褐色。菌柄长 3 ~ 9cm，直径 0.4 ~ 0.7cm，等粗，稍扭曲，表面有纤毛，浅褐色至血红色，纤维质，空心。担孢子椭圆形，表面粗糙，具疣突，锈褐色，大小（6.5 ~ 9）μm ×（4 ~ 6）μm。

生态习性　夏季生于阔叶林下地面上，群生。

国内分布　辽宁、黑龙江、吉林、内蒙古、安徽、浙江、四川、西藏等。

经济作用　记载可食用。有抗癌作用。树木外生菌根菌。

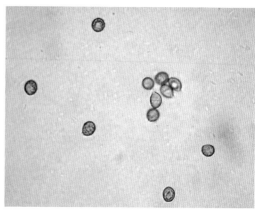

蘑菇目　丝膜菌科

289. 黄丝膜菌 *Cortinarius turmalis* Fr.

分类地位　蘑菇目，丝膜菌科，丝膜菌属

形态特征　菌盖直径 4 ~ 10cm，扁半球形，后扁平中部钝，湿润时表面黏，干时有光泽，黄色至黄土色。中部厚，无明显气味。菌褶直生又弯生，密，不等长，初期污白色后土褐色至褐色。菌柄长 4 ~ 10cm，粗 0.6 ~ 1cm，圆柱形或近基部弯曲，污白色，带土黄色，有近白色丝状菌幕，内部实心变至松软。孢子印黄褐色。孢子黄褐色或浅褐色，椭圆形，表面粗糙或近光滑，（7 ~ 9.5）μm×（4 ~ 5）μm。

生态习性　夏秋季在林地内，群生。

国内分布　辽宁、吉林、四川、云南、湖南、安徽等。

经济作用　可食用。试验有抗癌作用，对小白鼠肉瘤 180 抑制率 60%，对艾氏癌的抑制率为 70%。此菌为树木的外生菌根菌。

◆ 蘑菇目　丝膜菌科

290. 黄环圆头伞 *Descolea flavoannulata*（L.vassilieva）Horak

中文别名　黄环罗鳞伞、黄环鳞伞。

分类地位　蘑菇目，丝膜菌科，圆头伞属。

形态特征　子实体一般中等大。菌盖直径 3 ～ 10cm，初期近半球形，后期渐平展，中部平凸，土黄色至褐黄色，表面稍干，有明显皱纹和小鳞片状附属物。菌肉污白黄色，中部厚而向边缘薄。菌褶直生至弯生，初期灰褐色，后期黄褐色，边缘白色粉状，不等长，较密。菌柄长 4 ～ 10cm，粗 0.7 ～ 1cm，向下渐粗呈棒状，菌环以上土黄色，以下褐黄色，上表面有明显的长条纹，基部残留附属物。孢子印褐黄色，孢子宽椭圆形，柠檬形，具小疣，（10 ～ 15）μm×（7.5 ～ 9）μm。

生态习性　夏秋季生于栎树林中或栎树与落叶松混交林地内，群生或散生。

国内分布　辽宁、内蒙古（大兴安岭）等。

经济作用　可食用。树木外生菌根菌。

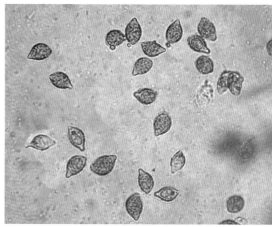

◆ 蘑菇目　丝膜菌科

291. 毒黏滑菇　*Hebeloma fastibile*（Fr.）Quél.

中文别名　毒滑锈伞。

分类地位　蘑菇目，丝膜菌科，黏滑菇属。

形态特征　子实体近中等。菌盖浅黄色，光滑而黏，初期扁半球形，后平展直径4～7cm，边缘内卷。菌肉白色。菌褶初期近白色，后变土黄色，稍密。弯生，不等长。菌柄圆柱形，白色，具毛状鳞片，长4～6cm，粗0.5～1cm，内部实心，上部有白色粉粒，基部稍膨大。孢子印锈色。孢子淡褐色，光滑，椭圆形，内含1个油滴，（8～10）μm×（4～5.5）μm。有褶缘囊体，近柱形，无色。

生态习性　夏秋季生于落叶松、云杉等林地内，单生或群生。

国内分布　河北、四川、贵州、青海、西藏等。辽宁新记录种。

经济作用　有毒，含毒蝇碱等毒素，误食后产生胃肠炎等症状。松树外生菌根菌。

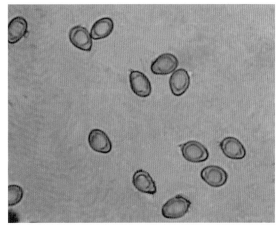

蘑菇目　丝膜菌科

292. 芥味黏滑菇 *Hebeloma sinapicans* Fr.

中文别名　芥味滑锈菇、大黏滑菇。

分类地位　蘑菇目，丝膜菌科，黏滑菇属。

形态特征　子实体中等大。菌盖表面光滑，黏，初期扁半球形，后期平展中部稍凸起，初期白色，后期深蛋壳色至深肉桂色，直径 5 ~ 12cm，边缘平滑。菌肉白色，厚，质地紧密。菌褶淡锈色或咖啡色，稍密。弯生或离生，不等长。菌柄圆柱形，长 6 ~ 11.5cm，粗 0.8 ~ 2cm，污白色或较菌盖色浅，平滑，松软至空心。孢子椭圆形，淡锈色具细微麻点，（11 ~ 15）μm×（5.5 ~ 7.5）μm。有褶缘囊体。

生态习性　夏秋季生于阔叶林地内。单生或群生。

国内分布　吉林、四川、云南、陕西、山西等，辽宁新记录种。

经济作用　有毒，味道很辣，有强烈芥菜气味或萝卜气味，误食后产生胃肠炎中毒症状。不过也有记载可食用，或用菌丝体进行深层培养做食品。树木外生菌根菌。

蘑菇目　丝膜菌科

293. 赭顶黏滑菇 *Hebeloma testaceum*（Bstsch：Fr.）Quél.

中文别名　褐顶滑锈伞、褐顶黏滑菇。

分类地位　蘑菇目，丝膜菌科，黏滑菇属。

形态特征　子实体较小。菌盖直径 5 ~ 8cm，钟形至扁半球形，污白色且中部浅赭色，光滑而黏。菌肉白色，稍厚。菌褶污黄色至土黄色，弯生至离生，稍密，不等长。菌柄长 4 ~ 6.5cm，粗 0.6 ~ 1.2cm，柱形，白色至污白色，顶部粉末状，松软，纤维质。孢子淡锈色，光滑至有微细麻点，卵圆至近杏仁形，（10 ~ 12.5）μm×（5 ~ 7）μm。

生态习性　秋季于落叶松或阔叶林地内。群生。

国内分布　吉林、河北、西藏等。辽宁新记录种。

经济作用　食用及其他用途不明。

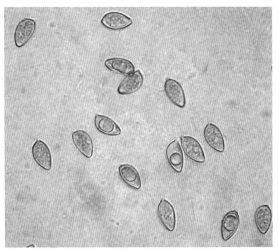

蘑菇目　丝膜菌科

294. 黄黏滑菇 *Hebeloma versipelle*（Fr.）Gill.

中文别名　黄滑锈伞、黄盖黏滑菇。

分类地位　蘑菇目，丝膜菌科，黏滑菇属。

形态特征　子实体较小。菌盖直径 3.5 ～ 8cm，扁半球形至扁平，中部平或稍凸，表面乳白色且中央色深呈红褐色、铜褐色，边缘平滑。菌肉污白色。菌褶米黄色至褐黄色，近直生，稍密，不等长。菌柄一般较短，长 6 ～ 8cm，粗 0.8 ～ 1.8cm，污白色，平滑，内实至松软。孢子浅锈色，粗糙，有麻点，宽椭圆形，（8 ～ 11）μm×（6 ～ 7）μm。

生态习性　秋季生于阔叶树林地内，单生或散生。

国内分布　辽宁、云南、甘肃、青海等。

经济作用　食用及其他用途不明。

蘑菇目 丝膜菌科

295. 紫色暗金钱菌 *Phaeocollybia purpurea* T. Z. Wei et al.

分类地位 蘑菇目，丝膜菌科，暗金钱菌属。

形态特征 菌盖直径 2 ~ 6cm，初近圆锥形，后平展，中央凸起，紫罗兰色、灰紫色至褐紫色，光滑。菌肉紫色至灰紫色。菌褶直生，不等长，紫灰色至紫褐色。菌柄长 2 ~ 6cm，粗 0.3 ~ 0.6cm，圆柱形，紫灰色至灰紫色，有假根。担孢子（3.5 ~ 5）μm×（3 ~ 4）μm，椭圆形至近柠檬形，有细疣，铁锈色。缘生囊状体（20 ~ 30）μm×（3.5 ~ 5）μm，棒状，顶端有尾尖。

生态习性 夏秋季生于蒙古栎林内地面腐烂木屑上，单生或群生。

国内分布 福建等。辽宁新记录种。

经济作用 食用及其他用途不明。

蘑菇目　小脆柄菇科

296. 家园小鬼伞 *Coprinellus domesticus*（Bolton）Vilgalys

中文别名　家园鬼伞。

分类地位　蘑菇目，小脆柄菇科，小鬼伞属。

形态特征　子实体小。菌盖直径 2 ~ 3cm，初期钟形到卵圆形，淡黄色，扩展后黄褐色，中部色较深，有时表皮不规则的开裂成麦皮状黄褐色的鳞片，边缘色较浅，有条纹，有时形成波浪状沟纹，呈瓣裂，幼时具污白色颗粒。菌肉白色到污白色，薄。菌褶初期白色、淡黄色、粉红色到黑色，密，离生，不等长，最后与菌盖自溶墨汁状。菌柄白色，圆柱形，长 3 ~ 5cm，粗 0.3 ~ 0.5cm，具丝光，有时表皮可断裂而反卷。孢子褐色至暗褐色，光滑，椭圆形或肾形，（6 ~ 10）μm×（4 ~ 5）μm，具芽孔。

生态习性　秋季生于油松阔叶树混交林地内，单生、散生或丛生。

国内分布　河北。辽宁新记录种。

经济作用　幼嫩时可吃。最好不与酒同食，以免发生中毒。

蘑菇目 小脆柄菇科

297. 粒晶小鬼伞 *Coprinellus micaceus*（Bull.）Fr.

中文别名 晶鬼伞、狗尿苔。

分类地位 蘑菇目，小脆柄菇科，小鬼伞属。

形态特征 子实体小。菌盖直径 2 ~ 4cm，或稍大，初期卵圆形，钟形，半球形，斗笠形，污黄色至黄褐色，表面有白色颗粒状晶体，中部红褐色，边缘有显著的条纹或棱纹，后期可平展而反卷，有时瓣裂。菌肉白色，薄。菌褶初期黄白色，后变黑色而与菌盖同时自溶为墨汁状，离生、密、窄、不等长。菌柄白色，具丝光，较韧，中空，圆柱形，长 2 ~ 11cm，粗 0.3 ~ 0.5cm。孢子成熟褐色至黑褐色，卵圆形至椭圆形，光滑，（7 ~ 10）μm×（5 ~ 5.5）μm。

生态习性 春夏秋三季生于阔叶林地内，多在树根部丛生。

国内分布 辽宁、吉林、黑龙江、河北、山西、四川、江苏、河南、湖南、陕西、甘肃、新疆、青海、西藏、香港等。

经济作用 初期幼嫩时可食。最好不与酒同食，以免发生中毒。有抗癌作用。

蘑菇目 小脆柄菇科

298. 辐毛小鬼伞 *Coprinellus radians*（Desm.）Vilgalys

分类地位 蘑菇目，小脆柄菇科，小鬼伞属。

形态特征 子实体小。菌盖初期卵圆形后呈钟形至展开，直径 2.5 ~ 4cm，高 2 ~ 3cm，表面黄褐色，中部色深且边缘浅黄色，具浅黄褐色粒状鳞片在顶部较密布，有辐射状长条棱。菌肉白色，很薄，表皮下及柄基部带褐黄色。菌褶直生，白色至黑紫色，密，窄，不等长，自溶为墨汁状。菌柄较细，白色，圆柱形或基部稍有膨大，长 2 ~ 5cm，粗 0.4 ~ 0.7cm，表面在初期常有白色细粉末。柄基部的基物上往往出现黄褐色放射状分枝毛菌丝体。孢子印黑色。孢子光滑，黑褐色，椭圆形，有芽孔，（6.5 ~ 8.5）μm×（3 ~ 5）μm。

生态习性 夏秋生于树桩及倒腐木上，群生、丛生。

国内分布 辽宁、吉林、河北、浙江、四川、江苏、湖南、甘肃、西藏等地。

经济作用 幼期可食，有抗癌作用。

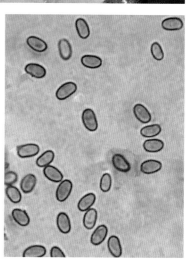

◆ **蘑菇目** **小脆柄菇科**

299. 墨汁拟鬼伞 *Coprinopsis atramentarius*（Bull.）Vilgalys et al.

中文别名 鬼盖、鬼伞、鬼屋、鬼菌、地盖、地苓。

分类地位 蘑菇目，小脆柄菇科，拟鬼伞属。

形态特征 子实体小或中等大。菌盖初期卵形至钟形，当开伞时一般开始液化流墨汁状汁液，未开伞前顶部钝圆，有灰褐色鳞片，边缘灰白色具有条沟棱，似花瓣状，直径4cm，或更大些。菌肉初期白色，后变灰白色。菌褶很密，相互拥挤，离生，不等长，开始灰白色至灰粉色，最后成汁液。菌柄污白，长5～15cm，粗1～2.2cm，向下渐粗，菌环以下又渐变细，表面光滑，内部空心。孢子印黑色。孢子黑褐色，椭圆形至宽椭圆形，光滑，（7～10）μm×（5～6）μm。褶侧囊体圆柱形，多而细长。

生态习性 春秋季生于林中、田野、路边、村庄、公园等处地下有腐木的地方，丛生。

国内分布 辽宁、吉林、黑龙江、河北、山西、江苏、湖南、福建、四川、青海、甘肃、内蒙古、新疆、西藏、台湾等。

经济作用 墨汁拟鬼伞幼菇可食用，但也有人食后中毒。尤其与酒或啤酒同食均可引起中毒。此菌可药用，助消化、祛痰、解毒、消肿、抗癌等。

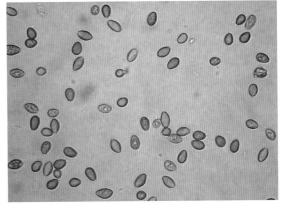

◆ **蘑菇目　小脆柄菇科**

300. 费赖斯拟鬼伞 *Coprinopsis friesii*（Quél.）P. Karst.

中文别名　弗瑞氏鬼伞、费赖斯鬼伞。

分类地位　蘑菇目，小脆柄菇科，拟鬼伞属。

形态特征　菌盖直径 0.5 ~ 1cm，初卵状椭圆形，开伞后从钟形开展，边缘部反卷，表面白色，细绒毛状，中央近肉色，后灰色，边缘有条纹。菌肉极薄，白色。菌褶离生，白色，后带紫灰色，密集。菌柄（1 ~ 2）cm×（0.1 ~ 0.3）cm，白色，表面有细绒毛，基部膨大，有放射状白毛。孢子广卵状椭圆形至近球形，褐色或暗褐色，（7 ~ 9）μm×（6 ~ 7）μm。

生态习性　夏秋季多生于林区道路上两侧，群生或丛生。

国内分布　辽宁、福建。

经济作用　食用及其他用途不明。

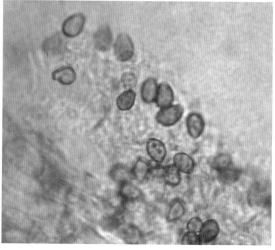

蘑菇目　小脆柄菇科

301. 白绒拟鬼伞　*Coprinopsis lagopus*（Fr.）Redheat

中文别名　白绒鬼伞。

分类地位　蘑菇目，小脆柄菇科，拟鬼伞属。

形态特征　子实体细弱，较小。菌盖初期圆锥形至钟形，后渐平展，薄，直径2.5～4cm，初期有白色绒毛，后渐脱落，变为灰色或灰蓝色，并有放射状棱纹达菌盖顶部，边缘最后反卷。菌肉白色，膜质。菌褶白色，灰白色至黑色，离生，狭窄，不等长。菌柄细长，白色，长可达10cm，粗0.3～0.5cm，质脆，有易脱落的白色绒毛状鳞片，柄中空。孢子黑色，光滑，椭圆形或杏仁状，具芽孔，（11～13.5）μm×（6～9）μm。褶侧囊体大，袋状。

生态习性　夏秋季生于林缘草地上或生肥土、林地内，散生、群生。

国内分布　辽宁、吉林、黑龙江、河北、新疆、广西、四川、云南、内蒙古、青海、广东等。

经济作用　含抗癌活性物质，对小鼠肉瘤180和艾氏癌抑制率分别为100%和90%。此菌可应用于生物遗传、教学研究材料。

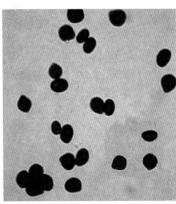

◆ 蘑菇目 小脆柄菇科

302. 雪白拟鬼伞 *Coprinopsis niveus*（Pers.）Redhead

分类地位 蘑菇目，小脆柄菇科，拟鬼伞属。

形态特征 子实体小型。菌盖卵圆形、锥形至钟形或近平展，直径 1.5 ~ 3cm，表面纯白色，有一层粗糙的白粉末，边缘有条纹且常开裂反卷。菌肉白色，很薄。菌褶离生，窄而密，灰褐色至黑色，后期液化。菌柄柱状，长 4 ~ 10cm，粗 0.4 ~ 0.7cm，白色，表面有白色絮状粉末，向基部渐粗大，质脆。担孢子椭圆形至柠檬状或肾状，（14.5 ~ 19）μm×（11 ~ 13）μm，黑褐色，光滑。

生态习性 夏秋季子实体生于腐熟的牲畜粪或草地上，群生或散生。

国内分布 河南、陕西、甘肃、内蒙古、青海等。辽宁新记录种。

经济作用 食用及其他用途不明。

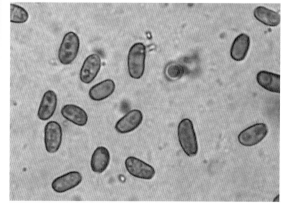

蘑菇目 小脆柄菇科

303. 褶纹近地伞 *Parasola plicatilis*（Curtis）Redhead

中文别名 褶纹鬼伞。

分类地位 蘑菇目，小脆柄菇科，近地伞属。

形态特征 子实体小。菌盖直径 0.8 ~ 2.5cm，初期扁半球形，后平展，中部扁压，膜质，褐色，浅棕灰色，中部近栗色，有辐射状明显的长条棱，光滑。菌肉白色，很薄。菌褶较稀，狭窄，成熟黑色，明显的离生。菌柄长 3 ~ 7.5cm，粗 0.2 ~ 0.3cm，圆柱形，白色，中空，表面有光泽，脆，基部稍膨大。孢子宽卵圆形，光滑，黑色，（8 ~ 13）μm×（6 ~ 10）μm。有褶侧和褶缘囊体。

生态习性 春秋季生于红松林地内，单生或群生。

国内分布 辽宁、甘肃、江苏、山西、四川、西藏、香港等。

经济作用 记载可食用，因子实体小，食用意义不大。另记载，试验有抗癌作用。

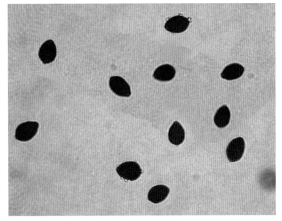

蘑菇目 小脆柄菇科

304. 亚美尼亚小脆柄菇 *Psathyrella armeniaca* Pegler

分类地位 蘑菇目，小脆柄菇科，小脆柄菇属。

形态特征 子实体小。菌盖直径 2 ~ 4.5cm，中部凸起，锈褐色或浅色，中部色深，有小鳞片及云母状光泽，膜质，边缘色浅且有细条纹。菌肉浅褐色，薄。菌褶烟黑色。菌柄长 5 ~ 6cm，粗 0.2 ~ 0.23cm，白色，细弱，质脆。孢子成熟时暗褐色或黑色，光滑，顶端平截，柠檬形或苹果形，（8 ~ 10）μm ×（6.5 ~ 8）μm。

生态习性 秋季生长于阔叶林地火烧迹地的腐朽木上，群生或散生。

国内分布 辽宁、广东、福建等。

经济作用 食用及其他用途不明。

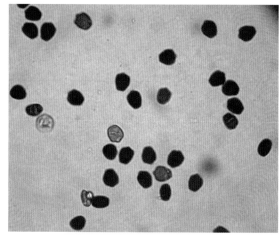

蘑菇目　小脆柄菇科

305. 白黄小脆柄菇 *Psathyrella candolleana*（Fr.）A. H. Smith

中文别名　黄盖小脆柄菇、花边伞、薄垂幕菇。

分类地位　蘑菇目，小脆柄菇科，小脆柄菇属。

形态特征　子实体较小。菌盖初期钟形，后伸展常呈斗笠状，水渍状，直径 3 ~ 7cm，初期浅蜜黄色至褐色，干时褪为污白色，往往顶部黄褐色，初期微粗糙后光滑或干时有皱，幼时菌盖边缘附有白色菌幕残片，后渐脱落。菌肉白色，较薄，味温和。菌褶污白色、灰白色至褐紫灰色，直生，较窄，密，褶缘污白粗糙，不等长。菌柄细长，白色，质脆易断，圆柱形，有纵条纹或纤毛，柄长 3 ~ 11cm，粗 0.2 ~ 0.7cm，有时弯曲，中空。孢子印暗紫褐色。孢子光滑，椭圆形，有芽孔，（6.5 ~ 9）μm×（3.5 ~ 5）μm。褶缘囊体袋状至窄的长颈瓶状，顶部纯圆，无色，（34 ~ 50）μm×（8 ~ 16）μm。

生态习性　夏秋季生于落叶松与栎树混交林中草地上，单生至群生。

国内分布　辽宁、吉林、黑龙江、河北、山西、内蒙古、新疆、青海、宁夏、甘肃等。

经济作用　可食用。

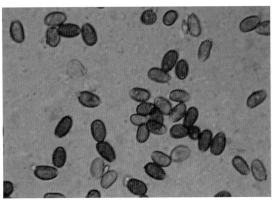

蘑菇目 小脆柄菇科

306. 橙褐小脆柄菇 *Psathyrella caudate*（Fr.）Quél.

分类地位 蘑菇目，小脆柄菇科，小脆柄菇属。

形态特征 子实体较小或中等。菌盖直径 2 ~ 5cm，卵圆形、钟形至扁半球形，表面土黄色、橙黄色、灰黄褐色，干时颜色变浅，边缘有细条纹。菌肉薄。菌褶灰白色至黑褐色，边缘污白色，直生，密。菌柄长 3 ~ 8cm，粗 0.2 ~ 0.4cm，白色，顶部有粉末，下部稍粗，空心。孢子暗褐色，光滑，宽椭圆形或近卵形，大小（7 ~ 12）μm×（4.5 ~ 6.5）μm。

生态习性 夏秋季生于蒙古栎等杂木林地内，单生或群生。

国内分布 广东、福建等。辽宁新记录种。

经济作用 食用及其他用途不明。

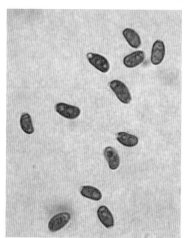

蘑菇目 小脆柄菇科

307. 喜湿小脆柄菇 *Psathyrella hydrophila*（Bull.：Fr.）A. S. Smith

中文别名 喜湿花边伞。

分类地位 蘑菇科，小脆柄菇科，小脆柄菇属。

形态特征 子实体较小，质脆。菌盖呈半球形至扁半球形，中部稍凸起，湿润时水渍状，浅褐色、褐色至暗褐色，干燥时色浅，边缘近平滑或有不明显细条纹，直径2～5cm，往往菌盖边缘悬挂有菌幕残片。菌褶前期白色或污白色，后期浅粉褐色或褐色。菌柄稍细长，圆柱形，常稍弯曲，污白色，长3～7cm，粗0.4～0.5cm，质脆易断，中生，空心。孢子印紫褐黑色。孢子光滑，带紫褐色，椭圆形，（5.6～7）μm×（3.5～4）μm。褶缘囊体宽棍棒状，顶钝圆，（30～33）μm×（10～11）μm。

生态习性 夏秋季在林内腐朽木上，丛生或大量群生。

国内分布 四川、广东、吉林、云南、西藏、山西、香港等。辽宁新记录种。

经济作用 可食用，食用新鲜的为好。

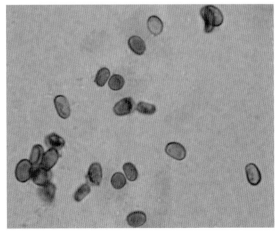

蘑菇目　小脆柄菇科

308. 杂色小脆柄菇 *Psathyrella multipedata*（Imai）Hongo

中文别名　花盖小脆柄菇，丛生小脆柄菇。

分类地位　蘑菇目，小脆柄菇科，小脆柄菇属。

形态特征　子实体较小。菌盖直径 1.5 ~ 5cm，近圆锥形至半球形，黄褐色至棕黄色，水渍状，干时色变浅，有细条棱。菌肉薄。菌褶灰色或灰黑色。菌柄长 5 ~ 15cm，粗 0.3 ~ 0.5cm，柱形，白色，平滑或有鳞片，基部有白色绒毛。孢子淡黄色或浅棕色，（6.8 ~ 9）μm×（3.5 ~ 5）μm。

生态习性　秋季生于阔叶树林内的腐朽木上，丛生。

国内分布　辽宁、北京、四川、陕西等。

经济作用　食毒不明。

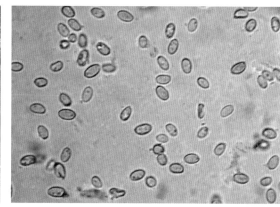

蘑菇目　小脆柄菇科

309. 土黄小脆柄菇　*Psathyrella pyrotricha*（Holms.：Fr.）Kont.et Maubl

分类地位　蘑菇目，小脆柄菇科，小脆柄菇属。

形态特征　子实体较小。菌盖半球形至扁球形，后平展，直径 2～5cm，土黄色、近橙红色，密被平伏的毛状鳞片，渐变光滑，具辐射状皱纹，顶部具密短毛，近边缘具灰褐色长毛，初期常挂有白色菌幕残片。菌肉近白色，薄，质脆。菌褶污黄色、浅灰褐色至灰黑色，边缘色较浅，直生到离生，密，窄，不等长。菌柄长 3～9cm，粗 0.3～0.7cm，圆柱形，色与菌盖相似，有毛状鳞片，上部色较浅，质脆，中空，基部有时稍膨大。无菌环，仅在菌柄上部留有黑褐色的痕迹。孢子印紫褐色到黑褐色。孢子浅黑褐色，近卵圆形至椭圆形，具明显的小疣，（10～12.5）μm×（6～7.4）μm。褶缘囊体无色，透明，近梭形，较稀疏。

生态习性　秋季生于阔叶树林地内，群生。

国内分布　香港。辽宁新记录种。

经济作用　可食用。有资料记载味美。

◆ 蘑菇目　小脆柄菇科

310. 香蒲小脆柄菇 *Psathyrella spadiceogrisea*（Schaeff.）Maire

中文别名　灰褐小脆柄菇。

分类地位　蘑菇目，小脆柄菇科，小脆柄菇属。

形态特征　子实体较小。菌盖直径 1.5 ~ 4cm，初期半球形，顶端凸起，后期相对平展，初期有污白或淡褐色的纤毛，边缘有不太明显的条纹，菌盖表面深红棕色，水渍状。菌肉污白色至淡棕色，较薄。菌褶较密，直生，前期灰白色，后期淡棕色或浅褐色，边缘齿状，具白色纤毛。菌柄圆柱形，长 3 ~ 7cm，直径 0.3 ~ 0.5cm，污白色，较脆。担孢子椭圆形，光滑，淡黄色，大小（7 ~ 10）μm×（4 ~ 6）μm。

生态习性　夏季生于阔叶林地内的树桩上，群生。

国内分布　吉林。辽宁新记录种。

经济作用　不可食，味苦。

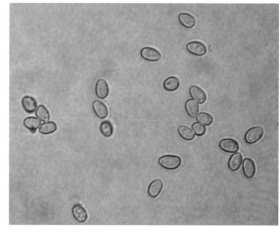

蘑菇目　小脆柄菇科

311. 假环小脆柄菇　*Psathyrella spintrigeroides* P. D. Orton

中文别名　类连接小脆柄菇。

分类地位　蘑菇目，小脆柄菇科，小脆柄菇属。

形态特征　子实体较小。菌盖直径 1～3cm，幼时半球形，后渐平展，具分散的纤毛，菌盖边缘具菌幕残片，水渍状，菌盖中部淡棕色至深棕色，边缘色淡。菌肉薄，污白色至淡棕色。菌褶稍密，直生或离生，不等长，淡棕色至深棕色。菌柄长 3～5cm，直径 0.3～0.5cm，圆柱形，中空，污白色至米白色，菌柄上残留浅褐色类似菌环的菌幕。担孢子（7.5～10）μm×（4～6）μm，椭圆形，光滑，黄棕色至棕色。

生态习性　夏秋季生长于落叶松和阔叶树混交林地内，单生，散生。

国内分布　吉林。辽宁新记录种。

经济作用　食用及其他用途不明。

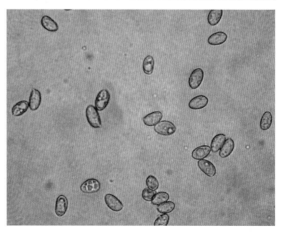

蘑菇目　小脆柄菇科

312. 鳞小脆柄菇 *Psathyrella squamosa*（Karst.）Moser.

分类地位　蘑菇目，小脆柄菇科，小脆柄菇属。

形态特征　菌盖直径 2～3.5cm，半球形、钟形至斗笠形或近扁平，浅赭黄色、浅草黄色，表面及边缘有白色鳞片，湿润时菌盖上往往有一条宽的环带。菌肉白色。菌褶污白色、黄褐色至紫褐色，直生。菌柄长 3～5cm，粗 0.3～0.5cm，柱形，白色，质脆，有白色小鳞片，内部松软。孢子光滑，无色或淡绿色、淡褐色，（6～8）μm×（3.5～4）μm。

生态习性　夏秋季生于林地内的腐木及木桩上，单生或丛生。

国内分布　黑龙江、北京等。辽宁新记录种。

经济作用　可食用。

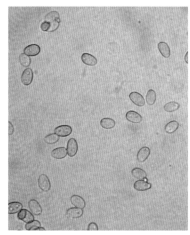

◆ **蘑菇目** 小脆柄菇科

313. 克努小脆柄菇 *Psathyrella cernua*（Vahl.）Hirsch

分类地位 蘑菇科，小脆柄菇科，小脆柄菇属。

形态特征 菌盖直径 2 ~ 4cm，半球形至钟形或近扁平，顶部凸起，暗黄色，浅褐色，中央色深，表面及边缘有白色鳞片，菌盖有条纹，干燥时菌盖白色。菌肉白色，薄。菌褶密，初期白色，后期污白色至紫褐色，直生。菌柄长 3 ~ 5cm，粗 0.3 ~ 0.5cm，柱形，白色，质脆，有白色小鳞片，内部松软。孢子椭圆形，光滑，浅紫褐色，（7 ~ 8）μm×（4 ~ 5）μm。

生态习性 秋季生于林地倒伏腐木或腐木桩上，单生或丛生。

国内分布 国内未见报道。中国新记录种。

经济作用 可食用。

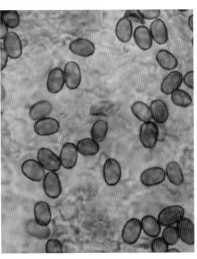

蘑菇目　小脆柄菇科

314. 蒲生小脆柄菇 *Psathyrella typhae*（Kalchbr.）A. Person & Dennis

中文别名　香蒲小脆柄菇。

分类地位　蘑菇目，小脆柄菇科，小脆柄菇属。

形态特征　子实体较小。菌盖直径 1.5 ~ 2.5cm，幼时半球形至笠帽状，后渐平展，中部有凸起并色深，初期具有淡褐色纤毛，后期渐光滑，水渍状，湿时深红棕色，干时淡棕色。菌肉薄，污白色至淡棕色，边缘齿状。菌褶密，直生，白色至淡棕色，边缘齿状，具白色纤毛。菌柄长 2 ~ 4cm，粗 0.2 ~ 0.3cm，圆柱形，基部略粗，空心上部白色，下部淡棕色至灰棕色，整个柄具白色纤毛。担孢子（6 ~ 10）μm×（4 ~ 5）μm，椭圆形至长椭圆形，光滑，淡黄色。

生态习性　夏秋季生于针阔混交林内地面腐木枝条上，单生至群生。

国内分布　吉林。辽宁新记录种。

经济作用　食用及其他用途不明。

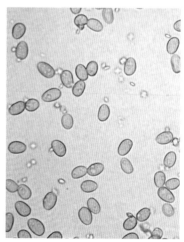

蘑菇目　小脆柄菇科

315. 毡毛小脆柄菇 *Psathyrella velutina*（Pers.: Fr.）

中文别名　疣孢花边伞、毡绒垂幕菇。

分类地位　蘑菇目，小脆柄菇科，小脆柄菇属。

形态特征　子实体较小。菌盖直径 2 ~ 6cm，暗黄色、土褐色，中部浅朽叶色到黄褐色，初期钟形，渐近斗笠形，后平展，密被平伏的毛状鳞片，渐变光滑，具辐射状皱纹，顶部具密短毛，近边缘具灰褐色长毛，初期常挂有白色菌幕残片。菌肉近白色，薄，质脆。菌褶污黄色、浅灰褐色至灰黑色，边缘色较浅，直生到离生，密，窄，不等长。菌柄长 3 ~ 9cm，粗 0.3 ~ 0.7cm，圆柱形，颜色与菌盖相似，有毛状鳞片，上部色较浅，质脆，中空，基部有时稍膨大。无菌环，仅在菌柄上部留有黑褐色的痕迹。孢子浅黑褐色，近卵圆形、椭圆形或柠檬形，有小疣，（9 ~ 12.3）μm×（6 ~ 7.4）μm。

生态习性　秋季生于落叶松林缘地上，丛生或群生。

国内分布　河北、河南、广东、海南、云南、四川、西藏、香港、台湾等。辽宁新记录种。

经济作用　据记载可食，慎食。

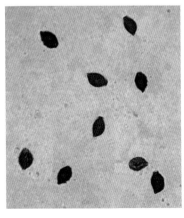

蘑菇目 小菇科

316. 牡蛎半小菇 *Hemimycena cucullata*（Pers.）Sing.

分类地位 蘑菇目，小菇科，半小菇属。

形态特征 子实体较小。菌盖开始钟状，后近平展，有时有凸起，直径 0.75 ~ 3cm，白色至奶油白色，菌盖面平滑或有条纹。菌肉非常薄，白色。菌褶白色，弯生和稍延生，宽，稍密。菌柄白色，有微小的粉霜，发亮，纤细，上下基本等粗，基部一般有白色毛状物。孢子透明，无色，光滑，梭形或长椭圆形，具油滴，（8.5 ~ 12.5）μm×（3.5 ~ 4.5）μm。囊缘体梭状。

生态习性 秋季生于云杉林地内或木桩基部，群生。

国内分布 国内未见报道。中国新记录种。

经济作用 国外报道不可食。

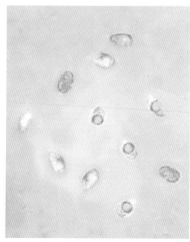

蘑菇目 小菇科

317. 沟纹小菇 *Mycena abramsii* Murr.

分类地位 蘑菇目，小菇科，小菇属。

形态特征 子实体小。菌盖直径 1 ~ 2.5cm，半球形至斗笠形或钟形，中部凸起，灰褐色或浅灰粉色，表面平滑或有小鳞片，边缘有明显沟条纹。菌肉白色至灰白色，薄。菌褶灰白，较稀，稍宽，不等长，菌柄细长，长 3 ~ 6.5cm，粗 0.1 ~ 0.2cm，似菌盖色，上部近白色，下部近灰褐色，光滑，基部有时呈白色菌丝体。孢子无色，光滑，含油球，椭圆形，（5.5 ~ 11）μm ×（4.5 ~ 5.5）μm。担子 4 小梗。褶缘囊体近棱形，顶部或有分枝。

生态习性 夏秋季生于红松林地内，群生。

国内分布 河北、西藏等。辽宁新记录种。

经济作用 食用及其他用途不明。注意形态与洁小菇相似。

◆ 蘑菇目 小菇科

318. 红顶小菇 *Mycena acicula*（Schaeff）P. Kumm.

分类地位 蘑菇目，小菇科，小菇属。

形态特征 菌盖直径 0.2 ~ 1.2cm，初期半球星，后期变钟形或圆锥形，边缘有条纹，橙红色至橙黄色，中部色深，边缘色浅；菌肉薄，乳黄色至橙红色；菌褶直生或弯生，白色后变浅桃红色；菌柄长 2 ~ 4cm，粗 0.1 ~ 0.2cm，柱形，等粗，中空，初期柠檬黄色，后期淡粉褐色，基部色深；担孢子呈椭圆形至圆筒形，（6 ~ 9）μm×（3 ~ 5）μm，光滑，无色，淀粉质；褶缘囊状体（40 ~ 65）μm×（9 ~ 13）μm，圆锥形。

生态习性 夏秋季生于栎树林地内枯落枝上或腐木上，散生。

国内分布 吉林。辽宁新记录种。

经济作用 不可食。

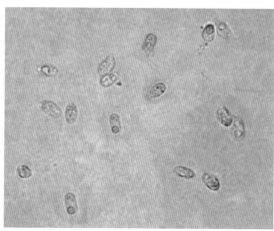

◆ 蘑菇目　小菇科

319. 阿德森小菇 *Mycena adscendens*（Lasch）M. Geest.

分类地位　蘑菇目，小菇科，小菇属。

形态特征　子实体非常小。菌盖直径 0.25 ~ 0.75cm，白色，初期钟形凸起，后期平展，菌盖表面有微细的条纹，并有发亮的颗粒。菌肉非常微细和薄。菌褶白色，直生或离生，稀疏或稍密，不等长。菌柄颜色同菌盖，纤细，上下基本等粗，上附生少量白色小绒毛，基部可见形成 1 个小绒毛盘状包围着菌柄。孢子近球形或椭圆形，平滑，无色，含淀粉质，（8 ~ 10）μm×（5 ~ 7）μm。

生态习性　夏秋季生于落叶松基部树皮上或林中倒伏木腐朽的枝干上，群生。

国内分布　国内未见报道。国外分布欧洲。中国新记录种。

经济作用　食用及其他用途不明。

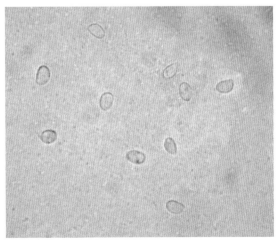

蘑菇目 小菇科

320. 弯柄小菇 *Mycena arcangeliana* Bres.ap.Basali

分类地位 蘑菇目，小菇科，小菇属。

形态特征 子实体小。菌盖直径 0.4 ~ 2cm，半球形至扁半球形，中部钝凸，表面平滑，水渍状，污白黄色、浅黄色或带青灰色，边缘条纹不明显。菌肉污白带黄色，薄，有香气味。菌褶污白或带灰色。菌柄长 3.5 ~ 12cm，粗 0.2 ~ 0.3cm，细长柱形，上部近白色或浅肉色，下部颜色深带青灰色，光滑，直或弯曲。孢子光滑，宽椭圆形，（7.3 ~ 8.9）μm×（5 ~ 6.5）μm。

生态习性 夏秋季生于林地内，群生或近丛生。

国内分布 黑龙江、湖南、香港等。辽宁新记录种。

经济作用 食用及其他用途不明。

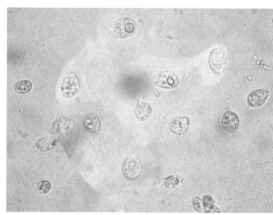

蘑菇目　小菇科

321. 橙色小菇 *Mycena aurantiidisca* Murr.

分类地位　蘑菇目，小菇科，小菇属。

形态特征　子实体小。菌盖直径 0.5 ~ 2cm，幼时锥形，成熟时稍扩展，亮橙色、橙黄色或粉橙色，边缘色淡，湿的时候有不明显的条纹。菌肉薄、脆，幼时粉红色，成熟时橙色至黄色，气味和口感柔和。菌褶贴生，不等长，稍密，中部宽大，白色，后逐渐变黄色或浅红色。菌柄 2 ~ 5cm，粗 0.1cm，圆柱形，连接菌盖处膨大增粗，脆、中空，白色后变为浅黄色，柄上附有微细的白色纤毛，基部有黄色絮状菌丝体。担孢子椭圆形，（7 ~ 8）μm×（3 ~ 5）μm，无色，非淀粉质。

生态习性　春秋季生于落叶松林地内，近群生或散生。

国内分布　未见资料报道，国外分布北美。中国新记录种。

经济作用　食用及其他用途不明。

蘑菇目　小菇科

322. 角凸小菇 *Mycena corynephora* Mass Geest

分类地位　蘑菇目，小菇科，小菇属。

形态特征　子实体很小。菌盖直径 0.3 ~ 0.8cm，钟形至半球形，表面近光滑或近白粉状，纯白色或水渍状近透明，边缘无条纹。菌肉薄，白色或水渍状。菌褶直生，稀，窄，白色。菌柄长 0.3 ~ 1.0cm，粗 0.05 ~ 0.15cm，圆柱形，常弯曲，白色近透明，附着近似微白绒毛，基部常见环状白色菌丝体。担孢子（7 ~ 9）μm×（6 ~ 8）μm，宽椭圆形、卵形或近球形，无色，光滑，淀粉质。菌盖皮层由一层球状细胞组成，细胞表面有疣刺。

生态习性　夏秋季生于落叶松林地内的枯死落枝皮上，群生或散生。

国内分布　山东等。辽宁新记录种。

经济作用　食用及其他用途不明。

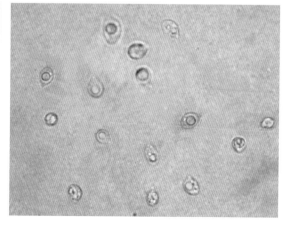

蘑菇目　小菇科

323. 盔盖小菇 *Mycena galericulate*（Scop.：Fr.）Gray

中文别名　盔小菇。

分类地位　蘑菇目，小菇科，小菇属。

形态特征　子实体较小。菌盖钟形或呈盔帽状，边缘稍伸展，直径 2～4cm，表面稍干燥，灰黄色至浅灰褐色，往往出现深色污斑，光滑且有稍明显的细条棱。菌肉白色至污白色，较薄。菌褶直生或稍有延生，较宽，密，不等长，褶间有横脉，初期污白色，后期浅灰黄色至带粉肉色，褶缘平滑或钝锯齿状。菌柄细长，圆柱形，污白，光滑，常弯曲，脆骨质，长 8～12cm，粗 0.2～0.5cm，内部空心，基部有白色绒毛。孢子印白色。孢子光滑，无色，椭圆形或近卵圆形，（7～11.4）μm×（5～7.5）μm。囊体近梭形，顶部钝圆或尖。

生态习性　夏秋季生于杂木林中腐殖质层或腐朽树木上，单生、散生或群生。

国内分布　吉林、广州、四川、西藏等。辽宁新记录种。

经济作用　可食用。据报道试验抗癌。

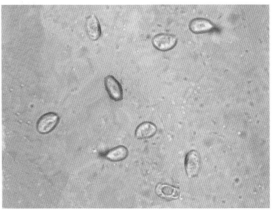

蘑菇目　小菇科

324. 全紫小菇 *Mycena holoporphyra*（B. et C.）Sing.

分类地位　蘑菇目，小菇科，小菇属。

形态特征　子实体小。菌盖直径 0.8 ~ 2cm，扁半球形至扁平或平展，紫红色或淡紫灰色，近膜质，光滑或有附属物，有条纹及网格状皱纹。菌肉紫红色。菌褶白色带紫色，直生又延生，有横脉，不等长。菌柄长 2.5 ~ 6cm，粗 0.1 ~ 0.2cm，表面被白色短绒毛，基部略粗，有粗毛。孢子光滑，椭圆形，（6 ~ 9）μm ×（3 ~ 6）μm。担子 2 小梗，囊体纺锤状。

生态习性　夏秋季生于云杉林或针、阔混交林地内的腐殖质层上。散生或群生。

国内分布　吉林、广东、香港等。辽宁新记录种。

经济作用　食用及其他用途不明。

◆ 蘑菇目　小菇科

325. 淡紫丝盖伞 *Mycena inclinata*（Fr.）Quél.

分类地位　蘑菇目，小菇科，小菇属。

形态特征　子实体小。菌盖直径 1 ~ 3.8cm，锥形至斗笠形，有时近扁形，中部浅粉褐色，边缘渐变浅且有条纹，表面光滑呈水渍状。菌肉薄。菌褶污白色至带粉红色，近直生，不等长。菌柄细长，长 5 ~ 10cm，粗 0.2 ~ 0.4cm，多弯曲，上部色浅，下部黄褐色，基部有白色绒毛。孢子无色，光滑，椭圆形，（8 ~ 11）μm×（5.6 ~ 6.5）μm。有指状囊体。

生态习性　夏秋季生于针叶或阔叶林地内，或腐枝层、腐木上，丛生、群生或单生。

国内分布　吉林、黑龙江、广东、海南、西藏、四川、山西、新疆、青海 、甘肃、陕西、香港、台湾等。辽宁新记录种。

经济作用　可食用，个体弱小，萝卜气味，但日本曾记载此种有毒，故食用得注意。

蘑菇目 小菇科

326. 暗花纹小菇 *Mycena pelianthina*（Fr.）Quél.

中文别名 暗花小菇。

分类地位 蘑菇目，小菇科，小菇属。

形态特征 子实体较小。菌盖直径 1.5 ~ 5cm，半球形自平展，表面光滑，湿时黏，水渍状，紫褐色，边缘具辐射性沟状条纹，半透明，淡紫色，有时略带肉粉色。菌肉薄，肉粉色，水渍状，具萝卜气味。菌褶延生至直生，不等长，较稀疏，紫色或深紫色，边缘呈波浪状锯齿。菌柄长 2 ~ 5cm，粗 0.2 ~ 0.4cm，柱状，空心，与菌盖同色，表面具纤维质条纹，基部有白色绒毛。担孢子（6 ~ 7.5）μm×（3 ~ 4）μm，椭圆形，光滑。

生态习性 夏秋季生于蒙古栎等杂木林下地面腐殖质上，群生。

国内分布 东北地区。

经济作用 食用及其他用途不明。

蘑菇目 小菇科

327. 旱生小菇 *Mycena praecox* Vel.

分类地位 蘑菇目，小菇科，小菇属。

形态特征 子实体小。菌盖直径 1.5 ～ 2.5cm，半球形至扁半球形钟状，中部凸起，浅灰褐色，中央颜色深呈深褐色，湿润时颜色鲜艳，有长条棱纹，成熟时菌盖边缘撕裂。菌肉污白色。菌褶污白色至灰白色，稀疏较宽，有横脉，不等长，直生。菌柄 3 ～ 6cm，粗 0.1 ～ 0.2cm，柱形，光滑，灰白色，新鲜时淡紫色，下部色暗，基部有绒毛。孢子无色，光滑，含 1 个油滴，长椭圆形，（7.5 ～ 10）μm×（4 ～ 5）μm。褶缘囊体近锥形。

生态习性 秋季生于云杉林内或针阔混交林地内，群生。

国内分布 西藏等。辽宁新记录种。

经济作用 食用及其他用途不明。

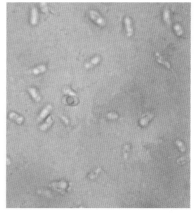

蘑菇目 小菇科

328. 洁小菇 *Mycena prua*（Pers.：Fr.）Kumm.

中文别名 粉紫小菇。

分类地位 蘑菇目，小菇科，小菇属。

形态特征 子实体小。菌盖直径 2 ~ 4cm，扁半球形，后稍伸展，淡紫色或淡紫红色至丁香紫色，湿润，边缘具条纹。菌肉淡紫色，薄。菌褶淡紫色，较密，直生或近弯生，往往褶间具横脉，不等长。菌柄近柱形，长 3 ~ 5cm，粗 0.3 ~ 0.7cm，同菌盖色或稍淡，光滑，空心，基部往往具绒毛。孢子印白色。孢子无色，光滑，椭圆形，（6.4 ~ 7.5）μm×（3.5 ~ 4.5）μm。囊体近梭形至瓶状。

生态习性 夏秋季在林地内和腐枝层或腐木上，丛生、群生或单生。

国内分布 黑龙江、山西、陕西、广东、四川、海南、新疆、青海 、甘肃、西藏、香港、台湾等地。辽宁新记录种。

经济作用 可食用，但个体弱小。

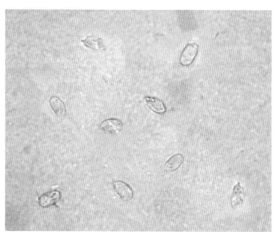

蘑菇目　小菇科

329. 滴帽小菇　*Mycena rorida*（Fr.）Quél.

分类地位　蘑菇目，小菇科，小菇属。

形态特征　子实体微小。菌盖直径 0.2 ~ 1cm，常凸形或半球平展形，后期边缘出现开裂，奶油色至浅褐灰色，具条纹，干燥时有皱纹，并附有纤细的鳞片。菌肉白色，薄，很脆。菌褶弯生、延生，较稀疏，白色。菌柄颜色同菌盖色或褐色，（1 ~ 3）cm×0.1cm，有弹性，菌柄新鲜时周围覆盖一层黏液，基部黏液层较厚。孢子印白色。孢子长椭圆形，光滑，含淀粉，（7 ~ 10）μm×（4 ~ 5）μm。

生态习性　夏秋季生于林内木贼的残体上，群生。

国内分布　未见报道。国外分布于欧洲。中国新记录种。

经济作用　食用及其他用途不明。

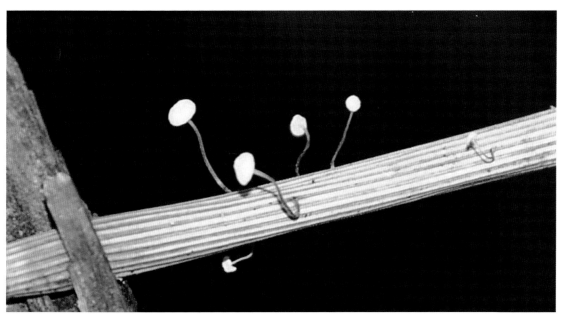

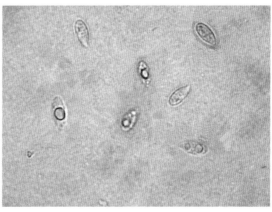

蘑菇目 小菇科

330. 血红小菇 *Mycena sanguinolenta*（Alb.& Schwein.）P. kumm.

中文别名 红褐盖小菇。

分类地位 蘑菇目，小菇科，小菇属。

形态特征 子实体较小。菌盖直径 0.5 ~ 2cm，钟形或圆锥形，浅红褐色或浅紫褐色，边缘相对色浅，有明显放射状条纹和波浪状内卷的锯齿。菌肉近白色，薄。菌褶直生，不等长，白色、浅红色至浅红褐色。菌柄柱状，长 3 ~ 6cm，直径 0.1 ~ 0.2cm，新鲜时表面有白毛，伤后常有红色汁液流出，后期白毛逐渐消失，菌柄颜色变深呈黑褐色。担孢子椭圆形，光滑，透明，大小（7.5 ~ 9.5）μm×（4 ~ 4.5）μm，含淀粉质。

生态习性 夏季生于蒙古栎等阔叶杂木林下，群生。

国内分布 多地分布。辽宁新记录种。

经济作用 菌体太小，食用价值不高。

蘑菇目　小菇科

331. 普通小菇 *Mycena vulgaris*（Pers.：Fr.）Quél.

分类地位　蘑菇目，小菇科，小菇属。

形态特征　子实体小。菌盖直径 0.5 ～ 1.5cm，扁半球形至扁平或平展，白色或污黄色，中心部位色深呈浅褐色，表面有黏性物质，菌盖边缘有条纹。菌肉白色。菌褶白色，直生或离生，菌褶分叉，不等长。菌柄长 2.5 ～ 6cm，粗 0.1 ～ 0.2cm，表面具较多透明的黏性物质，基部略粗。孢子光滑，椭圆形，（8 ～ 10）μm×（4 ～ 5）μm。担子 2 小梗，囊体纺锤状。

生态习性　夏季生于落叶松林地内，群生。

国内分布　吉林。辽宁新记录种。

经济作用　食用及其他用途不明。

◆ 蘑菇目　小菇科

332. 黄干脐菇 *Xeromphalina campanella*（Batsch.：Fr.）Kuhn. et Maire

中文别名　钟形脐菇、钟形干脐菇。

分类地位　蘑菇目，小菇科，干脐菇属。

形态特征　子实体小。菌盖直径 1 ~ 2.5cm，最大超不过 3cm，初期半球形，中部下凹成脐状，后边缘展开近似漏斗状，表面湿润，光滑，橙黄色至橘黄色，边缘具明显的条纹。菌肉很薄，膜质，黄色。菌褶黄白色后呈污黄色，直生至明显延生，密至稍稀，不等长，稍宽，褶间有横脉相连。菌柄长 1 ~ 3.5cm，粗 0.2 ~ 0.3cm，往往上部稍粗呈黄色，下部暗褐色至黑褐色，基部有浅色毛，内部松软至空心。孢子光滑，无色，椭圆形，（5.8 ~ 7.6）μm×（2 ~ 3.3）μm。

生态习性　夏秋季在林中腐朽木桩上，群生。

国内分布　辽宁、吉林、黑龙江、山西、江苏、福建、广西、四川、云南、西藏、新疆等。

经济作用　有记载可食用，因子实体很小，食用价值不大。

◆ **蘑菇目** 小菇科

333. 皱盖干脐菇 *Xeromphalina tenuipes*（Schw.）A. H. Smith

分类地位 蘑菇目，小菇科，干脐菇属。

形态特征 子实体较小。菌盖直径3～8cm，扁平至平展，浅黄色或黄白色，表面近绒状，中央色深且有条纹。菌肉黄白色，柔，薄，菌褶浅黄色，直生，稀，较宽，有横脉。菌柄3～10cm，粗0.3～0.6cm，同菌盖色且下部带褐色，似有微毛，松软至空心。孢子椭圆形，（6.5～8）μm×（4.5～5）μm。褶缘囊体有分枝。

生态习性 夏季生于杨树立木腐朽皮上，群生。

国内分布 吉林、广西、香港。辽宁新记录种。

经济作用 可食用。

蘑菇目 小皮伞科

334. 球果小孢伞 *Baeospora myosura*（Fr.）Sing.

分类地位 蘑菇目，小皮伞科，小孢菌属。

形态特征 子实体小。菌盖直径 1 ~ 3cm，中央凸起，后近平展，浅粉棕色至深棕色。菌肉褐色，薄。菌褶密，污白色，直生，不等长。菌柄圆柱形，细长，光滑，（3 ~ 8）cm×（0.1 ~ 0.2）cm，污白色、粉红色或同菌盖色，基部有白毛。孢子印白色。孢子椭圆形，无色，光滑，有淀粉质，（2.5 ~ 3.5）μm×（1.5 ~ 2.5）μm。褶缘囊体纺锤形，壁薄。

生态习性 夏秋至初冬生长于落叶松林下的凋落物层上，散生、群生。

国内分布 吉林。辽宁记录的球果金钱菌（*Collybia myosura*）与该种为同种。

经济作用 国外记载不可食。

蘑菇目 小皮伞科

335. 淡紫小孢伞 *Baeospora myriadophylla* (Peck) Sing.

中文别名 紫褶小孢菌。

分类地位 蘑菇目，小皮伞科，小孢菌属。

形态特征 子实体小。菌盖直径 0.8 ~ 3cm，平展或凸镜形，中心处常有浅凹陷，菌盖边缘逐渐发展为波浪状或浅裂状，水渍状。幼时灰紫色至污紫色，成熟时灰棕色、紫灰色或淡灰色。菌肉白色至灰色。菌褶直生，密，不等长，灰紫色或浅紫灰色。菌柄长 2 ~ 5cm，粗 0.1 ~ 0.4cm，圆柱形，空心，顶端具细微白色绒毛，幼时淡红灰色，成熟时灰紫色，基部具白色絮状绒毛。担孢子（2.5 ~ 2）μm×（1.5 ~ 2.5）μm，椭圆形或近球形，光滑，无色，淀粉质。

生态习性 春夏季生于蒙古栎阔叶林下的腐朽木上，群生。

国内分布 吉林。辽宁新记录种。

经济作用 食用及其他用途不明。

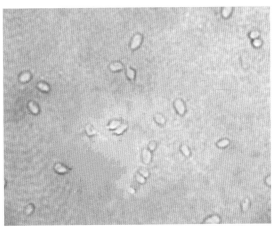

蘑菇目 小皮伞科

336. 脉褶菌 *Campanella junghuhnii*（Mont.）Sing.

中文别名 网纹平菇。

分类地位 蘑菇目，小皮伞科，脉褶菌属。

形态特征 子实体小。菌盖直径 0.5 ～ 1.8cm，白色，薄膜质。菌褶呈网棱状，由基部放射状生出且相互连接。菌柄很短或近无，侧生。孢子无色，光滑，椭圆形，（7.5 ～ 9）μm×（4 ～ 5）μm。

生态习性 夏季生于忍冬等活立木干部上，群生。

国内分布 广东、香港等。辽宁新记录种。

经济作用 木材腐朽菌。也是引起活立木腐朽病害的病原菌。

蘑菇目　小皮伞科

337. 暗淡色脉褶菌 *Campanella tristis*（G. Stev.）Segedin.

分类地位　蘑菇目，小皮伞科，脉褶菌属。

形态特征　子实体小。菌盖直径 0.4 ～ 3cm，半圆形至肾形，幼时碗状，表面白色、奶油色至淡灰色，有时略带暗蓝色，有稀疏短小绒毛，边缘内卷，干时凸凹不平，奶油色至土黄色。菌肉薄，松软，凝胶状，半透明。菌褶稀，薄，白色，奶油色，延生，8 ～ 10 条主脉由菌柄基部辐射出，褶间有小褶片及横脉。菌柄 1 ～ 3cm，粗 1cm，侧生或偏生，有时不明显。担孢子（7 ～ 10.5）μm×（4 ～ 6）μm，椭圆形，非淀粉质。

生态习性　夏秋季生于阔叶杂木林下枯死的干枝上，群生，簇生。

国内分布　吉林。辽宁新记录种。

经济作用　食用及其他用途不明。

蘑菇目　小皮伞科

338. 堆裸脚伞 *Connopus acervata*（Fr.）K. W. Hughes et al.

中文别名　堆金钱菌。

分类地位　蘑菇目，小皮伞科，裸脚伞属。

形态特征　子实体较小。菌盖直径 2 ~ 7cm，半球形至近平展，中部稍凸，有时成熟后边缘卷起，浅土黄色至深土黄色，光滑，湿润时具不明显条纹。菌肉白色，薄。菌褶白色，较密，直生至近离生，不等长。菌柄细长，圆柱形，有时扁圆或扭转，长 3 ~ 6.5cm，粗 0.2 ~ 0.7cm，浅褐色至黑褐色，纤维质，空心，基部具白色绒毛。孢子印白色。孢子无色，光滑，椭圆形，（5.6 ~ 7.7）μm×（2.6 ~ 3.8）μm。

生态习性　夏秋季生于阔叶林下的落叶层或腐木上，丛生至群生。

国内分布　辽宁、吉林、内蒙古、浙江、广西、云南等。

经济作用　可食用。个体虽小，但往往大量出现，可集中收集。

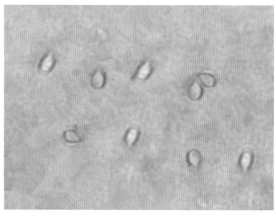

蘑菇目 小皮伞科

339. 毛腿湿柄伞 *Hydropus floccipes*（Fr.）Sing.

分类地位 蘑菇目，小皮伞科，湿柄伞属。

形态特征 子实体小，菌盖直径0.5～2cm，幼时半球形，顶端常凸起，成熟后渐平展，表面光滑，水渍状，黏，浅棕色至棕色。菌盖边缘常色浅，淡褐色或淡棕色，具条纹。菌肉污白色，薄。菌褶弯生，污白色或灰白色，不等长，较密。菌柄柱状，深棕色或灰褐色，向下渐暗，长2～4cm，粗0.2～0.5cm，具纤维状细毛。担孢子椭圆形，无色，光滑，大小（6.5～10）μm×（5～6）μm。

生态习性 夏季生于阔叶林下倒伏木上。群生。

国内分布 山东及华北地区等。辽宁新记录种。

经济作用 食用及其他用途不明。

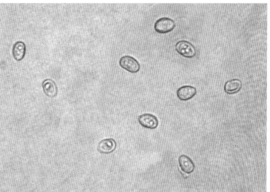

蘑菇目 小皮伞科

340. 褐白微皮伞 *Marasmiellus albofuscus*（Berk.et Curt.）Sing.

中文别名 黑柄微皮伞。

分类地位 蘑菇目，小皮伞科，微皮伞属。

形态特征 子实体小。菌盖直径 1.2 ~ 3cm，污黄白色至浅黄褐色，近平展，中部稍凸，近膜质，表面光滑，具条纹，边缘内卷。菌肉薄。菌褶浅黄白色，直生，有分叉或微有横脉，不等长。菌柄中生或偏生，一般短，长 0.8 ~ 2cm，粗 0.8 ~ 3mm，圆柱形，白色至污白黄色，实心，纤维质。孢子印白色。孢子无色，光滑，近肾形，（10 ~ 15）μm×（4 ~ 5.5）μm。有褶缘囊体，近锥形至梭形，（50 ~ 85）μm×（7 ~ 13）μm。在阔叶林中树木腐枝上群生。

生态习性 秋季生于红松林或红松阔叶树混交林地内的腐枝上或地面上，群生。

国内分布 广东、香港等。辽宁新记录种。

经济作用 食用及其他用途不明。

蘑菇目　小皮伞科

341. 纯白微皮伞 *Marasmiellus candidus*（Bolt.）Sing.

分类地位　蘑菇目，小皮伞科，微皮伞属。

形态特征　子实体小，纯白色。菌盖直径 0.5 ~ 2cm，扁平，边缘波浪状，有稀疏的沟条纹。菌肉很薄。菌褶白色，近直生，稀疏，不等长。菌柄长 2 ~ 5cm，粗 0.1 ~ 0.2cm，白色，下部色暗。孢子无色，长椭圆形，（12 ~ 17）μm×（4 ~ 5）μm。

生态习性　夏秋季生于杂木林内老龄的色木槭的干部上，或腐木及枯枝上，群生。

国内分布　云南、广东，福建，香港等。辽宁新记录种。

经济作用　食用及其他用途不明。

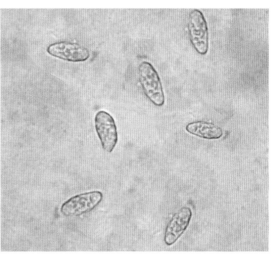

◆ 蘑菇目　小皮伞科

342. 灰白小皮伞 *Marasmius albogriseus*（Peck）Sing.

分类地位　蘑菇目，小皮伞科，小皮伞属。

形态特征　子实体较小。菌盖直径 1.5 ~ 3.3cm，中部凸起或平展，被稀疏的白绒毛或无，有脐凹，成熟时略反卷，膜质，中央灰褐色，边缘灰白色，水渍状，具辐射条纹和沟纹，雨天湿时呈灰褐色，边缘沟纹明显呈环状。菌肉与菌盖同色，薄，边缘处消失。菌褶直生，有明显横脉，白色至灰白色。菌柄长 3 ~ 6cm，直径 2 ~ 4.5mm，圆柱形，顶端淡褐色，下部褐色，被绒毛，纤维质，空心，基部有白色丝状绒毛。担孢子（5 ~ 8）μm×（3.5 ~ 5）μm，种子形或近椭圆形，光滑无色。

生态习性　夏秋季生于落叶松林地内，群生。

国内分布　华南、华中等地区。辽宁新记录种。

经济作用　食用及其他用途不明。

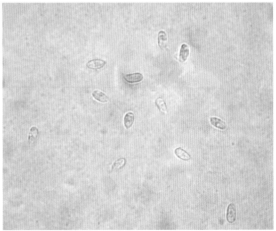

蘑菇目　小皮伞科

343. 橙黄小皮伞 *Marasmius aurantiacus*（Murr.）Sing.

分类地位　蘑菇目，小皮伞科，小皮伞属。

形态特征　子实体小。菌盖直径 0.3 ~ 2.5cm，半球形至扁平，老时中部下凹或有皱纹，淡黄色至红黄色，薄，表面干，边缘有沟纹。菌肉薄。菌褶白色，直生又延生或近离生，较稀，不等长。菌柄长 2 ~ 3cm，粗 0.1 ~ 0.3cm，近柱形，下部色暗或有细绒毛。孢子无色，光滑，卵圆形，（8 ~ 11）μm×（3.2 ~ 4.5）μm。

生态习性　夏秋季生于阔叶树腐枝上，群生。

国内分布　吉林、云南、广东、海南等。辽宁新记录种。

经济作用　食用及其他用途不明。

蘑菇目　小皮伞科

344. 伯特路小皮伞 *Marasmius berteroi*（Lév.）Murrill

分类地位　蘑菇目，小皮伞科，小皮伞属。

形态特征　子实体小。菌盖直径 0.4 ~ 2cm，斗笠状或钟形，常皱缩，橙黄色、橙红色、呈褐色至暗褐色，菌盖表面干，被短绒毛，有沟纹，中央微凹色深。菌肉薄，近白色或近盖色。菌褶贴生至直生，不等长，白色至浅黄色。菌柄长 2 ~ 4cm，粗 0.05 ~ 0.1cm，与菌盖同色或紫褐色，上部色浅，坚硬，有光泽，基部常有白色菌丝体。担孢子（10 ~ 16）μm×（3 ~ 4.5）μm，梭形至披针形，光滑，无色。

生态习性　夏秋季生于落叶松、白桦混交林地内的枯死枝上，单生、散生。

国内分布　华南地区。辽宁新记录种。

经济作用　食用及其他用途不明。

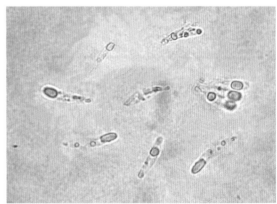

蘑菇目 小皮伞科

345. 巧克力小皮伞 *Marasmius coklatus* Desjardin et al.

分类地位 蘑菇目，小皮伞科，小皮伞属。

形态特征 子实体小。菌盖直径 2 ~ 3.5cm，凸镜形至平展，具脐突，有不十分明显的条纹，中央黑褐色或暗棕色，边缘色浅，淡棕色。菌肉薄，白色至同菌盖色。菌褶贴生至直生，稍稀，不等长，有横脉。菌柄圆柱形，长 4 ~ 7cm，粗 0.2 ~ 0.4cm，前期浅灰褐色，附着稀疏细微白色小绒毛，后期下端色深至暗褐色，基部常有绒毛状白色菌丝。担孢子（8 ~ 11.5）μm ×（4.5 ~ 7）μm，椭圆形，光滑，透明，非淀粉质。

生态习性 夏秋季生于阔叶杂木林地内，群生至散生。

国内分布 华南地区。辽宁新记录种。

经济作用 食用及其他用途不明。

◆ 蘑菇目　小皮伞科

346. 绒柄小皮伞 *Marasmius confluens*（Pers.：Fr.）Karst

中文别名　毛柄小皮伞、群生金钱菌、长腿皮伞。

分类地位　蘑菇目，小皮伞科，小皮伞属。

形态特征　子实体小。菌盖直径 2 ~ 4.5cm，半球形至扁平，新鲜时为粉红色，干后变成土黄色，中部颜色较深，幼时边缘内卷，湿润时有短条纹。菌肉很薄，与菌盖色相同。菌褶弯生至离生，稍密至稠密，窄，不等长。菌柄细长，脆骨质，中空，长 5 ~ 12cm，粗 0.3 ~ 0.5cm，表面密被污白色细绒毛。孢子印白色。孢子无色，光滑，椭圆形，（7.6 ~ 8）μm ×（3 ~ 4）μm。

生态习性　夏秋季生于蒙古栎林下腐殖层上，群生、丛生。

国内分布　吉林、黑龙江、河北、山西、广东、甘肃、青海、四川、云南、江苏、安徽、西藏等。辽宁新记录种。

经济作用　可食用。

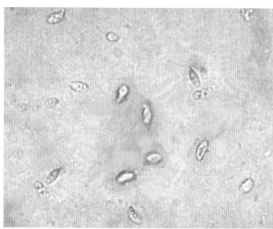

蘑菇目 小皮伞科

347. 马鬃小皮伞 *Marasinius crinisequi* Fr. ex Kalchbr.

分类地位 蘑菇目，小皮伞科，小皮伞属。

形态特征 子实体小。菌盖直径 0.3 ~ 0.8cm，半球形至扁半球形，薄，初期污白色，渐呈黄褐色，质韧，有明显的深色沟条。菌肉极薄。菌褶初期污白色，后期呈污白黄色，稀，不等长。菌柄长 2 ~ 12cm，粗 0.1cm 左右，细长而柔韧，黑色，顶部色深，似毛发或马鬃毛。孢子无色，光滑，长椭圆形或长棒状，（8.7 ~ 12.8）μm×（3.5 ~ 6.5）μm。

生态习性 夏秋季于生于落叶松林下凋落物层上，国内有报道生于竹枝茎基部，单生或群生。

国内分布 香港。辽宁新记录种。

经济作用 食用及其他用途不明。

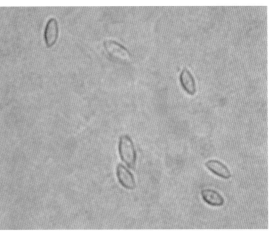

蘑菇目 小皮伞科

348 栎小皮伞 *Marasmius dryophilus*（Bolt.）Karst.

中文别名 干褶金钱菌、栎金钱菌、嗜栎金钱菌。

分类地位 蘑菇目，小皮伞科，小皮伞属。

形态特征 子实体较小。菌盖黄褐色或带紫红褐色，但一般呈乳黄色，直径 2.5 ~ 6cm，表面光滑。菌褶窄而很密，不等长。菌柄细长，4 ~ 8cm，粗 0.3 ~ 0.5cm，上部白色或浅黄色，而靠基部黄褐色至带有红褐色。孢子印白色。孢子光滑，椭圆形，（5 ~ 7）μm×（3 ~ 3.5）μm。

生态习性 夏秋季生于栎树、红松等林地内，群生。

国内分布 吉林、内蒙古、河北、河南、山西、陕西、甘肃、安徽、广东、云南、西藏等。辽宁新记录种。

经济作用 一般认为可食，但有人认为含有胃肠道刺激物，食后引起中毒，故采食注意。

蘑菇目 小皮伞科

349. 大盖小皮伞 *Marasmius maximus* Hongo

中文别名 巨盖小皮伞、大皮伞、大型小皮伞。

分类地位 蘑菇目，小皮伞科，小皮伞属。

形态特征 子实体一般中等。菌盖直径 3 ~ 10cm，初期近钟形、扁半球至近平展，中部凸起或平，浅粉褐色、淡土黄色，中央颜色深，干时表面发白色，有明显的放射状沟纹。菌肉白色，薄，似革质。菌褶弯生至近离生，宽，稀，不等长，同菌盖色。菌柄细，柱形，质韧，表面有纵条纹，上部似有粉末或绒毛，长 4 ~ 10cm，粗 0.2 ~ 0.4cm，内部实心。孢子椭圆形，无色，光滑，（7.5 ~ 9）μm×（3 ~ 4）μm。褶缘囊体近纺锤状或棒状或不规则形。

生态习性 春至秋季生于落叶松林中腐枝落叶层上，散生、群生或有时近丛生。

国内分布 辽宁、吉林、黑龙江、广西、福建、北京、江西、安徽、云南、内蒙古、上海、河南、香港等。

经济作用 可食用。

蘑菇目　小皮伞科

350. 隐形小皮伞 *Marasmius occultatiformis* Antonin et al.

分类地位　蘑菇目，小皮伞科，小皮伞属。

形态特征　子实体小。菌盖直径 1 ~ 2.5cm，半球形，凸形至平展，中央橙红色至红褐色，边缘橙褐色，菌盖边缘内卷。菌肉白色，薄。菌褶直生，较密，不等长，白色。菌柄圆柱形，长 4 ~ 7cm，粗 0.2 ~ 0.3cm，顶端白色，透明，向下逐渐变为红褐色、暗褐色，基部菌丝体白色。担孢子（6 ~ 8）μm×（3 ~ 4）μm，椭圆形，光滑，无色。

生态习性　夏秋季生于蒙古栎、核桃楸等阔叶杂木林地内腐殖质上，群生。

国内分布　青海、西藏等。辽宁新记录种。

经济作用　食用及其他用途不明。

蘑菇目　小皮伞科

351. 盾状小皮伞 *Marasmius personatus*（Bolt.：Fr.）Fr.

中文别名　靴状金钱菌、毛脚金钱菌

分类地位　蘑菇目，小皮伞科，小皮伞属。

形态特征　子实体小型。菌盖直径 1.5～5.5cm，初期半球形，渐平展，后期往往中部下凹，表面具皱纹，边缘有条纹，淡土黄色至皮革色或土褐色，中部颜色较深。菌肉薄，革质。菌褶直生至近弯生，淡污黄色或淡褐色，较稀，不等长。菌柄长 3.5～8cm，粗 0.3～0.5cm，近似菌盖色，内实，下部具显著细绒毛。孢子光滑，椭圆形，（7.6～10.2）μm×（3.5～5）μm。

生态习性　夏秋季生长于落叶松林地内，群生或丛生。

国内分布　黑龙江、陕西、甘肃、云南、香港、西藏等。辽宁新记录种。

经济作用　可食用。

◆ 蘑菇目　小皮伞科

352. 车轴皮伞 *Marasmius rotula*（Scop.：Fr.）Fr.

分类地位　蘑菇目，小皮伞科，小皮伞属。

形态特征　子实体小。菌盖直径 0.5 ~ 1.5cm，扁半球形至中部平坦，边缘瓣形及条纹状，白色，中凹处有时暗褐色。菌肉（靠近菌盖部分）白色，（靠近菌柄中部）褐色。菌褶浅白奶油色，着生于 1 个如车轴的圈上，与菌柄离生。菌柄长 2 ~ 7cm，粗 0.1cm，顶端白色，下端暗褐色。孢子印白色。孢子柱状椭圆形，（7 ~ 10）μm×（3.5 ~ 5）μm。

生态习性　夏秋季生于阔叶树林下落叶或枯枝上，群生。

国内分布　福建。辽宁新记录种。

经济作用　分解枯枝落叶。

蘑菇目　小皮伞科

353. 琥珀小皮伞 *Marasmius siccus*（Schw.）Fr.

中文别名　干小皮伞。

分类地位　蘑菇目，小皮伞科，小皮伞属。

形态特征　子实体小。菌盖直径 0.6 ~ 2cm，扁半球形至近球形，深肉桂色、琥珀色或褐黄色，中部颜色深，膜质，薄，韧，干，光滑，具通至中部和边缘的长沟条。菌褶污白色，稀。菌柄细长，长 3 ~ 8cm，粗 1 ~ 1.5mm，角质，光滑，顶部白黄毛，向下渐成烟褐色。孢子无色，长棒状，（17.5 ~ 24）μm×（3.5 ~ 4.5）μm。

生态习性　夏秋季生于针阔叶混交林下落叶层上，群生。

国内分布　吉林、河北、山西、陕西、甘肃、青海、四川、江苏、浙江、福建、贵州、广西等。辽宁新记录种。

经济作用　分解枯枝落叶。

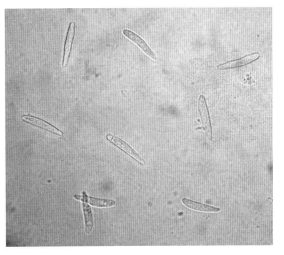

蘑菇目 小皮伞科

354. 红盖黑柄小皮伞 *Marasmius* sp.

分类地位 蘑菇目，小皮伞科，小皮伞属。

形态特征 子实体小。菌盖直径 1 ~ 1.2cm，半球形至扁平，中央平钝或稍凸，橙红色、暗红色至浅褐红色，表面干，边缘沟纹不明显，干后红褐色。菌肉薄。菌褶白色，黄白色至浅黄色，直生至稍延生，较稀，不等长。菌柄长 3 ~ 5cm，粗 0.1 ~ 0.2cm，近柱形，黑褐色，干后黑色，上部色浅，下部色暗，坚硬，革质。孢子无色，光滑，椭圆形，（6.25 ~ 7.5）μm×（7.5 ~ 11.0）μm。

生态习性 夏秋季生于红松林下腐殖质上，散生至群生。

国内分布 未见文献资料报道。中国新记录种。

经济作用 食用及其他用途不明。

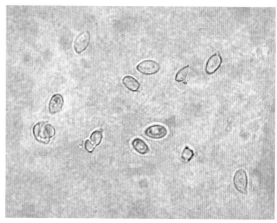

蘑菇目 小皮伞科

355. 球座小皮伞 *Marasmius stylobate*（Pers.：Fr.）Kumm.

分类地位 蘑菇目，小皮伞科，小皮伞属。

形态特征 子实体小。菌盖直径 0.3 ~ 0.5cm，扁半球形，中部脐状，白色，被粉末和明显褶纹。菌肉白色，薄。菌褶白色，直生，分叉，不等长。菌柄细长，长 3 ~ 9cm，粗 0.2 ~ 0.3cm，圆柱形，白色，近透明，着白色细绒毛，柄下部毛较多，近肉质或纤维质，空心，菌柄基部呈球状（似着生在 1 个基座上）。孢子无色，光滑，椭圆形至长椭圆形，（7 ~ 10）μm×（3.5 ~ 5.0）μm。

生态习性 夏秋季生于落叶松林下枯落枝上或地面腐殖层上，群生或丛生。

国内分布 中国新记录种。国内未见文献报道；日本有分布。

经济作用 食用及其他用途不明。

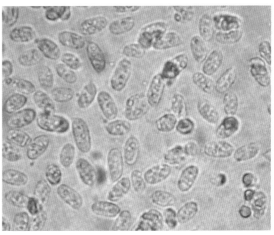

蘑菇目 小皮伞科

356. 乳酪粉金钱菌 *Rhodocollybia butyracea*（Bull.）Lennox

中文别名 乳酪金钱菌。

分类地位 蘑菇目，小皮伞科，粉金钱菌属。

形态特征 子实体一般小。菌盖直径 2～6cm，初期半球形，后期开伞平展中部凸起，表面常常呈水渍状，通常暗红褐色或紫褐色、褐色，后褪色，土黄色至污白色，顶部颜色深，平滑，有时边缘近波浪状。菌肉白色或带粉褐色，中部厚，边缘薄，气味温和。菌褶白色、黄白色至污白色，直生至近离生，密，薄，不等长，边缘锯齿状，不等长。菌柄细长圆柱形，长 3～8cm，粗 1～2cm，往往上部变细而下部渐粗至基部膨大，淡黄色或带淡粉褐色，内部空心。孢子椭圆形，无色，光滑，（5～7.5）μm×（2.5～4）μm。

生态习性 夏秋季生于红松腐木上或腐树桩上或树桩周围，散生，群生。

国内分布 吉林、云南、河南、四川、西藏、甘肃、香港等。辽宁新记录种。

经济作用 可食用。

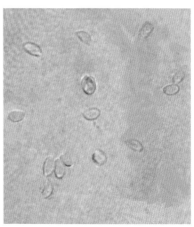

蘑菇目　小皮伞科

357. 斑粉金钱菌 *Rhodocollybia maculata*（Alb. et Shw.）Sing.

分类地位　蘑菇科，小皮伞科，粉金钱菌属。

形态特征　子实体小至中等。菌盖直径 3 ~ 10cm，扁半球形至近扁平，中部钝圆或凸起，表面白色或污白，常有锈褐色斑点或斑纹，老后表面带黄色或褐色，平滑无毛，边缘初期卷无条棱。菌肉白色，中部厚，气味温和或有淀粉味。菌褶直生或离生，白色或带黄色，很密，窄，不等长，褶缘锯齿状，常常出现带红褐色斑痕。菌柄圆柱形，细长，近基部常弯曲，长 5 ~ 12cm，粗 0.5 ~ 1.2cm，有时中下部膨大和基部处延伸呈根状，具纵长条纹或扭曲的纵条沟，软骨质，内部松软至空心。孢子椭圆形或近球形，无色，光滑，（6 ~ 8）μm×（4 ~ 6.5）μm。孢子印近白色。无囊状体。

生态习性　夏秋季在林中腐枝层、腐朽木或地上，群生或近丛生。

国内分布　辽宁、甘肃、陕西、西藏、新疆等。

经济作用　可食用，味较好。

蘑菇目 锈耳科

358. 褐黄鳞锈耳 *Crepidotus badiofloccosus* S. Imai

中文别名 贝形侧耳。

分类地位 蘑菇目，锈耳科，锈耳属。

形态特征 子实体小。菌盖直径 1 ~ 5cm，近扇形或近半圆形，黄白至污白黄色，表面密被褐色或深褐色毛状小鳞片，基部密集污白黄色或黄褐色细毛，边缘内卷。菌肉白色，靠近基部较厚。菌褶黄白至污黄白色，后呈褐黄色至灰褐色。菌柄无或近无。孢子印土黄褐色。孢子褐黄色，具细小疣，圆球形，5.5 ~ 7μm。褶缘囊体往往扭曲，近棒状或近柱状，大小（40 ~ 50）μm×（6 ~ 11）μm。

生态习性 夏秋季生于蒙古栎腐根上，单生、群生，多丛生或叠生一起。

国内分布 北京、甘肃等。辽宁新记录种。

经济作用 食毒不明。木材腐朽菌。

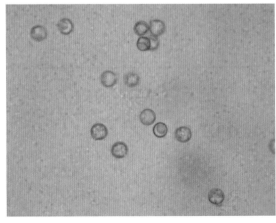

蘑菇目　锈耳科

359. 粘锈耳 *Crepidotus mollis*（Schaeff.：Fr.）Gray

中文别名　软靴耳。

分类地位　蘑菇目，锈耳科，锈耳属。

形态特征　子实体小。菌盖直径 1 ~ 5cm，半圆形至扇形，水渍后半透明，黏，干后全部纯白色，光滑，基部有毛，初期边缘内卷。菌肉薄。菌褶稍密，从菌盖至基部辐射而出，延生，初白色，后变为褐色。孢子印褐色。孢子椭圆形或卵形，淡锈色，有内含物，（7.5 ~ 10）μm×（4.5 ~ 6）μm。褶缘囊体柱形或近线形，无色，（35 ~ 45）μm×（3 ~ 6）μm。

生态习性　夏秋季生于核桃楸等腐木上，多叠生。

国内分布　吉林、河北、山西、江苏、浙江、湖南、福建、河南、广东、陕西、青海、四川、云南、西藏、香港等。辽宁新记录种。

经济作用　可食用，但个体较小，食用意义不很大。

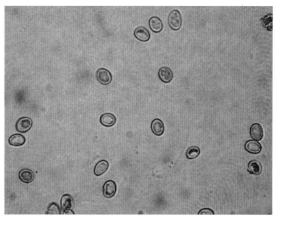

蘑菇目 锈耳科

360. 硫色锈耳 *Crepidotus sulphurinus* Imaz. et Toki

中文别名 硫色靴耳。

分类地位 蘑菇目，锈耳科，锈耳属。

形态特征 子实体小。菌盖直径 0.5 ~ 3cm，扇形至肾形，表面硫磺色，后土黄色或带褐色，密生粗毛。菌肉带黄色，质韧。菌褶直生至上生，初期硫磺色至淡黄色，后期成肉桂色至褐色，宽 1 ~ 3mm，褶缘微粉状。菌柄侧生，极短（约 1mm），有时无柄。孢子球形或近球形，淡锈色，表面有刺状凸起，孢子直径 7 ~ 8μm。褶缘囊状体圆柱形至棍棒状，基部短柄或宽棍棒状至长椭圆形，菌丝有锁状联合。

生态习性 夏季生于阔叶树的枯枝上，群生、叠生。

国内分布 辽宁、福建、广西、贵州、香港、台湾等。

经济作用 木材腐朽菌。

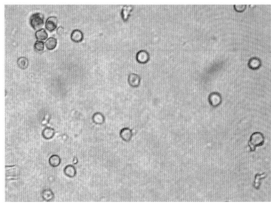

蘑菇目 轴腹菌科

361. 刺孢蜡蘑 *Laccaria tortilis*（Bolt.：Fr.）Pat.

中文别名 拟红蜡蘑

分类地位 蘑菇目，轴腹菌科，蜡蘑属。

形态特征 子实体甚小。菌盖直径 0.6 ~ 1.5cm，初期半球形至扁半球形，后扁平中部下凹，水渍状，光滑或有细微小鳞片，土褐黄色至红褐色，边缘具条纹且十分明显。菌肉同菌盖色，很薄，膜质，味温和。菌褶直生至稍延生，淡肉红色，似有白粉，稀，厚，蜡质，宽达 3mm。菌柄短，圆柱状或向下膨大，长 0.4 ~ 1cm，粗 0.2 ~ 0.3cm，纤维质，同菌盖色，无色或有条纹，内部实心。孢子近无色，球形或近球形，有刺，10.0 ~ 12.7μm。刺长可达 2μm 左右。

生态习性 夏秋季生于红松杂木混交林地内，单生、散生至群生一起。在西藏高原可生于高山杜鹃灌丛带。

国内分布 福建、新疆、西藏等。辽宁新记录种。

经济作用 可以食用，但子实体太小。药用试验抗癌，对小白鼠肉瘤 180 和艾氏癌的抑制率高达 100%。为树木的外生菌根菌，可能与高山杜鹃，高山柳、松等形成菌根。

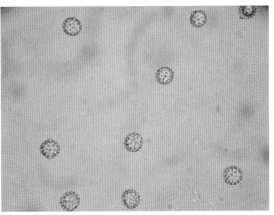

蘑菇目　轴腹菌科

362. 红蜡蘑 *Laccaria laccata*（Scop.：Fr.）Berk. et Br.

分类地位　蘑菇目，轴腹菌科，蜡蘑属。

形态特征　子实体一般小。菌盖直径 1～5cm，薄，近扁半球形，后渐平展，中央下凹成脐状，肉红色至淡红褐色，湿润时水渍状，干燥时呈蛋壳色，边缘波浪状或瓣状并有粗条纹。菌肉粉褐色，薄。菌褶同菌盖色，直生或近延生，稀疏，宽，不等长，附有白色粉末。菌柄长 3～8 cm，粗 0.2～0.8cm，同菌盖色，圆柱形或有稍扁圆，下部常弯曲，纤维质，韧，内部松软。孢子印白色。孢子无色或带淡黄色，圆球形，具小刺，7.5～10μm。

生态习性　夏秋季生于林缘溪旁，群生。

国内分布　辽宁、吉林、黑龙江、河北、山西、江苏、浙江、江西、广西、海南、西藏、青海、四川、云南、新疆、台湾等。

经济作用　可食。

蘑菇目 轴腹菌科

363. 食橘红蜡蘑 *Laccaria fraternal*（Cke. & Mass.）Pegler

分类地位 蘑菇目，轴腹菌科，蜡蘑属。

形态特征 子实体小。菌盖直径 2 ~ 5cm，扁半球形，后期平展或翻起，有时凹陷，后期表皮开裂似有小鳞片，浅褐色至红褐色，水渍状。菌肉浅褐色至红褐色。菌褶直生至近延生，不等长，宽，稍稀，肉红色至褐色。菌柄长 3 ~ 6cm，粗 0.3 ~ 0.5cm，圆柱形，浅红褐色，有细鳞片，基部有灰白色菌丝体。孢子无色，具小刺，近球形，（8.5 ~ 10）μm ×（7.5 ~ 9.5）μm。担子 2 小梗。

生态习性 秋季生于红松阔叶树混交林下，丛生或散生。

国内分布 青海、新疆等。辽宁新记录种。

经济作用 可食用。

蘑菇目 轴腹菌科

364. 双色蜡磨 *Laccaria bicolor*（Maire）Orton

中文别名 黄蜡磨

分类地位 蘑菇目，轴腹菌科，蜡磨属。

形态特征 子实体小。菌盖直径 2 ～ 4.5cm，初期扁半球，后期稍平展，中部平或稍下凹，边缘内卷，浅赭色或暗粉褐色至皮革褐色，干燥时颜色变浅，表面平滑或稍粗糙，边缘有条纹。菌肉污白色或浅粉褐色。无明显气味。菌褶浅紫色至暗色，干后色变浅，直生至稍延生，等长，厚，宽，边沿稍呈波浪状。菌柄细长，柱形，常扭曲，同菌盖色，具长条纹和纤毛，长 6 ～ 15cm，粗 0.3 ～ 1cm，带浅紫色，基部稍粗且有淡紫色绒毛，内部松软至变空心。孢子印白色，孢子近卵圆形，（7 ～ 10）μm×（6 ～ 7.8）μm。

生态习性 夏秋季生于落叶松和阔叶杂木林地内，散生或群生，有时近丛生。

国内分布 西藏、四川、云南、香港等。辽宁新记录种。

经济作用 可食用。

◆ 蘑菇目 轴腹菌科

365. 条缘蜡蘑 *Laccaria striatula*（Perk）Peck

分类地位 蘑菇目，轴腹菌科，蜡蘑属。

形态特征 子实体小。菌盖直径 0.5～3cm，初期半球形，中部凸起，后开伞平展，表面常呈水渍状，新鲜时浅褐色或粉褐色，顶部颜色深，菌盖边缘波浪状。菌肉褐色，薄。菌褶直生至近离生，疏，等长。菌柄细长圆柱形，长 2～5cm，粗 0.2～0.4cm，上部变细而下部渐粗至基部膨大，浅褐色，纤维质。孢子印白色。孢子近圆形，光滑，9.5～12.5μm。

生态习性 夏季生于白桦和落叶松混交林中枯枝的挂叶上，群生。

国内分布 西藏、四川、云南等。辽宁新记录种。

经济作用 食用不明。

蘑菇目 轴腹菌科

366. 紫褐蜡蘑 *Laccaria purpureo-badia* D. A. Reid

分类地位 蘑菇目，轴腹菌科，蜡蘑属。

形态特征 子实体小。菌盖直径 2 ~ 5cm，初期扁半球形，后期渐平展，中部稍凸起变至中部低平，蜡质，表面暗褐色后期干燥时呈暗紫褐色，有细小的鳞片。边缘有明显沟条。菌肉污白色至同菌盖色，较薄，无明显气味。菌褶直生，不等长，稍稀，中部较宽，初期粉红色，变至浅红褐色。菌柄细长，圆形，纤维质，长 3 ~ 6cm，粗 0.3 ~ 0.7cm，浅酒红色，向基部变至暗紫褐色。孢子卵圆形至宽椭圆形或近球形，无色，（7 ~ 10）μm×（6 ~ 8）μm。

生态习性 夏至秋季生于阔叶树林地内，散生。

国内分布 内蒙古、西藏。辽宁新记录种。

经济作用 可食，亦有记载食毒不明。

蘑菇目　轴腹菌科

367. 紫蜡蘑 *Laccaria amethystea*（Bull. ex Gray）Murr.

中文别名　假花脸蘑、紫皮条菌、紫晶蜡蘑。

分类地位　蘑菇目，轴腹菌科，蜡蘑属。

形态特征　子实体小，紫色。菌盖直径 2 ~ 5cm，潮湿时为较深的紫丁香色，干燥时颜色会褪去，其中心有时稍呈垢状，初期扁球形，有凸起，后期渐平展，中央下凹成脐状，蓝紫色或藕粉色，湿润时似蜡质，色深，干燥时灰白色带紫色，边缘波浪状或瓣状并有粗条纹。菌肉同菌盖色，薄。菌褶蓝紫色，直生或近弯生，宽，稀疏，不等长。菌柄长 3 ~ 8cm，粗 0.2 ~ 0.8cm，有绒毛，纤维质，实心，下部常弯曲。孢子印白色。孢子无色，圆球形，密布小刺，6.5 ~ 11μm。

生态习性　夏秋季生于阔叶树林地内，单生或群生。

国内分布　广泛分布。

经济作用　可食用。有药用价值。

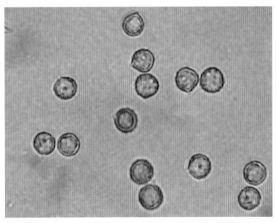

◆ 蘑菇目　科地位未定

368. 花褶伞 *Panaeolus retirugis* Fr.

中文别名　笑菌、舞菌（广西）、粪菌（北方）、牛屎菌（南方）、网纹斑褶菇。

分类地位　蘑菇目，科地位未定，花褶伞属

形态特征　实体小。菌盖半球形至钟形，直径3cm左右，烟灰色至褐色，顶部蛋壳色或稍深，有皱纹或裂纹，干燥时有光泽，边缘附有菌幕残片，后期残片往往消失。菌肉污白色。菌褶稍密，直生，不等长，灰色，常因孢子不均匀成熟或脱落，出现黑灰相间的花斑。菌柄长可达16cm，粗0.2～0.6cm，上部有白色粉末，下部浅紫色，往往扭曲，内部空心。孢子光滑，黑色，柠檬形，（11～17）μm×（7～12）μm。

生态习性　春秋季生于落叶松林下肥沃土壤上，群生。

国内分布　辽宁、吉林、黑龙江、河北、山西、内蒙古、四川、江苏、浙江、上海、湖南、贵州、青海、广东、广西、香港等。

经济作用　不可食，有毒。中毒无胃肠道反应，发病较快，表现精神异常、幻视、昏睡等。

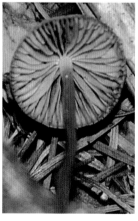
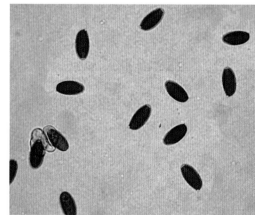

蘑菇目 科地位未定

369. 白褐半球盖菇 *Hemistropharia albocrenulata*（Peck）Jacobsson & E.Laass.

分类地位　蘑菇目，科未定地位，半球盖菇属。

形态特征　菌盖直径 3 ~ 12cm，初期钟形，后期平展，中部往往凸起，干燥后有光泽，黄褐色至红褐色，中部色深，具直立或稍直立的棉絮状鳞毛，后期往往干燥脱落。菌盖边缘平滑无条纹，有时挂浅肉桂色棉毛状菌幕残片，后期反卷。菌褶稍弯生至直生，初期白色或污白色，后期肉桂褐色，稀，幅宽，较厚，褶缘色浅，钝锯齿状。菌柄长 3 ~ 10cm，粗 0.7 ~ 1.5cm，圆柱形，等粗或向下稍粗，菌环以上带白色或褐色，具粉状物，菌环以下肉桂色，具纤状鳞毛，内空心，菌环易早脱落。孢子近梭形，褐黄色，光滑，（12 ~ 15）μm×（5 ~ 8）μm。

生态习性　夏秋季生于过熟杨树活立木干基部，单生或散生。

国内分布　辽宁、吉林、黑龙江、青海、西藏等。辽宁新记录种。

经济作用　可食用。

牛肝菌目 铆钉菇科

370. 血红色钉菇 *Chroogomphis rutillus*（Schaeff.：Fr.）O. K. Miller

中文别名 血红铆钉菇、红蘑、松树伞、松蘑、肉蘑。

分类地位 牛肝菌目，铆钉菇科，色钉菇属。

形态特征 子实体一般较小，菌盖直径3～8cm，初期钟形或近圆锥形，后平展，中部凸起，浅咖啡色，光滑，湿时黏，干燥时有光泽。菌肉带红色，干燥后淡紫红色，近菌柄基部带黄色。菌褶延生，稀，青黄色变至紫褐色，不等长。菌柄长6～10cm，粗1.5～2.5cm，圆柱形且下渐细，稍黏，与菌盖色相近且基部带黄色，实心，上部有易消失的菌环。孢子青褐色，光滑，近纺锤形，（16～20）μm×（6～7）μm。

生态习性 夏秋季生于油松、赤松林地内，单生、散生或群生。

国内分布 辽宁、吉林、黑龙江、河北、山西、云南、西藏、广东、湖南、四川等。

经济作用 食用美味。药用治疗神经性皮炎。树木菌根菌，与油松、赤松等形成菌根。

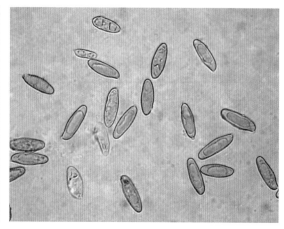

牛肝菌目 铆钉菇科

371. 绒毛色钉菇 *Chroogomphus tomentosus*（Murr.）Miller

中文别名 绒盖铆钉菇。

分类地位 牛肝菌目，铆钉菇科，色钉菇属。

形态特征 菌盖较厚肉质，幼时直径 3 ~ 5cm，近圆锥形，渐平展中部稍凸，或后期下凹呈漏斗状，粉红色或橙褐色，中部色深，干燥时红褐色，具绒毛状小鳞片，表面干，湿时稍黏。菌肉淡褐色，老后变粉红色，较厚。菌褶初期灰白色，后期变为灰色带褐色，厚，延生，稀。菌柄长 4 ~ 9cm，粗 0.3 ~ 0.8cm，同菌盖色或稍浅，向上和向基部渐细，内部实心。菌柄上部有丝膜状菌幕，往往消失形成一环痕迹。孢子灰褐色或褐色，光滑，长椭圆形或长纺锤形（15 ~ 20）μm×（6.5 ~ 7.5）μm。褶侧囊体和褶缘体长柱形，（100 ~ 250）μm×（9.5 ~ 21）μm。

生态习性 秋季生于红松杂木混交林地内，单生。

国内分布 吉林、黑龙江等。辽宁新记录种。

经济作用 可食。

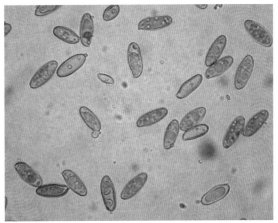

牛肝菌目　牛肝菌科

372. 美味牛肝菌 *Boletus edulis* Bull. ex Fr.

中文别名　大腿蘑、大脚菇、白牛肝菌。

分类地位　牛肝菌目，牛肝菌科，牛肝菌属。

形态特征　子实体中等至大型，菌盖直径 4～15cm，扁半球形或稍平展，不黏，光滑，边缘钝，黄褐色、土褐色或赤褐色。菌肉白色，厚，受伤后不变色。菌管初期白色，后期呈淡色，直生或近弯生，或在柄之周围凹陷。管口圆形，每毫米 2～3 个。菌柄长 5～12cm，粗 2～3cm，近圆柱形或基部稍膨大，淡褐色或淡黄褐色，内实网纹占菌柄2/3。孢子印橄榄色，孢子淡黄色，平滑，近纺锤形或长椭圆形大小（10～15.2）μm×（4.5～6.25）μm。管侧囊体无色，棒状，顶端圆钝或稍尖细。

生态习性　属高温型菌，7—9 月生长于高海拔的阔叶林的混交林地内，群生。

国内分布　辽宁、黑龙江、河南、四川、贵州、云南、西藏、台湾等。

经济作用　是优良野生食用菌，其菌肉厚而细软、味道鲜美。与多种阔叶树形成菌根菌。

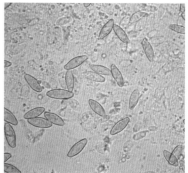

牛肝菌目　牛肝菌科

373. 兄弟牛肝菌　*Boletus fraternus* Peck

中文别名　坚肉牛肝菌。

分类地位　牛肝菌目，牛肝菌科，牛肝菌属。

形态特征　子实体小。菌盖直径 2 ~ 7cm，初期半扁球形，后期平展或稍平展，表面干燥，开始红褐色，后渐呈红色带黄色，伤处变蓝色，被绒毛状细鳞片。菌肉白色带黄色，稍厚，伤处变蓝色。菌管鲜黄色，管孔每毫米 2 个，管口圆形至角形，靠柄部延生似褶棱，伤处变蓝色。菌柄较细长，近圆柱形向下有时变细，长 3 ~ 6cm，粗 0.4 ~ 1cm，中生，深红色，粗糙条纹，伤处变蓝色，内部实心，基部有黄色菌丝体，孢子长椭圆形或近纺锤状，光滑，带黄色，（9 ~ 15）μm ×（3.7 ~ 5.5）μm。管侧囊体近梭形。

生态习性　秋季在阔叶树等林地内，群生，有时两个柄基部连生一起。

国内分布　广东。辽宁新记录种。

经济作用　此菌日本记载可以食用。落叶松外生菌根菌。

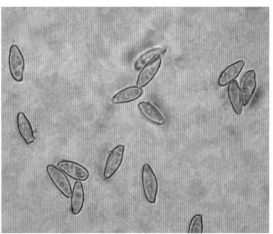

牛肝菌目　牛肝菌科

374. 朱红牛肝菌 *Boletus rubellus* Krombh.

分类地位　牛肝菌目，牛肝菌科，牛肝菌属。

形态特征　子实体中等大。菌盖扁半球形至稍平展，血红色至紫褐红色，有细绒毛，或有龟裂，直径 4 ~ 10cm，初期菌盖边缘内卷。菌肉白色至带黄色，靠近表皮下带红色，伤处变蓝绿色，味道柔和。菌管在菌柄处直生或稍延生，黄色老后变暗，伤处变蓝绿色，管口角形或近圆形，直径 0.5 ~ 1mm。菌柄近柱形，长 3 ~ 6cm，粗 0.6 ~ 1.6cm，黄色，下部红褐色，基部稍膨大，黑褐色，顶部有网纹，内实。孢子印黄褐色，孢子淡黄色，平滑，长椭圆形，（10.5 ~ 13）μm×（3.7 ~ 5.0）μm。管侧囊体梭形，（30 ~ 55）μm×（7 ~ 9.5）μm。

生态习性　夏秋季生于栎等阔叶林地内，单生、群生，有时近丛生。

国内分布　辽宁、吉林、广东、四川、云南等。

经济作用　可食用。属树木的菌根菌，与云杉、松、栎等树木形成外生菌根。抗癌，对小白鼠肉瘤和艾氏癌的抑制率均为 80%。

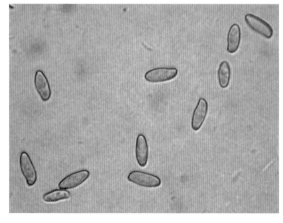

◆ 牛肝菌目　牛肝菌科

375. 亚绒盖牛肝菌　*Boletus subtomentosus* L.

分类地位　牛肝菌目，牛肝菌科，牛肝菌属。

形态特征　子实体中至大型。菌盖直径 4.5 ~ 15cm，初期半球形，后期平展，黄褐色至土褐色，干燥，被褐色绒毛。菌肉白色，受伤不变色。菌管直生、弯生，或有时近延生，新鲜时黄绿色，成熟时黄褐色，后期干燥时呈灰褐色。孔口多角形，多 4 ~ 6 角。菌柄圆柱形，直立或多弯曲，长 5 ~ 8cm，直径 5 ~ 1.2cm，有白色粉粒状物，柄顶部偶有网纹，实心，柄基膨大，淡黄色至黄褐色。担孢子长椭圆形或呈纺锤形，（10 ~ 14）μm×（4 ~ 5.5）μm，光滑，黄褐色。

生态习性　秋季生于针叶树或阔叶树林下，散生或群生。

国内分布　辽宁、吉林、福建、广东、浙江、湖南、江苏、安徽、河南、陕西、贵州、云南、海南、台湾等。

经济作用　可食。可与松、栗、榛、山毛榉、栎、杨、柳、云杉、椴等形成外生菌根。

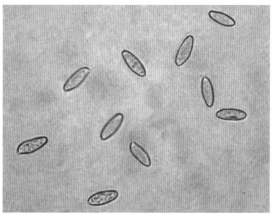

牛肝菌目　牛肝菌科

376.远东疣柄牛肝菌 *Leccinum extremiorientale*（L.Vass.）Sing.

中文别名　老来变，裂皮疣柄牛肝菌。

分类地位　牛肝菌目，牛肝菌科，疣柄牛肝菌属。

形态特征　子实体中等至大型。菌盖直径 5.5 ~ 20cm 或更大，半球形或扁半球形，褐黄色、橙褐色或杏黄色，似绒毛状，多皱，幼时呈脑状，老后常龟裂露出黄白色菌肉，菌盖边缘菌表皮厚而明显延伸。菌肉白色至淡黄色，较厚，味香。菌管层黄色至黄绿色，伤处变暗，凹生至近离生，管孔小，孔口近圆形，每毫米 3 ~ 4 个。菌柄长 7 ~ 14cm，粗 2 ~ 4.5cm 或更粗，同菌盖色，向下渐粗，肉质，表面有深色的颗粒状小点和细小鳞片。孢子褐黄色，长椭圆形或近梭形，（9.4 ~ 14.0）μm×（3.5 ~ 5.0）μm。

生态习性　夏季生于栎树林地内，单生或群生。

国内分布　辽宁、湖北、广西、福建、贵州、四川、云南、台湾等。

经济作用　可食用，菌肉厚，味道好。

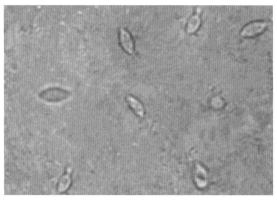

牛肝菌目 牛肝菌科

377. 异色疣柄牛肝菌 *Leccinum versipelle*（Fr.）Snell.

分类地位 牛肝菌目，牛肝菌科，疣柄牛肝菌属。

形态特征 子实体较大。菌盖直径 5 ~ 15.5cm，半球形，后期扁半球形，橘黄色，干燥时绒毛状。菌肉白色，伤后带粉红色，有香气味。菌管污白色、灰黄色，孔口白色至灰色。菌柄长 8 ~ 19cm，粗 1.8 ~ 4cm，柱形、近梭形或近棒状，污白色具黑褐色疣，基部变灰蓝色，实心。孢子光滑，椭圆形，（9.5 ~ 13）μm×（4 ~ 6）μm。有囊体。可食用。

生态习性 夏秋季于桦等阔叶林地内，单生或群生。

国内分布 陕西等。辽宁新记录种。

经济作用 树木外生菌根菌。

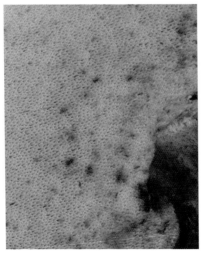
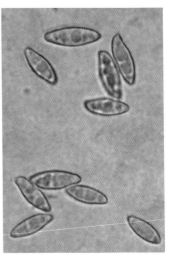

牛肝菌目　牛肝菌科

378. 红孢牛肝菌 *Porphyrellus porphyrosporus*（Fr.）Gib.

分类地位　牛肝菌目，牛肝菌科，红孢牛肝菌属。

形态特征　子实休中等大。菌盖扁半球形，直径 6～10cm，菌盖表面浅肉桂色至浅烟色后变为茶褐色或污褐色，有细绒毛，粗糙，边缘平直或稍内卷。菌肉白色，厚，伤后变红色或茶褐色，近菌管处浅蓝色。菌管层常在菌柄周围凹陷，弯生和近离生，似菌盖色，伤后变红，后转为红紫色。管口角形至近圆形，每毫米 1～2 个。菌柄圆柱形，或弯曲，长 5～12cm，粗 1～2cm，淡褐色，表面具焦褐色细条点，内实。孢子印紫褐色。孢子长圆形至梭形，棕褐色至紫褐色，（11～16）μm×（5～6）μm。侧囊体无色，中部膨大，（55～70）μm×（10～15）μm。

生态习性　夏秋季生于油松林地内或阔叶树林地内，散生、群生。

国内分布　吉林、江苏、云南、四川等。辽宁新记录种。

经济作用　可食用。菌根菌

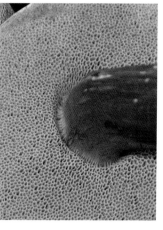
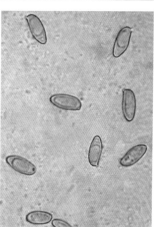

◆ 牛肝菌目 牛肝菌科

379. 绒柄松塔牛肝菌 *Strobilomyces floccopus*（Vahl.；Fr.）Karst.

分类地位 牛肝菌目，牛肝菌科，松塔牛肝菌属。

形态特征 菌盖直径 2 ~ 15cm。棕褐色、黑褐色或紫褐色，有松塔状鳞片。菌肉厚 1 ~ 1.5cm，白色，伤时变淡红色，后渐变黑色。菌管直生或稍延生，长 10 ~ 15mm，白色，后变灰黑色，管孔多角形。菌柄（4.5 ~ 13.5）cm×（0.6 ~ 2）cm，与菌盖同色，等粗或基部稍膨大，顶端有网纹，下部有鳞片或绒毛。孢子淡褐色至暗褐色，近球形，有网纹（8 ~ 12）μm×（7.5 ~ 10）μm。

生态习性 夏秋季生于栎树或栎树混交林地内，单生、散生或群生。

国内分布 吉林、黑龙江、浙江、福建、湖北、广东、四川、西藏等。辽宁新记录种。

经济作用 幼时可食。为树木外生菌根菌。

牛肝菌目　牛肝菌科

380. 黑盖粉孢牛肝菌 *Tylopilus alboater*（Schw.）Murr.

中文别名　茄菇。

分类地位　牛肝菌目，牛肝菌科，粉孢牛肝菌属。

形态特征　子实体中等至较大。菌盖直径 3.5 ~ 12cm，扁半球形至平展，深灰色、暗青灰色或近黑色，具短绒毛。菌肉初期白色，后期变淡粉紫色，最后近黑色。菌管直生或稍延生，初期白色或黄色，后期呈淡紫褐色。管口同色，每毫米 1 ~ 3 个。柄长 5.5 ~ 11cm，粗 1.5 ~ 3cm，近圆柱形，下部稍膨大而颜色较深，上部颜色较浅并具网纹或全部具网纹，灰青色或近黑色，内实。孢子印淡粉褐色。孢子无色或近无色，长圆形、椭圆形或宽椭圆形，平滑，（7.8 ~ 11）μm×（4 ~ 5）μm。管缘囊体较多，长颈瓶状。

生态习性　夏秋季生于栎树林下，单生、群生或丛生。

国内分布　安徽、福建、四川、广东、广西、海南、云南、贵州、西藏等。辽宁新记录种。

经济作用　可食用。此菌是栎树外生菌根菌。

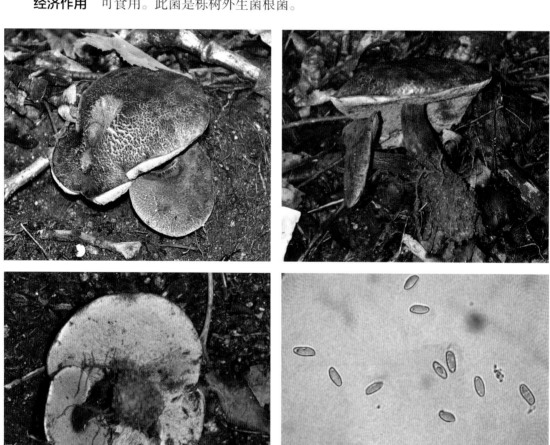

牛肝菌目　牛肝菌科

381. 粉褐粉孢牛肝菌 *Tylopilus chromupes*（Frost）A. H. Smith et Thiers

分类地位　牛肝菌目，牛肝菌科，粉孢牛肝菌属。

形态特征　子实体伞状，中等大小。菌盖扁球形或扁平，直径 3.5 ～ 10cm，浅红褐色，有细绒毛或近平滑，中部色深，湿时较黏，近边缘处粉红色。菌肉白色，伤后色变暗。菌孔离生，管面粉红色至鲑红色，老后带褐色。菌柄近柱形，长 6 ～ 8.6cm，粗 0.8 ～ 1.5cm，顶部稍细，中上部密布玫瑰红色粉粒或纤毛或疣状物，向基部颜色渐变浅，呈姜黄色。担孢子近纺锤状，（11.5 ～ 14）μm×（4.5 ～ 5）μm。

生态习性　夏秋季生于阔叶树林地内，单生或散生。

国内分布　陕西、香港等。辽宁新记录种。

经济作用　可食用。

牛肝菌目 牛肝菌科

382. 拟绒盖牛肝菌 *Xerocomus illudens*（Peck）Sing.

中文别名 白肉牛肝菌。

分类地位 牛肝菌目，牛肝菌科，绒盖牛肝菌属。

形态特征 子实体中等大。菌盖直径4～8cm，半球形，有时平展或扁平，暗褐色或淡黄褐色有绒毛，干燥，老后常近光滑。菌肉乳白色到带淡黄色，致密，伤后不变蓝色。菌管乳黄色或土黄色，直生或延生。管口同色，角形或近圆形，通常宽1mm左右，复式。柄长4～10cm，粗1～2cm，上下略等粗，网纹鼓起，似蜂巢状，有时几乎延伸至基部，土黄色，内实。孢子印橄榄褐色，孢子无色或微带黄褐色，椭圆形，稀近纺锤形，平滑，（10.4～13）μm×（3.5～5.5）μm。管侧囊体无色，多棒状，顶端钝圆或稍尖细，（19～37）μm×（7～9）μm。

生态习性 夏秋季生于落叶松林地内，单生。

国内分布 四川、云南、西藏等。辽宁新记录种。

经济作用 可食用。是外生菌根菌。

牛肝菌目　牛肝菌科

383. 云绒盖牛肝菌 *Xerocomus versicolor*（Rostk.）Quél.

分类地位　牛肝菌目，牛肝菌科，绒盖牛肝菌属。

形态特征　子实体中等大。菌盖直径 5.5 ~ 8cm，凸形到扁平，土黄色、紫褐色或土褐色，被绒毛，有时龟裂。菌肉厚，淡黄色或黄白色，伤后变蓝色。菌管初淡黄色，后呈橄榄黄色或黄绿色，弯生或近直生。管口同色，角形，每毫米 1 ~ 2 个，复式。菌柄长 6 ~ 10cm，粗 1 ~ 1.3cm，上下略等粗，紫红色或玫瑰红色，内实。孢子印橄榄褐色。孢子带淡绿色，椭圆形或近纺锤形，平滑，（11.7 ~ 15.6）μm×（4 ~ 5.2）μm。管缘囊体无色，棒状，（28 ~ 33）μm×（8 ~ 12）μm。

生态习性　夏秋季于栎树林下，单生或群生。

国内分布　四川。辽宁新记录种。

经济作用　可食用。此菌是外生菌根菌。

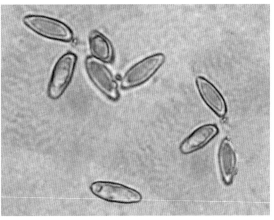

◆ 牛肝菌目 牛肝菌科

384. 红盖臧氏牛肝菌 *Zangia erythrocephala* Yan C. Li & Zhu L.Yang

分类地位 牛肝菌目，牛肝菌科，臧氏牛肝菌属。

形态特征 子实体中等。菌盖直径 3 ~ 8cm，扁半球形，红色、暗红色、紫红色至红褐色。菌肉近白色带粉色，伤后不变色。菌管淡粉红色。孔口淡粉红色，伤后不变色。菌柄长 4 ~ 9cm，粗 0.5 ~ 1.5cm，圆柱形，淡红色至粉红色，被粉红色鳞片，内部菌肉伤后稍变色。担孢子（12 ~ 15）μm×（5.5 ~ 6.5）μm，近梭形至长椭圆形，光滑，淡粉红色至浅红褐色。

生态习性 夏秋季生长于蒙古栎林内地面腐殖质上，单生，散生。

国内分布 华中地区、西藏等。辽宁新记录种。

经济作用 食用和其他用途不明。

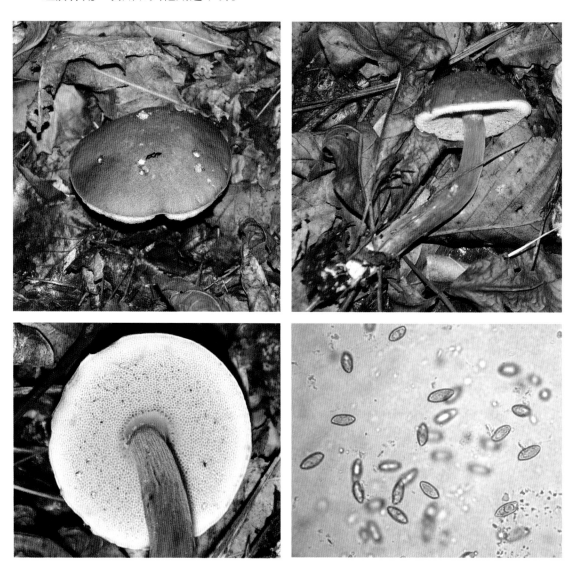

牛肝菌目　乳牛肝菌科

385. 松林小牛肝菌 *Boletinus pinetorum* （W. F. Chiu）Teng

中文别名　松林假牛肝菌。

分类地位　牛肝菌目，乳牛肝菌科，小牛肝菌属。

形态特征　实体小至中等。菌盖直径 4 ~ 10cm，初期扁半球形，后期近平展，肉桂色，边缘色浅，呈淡黄褐色，表面光滑，很黏。菌肉白色，近表皮处粉红色。菌柄近柱形，长 3 ~ 7cm，粗 4 ~ 10mm，近似菌盖色且上部浅黄色，内部实心。菌管辐射状排列，蜜黄色，老熟后呈暗褐色或黑色，稍延生，管孔复式，管口多角形，直径 1 ~ 1.5mm，蜜黄色，往往口缘有褐色小腺点。孢子椭圆形，光滑，黄色，（7 ~ 10）μm×（3.5 ~ 4）μm。

生态习性　夏秋季生于红松林地内，散生或群生。

国内分布　吉林、福建、湖南、贵州、云南、安徽、四川、西藏等。辽宁新记录种。

经济作用　可食用，但有记载会引起轻微中毒，慎食。针叶树外生菌根菌。

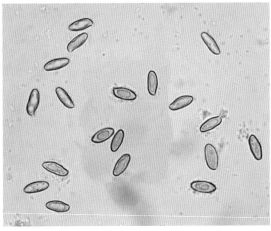

牛肝菌目 乳牛肝菌科

386. 黏盖乳牛肝菌 *Suillus bovinus*（L.：Fr.）Kuntze

中文别名 乳牛肝菌。

分类地位 牛肝菌目，乳牛肝菌科，乳牛肝菌属。

形态特征 菌盖直径 3 ～ 10cm，土黄色、淡黄褐色，表面光滑，湿时很黏。菌肉淡黄色。菌管延生，淡黄褐色，管口复式，宽 0.7 ～ 1.3mm。菌柄长 2.5 ～ 7cm，粗 0.5 ～ 1.2cm，近圆柱形，无腺点。孢子长椭圆形，平滑，淡黄色，（7.8 ～ 11）μm×（3 ～ 5）μm。

生态习性 夏秋季生于针叶树林或针阔叶混交林地内，群生。

国内分布 辽宁、吉林、黑龙江、安徽、福建、广东、广西、贵州、湖南、湖北、江西、四川、西藏、云南、浙江、台湾等。

经济作用 可食用。为松、杉、柏、栎等外生菌根菌。

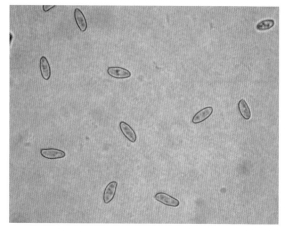

牛肝菌目　乳牛肝菌科

387. 短柄乳牛肝菌 *Suillus brevipes*（Peck）Sing.

中文别名　短柄粘盖牛肝菌。

分类地位　牛肝菌目，乳牛肝菌科，乳牛肝菌属。

形态特征　菌肉幼时白色，近变淡黄色，伤后不变色。菌管直生至延生，淡白色至黄白色。管口圆形，每毫米 1 ~ 2 个。柄长 2.5 ~ 4cm，粗 1 ~ 2cm，短粗，内实，淡黄白色，后变淡黄色，顶端有腺点。孢子印近肉桂色。孢子狭椭圆形、圆柱形，无色，（6.25 ~ 8.5）μm×（2 ~ 3.5）μm。管侧囊体棒状，无色到褐色，成丛，（38 ~ 70）μm×（5 ~ 90）μm。

生态习性　夏秋季生于落叶松林地内，单生或群生。

国内分布　辽宁、吉林、四川、广东、西藏等。

经济作用　可食用。外生菌根菌。

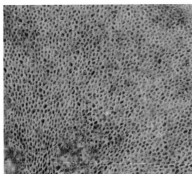
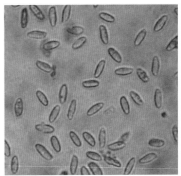

牛肝菌目　乳牛肝菌科

388. 空柄乳牛肝菌 *Suillus cavipes*（Opat.）A. H. Sm. & Thiers

中文别名　空柄粘盖牛肝菌。

分类地位　牛肝菌目，乳牛肝菌科，乳牛肝菌属。

形态特征　菌盖直径 4 ~ 10cm，初半球形至平展。锗褐色至污黄色。表面干燥，有残留菌幕；菌肉乳白色至淡黄色，柔软，伤后不变色。菌管延生，乳白色至柠檬黄色。孔口直径 1 ~ 3.5mm，多角形，后期放射状。菌柄棕褐色，长 3.5 ~ 5cm，直径 1.2 ~ 1.7cm，圆柱形，中空。菌环上位，初期与菌盖相连，乳白色至污黄色，膜状。担孢子长椭圆形，光滑，大小（7.3 ~ 10.9）μm×（3 ~ 5）μm。

生态习性　夏秋季生于蒙古栎或杂木林下，散生或群生。

国内分布　吉林、四川、云南、西藏等。辽宁新记录种。

经济作用　可食用，味道温和，有时稍酸。

牛肝菌目　乳牛肝菌科

389. 黄乳牛肝菌 *Suillus flavidus*（Fr.）Sing.

中文别名　黄粘盖牛肝菌。

分类地位　牛肝菌目，乳牛肝菌科，乳牛肝菌属。

形态特征　子实体一般较小。菌盖直径 3 ~ 6cm，初期扁半球形，后期扁平且中部稍凸起，表面黄色，黏，光滑。菌肉淡黄色，稍厚，伤后不变色。菌管层直生或稍延生，蜜黄色或橙黄色。菌管口较大，角形，直径2mm左右。菌柄近圆柱形，黄白色至淡黄色，长 3 ~ 6cm，粗 0.5 ~ 1cm，顶部有细网纹，布暗褐色腺点，内部松软至变空心，基部稍膨大，其上部有易脱落的淡黄色膜质菌环。孢子浅黄色，光滑，不整形，椭圆形，（8.9 ~ 13）μm×（3.3 ~ 5）μm。管缘囊体和管侧囊体，（26 ~ 70）μm×（4.5 ~ 5.1）μm。

生态习性　夏秋季生于云杉、冷杉、红松等针叶林及混交林地内，群生或散生。

国内分布　辽宁、黑龙江、陕西、四川、云南、西藏等。

经济作用　可食用。与松等针叶树形成外生菌根。

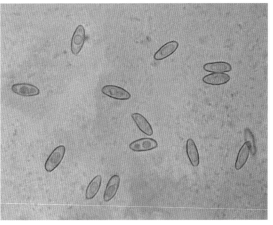

牛肝菌目　乳牛肝菌科

390. 点柄乳牛肝菌 *Suillus granulatus*（L. Ex Franch.）Ktze.

中文别名　点柄粘盖牛肝菌、栗壳牛肝菌、滑蕈。

分类地位　牛肝菌目，乳牛肝菌科，乳牛肝菌属。

形态特征　子实体中等大。菌盖直径 5.2 ~ 10cm，扁半球形或近扁平，淡黄色或黄褐色，很黏，干后有光泽。菌肉淡黄色。菌管直生或稍延生。菌管角形。菌柄长 3 ~ 10cm，粗 0.8 ~ 1.6cm，淡黄褐色，顶端偶有约 1cm 网纹，腺点通常不超过柄长的一半或全柄有腺点，孢子长椭圆形，无色到淡黄色，（6.5 ~ 9.1）μm×（2.6 ~ 3.9）μm。管缘囊体成束，淡黄色到黄褐色，多棒状，（31.2 ~ 52）μm×（5.2 ~ 7.8）μm。

生态习性　夏秋季生于松林及混交林地内，散生、群生或丛生。

国内分布　广泛分布。

经济作用　可食用，味较好。药用抗癌。与多种树木形成外生菌根。

牛肝菌目 乳牛肝菌科

391. 厚环乳牛肝菌 *Suillus grevillei* (Kl.) Sing.

中文别名 厚环粘盖牛肝菌。

分类地位 牛肝菌目，乳牛肝菌科，乳牛肝菌属。

形态特征 菌盖直径4～10 cm，扁半球形，后中部凸起，有时下凹，光滑，黏，赤褐色至栗褐色，有时边缘有菌幕残片。菌肉淡黄色；菌管面初色淡，后变淡灰黄色或淡褐黄色，伤后变淡紫红色或带褐色，直生至近延生。管口小，多角形，部分复式；每毫米1～2个。菌柄长4～10 cm，粗7～23 mm，近柱形，上下等粗或向下稍细，无腺点，顶端有网纹，菌环厚；担孢子椭圆形或近纺锤形，光滑，带橄榄黄色，（8.5～10）μm×（3～4）μm。囊状体无色至淡褐色；散生至簇生，多棒状，（26～43）μm×（5～6）μm。

生态习性 夏秋季生于落叶松林地内，单生、群生或丛生。

国内分布 辽宁、吉林、黑龙江等。

经济作用 可食，稍苦或金属味。可药菌，中成药"舒筋散"成分之一。与松等树木形成外生菌根。

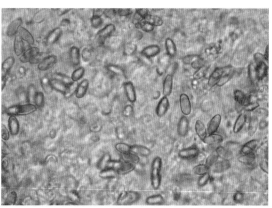

牛肝菌目　乳牛肝菌科

392. 乳黄乳牛肝菌 *Suillus lactifluus*（With ex Gray）Sm. et Th.

中文别名　乳黄粘盖牛肝菌。

分类地位　牛肝菌目，乳牛肝菌科，乳牛肝菌属。

形态特征　子实体小或中等。菌盖直径 3～8cm，扁半球形至近平展，中部凸起，幼时近白色、淡黄色，渐变黄色至黄褐色，光滑，黏至很黏，菌盖边缘延伸，表皮可剥离。菌肉浅黄色，盖中部厚而靠边缘薄，伤时不变色或较长时间后变浅褐色，无明显气味。菌管初期乳白色至乳黄色，后期变黄褐色。管长 6mm 左右，伤处不变色。菌孔圆形或近角形，每毫米 2～4个。管孔口在初期有乳白色汁液滴，干后成污色颗粒或黑褐色小腺点。菌柄中生或稍偏生，近圆柱形，长 2～8cm，粗 0.5～1cm，内部实，表面乳黄色至黄褐色，似有绒毛。孢子印褐色。孢子光滑，淡褐色，长椭圆形，（7～10.2）μm×（3～4.5）μm，含有 1～2 个小油球。管缘囊体多丛生，棒状，带黄色。

生态习性　夏秋季生于云杉、松树等林地内，单生、丛生或群生。

国内分布　广东、香港等。辽宁新记录种。

经济作用　慎食，有轻微毒素，食用后引胃肠痢疾。

牛肝菌目 乳牛肝菌科

393. 铜绿乳牛肝菌 *Suillus laricinus*（Berk. in Hook.）O. Kuntze

中文别名 灰环乳牛肝菌。

分类地位 牛肝菌目，乳牛肝菌科，乳牛肝菌属

形态特征 子实体中等。菌盖直径 4 ~ 10cm，半球形、凸形，后张开，污白色、乳酪色、黄褐色或淡褐色，黏，常有细皱。菌肉淡白色至淡黄色，伤后变色不明显或微变蓝色。菌管污白色或藕色。管口大，角形或略呈辐射状，复式，直生至近延生，伤后微变蓝色。柄长 4 ~ 10cm，粗 1 ~ 2cm，柱形或基部稍膨大，弯曲，与菌盖同色或呈淡白色，粗糙，顶端有网纹，内菌幕很薄，有菌环。孢子印淡灰褐色至几乎锈褐色。孢子椭圆形、长椭圆形或近纺锤形，平滑，带淡黄色，（9.1 ~ 12.5）μm×（3.7 ~ 5）μm。管缘囊体无色至淡黄褐色，棒状，（31 ~ 46）μm×（7 ~ 10）μm。

生态习性 秋季生于落叶松林地内，散生或群生。

国内分布 辽宁、黑龙江、云南、甘肃、陕西、四川、西藏等。

经济作用 可食用，抗癌。是落叶松等树木的外生菌根菌。

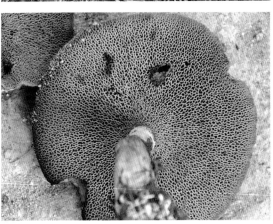
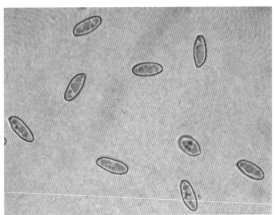

牛肝菌目 乳牛肝菌科

394. 褐环乳牛肝菌 *Suillus luteus*（L. ex Fr.）Gray

中文别名 褐环粘盖乳牛肝菌。

分类地位 牛肝菌目，乳牛肝菌科，乳牛肝菌属。

形态特征 菌盖肥厚，直径5～15cm，半球形，后平展，扁平或中部稍凸；菌盖表面平滑，有光泽，甚黏，灰褐色、黄褐色、红褐色或肉桂色，老后色变暗。菌肉柔软，往往水润状，初期白色，后期淡柠檬黄色，伤时不变色，味道柔和。菌管在菌柄周围直生或稍下延或稍凹陷，易与菌肉分离，米黄色或芥黄色，老后变暗，管口角形，小，有腺点。菌柄长4～7cm，粗0.7～2cm，近圆柱形或在基部稍膨大，菌环以上黄色，有细小褐色颗粒，以下浅褐色，基部类白色，中实。菌环上位，膜质，薄，初期白色，后期为褐色。孢子平滑，带黄色，近纺锤形或长椭圆形，（7.5～9）μm×（3～3.5）μm；孢子印锈褐色。囊状体丛生。

生态习性 夏秋季生于松林或混交林地内，群生。

国内分布 辽宁、黑龙江、吉林、河北、山东、安徽、江西、浙江、湖南、江苏、云南、西藏等。

经济作用 食用美味。药用抗癌，含有胆碱生物碱。菌根菌，与松树、落叶松、云杉形成外生菌根。

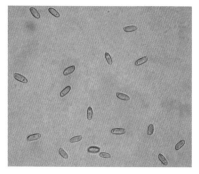

牛肝菌目 乳牛肝菌科

395. 虎皮乳牛肝菌 *Suillus pictus*（Peck）A. H. Smith et Thiers

中文别名 虎皮粘盖乳牛肝菌。

分类地位 牛肝菌目，乳牛肝菌科，乳牛肝菌属。

形态特征 子实体中等大。菌盖直径 4 ~ 9.8cm，扁半球形，淡黄褐色，布满土红褐色绒毛状鳞片，边缘有悬垂着的菌幕残片。菌肉淡土黄色，伤后微变红。菌管黄褐色，延生，辐射状排列，管口复式，角形，宽 1 ~ 1.5mm，菌柄长 3 ~ 8cm，粗 1 ~ 2cm，土褐色，粗糙，内实，菌柄之上部有残存菌环，并有网纹。孢子无色到淡黄色，平滑，成熟时有 1 ~ 2 个油滴，长椭圆形，（7.8 ~ 10.4）μm×（3 ~ 4）μm。褶缘囊体无色至淡褐色或褐色，有时弯曲，顶端钝或稍尖，棒状。

生态习性 夏秋季生于落叶松等针叶树林下，群生。

国内分布 黑龙江、云南、内蒙古、西藏等。辽宁新记录种。

经济作用 食用不明。树木菌根菌，与落叶松、赤松、高山松等树木形成外生菌根。

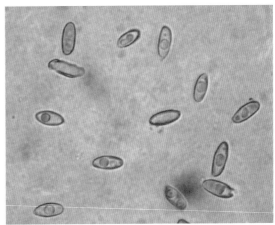

牛肝菌目　乳牛肝菌科

396. 亚褐环乳牛肝菌 *Suillus subluteus*（Peck）Snell ex Slipp & Snell

中文别名　亚褐环乳牛肝。

分类地位　牛肝菌目，乳牛肝菌科，乳牛肝菌属。

形态特征　子实体小或中等大。菌盖直径 2.5 ~ 10cm，中部凸起至扁平，湿时很黏，污黄色至黄色或土黄色。菌肉淡白色至淡黄色。菌管近延生，黄色或淡黄褐色。管口复式，有腺点，有时近辐射状排列，每毫米 1.5 ~ 2 个。菌柄长 4 ~ 8cm，粗 0.9 ~ 1.2cm，上下同粗或下部稍粗，白色或淡黄褐色，菌环膜质，位于柄之上部，菌环以上无网纹，上部或全部有腺点，内实或稍空。孢子印锈褐色至黄褐色。孢子带淡黄色，长椭圆形或椭圆形，（7 ~ 10.4）μm×（3 ~ 4）μm。管缘囊体无色至淡褐色，棒状或圆柱形，顶端钝，（33 ~ 50）μm×（6 ~ 10）μm。

生态习性　夏秋季生于落叶松林地内，单生或散生。

国内分布　辽宁、河北、四川、云南、西藏等。

经济作用　可食用。树木外生菌根菌，与松可形成菌根。

牛肝菌目　乳牛肝菌科

397. 凸盖牛肝菌 *Suillus umbonatus* Dick. & Snell

分类地位　牛肝菌目，乳牛肝菌科，乳牛肝菌属。

形态特征　菌盖直径 3 ~ 6cm，菌盖中心有尖的凸起，橄榄色或黄色，从稍暗的凸起向边缘逐渐变浅，菌盖表面黏滑，有锈褐色条纹。菌管贴生稍下延或离生，浅黄色。管孔棱角形，淡黄色、黄绿色，受伤时污红色。菌肉软，白黄色，受伤时变红黄色。菌柄硬，大小（2.5 ~ 4.0）cm×（0.3 ~ 0.8）cm，菌环以上白黄色，菌环以下有白色条斑纹并带褐色小斑块，基部稍粗大，白色。菌幕胶质变污红色，菌环脱落。孢子椭圆形，（7 ~ 10）μm×（3 ~ 4.5）μm，浅褐色，光滑。

生态习性　夏秋季生长于红松林地内，单生或群生。

国内分布　未见报道，中国新记录种。

经济作用　食用和其他用途不明。

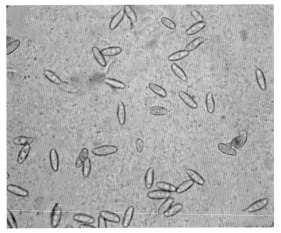

牛肝菌目　乳牛肝菌科

398. 灰黏盖乳牛肝菌 *Suillus viscidus*（L.）Roussel

中文别名　灰黏盖牛肝菌、白黏团子、灰环牛肝菌。

分类地位　牛肝菌目，乳牛肝菌科，乳牛肝菌属。

形态特征　子实体中等至大。菌盖直径 3.5 ~ 8.5cm，半球形至平展，中央凸起，污白色至灰绿色，稍黏，具褐色易脱落块状鳞片，边缘稍内卷。菌肉乳白色，较厚，伤后近柄处微绿色。菌管延生，初期白色至灰色，后期褐色。空口直径 1 ~ 2mm，多角形，放射状排列，与菌管同色，伤后略变青绿色。菌柄长 5 ~ 8cm，粗 1 ~ 2cm，圆柱形，基部膨大，粗糙，形成网纹，灰色至污褐色，实心。菌环上位，膜质，易消失。担孢子（11 ~ 14）μm×（4.5 ~ 6）μm，长椭圆形，光滑，壁薄，淡黄色。

生态习性　秋季生于落叶松林地内，单生或群生。

国内分布　吉林，华中地区等。辽宁新记录种。

经济作用　记载可食用、药用。

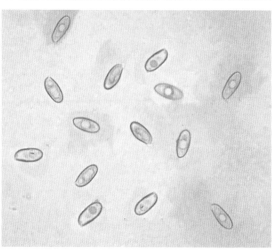

牛肝菌目 圆孔牛肝菌科

399. 褐圆孢牛肝菌 *Gyroporus castaneus*（Bull.：Fr.）Quél

中文别名 铜绿乳牛肝菌。

分类地位 牛肝菌目，圆孔牛肝菌科，圆孢牛肝菌属。

形态特征 子实体小至中等大。菌盖直径 2 ~ 8cm，扁半球形，后渐平展至下凹，干，有细微的绒毛，淡红褐色至深咖啡色。菌肉白色，伤后不变色。菌管离生或近离生，白色，后变淡黄色。管口每毫米 1 ~ 2 个。柄近柱形，长 2 ~ 8cm，粗 0.5 ~ 2cm，与菌盖同色，有微绒毛，上下略等粗，中空。孢子印淡黄色。孢子近无白，椭圆形或广椭圆形，平滑，（7 ~ 13）μm×（5 ~ 6）μm。侧囊体无色，棒形或近纺锤形，顶端略圆钝或有长细颈，（25 ~ 35）μm×（7 ~ 8）μm。

生态习性 夏秋季在落叶松和栎树林地内，散生或群生。

国内分布 黑龙江、云南、甘肃、陕西、四川、西藏等。辽宁新记录种。

经济作用 可食用。对艾氏癌的抑制率为 90%，是落叶松等树木的外生菌根菌。

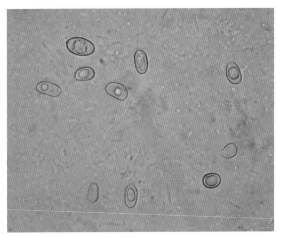

牛肝菌目 桩菇科

400. 耳状桩菇 *Paxillus panuoides* Fr.

中文别名 耳状网褶菌。

分类地位 牛肝菌目，桩菇科，桩菇属。

形态特征 子实体小至中等。菌盖直径3～8cm，初期近扁平或平展，后期贝状、半圆形、耳状或呈扇形，浅黄色至褐黄色，被绒毛状小鳞片，后期变光滑，边缘波浪状或瓣裂。菌肉薄，白色至污白色。菌褶浅黄色或橙黄色，延生，密而窄，弯曲而多横脉，往往靠近基部交织成网状。几乎无柄。孢子印锈色。孢子淡黄色至带褐色，光滑，近球形，（4～5）μm×（3～4）μm。此菌具有强烈的腥臭气味。

生态习性 夏秋季生于阔叶树腐木上或树桩上，群生、簇生。

国内分布 黑龙江、吉林、河北、山西、广东、香港、广西、云南等。辽宁新记录种。

经济作用 记载有毒。木材腐朽菌。

牛肝菌目　桩菇科

401. 毛柄桩菇 *Paxillus atrotometosus*（Batsch）Fr.

中文别名　毛柄网褶菌、黑毛卷伞菌、黑毛桩菇。

分类地位　牛肝菌目，桩菇科，桩菇属。

形态特征　子实体中等或较大，深褐色。菌盖直径5～15cm，初期半球形，后期平展中部下凹，污黄褐色，锈褐色至烟灰色，具细绒毛，边缘内卷。菌肉污白色，稍厚。菌褶浅黄褐色，后变褐黄色至青褐色、延生，长短不一，褶间有横脉连接成网状，菌褶与菌柄接连处部分白色。菌柄偏生，具栗褐色至黑紫褐色绒毛，粗壮、肉质、长3～5cm，最长可达10cm，粗2～4cm。孢子黄色至锈黄色，光滑，卵圆形或宽椭圆形，厚壁，多数含1个油滴，大小（4.5～7.5）μm×（3～5）μm。

生态习性　夏秋季生长于落叶松等针叶林地内或腐木及腐木桩上，丛生或单生。

国内分布　辽宁、吉林、河北、江苏、安徽、广东、广西、福建、湖南、云南、四川、西藏等。

经济作用　据报道有毒，不宜食用。也是木材腐朽菌。

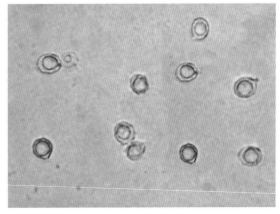

第四章

胶质耳状菌类 >>>

担子菌门 Basidiomycota

    蘑菇纲 Agaricomycetes

    银耳纲 Tremellomycetes

    花耳纲 Dacrymycetes

木耳目　木耳科

402. 木耳 *Auricularia auricular*（L. ex Hook.）Underwood

中文别名　木菌、光木耳、树耳、木蛾。

分类地位　木耳目，木耳科，木耳属。

形态特征　子实体一般小，宽 2 ~ 12cm，前圆盘形、耳形或不规则形，胶质，新鲜时软，干后收缩。子实层生里面，光滑或略有皱纹，红褐色或棕褐色，干后变深褐色或黑褐色。外面有短毛，青褐色。孢子无色，光滑，常弯曲，腊肠形，（9 ~ 17.5）μm×（5 ~ 7.5）μm。担子细长，有 3 个横隔，柱状。

生态习性　春、夏、秋季节生于栎、杨、槐等 120 多种阔叶树腐木上，群生。

国内分布　辽宁、吉林、黑龙江、浙江、福建、湖北、广东、广西、四川、贵州、台湾等。

经济作用　食药兼用，具很好保健功能，目前大量人工栽培。也是木材腐朽菌。

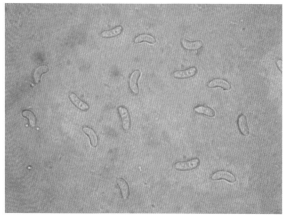

木耳目 木耳科

403. 盾形木耳 *Auricularia peltata* Lloyd

分类地位 木耳目，木耳科，木耳属。

形态特征 子实体一般较小，盘状，杯状或耳状，胶质，软，背面着生，无柄或稍有柄，边缘游离或常连接在一起，褐色至红棕褐色。毛长 70 ~ 80μm，粗 3 ~ 3.5μm，透明无色至淡褐色，中线明显，顶端圆，子实层生于下表面，宽约 150μm，有无定形的草酸结晶分散于整个子实层中，担子三横隔膜，无色，具 4 小梗，（35 ~ 45）μm ×（3.5 ~ 4）μm。孢子腊肠形至圆柱形，（11 ~ 13）μm ×（5 ~ 5.6）μm。

生态习性 春夏季生于阔叶树枯干上，单生或群生。

国内分布 吉林、江苏、浙江、福建、江西、台湾等亚热带至热带区。辽宁新记录种。

经济作用 可食用。

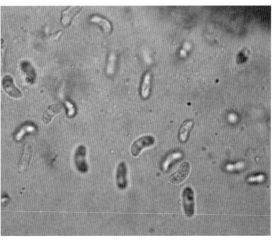

◆ 木耳目　木耳科

404. 毛木耳 *Auricularia polytricha* （Mont.）Sacc.

中文别名　粗木耳、黄背木耳、白背木耳。

分类地位　木耳目，木耳科，木耳属。

形态特征　子实体一般较大，胶质，浅圆盘形、耳形成不规则形，宽 2 ~ 15 μm。有明显基部，无柄，基部稍皱，新鲜时软，干后收缩。子实层生里面，平滑或稍有皱纹，紫灰色，后变黑色。外面有较长绒毛，无色，仅基部褐色，长 400 ~ 1100 μm，粗 4.5 ~ 6.5 μm，常成束生长。担子 3 个横隔，4 个小梗，棒状，（52 ~ 65）μm×（3 ~ 3.5）μm。担孢子圆筒形，弯曲，光滑，无色，（12 ~ 18）μm×（5 ~ 6）μm。

生态习性　春至秋季生长在柳树，洋槐、桑树等多种阔叶树腐木上，丛生。

国内分布　分布广泛。

经济作用　可食用，风味如海蜇皮，有"树上海蜇皮"之美称。药用，补益气血，润肺止咳，止血。

木耳目　木耳科

405. 闪亮黑耳 *Exidia plana* （Bull.） Fr.

分类地位　木耳目，木耳科，黑耳属。

形态特征　子实体中等或大，直径 10 ~ 30cm。黑色扭曲，蝶形，凝胶状。子实体在潮湿的时候黑褐色，凝胶状，柔软。干燥时整体和黑色，子实体并扭曲变成脑褶状，同时相邻的子实体融合在一起，平滑，闪亮，表面着生稀疏小疣。菌肉在潮湿的时候呈黑色，凝胶状，干燥时硬，表面有薄膜。孢子透明，光滑，圆柱形或腊肠形，大小（12 ~ 14）μm×（4.5 ~ 5）μm，非淀粉质。担子 4 个孢子，梨状纵向分隔，无囊状体。

生态习性　夏秋季生于阔叶林中死木、腐朽木干或枝上，丛生、群生。

国内分布　国内未见报道。欧洲有分布。中国新记录种。

经济作用　国外记载不可食。

◆ # 木耳目　木耳科

406. 白胶脑菌 *Exidia thuretiana* （Lév） Fr.

中文别名　脑白胶耳。

分类地位　木耳目，木耳科，胶耳属。

形态特征　子实体胶状，纯白色，表面脑状，直径 0.2 ~ 2cm，常混在一起变成更大簇丛。子实体大小均成簇，干燥后样品极度收缩变成很小。子实体初期垫状，后期脑状折叠拥挤，相互融合在一起，子实体表面光滑，有光泽。菌肉白色，扭曲有韧度。担孢子椭圆形、圆柱状或囊状，无色透明，（13 ~ 20）μm×（5 ~ 7）μm，非淀粉质。担子着生 2 ~ 4 个担孢子，亚圆形或梨形，担子有 1 个纵向隔膜。无囊状体。

生态习性　群生在枯木或倒伏木上，簇生。

国内分布　国内未见资料报道，分布于欧洲。中国新记录种。

经济作用　不可食。其他不明。

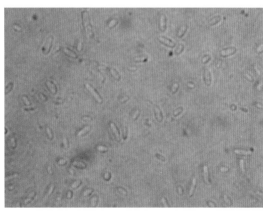

◆ 木耳目　科地位未定

407. 焰耳 *Guepinia helvelloides* （DC.）Fr

中文别名　胶勺。

分类地位　木耳目、科地位未定、焰耳属。

形态特征　子实体一般较小，胶质，匙形或近漏斗状，柄部半开裂呈管状，高 3 ~ 8cm，宽 2 ~ 6cm，浅土红色、橙褐红色或粉红色，内侧表面被白色粉末，子实层面近平滑，或有皱或近似纲纹状，菌盖边缘卷曲或后焰耳期呈波浪状，担子倒卵形，纵分裂成四部分，担子部分细长，（14 ~ 20）μm×（10 ~ 11）μm。菌丝长，有锁状联合，粗 1~3μm。孢子宽椭圆形，光滑，无色，常含 1 个大油滴，（9.5 ~ 12.5）μm×（4.5 ~ 7.5）μm。

生态习性　夏季生于针叶林或针阔混交林地内，单生或群生，有时近丛生。

国内分布　江苏、山西、陕西、广东、广西、福建、浙江、湖南、湖北、四川、云南、贵州、甘肃、青海、西藏等。辽宁新记录种。

经济作用　可食用。

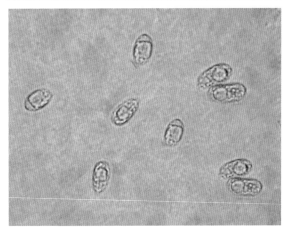

◆ **木耳目** 科地位未定

408. 胶质刺银耳 *Pseudohydnum gelatinosum* （Fr.） Karst.

中文别名 虎掌菌、虎掌刺银耳、胶质假孔菌。

分类地位 木耳目，科地位未定，刺银耳属。

形态特征 担子果韧胶质，具弹性，有菌盖贝壳状至广半圆形，无柄侧生或有短柄，菌盖较厚，长 2 ~ 8cm，宽 1.5 ~ 6.5cm，上表面灰色、浅灰色至浅栗褐色，有同色小乳头状凸起；下侧密生乳白色胶质刺齿，圆锥形，长 2 ~ 12mm，常稍延生至柄之上部。有柄时，柄侧生，长 0.3 ~ 1.5cm，粗 1 ~ 1.8cm。菌盖、菌柄干后淡褐色，刺齿淡黄褐色。子实层生刺齿周围；下担子广椭圆形至近球形，（10 ~ 15.6）μm×（8 ~ 13.5）μm，十字形纵分隔，有时只一纵分隔分为两个细胞、担孢子透明无色，成堆时白色，近球形至椭圆形，（6 ~ 8.5）μm×（5 ~ 8）μm，萌发产生再生孢子或萌发管。

生态习性 春秋季生于落叶松或白桦的朽树桩上，单生至群生。

国内分布 吉林、黑龙江、湖北、福建、海南、广西、四川、云南、西藏、新疆。辽宁新记录种。

经济作用 可食用，淡而无味。

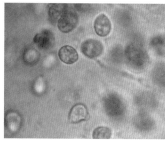

银耳目　银耳科

409. 血红链担耳 *Sirobasidium sanguineum* Lager.et Pat.

分类地位　银耳目，银耳科，链担耳属。

形态特征　担子果胶质，稍坚韧，初为瘤状小凸起，后呈脑状，鲜时淡棕红色至近橘红色，长 0.5 ~ 3cm，宽 0.2 ~ 1.5cm，厚 3 ~ 5mm；干后为浅赤褐色至黑褐色皮壳状薄层；菌丝无色，粗细悬殊，直径 1.5 ~ 4μm，有锁状联合，联合处膨大直径可达 5.5 ~ 8μm；下担子单生或 2 ~ 4 个成链，近球形至卵形，淡金黄色，（13.4 ~ 17.3）μm×（13 ~ 16.5）μm，斜分隔或十字形纵分隔，稀横分隔，内含油滴；上担子透明，纺锤形，1 个细胞，脱落性，（14 ~ 24）μm×（5.5 ~ 8）μm，内含油滴；担孢子近球形，直径（6 ~ 8）μm×（5 ~ 7）μm，有小尖，萌发产生再生孢子或萌发管。

生态习性　夏季阔叶林中阔叶树倒木上，群生，有时可彼此连接长达十数厘米。

国内分布　福建、湖南、海南。辽宁新记录种。

经济作用　木材腐朽菌。其他不详。

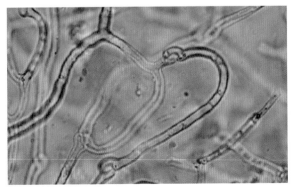
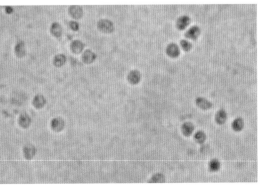

银耳目　银耳科

410. 茶银耳 *Tremella foleacea* Pers. ： Fr.

中文别名　茶耳，茶色银耳，血耳。

分类地位　银耳目，银耳科，银耳属。

形态特征　子实体小或中等大，直径 4～12cm，由无数宽而薄的瓣片组成，瓣片厚 1.5～2mm，浅褐色至锈褐色，干后色变暗至近黑褐色，角质。菌丝有锁状联合。担子纵裂四瓣，（12～18）μm×（10～12.5）μm。孢子近球形、卵状椭圆形，无色，（7.5～12）μm×（6.5～10.4）μm。

生态习性　春秋季生于林中阔叶树腐木上，往往似花朵，成群生长。

国内分布　吉林、河北、广东、广西、海南、青海、四川、云南、安徽、湖南、江苏、陕西、贵州、西藏等。辽宁新记录种。

经济作用　可食用。药用治妇科病。此菌为香菇、木耳栽培段木上常见杂菌。

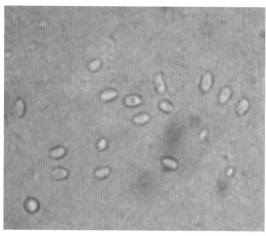

银耳目 银耳科

411. 银耳 *Tremella fuciformis* Berk.

中文别名 白木耳，雪耳。

分类地位 银耳目，银耳科，银耳属。

形态特征 子实体纯白色，胶质，半透明，宽 5 ~ 10cm，由多数宽而薄的瓣片组成，新鲜时软，干后胶质，硬而脆，白色或米黄色，体积强烈收缩，子实层生于整个瓣片表面。担子卵形或近球形，（10 ~ 13）μm×（9 ~ 10）μm，担子纵分隔成 4 个细胞，每个细胞上长出一个细长的上担子，每一个上担子上产生一个小梗，每个小梗上再产生一个担孢子。孢子无色，光滑，卵形、近球形，大小（5 ~ 7.5）μm×（4 ~ 6）μm。

生态习性 夏秋生于阔叶林中的枯木或倒木上，聚生或群生。

国内分布 四川、浙江、福建、江苏、江西、安徽、湖北、海南、湖南、广东、广西、贵州、云南、陕西、甘肃、内蒙古、西藏、香港、台湾等。辽宁新记录种。

经济作用 著名食用菌，可人工栽培。木材腐朽菌。

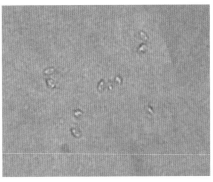

银耳目 银耳科

412. 白胶刺耳 *Tremellochaete japonica*（Yasuda）Raitv.

中文别名 茎生银耳

分类地位 银耳目，银耳科，胶刺耳属。

形态特征 担子果平展扩生，鲜时柔软胶质，易从基物上脱离，直径 1 ~ 15cm 或更大，厚 2 ~ 3mm，表面浅灰黑色，具粗皱纹及密生白色不育刺状凸起；凸起先端钝，长 95 ~ 105μm，粗 60 ~ 65μm，起源于子实层，由平行密集排列的菌丝组成，干后白色更显著。担子果内部无色，有少数暗色菌丝混生其间，干后担子果表面除刺状凸起为白色外，其他为黑色。下担子十字形纵隔或纵隔分为 2 ~ 4 个细胞，（8 ~ 13）μm×（7 ~ 8）μm；担孢子长卵形或短圆柱形，无色透明，（7 ~ 10）μm×（3.5 ~ 4.5）μm，子实层隔丝状菌丝，伸出表面子实层，褐色，粗 1 ~ 2μm，有锁状联合。

生态习性 夏季生于阔叶林中阔叶树朽木及朽树桩上。群生。

国内分布 河北、山西、吉林、河南、海南、广西、四川、云南、陕西、甘肃等。辽宁新记录种。

经济作用 食用及其他用途不明。

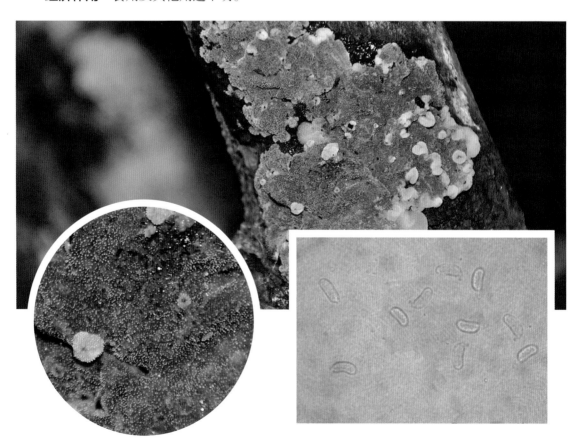

◆ **花耳目** 花耳科

413. 胶杯耳 *Femsjonia peziziformis* （Lév.） P. Karst.

分类地位 花耳目，花耳科，胶杯耳属。

形态特征 担子果小，硬胶质。初为多泡状凸起，后倒圆锥状或盘状，直径 0.3 ~ 0.5cm，高 0.3 ~ 1cm。子实层面黄色、橘黄色，干后红褐色或深黄褐色，不育面被有白色绒毛；有短柄或无。菌丝具隔，厚壁，光滑或粗糙，具锁状联合。不育面的皮层菌丝近栅栏状排列，圆柱状，厚壁，具锁状联合，少分枝。担子圆柱状、棒状，基部具锁状联合，成熟后叉状。担孢子弯圆柱状、弯椭圆形，壁薄或稍壁厚，（17.5 ~ 27.5）μm×（7.5 ~ 10）μm，成熟时一至多隔。

生态习性 夏秋季或春季均可生长在针叶树腐木上，群生。

国内分布 湖南、广西等大部分地区。辽宁新记录种。

经济作用 不可食。木材腐朽菌。

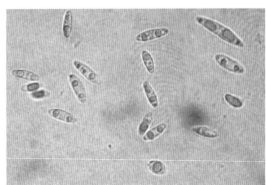

花耳目　花耳科

414. 胶角耳 *Calocera viscose*（Pers.）Fr.

中文别名　胶鹿角菌、鹿角菌等。

分类地位　花耳目，花耳科，胶耳属。

形态特征　子实体散生、群生或簇生。黄色至橘黄色，子实体小，下部偏圆，上部二至三叉状分枝，似鹿角，高 4 ~ 8cm，粗 0.3 ~ 0.6cm，胶质黏，平滑，干后软骨质，颜色橙黄而鲜艳，往往顶部色深。子实层生于表面。担子叉状，淡黄色。孢子光滑，椭圆形或肾形，稍弯曲，具小尖，后期形成一横隔，浅黄色，（8.0 ~ 10.0）μm×（3.8 ~ 5.1）μm。

生态习性　夏季生于落叶松、红松的倒木或伐木桩上，群生或丛生。

国内分布　辽宁、吉林、四川、福建、云南、甘肃、陕西、西藏等。

经济作用　可食用，含类胡萝卜素等物质。常在木耳、香菇段木上出现，被视为"杂菌"。

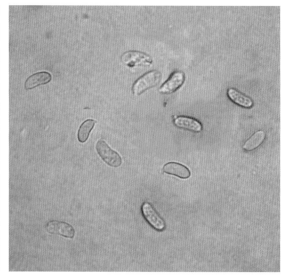

花耳目　花耳科

415. 中国胶角耳 *Calocera sinensis* McNabb

分类地位　花耳目，花耳科，胶角耳属。

形态特征　子实体5 ~ 15cm，直径0.5 ~ 2mm，淡黄色、橙黄色，偶淡黄褐色，干后红褐色、浅褐色或深褐色，硬胶质，棒状偶分叉，顶端钝或尖。子实层周生。菌丝具横隔，壁薄，光滑或粗糙，有锁状联合。担孢子弯圆柱形，壁薄，椭圆形且呈肾形或长方椭圆形，无色，光滑，一端尖细，有一个横隔，大小（10 ~ 12.5）μm×（3 ~ 5）μm。

生态习性　春秋季生于针叶或阔叶树林下的倒木、伐木桩上，群生或丛生。

国内分布　东北、华北、华中、华南等地区。辽宁新记录种。

经济作用　食用及其他用途不明。

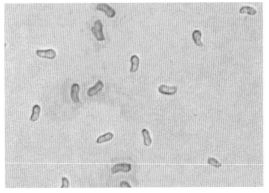

第五章

珊瑚菌类　　　>>>

担子菌门 Basidiomycota

　　蘑菇纲 Agaricomycetes

　　银耳纲 Tremellomycetes

钉菇目 钉菇科

416. 尖顶枝瑚菌 *Ramaria apiculata*（Fr.）Donk

分类地位 钉菇目，钉菇科，枝瑚菌属。

形态特征 子实体较小，单生或丛生，高 4～6cm，浅肉色，顶端近同色。柄短，粗 0.3～0.4cm，由基部或靠近基部开始分枝，着生于绵绒状菌丝垫上。小枝弯曲生长，下部 3～4 分叉，上部双叉分枝，顶端细而尖。菌肉白色，软韧质。担子细长，4 小梗，（30～45）μm× （8～10）μm。孢子宽椭圆形，淡锈色，有皱或疣，（6～9）μm×（4～5）μm。

生态习性 夏季生于红松林下腐殖质上，丛生、群生。

国内分布 安徽、吉林、云南、安徽、四川、广东、广西、西藏等。辽宁新记录种。

经济作用 可食用。药用对小白鼠肉瘤 180 的抑制率为 70%，对艾氏癌的抑制率为 60%。

钉菇目　钉菇科

417. 葡萄色顶枝瑚菌　*Ramaria botrytis*（Pers.）Ricken

中文别名　葡萄色珊瑚菌、扫帚菌、葡萄状丛枝瑚菌、葡萄状珊瑚菌。

分类地位　钉菇目，钉菇科，枝瑚菌属。

形态特征　子实体珊瑚状，中等至大型，高 10 ~ 15cm，柄粗壮，粗 1 ~ 3cm，白色圆柱形，分出很多主枝，在顶部有小枝聚合呈花椰菜状，枝端桃红色至淡紫色。菌肉白色，质脆，受伤后不变色，子实层生在叉枝表面。孢子长椭圆形，稍显纵条状，（14 ~ 16）μm×（4.5 ~ 5.5）μm。

生态习性　夏秋季生与栎树等林地内，散生。

国内分布　吉林、辽宁、河南、云南、四川、西藏等。

经济作用　可食用，质脆嫩，味鲜可口。药用，具有和胃气、祛风等效果。

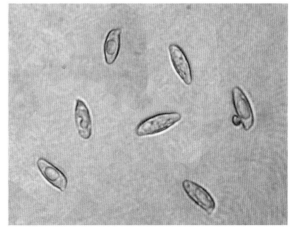

◆ 钉菇目　钉菇科

418. 小孢密枝瑚菌 *Ramaria bourdotiana* Maire

分类地位　钉菇目，钉菇科，枝瑚菌属。

形态特征　子实体树枝状，小型，整丛高 3 ~ 10cm，双叉分枝，顶端细齿状，小枝多，直立、细而密，齿状，淡黄色，后期呈浅锈色。菌肉污白色。菌柄长 1 ~ 1.5cm，粗 0.2 ~ 0.3cm，近柱形，基部有白色毛及菌丝束。担孢子椭圆形，（4.5 ~ 6）μm×（3 ~ 3.5）μm，浅锈色，微粗糙。

生态习性　夏秋季生于阔叶树林地内的腐木上或腐殖质上，群生，往往密集成丛。

国内分布　吉林、云南等。辽宁新记录种。

经济作用　食用及其他用途不明。

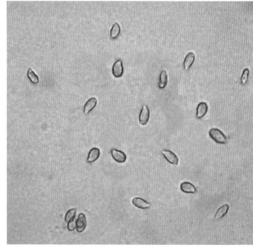

钉菇目　钉菇科

419. 长臂枝瑚菌 *Ramaria concolor*（Coner）Petersen

分类地位　钉菇目，钉菇科，枝瑚菌属。

形态特征　子实体中等大小，高 7 ~ 14cm，宽 10cm。几个主枝可分出多数分枝，末端为直立二分叉小枝，浅赭色、鲑鱼色至棕色，后期颜色较深，顶端为浅褐色至赭褐色，颜色稍深。菌柄至分支处长可达 1.5cm，肉桂色至黏土色，常变红褐色或深巧克力色，基部有毡状菌丝体基垫和几条根状菌索穿入地下。孢子椭圆形，无色，表面着生不明显脊或疣点，（7.0 ~ 10）μm ×（3 ~ 4.8）μm。无锁状联合。

生态习性　秋季生于阔叶林下的腐木桩上，单生、群生，成丛状。

国内分布　国内未见文件资料报道，中国新记录种。国外记录北美西部有分布。

经济作用　食用及其他用途不明。

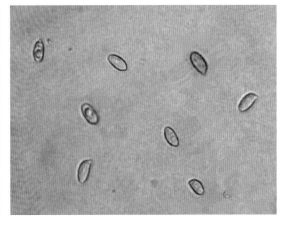

◆ 钉菇目 钉菇科

420. 小孢白枝瑚菌 *Ramaria flaccida*（Fr.）Quél.

中文别名 小孢白丛枝。

分类地位 钉菇目，钉菇科，枝瑚菌属。

形态特征 子实体树枝状，小型，整丛高 3 ~ 10cm，双叉分枝，顶端细齿状，小枝多，直立，细而密，齿状，淡黄色，后期呈浅锈色。菌肉污白色。菌柄长 1 ~ 1.5cm，粗 0.2 ~ 0.3cm，近柱形，基部有白色毛及菌丝束。担孢子椭圆形，（4.5 ~ 6）μm×（3 ~ 3.5）μm，浅锈色，微粗糙。

生态习性 夏秋季生于阔叶树林地内的腐木上或腐殖质上，群生，往往密集成丛。

国内分布 吉林、云南等。辽宁新记录种。

经济作用 食用不明。

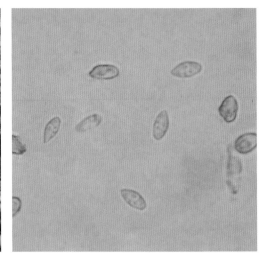

钉菇目 钉菇科

421. 暗灰枝瑚菌 *Ramaria fumigata*（PK.）Corner

中文别名 暗灰丛枝菌。

分类地位 钉菇目，钉菇科，枝瑚菌属。

形态特征 子实体中等或稍大，由数个主杆组成，分枝形成一丛，高5～15cm，宽4～13cm，主枝基部粗壮或膨大，上部多次分枝，形成直立的小枝，顶端钝，带灰紫色、铅灰色或暗灰棕色至深棕灰色，基部近白色。菌肉白色，不变色。担子棍棒状，无色，4小梗，孢子近椭圆形，粗糙，淡黄色，基部有弯尖，（9.5～13）μm×（4～5.5）μm。内含大油滴。

生态习性 夏秋季生在针阔混交林地内，单生或群生。

国内分布 安徽、四川、云南。辽宁新记录种。

经济作用 不宜食用。

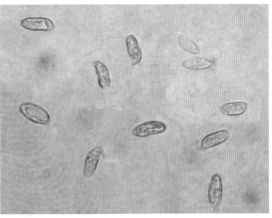

钉菇目 钉菇科

422. 淡红枝瑚菌 *Ramaria distinctissima* R. H. Petersen & M. Zang

分类地位 钉菇目，钉菇科，枝瑚菌属。

形态特征 子实体高 5 ～ 13cm，宽 3 ～ 8cm，中部分枝密。基部主轴高 3 ～ 5cm，粗 2 ～ 2.5cm，短而钝，并常弯曲。基部乳白色，白色。由主干向上呈二至三歧分叉，由粗而细，小枝 3 ～ 6 列，象牙白色，粉红色，枝顶末端多双叉分枝，红色，橙红色，节间微缢缩。菌肉柔软，粉红色，有香味，生尝微甜。孢子狭椭圆形，无色，（9.0 ～ 11.5）μm×（4.3 ～ 5）μm，有疣突，具线条状凸起，纵轴向排列，芽管一侧呈乳头状凸起。

生态习性 夏季生于松属、壳斗科树木混交林下，群生，丛生。

国内分布 四川、贵州、云南。辽宁新记录种。

经济作用 可食用。

钉菇目　钉菇科

423. 印滇枝瑚菌　*Ramaria indo-yunnaniana* Petersen et Zang

中文别名　扫把菌（滇南）、印滇丛枝瑚菌。

分类地位　钉菇目，钉菇科，枝瑚菌属。

形态特征　子实体中等大，高 4 ~ 8cm，宽 2 ~ 6cm。从基部向上分枝，枝表光滑。主枝短，向上分枝，微倾而不甚直。菌体初期象牙白色，后期淡橙褐色，黄色，下端主茎处呈淡赭褐色，近土表处往往呈葡萄紫色。手压后微呈褐红色斑。菌肉淡粉黄色，乳白色，生尝有豆汁味。孢子印无色或浅黄褐色。孢子卵圆形，微弯曲，近蚕豆形，（7.0 ~ 8.3）μm×（4 ~ 5）μm，脐上区弯曲，芽孔管侧生呈乳头状凸起，孢壁具疣突，呈不规则斑点状，片块状。担子长棒状，具 4 小梗。

生态习性　夏秋季生于阔叶林朽木上或松林地内，群生，成丛状。

国内分布　云南。辽宁新记录种。

经济作用　食用菌，肉质较细，煮熟后有清香味，乳黄色，味色均较佳。

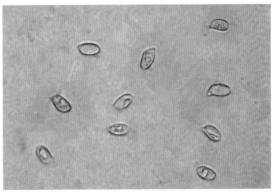

钉菇目 钉菇科

424. 拟粉红枝瑚菌 *Ramaria neoformosa* Petersen

分类地位 钉菇目，钉菇科，枝瑚菌属。

形态特征 子实体珊瑚状，中等或较大，整丛高 10 ~ 13cm，宽可达 15cm，基部联合呈块状，主枝粗 1 ~ 2cm，多次叉状分枝，顶部分枝较短，有 2 ~ 3 尖。浅鲑粉红色、肉粉色。菌肉污白色，质脆。担孢子椭圆形，（10 ~ 13）μm×（5 ~ 6）μm，表面粗糙有疣，有歪尖。

生态习性 夏秋季生于阔叶混交林地内，群生。

国内分布 青海、云南等。辽宁新记录种。

经济作用 记载不宜食用。

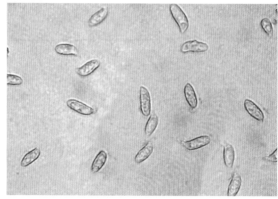

◆ 钉菇目　钉菇科

425.米黄枝瑚菌 *Ramaria obtusissima*（Peck）Corner

分类地位　钉菇目，钉菇科，枝瑚菌属。

形态特征　子实体中等至较大，高 5 ~ 13cm，米黄色，基部白色，短而粗，向下渐细，主枝粗壮，每主枝再行数次不规则的分枝，形成稀疏的菌冠，节间距离较长，小枝顶端钝，有 2 ~ 3 小齿。菌肉白色，内实。孢子印黄色。孢子近无色，长方椭圆形至短圆柱形，光滑，（9 ~ 13.5）μm×（3.5 ~ 5）μm。担子长棍棒状，具 4 小梗，（55 ~ 70）μm×（9 ~ 11）μm。

生态习性　夏秋季生于栎树林地内，群生或散生。

国内分布　安徽、湖南、贵州、四川、甘肃等。辽宁新记录种。

经济作用　可食用。

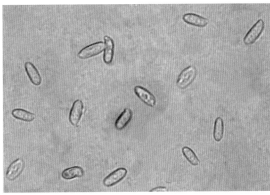

钉菇目　钉菇科

426. 密枝瑚菌 *Ramaria stricta*（Pers.：Fr.）Quél.

中文别名　枝瑚菌、密丛枝。

分类地位　钉菇目，钉菇科，枝瑚菌属。

形态特征　子实体高 4 ~ 8cm，淡黄色或皮革色至土黄色，有时带肉色，变为褐黄色，顶端浅黄色，老后同一色。柄长 1 ~ 6cm，粗 0.5 ~ 1cm，色浅，基部有白色菌丝团或根状菌索，双叉分枝数次，形成直立、细而密的小枝，最终尖端有 2 ~ 3 齿。菌肉白色或淡黄色，内实。担子较短，棒状，具 4 小梗，（25 ~ 39）μm×（8 ~ 9）μm。孢子长椭圆形或宽椭圆形，无色，一端窄，（7 ~ 9.6）μm×（4 ~ 5）μm。

生态习性　夏秋季生于红松阔叶树混交林地内，单生或群生。

国内分布　吉林、黑龙江、河北、山西、安徽、四川、广东、云南、西藏、海南等。辽宁新记录种。

经济作用　可食用。味微苦，具芳香气味。

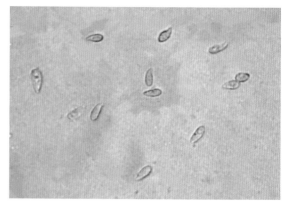

钉菇目 钉菇科

427. 金色枝瑚菌 *Ramaria subaurantiaca* Corner

中文别名 枝瑚菌、密丛枝。

分类地位 钉菇目，钉菇科，枝瑚菌属。

形态特征 子实体中等大。金黄色，高 8 ~ 12cm，多分枝，干后赭褐色，微带红色，柄较粗壮，其上多次分枝，枝端钝。菌丝无锁状联合。担子呈棒状，几乎无色，具 4 小梗。孢子椭圆形，赭黄色，有疣状凸起，含油滴，（9 ~ 11.5）μm×（5 ~ 6）μm。

生态习性 夏秋季生于阔叶树林地内，群生。

国内分布 西藏等。辽宁新记录种。

经济作用 可食用。

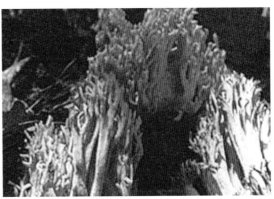

◆ **鸡油菌目** 锁瑚菌科

428. 灰色锁瑚菌 *Clavulina cinerea*（Bull.）J. Scho

中文别名 灰仙树菌。

分类地位 鸡油菌目，锁瑚菌科，锁瑚菌属。

形态特征 子实体较小，多分枝，高 3 ~ 10cm，灰色至深灰色，菌体分枝多次顶端类似鹿角状，有时顶端分子较短呈小凸起或呈扁齿状。具菌柄，灰色，有时扁宽，上面无数短状分枝或齿状凸起，柄根基部一般为白色或浅黄色。孢子无色，光滑，近球形，有小尖，（6.5 ~ 11）μm×（6 ~ 10）μm，内含 1 个大油滴。担子细长，2 个小梗。

生态习性 夏秋季生于落叶松与阔叶树混交的林地内，群生或丛生。

国内分布 黑龙江、江苏、浙江、湖南、广西、云南、海南、贵州、青海、甘肃等。辽宁新记录种。

经济作用 可食用。

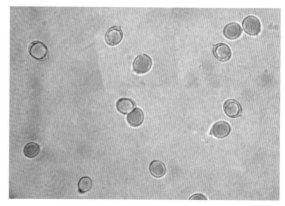

蘑菇目　珊瑚菌科

429. 橘红珊瑚菌　*Clavaria aurantio-cinnabarina* Schw.

中文别名　桔红珊瑚菌。

分类地位　蘑菇目，珊瑚菌科，珊瑚菌属

形态特征　子实体不分枝，疏松成丛，有时单生，高 2 ~ 8cm，粗 0.15 ~ 0.3cm，棒状，橙黄色、橘红色，初内实后空心，顶端钝或稍尖并且色深。菌肉橘红色，伤后不变色。菌柄基部色深，褐红色。孢子球形，光滑，无色，非淀粉质，有细微小尖，一般含 1 个大油滴，（5 ~ 7.7）μm ×（5 ~ 6.5）μm。无囊状体。

生态习性　夏秋季生于杂木阔叶林地内，群生，成丛。

国内分布　吉林、河北、江苏、四川、广东。辽宁新记录种。

经济作用　食用不明。

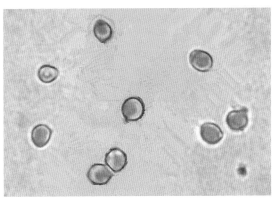

◆ 蘑菇目　珊瑚菌科

430. 烟色珊瑚菌 *Clavaria fumosa* Pers.：Fr.

分类地位　蘑菇目，珊瑚菌科，珊瑚菌属。

形态特征　子实体小，高 4 ~ 6cm，粗 0.1 ~ 0.6cm，细长近棒状或变至扁平，或近梭形，灰褐色至烟黑色，顶端尖或钝且灰褐色至烟黑色，顶端尖或钝且色浅或呈棕色，不分枝或顶端偶有分枝或分叉，多弯曲，表面有纵沟纹，近无柄，往往数枚簇生或丛生。菌肉黄褐色，无锁状联合。孢子椭圆形，光滑无色，（5.2 ~ 7）μm×（3.3 ~ 4）μm。担子细长，4 小梗。

生态习性　夏秋季生于阔叶林腐殖质层上，群生，丛生。

国内分布　辽宁、吉林、黑龙江、云南、广东、西藏、四川等。

经济作用　据记载可食用。

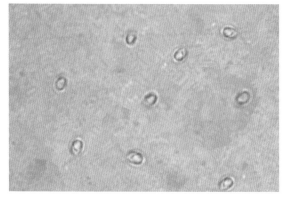

◆ **蘑菇目　珊瑚菌科**

431. 角拟锁瑚菌 *Clavulinopsis corniculata*（Fr.）Corner

分类地位　蘑菇目，珊瑚菌科，拟锁瑚菌属。

形态特征　子实体一般较小，高 6 ~ 9cm，上端枝丛宽 3 ~ 3.5cm。主枝多不增粗，肉质，表面光滑，暗赭色，顶端的分枝向上呈辐射状，微扁，或有细沟纹。分枝高 4 ~ 5cm，宽 0.3cm。分枝稀疏，近等粗。枝末渐尖，色泽近光亮。内近乳黄色。菌肉的菌丝粗 1.8 ~ 4μm，粗细不等，有锁状联合。孢子近圆形，无色，4 ~ 7μm，内含 1 颗明亮油滴，具 1 个明显的喙突，喙突长 1 ~ 1.2μm。担子短柱形，长 4 ~ 10μm，宽 6 ~ 8μm。

生态习性　夏季生于蒙古栎林地内，近丛生。

国内分布　四川、贵州、云南、湖南等。辽宁新记录种。

经济作用　可食用。

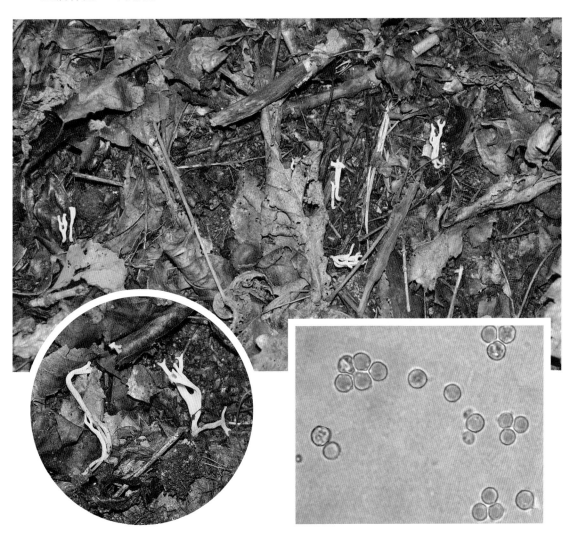

蘑菇目 珊瑚菌科

432. 锁瑚菌 *Clavulinopsis fusiformis*（Sow.：Fr.）Corner

中文别名 梭形豆芽君、梭形珊瑚菌。

分类地位 蘑菇目，珊瑚菌科，拟锁瑚菌属。

形态特征 子实体群生或丛生。高 5 ~ 15cm，不分枝，纤细，棍棒状，顶端窄或尖。菌柄常扁平，鲜黄色。菌肉韧、脆，后期中空，黄色，无气味。孢子卵形，光滑，（5 ~ 9.4）μm×（4.5 ~ 9）μm；孢子成堆时白色。

生态习性 夏季生于栎树或阔叶杂木林下腐殖质层上。

国内分布 福建、浙江、江西、安徽等。辽宁新记录种。

经济价值 可食用，口感稍苦。

蘑菇目 珊瑚菌科

433. 苏伯拟枝瑚菌 *Ramariopsis subtilis*（Pers.：Fr.）Petersen

分类地位　蘑菇目，珊瑚菌科，拟枝瑚菌属。

形态特征　白色，珊瑚分枝像鹿茸状。子实体高 4cm，在明显的叉状柄上呈弧形、弯曲或扭曲的分枝，枝端简单或分枝，较钝；菌体表面平滑；白色，罕见象牙色，有时呈褐色枝端。柄高 1.5cm，粗壮不规则，表面有皱纹或颗粒；菌体其他部分同色。

生态习性　夏季生于阔叶杂木林下腐殖质层上，偶尔生在裸露的土壤或矮草丛中，群生或丛生。

国内分布　国外分布于英国。国内未见报道，中国新记录种。

经济作用　食用和其他用途不明。

◆ 蘑菇目　须瑚菌科

434. 白须瑚菌 *Pterula multifida*（Chevall.）Fr.

分类地位　蘑菇目，须瑚菌科，须瑚菌属。

形态特征　子实体高 2 ~ 5cm，总宽 3 ~ 6cm，从底部开始多分支，帚状，初期淡黄色，后期象牙白色、黄色至黄褐色，干后多呈黄褐色。分枝直径 0.3 ~ 1mm，可再生不规则分枝，圆柱形，纤细，终端尖锐。菌肉软骨质，柔软。担孢子椭圆形，光滑，无色，大小（5 ~ 6）μm×（2.5 ~ 3.5）μm。

生态习性　夏季生于阔叶林下倒伏的腐木或枯枝上，单生或群生。

国内分布　辽宁、吉林、内蒙古、云南、广西等。辽宁新记录种。

经济作用　木材腐朽菌。

银耳目　拟胶瑚菌科

435. 拟胶瑚菌 *Tremllodendropsis tuberose*（Grev.）D. A. Crawford

分类地位　银耳目，拟胶瑚菌科，拟胶瑚菌属。

形态特征　子实体较小，高 3 ～ 7cm，宽 3cm 左右，珊瑚状，白色至浅棕色，分叉 3 ～ 4 回，顶端尖。有明显菌柄，白色，直，质地粗糙，（1.5 ～ 2.5）cm×（0.1 ～ 0.3）cm。担孢子近圆形或椭圆形，光滑，淡绿色或无色，（14 ～ 20）μm×（6 ～ 8）μm。孢子生在有纵隔的担子尖顶部。

生态习性　夏秋季生长于阔叶树林下地面朽木上，单生、群生，有时呈丛。

国内分布　国内大部分地区有分布。辽宁新记录种。

经济作用　食用及其他用途不明。

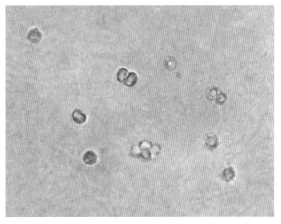

第六章

多孔菌类 >>>
（含鸡油菌、齿菌、革菌）

担子菌门 Basidiomycota

蘑菇纲 Agaricomycetes

◆ 钉菇目 钉菇科

436. 毛钉菇 *Gomphus floccosus*（Schw.）Sing.

中文别名 喇叭菌、喇叭陀螺菌、金号角。

分类地位 钉菇目，钉菇科，钉菇属。

形态特征 子实体中等大，喇叭状。菌盖直径达 2 ~ 7cm，黄色至暗黄褐色，表面有橙褐红色大鳞片。菌肉厚而白色。菌柄细长，后期内部呈管状。菌褶厚而窄似棱状，在菌柄延生或相互交织。菌柄长 3 ~ 7cm，粗 0.5 ~ 2cm，圆柱形，污白色至黄褐色。孢子淡黄色或近无色，形状椭圆形，初期光滑，成熟后表面粗糙，（12 ~ 16）μm×（6 ~ 7.5）μm。

生态习性 夏季生于落叶松林地内，群生或单生。

国内分布 广泛分布。辽宁新记录种。

经济作用 此菌在多地区采食，但云南曾报道食后会中毒，引起胃肠道病症。

多孔菌目　多孔菌科

437. 多带革孔菌 *Coriolopsis polyzona*（Pers.）Ryv.

分类地位　多孔菌目，多孔菌科，革孔菌属。

形态特征　担子果一年生到多年生，无柄，近木栓质。菌盖半圆形或扇形，常呈覆瓦状，广阔地与基物连接，表面有绒毛到粗毛，同心环棱显著，土黄色至茶灰色，渐褪为灰绿色，（2～5）cm×（3～8）cm，厚2～8mm，相互连接的菌盖更大；边缘薄而锐，完整，有时波浪状。菌肉蛋壳色，两层不明显，厚1～5mm。菌管与菌肉颜色近似，长1～3mm。孔面深土黄色；管口略圆形至不规则形，每毫米2～3个。担孢子近圆柱形，有时稍弯曲，透明、薄壁，平滑，大小（3.8～6.5）μm×（2～3.5）μm，非淀粉质。

生态习性　夏秋季生于阔叶树腐木上，单生至群生。

国内分布　华南地区。辽宁新记录种。

经济作用　木材腐朽菌，引起白色腐朽。

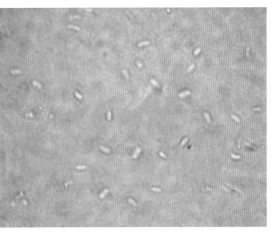

◆ 多孔菌目　多孔菌科

438. 红斑革孔菌 *Coriolopsis sanguinaria*（Klotzsch）Teng

分类地位　多孔菌目，多孔菌科，革孔菌属。

形态特征　子囊果一年生到多年生，无柄。菌盖半圆形，扇形或贝壳状，常呈覆瓦状，硬，（3 ~ 5）cm×（1.5 ~ 9）cm，厚 2 ~ 3.5mm，表面深蛋壳色或土黄色至深褐色，基部有红褐色斑，有不明显的环纹，光滑。边缘薄而锐，波浪状。菌肉土黄色，厚 1.5 ~ 2mm，遇 KOH 溶液变褐色。菌管与菌肉同色，长 0.5 ~ 1.5mm。孔面浅褐色，管口略圆形或多角形，每毫米 6 ~ 8 个。菌丝系统三体型，有锁状联合。担孢子圆柱形或长椭圆形，透明，平滑，（6 ~ 8）μm×（2 ~ 3）μm。

生态习性　夏秋季生于蒙古栎林下的腐木上，叠生、群生。

国内分布　福建、广东、广西、海南、云南。辽宁新记录种。

经济作用　木材腐朽菌，引起白色腐朽。

多孔菌目　多孔菌科

439. 茶色拟迷孔菌 *Daedaleopsis confragosa*（Bort.：Fr.）Schroet.

中文别名　裂拟迷孔菌、粗糙拟迷孔菌。

分类地位　多孔菌目，多孔菌科，拟迷孔菌属。

形态特征　子实体大，菌盖（4.5～16）cm×（3～6）cm，厚0.5～1.5cm，半圆形，扁平，表面有显著的黑褐色、茶色、暗褐、灰褐色环纹及沟条纹，初期有微细毛，后变近平滑，边缘钝。菌肉淡褐黄色或木材色。菌管层近盖色，管壁厚，孔口圆形、多角形到迷路形，每毫米1～2个，孔缘锯齿。孢子无色，平滑，长椭圆形，大小（6～8）μm×（2～3）μm。

生态习性　夏秋季生于栎等阔叶树腐木上，单生或叠生。

国内分布　吉林、内蒙古、山西、甘肃、陕西、江苏、浙江、福建、广西、江西、贵州、四川、云南、西藏、新疆等。辽宁新记录种。

经济作用　木材腐朽菌，可导致木质白色腐朽。

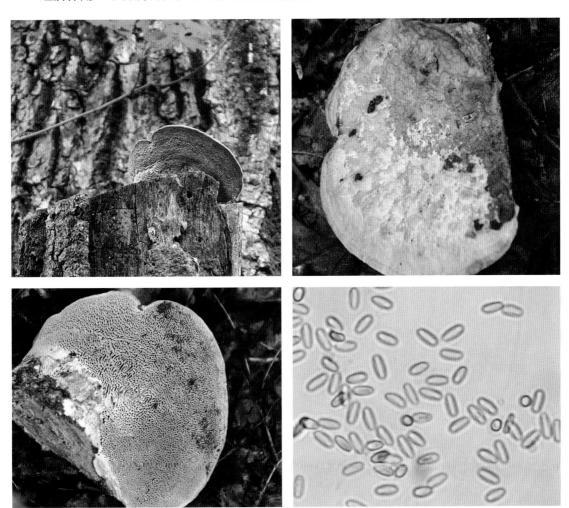

◆ 多孔菌目　多孔菌科

440. 软异簿孔菌 *Datronia mollis*（Sommerf.：Fr.）Donk

分类地位　多孔菌目，多孔菌科，异薄孔菌属。

形态特征　担子果一年生，通常平展至反卷，偶尔有菌盖或完全平伏，常常广阔地平展于基物上，很容易剥离，厚约2mm。若有菌盖，则呈贝壳状，（3～6）cm×（3～4）cm，厚1～2.5mm，表面暗褐色到黑褐色，有绒毛或粗毛，后渐光滑，具同心环带；边缘完整，稍内卷。菌肉淡褐色或淡黄褐色，厚1～1.5mm，菌肉与毛层之间有一条黑线。菌管与菌肉同色或颜色较深，长约1mm。孔面浅灰褐色或淡褐色到污褐色；管口略圆形，多角形，不规则形到齿裂，每毫米1～2个或更大。菌丝系统三体型；生殖菌丝透明，薄壁，具锁状联合，有时分枝，粗2.3～4μm；骨架菌丝无色，厚壁，少分枝，粗2.3～4μm；缠绕菌丝无色，厚壁，分枝，粗1～1.5μm。担孢子圆柱形，透明、平滑，（8～10）μm×（3～4）μm。

生态习性　春夏季生于椴树等阔叶树林地内腐木桩上。

国内分布　北京、福建、河南、湖南、广西、海南、云南等。辽宁新记录种。

经济作用　引起木材白色腐朽。

◆ **多孔菌目　多孔菌科**

441. 污叉丝孔菌 *Dichomitus squalens*（Karst.）Reid

分类地位　多孔菌目，多孔菌科，叉丝孔菌属。

形态特征　担子果一年生到二年生，菌盖新鲜时多汁液，干后硬，韧木栓质，通常平展至反卷，多呈覆瓦状，（1～3）cm×（2.5～6）cm，厚5～15mm，表面白色，淡黄白色，微带淡黄褐色光滑或有微细绒毛，无环带，边缘薄而锐或稍钝，干后内卷。菌肉近白色，厚2～10mm，有苦味。菌管与菌肉同色或颜色稍深，长2～4mm。孔面近白色，淡黄白色，部分呈淡黄褐色。管口略圆形，每毫米4～5个。菌丝系统二体型。担孢子圆柱形，透明，薄壁，平滑，（7～8）μm×（2～3）μm。

生态习性　秋季生于针叶树枯木上或原木上，单生。

国内分布　辽宁、吉林、黑龙江、内蒙古、山西、福建、四川、西藏、新疆等。

经济作用　木材腐朽菌，引起木材白色腐朽。

多孔菌目 多孔菌科

442. 林氏二丝孔菌 *Diplomitoporus lindbladii*（Berk）Gilb & Ryvarden

中文别名 迷宫二丝孔菌。

分类地位 多孔菌目，多孔菌科，二丝孔菌属。

形态特征 担子果一年生，平伏或平展至反卷，形成一片，韧或稍脆，不易与基物分离。新鲜时革质至软木质，无臭无味，干后硬木栓质，长可达 18cm，宽可达 6cm，中部厚可达 6mm。孔口表面灰色、浅灰褐色、蓝灰色或近黄色，具折光反应，圆形或近圆形，每毫米 3～5 个，边缘薄或略厚，全缘或撕裂。不育边缘明显近白色至奶油色。菌肉奶油色至灰黄色，厚可达 1mm。菌管与孔口表面同色或略浅，木栓质，长 5mm。担孢子腊肠形到圆柱形，透明，薄壁，光滑，大小（4～5）μm×（1.5～2）μm。

生态习性 夏秋季生于多种阔叶树倒木或木材上。

国内分布 吉林、黑龙江、内蒙古、北京、河南、山西、陕西、浙江、湖北、四川、西藏、新疆等。辽宁新记录种。

经济作用 木材腐朽菌，造成白色腐朽。

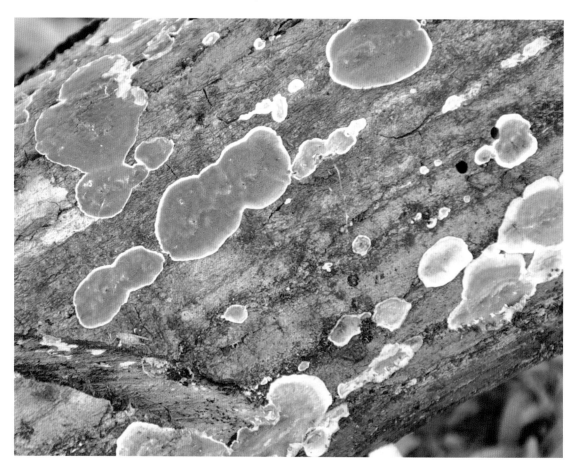

多孔菌目 多孔菌科

443. 木蹄层孔菌 *Fomes fomentarius*（L. Ex F.）Teng

中文别名 木蹄、桦菌芝。

分类地位 多孔菌目，多孔菌科，层孔菌属。

形态特征 子实体多年生。木质，半球形至马蹄形，或呈吊钟形，（5～20）cm×（7～40）cm，厚3～20cm。无柄，侧生。菌盖光滑，无毛，有坚硬的皮壳，鼠灰色、灰褐色至灰黑色，断面黑褐色，有光泽，有明显的同心环棱。菌盖边缘钝，黄褐色。菌肉暗黄色至锈色、红褐色，分层，软木栓质，厚0.5～3.5cm，无光泽。菌管多层，层次明显，每层厚0.5～2.5cm，管壁较厚，灰褐色；管口圆形，较小，每毫米3～4个。管口面灰色至肉桂色，凹陷。孢子长椭圆形至棱形，表面平滑，无色，（10～18）μm×（5～6）μm。

生态习性 生于白桦、枫、栎及山杨等的污立木和腐木上，单生至群生。

国内分布 东北、华北、西南地区及陕西、新疆、河南、广西等。

经济作用 药用，具有消积，化瘀，抗癌的功效。木材腐朽菌，引起白色腐朽。

多孔菌目 多孔菌科

444. 亚洲拟浅孔菌 *Grammothelopsis asiatica* Y. C. Dai & B. K. Cui

分类地位 多孔菌目，多孔菌科，拟浅孔菌属。

形态特征 子实体一年生，平伏，贴生，不易与基物剥离，木栓质，长可达 10cm 以上，宽 5cm 以上，厚 0.6cm。孔口表面奶油色，圆形至多角形，每毫米 3~4 个。边缘薄，全缘或略呈撕裂状。不育边缘较窄，奶油色，宽可达 0.1~2mm。担孢子椭圆形至长椭圆形，无色，厚壁，光滑，大小（10.5~13）μm×（5.4~6）μm，非淀粉质。

生态习性 夏秋季生于枯死木或阔叶原木上，单生。

国内分布 华南地区，毛竹上发生。辽宁新记录种。

经济作用 木材腐朽菌，引起白色腐朽。

多孔菌目　多孔菌科

445. 毛蜂窝菌 *Hexagonia apiaria*（Pers.）Fr.

中文别名　龙眼梳。

分类地位　多孔菌目，多孔菌科，蜂窝孔菌属。

形态特征　子实体无柄，菌盖肾形，半圆形，扁平，（2.5 ~ 13）cm×（4 ~ 22）cm，厚 0.4 ~ 0.7cm，韧木栓质，基部暗灰色，向边缘呈锈褐色，有不明显环纹和辐射状皱纹，有分枝、深色而易脱落的粗毛，边缘薄而锐。菌肉棕褐色，厚 0.1 ~ 0.2cm。管口大呈蜂窝状，近基部处每厘米 3 ~ 4 个，近边缘处每厘米 5 ~ 6 个，深 3 ~ 6mm，与菌肉色相同，孔内往往灰白色。菌丝柱锥形，顶端近无色，基部褐色，粗 22 ~ 56μm。孢子无色，光滑，椭圆形，（17.6 ~ 22）μm×（7.2 ~ 8.8）μm。

生态习性　夏季生于阔叶树林下枯死或倒伏木上，单生或群生。

国内分布　福建、广东、广西、四川、云南、香港、台湾等。辽宁新记录种。

经济作用　木材腐朽菌，引起木材白色腐朽。

多孔菌目　多孔菌科

446. 皱皮孔菌 *Ischnoderma resinosum*（Schaeff.：Fr.）Karst

中文别名　皱皮菌、树脂薄皮孔菌、树脂菌、树脂多孔菌。

分类地位　多孔菌目，多孔菌科，皱皮孔菌属。

形态特征　子实体大，无柄，侧生，扁平，半圆形或扁半球形，基部常下延，（7～13）cm×（9～20）cm，厚 1～3cm，新鲜时肉质，柔软多汁，干后变硬或木栓质，表面锈褐色至黑褐色，有不明显的同心环带，新鲜时表面平滑而干后有放射状皱纹，表皮层薄，有细绒毛，后渐脱落。边缘厚而钝，白色，干时内卷，波浪状或有瓣裂。菌肉鲜时近白色，柔软，干后木栓质，呈蛋壳色至淡褐色，厚 0.5～2.5cm。菌管与菌肉同色，长 0.2～0.6cm，管壁薄，管口近白色，不孕边缘明显，干后或伤变灰褐色，圆形至多角形，每毫米 4～6 个。孢子无色，光滑，近圆柱形，稍弯曲，（5～7）μm×（1～2）μm。

生态习性　夏秋季生于云杉、红松等伐桩或腐木上，单生或叠生。

国内分布　吉林、黑龙江、河北、广西、福建、四川、云南等。辽宁新记录种。

经济作用　木材腐朽菌，白色腐朽。药用抗癌。

◆ 多孔菌目　多孔菌科

447. 桦褶孔菌 *Lenzites betulina*（L.）Fr.

分类地位　多孔菌目，多孔菌科，褶孔菌属。

形态特征　子实体小至中等大，一年生，革质或硬革质。无柄菌盖半圆形或近扇形，直径 2.5~10cm，厚 0.6~1.5cm，有细绒毛，新鲜时初期浅褐色，有密的环纹和环带，后呈黄褐色、深褐色或棕褐色，甚至深肉桂色，老时变灰白色至灰褐色。菌肉白色或近白色，后变浅黄色至土黄色，厚 0.5~1.5mm。菌褶初期近白色，后期土黄色，宽 3~11mm，少分叉，干后波浪状弯曲，褶缘完整或近齿状。孢子长椭圆形至椭圆形，平滑、无色，（6 ~ 10）μm×（3.5 ~ 5）μm。

生态习性　夏秋季生于桦、栎、杨等阔叶树腐木上，单生或呈覆瓦状生长。

国内分布　广泛分布。

经济作用　引起木材白色腐朽。可药用，抗肿瘤等。

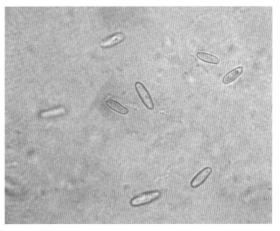

◆ **多孔菌目　多孔菌科**

448. 大褶孔菌 *Lenzites vespacea*（Pers.）Pat.

中文别名　桦褶孔菌、大革裥菌。

分类地位　多孔菌目，多孔菌科，褶孔菌属。

形态特征　子实体一年生，无柄，覆瓦状叠生，革质。菌盖扇形，直径可达 8cm，基部厚可达 1cm。表面新鲜时白色，浅稻色或赭石色，干后灰褐色，被灰色或褐色绒毛，具同心环纹或环沟，边缘锐，呈波浪状，干后略呈撕裂状。子实层体新鲜时白色至奶油色，干后灰褐色至黄褐色，褶状，放射状排列。菌肉新鲜时白色，干后奶油色，厚可达 1.5mm。菌褶厚可达 0.2mm，边缘呈齿状，每毫米 0.7 ~ 1 个，奶油色至浅黄褐色。担孢子宽椭圆形，薄壁，平滑、无色，（5 ~ 6.1）μm×（2.4 ~ 3.1）μm，非淀粉质。

生态习性　夏秋季生于阔叶树木材或倒木上，群生，覆瓦状排列。

国内分布　华中、华南地区。辽宁新记录种。

经济作用　木材腐朽菌，造成白色腐朽。

多孔菌目　多孔菌科

449. 灰齿脊革菌 *Lopharia cinerascens*（Schw.）G. H. Cunn.

中文别名　灰齿脉菌。

分类地位　多孔菌目、多孔菌科、脊革菌属。

形态特征　子实体背面着生至半背面着生，大小不一，2.5 ~ 10cm 或互相连生，菌盖半圆形、棚状，表面灰白色至黄褐色，被密毛，有环纹。子实层平滑，钝针状至薄齿状，灰白色至污紫褐色，周缘白色。孢子卵形至椭圆形，黄色至浅褐色，大小（6.25 ~ 8.75）μm×（5 ~ 6.25）μm。

生态习性　夏季生于山樱桃腐朽木上或其他阔叶腐木上，群生。

国内分布　福建、台湾等。辽宁新记录种。

经济作用　食用及其他用途不明。木材腐朽菌，食用菌段木栽培的杂菌之一。

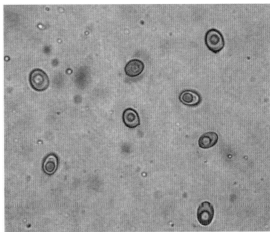

◆ **多孔菌目 多孔菌科**

450. 奇异脊革菌 *Lopharia mirabilis*（Berk.& Broome）Pat.

分类地位 多孔菌目，多孔菌科，脊革菌属。

形态特征 担子果一年生，平伏，与基物不易分离，新鲜时软木栓质或革质，无味，干后呈木栓质，长可达45cm，宽可达25cm，厚达3mm，子实层面幼时奶油色，后期变为淡黄色、稻草色、淡褐色，干后变不规则灰奶油色、灰褐色、灰黄色。边缘新鲜时白色或奶油色，成熟后呈灰奶油色。子实层不规则，年幼时似孔状，孔口每毫米0.3～1个，后期变成不规则的孔状到耙齿状，有时迷路状。菌丝系统二体系。囊状体较多，锥形，巨大无色。担子棍棒状，具4个担孢子梗。孢子椭圆形，无色，壁薄，光滑，成熟时有1个大油滴，（9～12）μm×（5.5～7.2）μm。

生态习性 夏秋季生于阔叶树林下腐木上，群生。

国内分布 辽宁、吉林、天津、山西、陕西、安徽、河南、广西、海南、贵州、云南等。

经济作用 木材腐朽菌，造成木材白色腐朽。

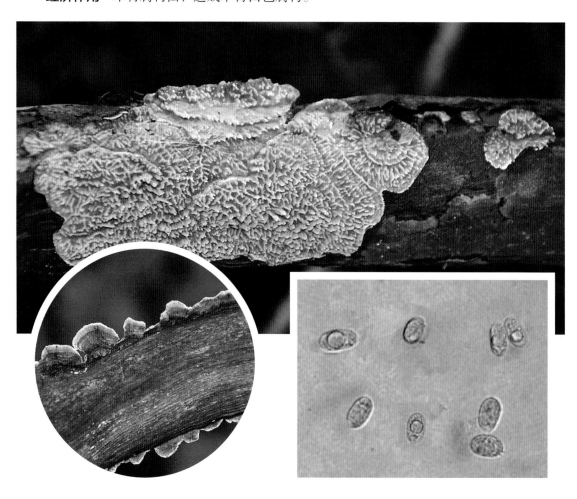

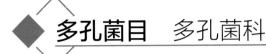

◆ 多孔菌目　多孔菌科

451. 小黑壳菌 *Melanoderma micaceum* B. K. Cui & Y. C. Dai

分类地位　多孔菌目，多孔菌科，黑壳孔菌属。

形态特征　子实体小，一年生，平伏或平伏反卷，无柄，革质或木栓质。菌盖半圆形，外伸可达 1.2cm，宽达 2cm，厚达 0.5mm。菌盖表面黑色，光滑，具同心环纹，边缘钝，颜色略浅。孔口表面新鲜时白色，干后奶油色，近圆形，每毫米 7 ~ 9 个，孔口边缘厚，全缘。菌肉奶油色，厚达 1mm，上表面具皮壳。菌管奶油色至黄色，分层，长达 4mm。担孢子椭圆形，无色，壁薄，光滑，大小（5.1 ~ 6.4）μm×（1.9 ~ 2.7）μm。

生态习性　春至秋季生于阔叶树腐朽倒木上，覆瓦状叠生。

国内分布　华北地区。辽宁新记录种。

经济作用　木材腐朽菌，引起白色腐朽。

◆ 多孔菌目 多孔菌科

452. 栗黑层孔菌 *Nigrofomes melanoporus*（Mont.）Murri.

中文别名 黑孔黑木层菌。

分类地位 多孔菌目，多孔菌科，黑层孔菌属。

形态特征 子实体较大，多年生，无柄，硬木质。菌盖三角形或马蹄形，外伸长达 15cm，宽达 10cm，中部厚 3cm。菌盖表面新鲜时呈栗褐色，成熟时近黑色，具明显的同心环纹。菌盖边缘厚，钝。孔口表面暗茶色至紫褐色，多边形至圆形，每毫米 6~7 个，边缘薄，全缘。不育边缘明显，浅黄色，宽达 1mm。菌肉紫褐色，厚达 25mm。菌管紫褐色，长达 5mm。担孢子长圆柱形，无色，壁薄，光滑，大小（4~4.7）μm×（2~2.3）μm，非淀粉质。

生态习性 春秋季生于阔叶树枯立木、倒伏腐木上，单生或群生。

国内分布 广西、海南、云南、台湾等。辽宁新记录种。

经济作用 木材腐朽菌，造成白色腐朽。

多孔菌目 多孔菌科

453. 艾氏多年卧孔菌 *Perenniporia ahmadii* Ryv.

中文别名 多年卧孔菌。

分类地位 多孔菌目，多孔菌科，多年卧孔菌属。

形态特征 子实体大，菌盖长 6 ~ 13cm，宽 6 ~ 11cm，基部厚 1.5 ~ 2cm，扇形或半圆形，鲜黄色或黄白色，松软，干后色浅、黄褐色，坚硬，被细绒毛又很快变光滑。菌管面白色，伤处变淡褐色，干后灰黑色，管口宽圆形，每毫米 4 ~ 5 个，菌肉黄白色。担子 4 小梗。孢子无色，光滑，宽椭圆形至近圆形，（6 ~ 7.5）μm×（5 ~ 6）μm。

生态习性 夏秋季生于云杉腐木桩上，丛生。

国内分布 广东、四川等。辽宁新记录种。

经济作用 木材腐朽菌。

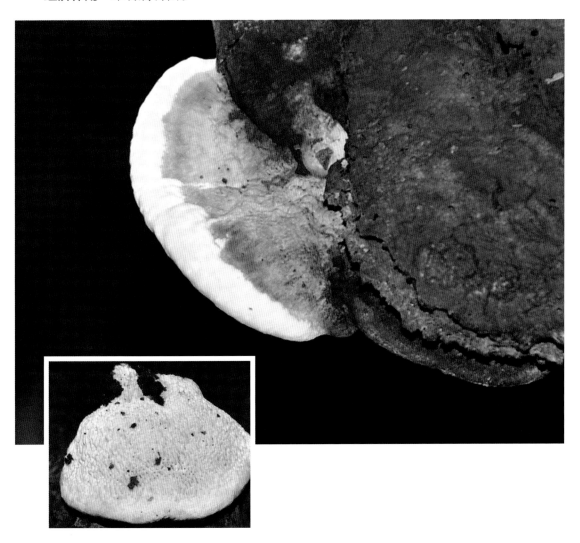

◆ **多孔菌目　多孔菌科**

454. 怀槐多年卧孔菌 *Perenniporia maackiae*（Bondartsev & Ljub.）Parmasto

分类地位　多孔菌目，多孔菌科，多年卧孔菌属。

形态特征　担子果一年生至多年生，通常平伏，有时平伏反卷并形成窄的菌盖，新鲜时革质，干后木栓质，菌盖通常窄半圆形，直径 1 ~ 3cm，厚 5mm。平伏的担子果长可达 20cm，宽 10cm。菌盖表面初期为黄褐色至红褐色，后期变为黑灰色，粗糙，有同心环纹。孔口表面新鲜时呈鲜黄色，后期变为黄色或棕黄色。孔口近圆形，每毫米 5 ~ 8 个。孢子椭圆形，无色，壁厚，光滑，大小（5 ~ 6.5）μm×（3.5 ~ 4.5）μm。

生态习性　夏秋季生于怀槐枯死或倒伏木上，群生。

国内分布　辽宁、吉林、黑龙江。

经济作用　木材腐朽菌。造成木材白色腐朽。

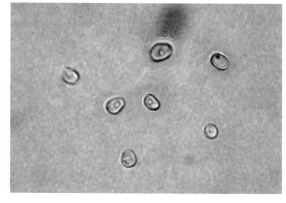

多孔菌目　多孔菌科

455. 多年卧孔菌 *Perenniporia minutissima* Burt

中文别名　骨质多年卧孔菌。

分类地位　多孔菌目，多孔菌科，多年卧孔菌属。

形态特征　子实体较大，菌盖无菌柄，直径5～18cm，半背着生，半圆形基部厚，呈楔形，表面红褐色，有宽的乳白色边缘，平滑或有不规则凸起。菌肉白色，木质。菌管面白色或乳白色。孢子无色，平滑，近卵圆形。

生态习性　夏秋季生于云杉的伐桩上，叠生。

国内分布　辽宁、河北、贵州等。

经济作用　木材腐朽菌。引起木材白色腐朽。

◆ 多孔菌目 多孔菌科

456. 白赭多年卧孔菌 *Perenniporia ochroleuca*（Berk.）Ryvarden

分类地位 多孔菌目，多孔菌科，多年卧孔菌属。

形态特征 子实体多年生，无柄，覆瓦状叠生，革质至木栓质。菌盖近圆形或马蹄形，外伸可达 1.5cm，宽可达 2cm，厚可达 1cm，表面奶油色至黄褐色，具明显的同心环带，边缘钝，颜色浅。菌肉土黄色，后达 4mm。菌管长 6mm，与孔口同颜色。孔口表面乳白色至土黄色，无折光反应。孔口近圆形，每毫米 5 ~ 6 个，边缘厚，全缘。不育边缘较窄，宽可达 0.5mm。担孢子椭圆形，顶端平截，无色，光滑，厚壁，大小（9 ~ 12）μm×（5.5 ~ 7.9）μm，含淀粉质。

生态习性 夏秋季生于阔叶树枯死干枝上或倒伏木上，群生。

国内分布 吉林、河南、江苏、浙江、福建、海南、广西、云南、西藏、台湾等。辽宁新记录种。

经济作用 木材腐朽菌，引起白色腐朽。

多孔菌目　多孔菌科

457. 黄白多年卧孔菌　*Perenniporia subacida*（Peck）Donk

中文别名　微酸多年菌。

分类地位　多孔菌目，多孔菌科，多年卧孔菌属。

形态特征　担子果一年生至多年生，完全平伏，与基物难分离，新鲜时软革质，口嚼略有酸味，干后木栓质，长可达数米，宽可达 70cm，厚可达 2cm。孔口表面白色，奶油色、浅黄色至棕黄色。不育边缘毛缘状，白色至浅黄色。孔口近圆形至多角形，每毫米 4 ～ 6 个。菌管与菌肉同色呈浅黄色。二系菌丝。孢子成熟广椭圆形，无色，壁略厚，光滑，通常含 1 个油滴，大小（4.3 ～ 5.4）μm×（3.2 ～ 4.1）μm。

生态习性　夏秋季生于阔叶树枯立木上，单生、群生。

国内分布　辽宁、吉林、黑龙江、内蒙古、江苏、浙江、福建、河南、湖北、广西、海南、四川、云南、陕西等。

经济作用　木材腐朽菌，造成针阔叶多种木材白色腐朽。

◆ 多孔菌目 多孔菌科

458. 灰孔多年卧孔菌 *Perenniporia tephropora*（Mont.）Ryvarden

分类地位 多孔菌目，多孔菌科，多年卧孔菌属。

形态特征 担子果多年生，平伏或平伏反卷，新鲜时木栓质，无味，干后硬木栓质，平复的子实体长可达20cm，宽可达10cm，厚5mm。菌盖通常窄半圆形，单个菌盖可达2cm。菌盖表面灰色至灰黑色，光滑，有时表面形成黑色皮壳层。边缘钝。孔口表面初期灰土色，后变为黑色至茶褐色，干后颜色不变。不育边缘明显或不明显。孔口圆形至多角形，每毫米5～7个。二系菌丝系统。孢子椭圆形，一端平截，无色，壁厚，光滑，大小（4.5～5）μm×（3.4～4）μm。

生态习性 夏季生于柳树伐桩的基部，群生。

国内分布 福建、广东、海南等。辽宁新记录种。

经济作用 木材腐朽菌，造成白色腐朽。

多孔菌目　多孔菌科

459. 漏斗多孔菌 *Polyporus arcularius*（Batsch：Fr.）Ames.

中文别名　漏斗棱孔菌、漏斗大孔菌。

分类地位　多孔菌目，多孔菌科，多孔菌属。

形态特征　子实体一般较小。菌盖直径 1.5 ~ 8.5cm，扁平中部脐状，后期边缘平展或翘起，似漏斗状，薄，褐色、黄褐色至深褐色，有深色鳞片，无环带，边缘有长毛，新鲜时韧肉质，柔软，干后变硬且边缘内卷。菌肉厚度不及 1mm，白色或污白色。菌管白色，延生，长 1 ~ 4mm，干时呈草黄色，管口近长方圆形，辐射状排列，直径 1 ~ 3mm。柄中生，同菌盖色，往往有深色鳞片。长 2 ~ 8cm，粗 1 ~ 5mm，圆柱形，基部有污白色粗绒毛。孢子无色，平滑，长椭圆形，多弯曲，（6.5 ~ 11）μm×（2 ~ 3）μm。

生态习性　夏秋季生云杉林倒伏木上，单生或群生。

国内分布　广泛分布。

经济作用　幼嫩可以食用。对艾氏癌的抑制率为 100%。食用菌栽培木段上的常见"杂菌"。

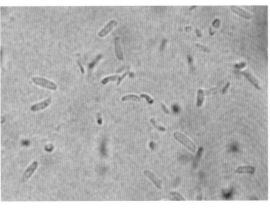

◆ 多孔菌目 多孔菌科

460. 黑柄多孔菌 *Polyporus melanopus*（Pers.）Fr.

中文别名 黑柄拟多孔菌，多变拟多孔菌。

分类地位 多孔菌目，多孔菌科，多孔菌属。

形态特征 子实体一般中等大，菌盖直径 3 ~ 10cm，扁平至浅漏斗形或中部下凹呈脐状，半肉质，干后硬而脆，初期白色、污白黄色变黄褐色，后期呈茶褐色，表面平滑无环带，边缘呈波浪状。菌柄长 2 ~ 6cm，粗 0.3 ~ 1cm，近圆柱形稍变曲，暗褐色至黑色，内部白色，近中生，内实而变硬，有绒毛，基部稍膨大，菌管白色，孔口多角形，每毫米 4 个，边缘呈锯齿状。

生态习性 夏秋季生于桦、杨、水曲柳或红松等腐木上，单生或群生。

国内分布 广泛分布。

经济作用 可药用。实验抗癌，对小白鼠肉瘤 180 及艾氏癌的抑制率为 60%。

◆ 多孔菌目 多孔菌科

461. 变形多孔菌 *Polyporus varius*（Pers.）Fr.

中文别名 多变拟多孔菌。

分类地位 多孔菌目，多孔菌科，多孔菌属。

形态特征 子实体中等。菌盖肾形或近扇形，稍平展且靠近基部下凹，直径（5 ～ 12）cm×（3 ～ 8）cm，厚 0.3 ～ 1cm，浅褐黄色至栗褐色，表面近平滑，边缘薄，呈波浪状或瓣状裂形。菌肉白色或污白色，稍厚。孔口表面浅黄色或黄褐色，管口圆形至多角形，每毫米 5 ～ 8个，菌管长 4mm，与管面同色，后期呈浅粉灰色。菌柄侧生或偏生，0.7 ～ 4cm，粗 0.3 ～ 1cm，基下半部黑褐色，被微细绒毛，后变光滑。担孢子圆柱形至长椭圆形，无色，壁薄，光滑，大小（7.5 ～ 9.5）μm×（2.5 ～ 3.3）μm，非淀粉质。

生态习性 夏秋季生于林中阔叶树倒伏腐木或木桩上，单生或群生。

国内分布 黑龙江、吉林、山西、陕西、河北、浙江、广东、海南、江西、安徽、四川、云南、新疆、甘肃、青海等。辽宁新记录种。

经济作用 药用抗癌。木材腐朽菌，引起白色腐朽。

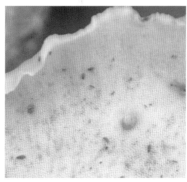
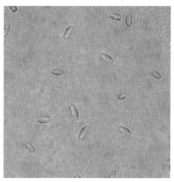

多孔菌目 多孔菌科

462. 血红密孔菌 *Pycnoporus cinnabarina*（Jacq.：Fr.）P. Karst.

中文别名 朱红栓菌、红栓菌。

分类地位 多孔菌目，多孔菌科，密孔菌属。

形态特征 子实体无柄，菌盖木栓质，半圆形或扇形而基部狭小，（2～7）cm×（2～12）cm，厚 0.5～2cm，橙色至红色，后期褪色，无环带，有微细绒毛至无毛，稍有皱纹。菌肉橙色，有明显的环纹，厚 0.3～0.6cm，遇氢氧化钾时变为黑色。菌管长 1～4mm，管口红色，圆形，多角形，每毫米 2～4 个。菌丝系统三体系。担子长棍棒状，顶部具 4 个担孢子梗。孢子短圆柱形，光滑，无色，（5～7）μm×（2～3）μm。

生态习性 夏秋季生于栎等阔叶树的枯死或腐朽木上，群生或叠生。

国内分布 辽宁、吉林、黑龙江、河北、陕西、山西、内蒙古、河南、浙江、安徽、江苏、广东、广西、湖南、江西、甘肃、四川、贵州、青海、云南、新疆、西藏等。

经济作用 可药用。木材腐朽菌，引起木材白色腐朽。

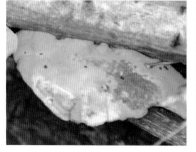
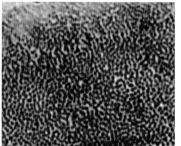

多孔菌目　多孔菌科

463. 白干皮孔菌 *Skeletocutis nivea*（Jungh.）Jean Keller

中文别名　雪白干皮菌。

分类地位　多孔菌目，多孔菌科，干皮菌属。

形态特征　担子果一年生，平展至反卷到平伏，稀有菌盖。菌盖半圆形到长形，单生或覆瓦状，有时侧面相连，1.5cm×3.5cm，厚1.5～5mm，表面白色，干后灰白色，淡黄色或稍带褐色，有细绒毛或无毛，无环纹；边缘同色。菌肉白色，厚1～3.5mm。菌管长0.5～1.5mm，与菌肉同色或淡黄色，壁薄而完整。孔面淡白色，淡灰白色，淡黄色；管口略圆形到多角形，每毫米6～8个。担孢子腊肠形，透明，平滑，（3.5～5）μm×（1～1.5）μm。

生态习性　夏季生于阔叶树林下倒伏木上，叠生、群生。

国内分布　广泛分布。

经济作用　木材腐朽菌，造成木材白色腐朽。

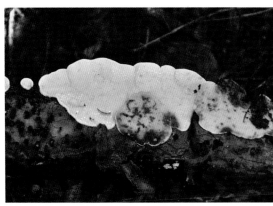

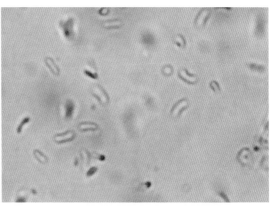

多孔菌目 多孔菌科

464. 优美毡被孔菌 *Spongipellis delectans*（Peck）Murri.

分类地位 多孔菌目，多孔菌科，毡被孔菌属。

形态特征 担子果一年生，无柄或平展至反卷，软木栓质，质轻。菌盖半圆形，（1.5～6）cm×（3～10）cm，厚0.8～7cm，新鲜表面白色，具粗绒毛，成熟时蛋壳色至深肉桂色，有时变暗绿褐色，无环纹；边缘薄或较厚。菌肉近白色或浅土黄色，双层，上层海绵质，下层质地较紧密，厚0.3～3cm。菌管与菌肉同色，长0.5～4.5cm。孔面与菌管同色；管口略圆形，多角形或不规则形，多呈倾斜状并齿裂，每毫米1～2个。菌丝系统一体型；生殖菌丝透明或稍带黄色，薄壁到厚壁，少分枝，具锁状联合，直径3～5μm。担孢子宽椭圆形到近球形，透明、平滑，（7～8.5）μm×（5～6.5）μm。

生态习性 生于阔叶树木材上。

国内分布 辽宁、吉林、黑龙江、内蒙古、山西等。

经济作用 木材白色腐朽。

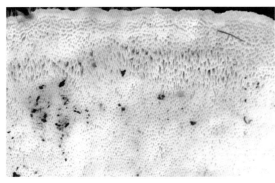
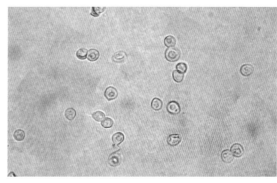

多孔菌目　多孔菌科

465. 松软毡被孔菌 *Spongipellis spumeus*（Sowerby：Fr.）Pat

中文别名　海绵皮孔菌、小孔毡被、多沫多孔菌。

分类地位　多孔菌目，多孔菌科，毡被孔菌属。

形态特征　子实体较大，无柄，海绵质，软而多汁，菌盖白色，干后硬而易碎，表面米黄色，具有一层疏松的粗毛，呈淡褐色，后期近光滑，（5～14）cm×（5～22）cm，厚2～5cm。菌肉白色带黄色，干后浅土黄色，厚1～3cm。菌管长1～1.5cm，浅黄色，管壁薄。管口同色，多角形，每毫米2～5个，干后裂为齿状。担子棒状，无色，（26～35）μm×（5.5～8）μm。孢子无色，光滑，椭圆形至近球形，（4～6）μm×（3～5）μm，内含一个油滴。

生态习性　夏季生于蒙古栎活立木、枯木或木桩上，常单生或群生。

国内分布　辽宁、吉林、黑龙江、河北、山西、江苏、甘肃、陕西、广东、四川、云南等。

经济作用　属木腐菌，腐朽力强，引起被侵染树木白色腐朽。

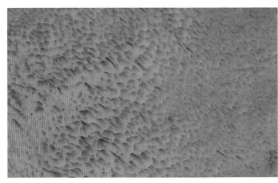
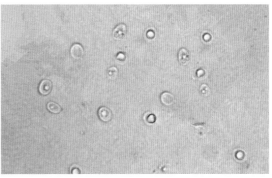

◆ **多孔菌目 多孔菌科**

466. 二型栓孔菌 *Trametes biformis*（Fr.）Pilát

中文别名 二型云芝、二型多孔菌、二型革盖菌。

分类地位 多孔菌目，多孔菌科，栓孔菌属。

形态特征 子实体较小，一年生，革质，菌盖多为覆瓦状生长，薄，半圆形，基部狭窄，呈扇形，或相互连接，直径 2～6cm，厚 1～3mm，表面灰白色到浅黄褐色，具短密毛，并有环纹，边缘很薄而锐，干时明显向下卷曲。菌肉白色，柔韧。管孔短齿状，长 0.5～1.5mm，后期浅褐色至灰褐色。囊体近纺锤形，顶端有结晶。孢子长椭圆形，稍弯曲，无色，平滑，（5～7）μm×（2～2.5）μm。

生态习性 夏秋季生于阔叶树腐木上。群生。

国内分布 黑龙江、内蒙古、河北、山西、江苏、浙江、云南等。辽宁新记录种。

经济作用 引起多种树木木质白色腐朽。药用抗肿瘤。

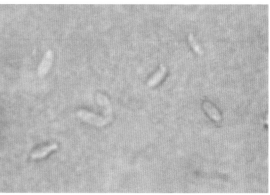

多孔菌目　多孔菌科

467. 皱褶栓菌　*Trametes corrugata*（Pers.）Bers.

中文别名　红贝栓菌、樟菌。

分类地位　多孔菌目，多孔菌科，栓孔菌属。

形态特征　子实体中等至稍大，无菌柄，木栓质。厚 2 ~ 8mm，基部厚达 12mm，平伏而反卷，其反卷部分呈贝壳状，往往覆瓦状着生，菌盖两侧常相连，宽达 20cm，表面光滑或有皱纹和同心环带及环纹，暗红褐色，红褐色和褐色相间呈环纹。菌盖边缘色浅呈白色或木材白色的环带，薄、锐或钝，波浪状或瓣状浅裂，下层无子实层。菌肉白色，木栓质，有环纹，厚 2 ~ 4mm。菌盖一层，近白色，长 1 ~ 3mm，管口蛋壳色，多角形，壁厚，每毫米 2 ~ 3 个。孢子无色，光滑，椭圆形，大小（7 ~ 9）μm×（3 ~ 4）μm。

生态习性　夏秋季生于阔叶树枯立木或倒木上，单生或群生。

国内分布　浙江、福建、广东、广西、海南、四川、贵州、云南、西藏等。辽宁新记录种。

经济作用　木材腐朽菌。药用镇惊、活血、止血、疗风、止痒。木耳或香菇段木上杂菌。

◆ **多孔菌目 多孔菌科**

468. 硬灰栓菌 *Trametes griseo-dura*（Lloyd）Teng

中文别名 灰栓菌。

分类地位 多孔菌目，多孔菌科，栓孔菌属。

形态特征 菌盖无柄，半圆形或近球形，扁平，硬，常有瘤状凸起，无环带，米黄色或淡青灰色，至浅棕灰色或烟灰色，初期有绒毛，渐变光滑，（4～13）cm×（7～26）cm，厚6～27mm，边缘锐或稍钝。菌肉木栓质，白色，厚3～14mm。菌管与菌肉同色，长3～13mm；管口白色，渐变为浅土黄色，圆形或近多角形，平均每毫米3个，壁薄或厚，完整。孢子无色，光滑，（5～7）μm×3μm。菌丝厚壁，少分枝，无横隔或锁状联合，粗2.5～5.5μm。

生态习性 夏秋季生于阔叶树枯死木、倒伏木的干枝上，单生至群生。

国内分布 四川、湖南、云南、广西、福建、海南等。辽宁新记录种。

经济作用 木材腐朽菌。

◆ 多孔菌目　多孔菌科

469. 毛栓孔菌 *Trametes hirsuta*（Wulf.：Fr.）Pilát，alt.

中文别名　毛栓菌、毛革盖菌、粗毛栓菌。

分类地位　多孔菌目，多孔菌科，栓孔菌属。

形态特征　担子果一年生，有时存活 2 年，无柄，新鲜时韧革质，干后革质，无味。菌盖扁平半圆形、扇形，有时圆形，长达 4cm，宽 10cm，高 1cm。菌盖新鲜时乳白色，干后奶油色、浅棕黄色、灰色或灰褐色，被厚绒毛，有同心环带或环沟，边缘锐。孔口多角形，空面新鲜时乳白色，后期浅乳黄色至灰褐色。孢子无色，光滑，圆柱形，（4 ~ 7）μm × （1.2 ~ 2.5）μm。

生态习性　夏秋季生长于多种阔叶树枯木上，群生，叠生。

国内分布　广泛分布。

经济作用　木材腐朽菌，造成白色腐朽。

◆ **多孔菌目　多孔菌科**

470. 蝶毛栓孔菌 *Trametes hirsutus*（Wulf.）Lloyd

中文别名　蝶毛菌。

分类地位　多孔菌目，多孔菌科，栓孔菌属。

形态特征　子实体小至中等大。菌盖半圆形，贝壳形或扇形，无柄，单生或覆瓦状排列。菌盖直径 10cm，厚 0.2 ~ 1cm，表面浅黄色至淡褐色，有粗毛或绒毛和同心环棱，边缘薄而锐，完整或波浪状，菌肉白色至淡黄色。管孔面白色，浅黄色、灰白色至变暗灰色，孔口圆形到多角形，每毫米 2 ~ 3 个，管壁完整，孢子圆柱形，腊肠形，光滑，无色，（6 ~ 7.5）μm×（2 ~ 2.5）μm。

生态习性　夏季生于稠李枯死枝干上，或生于杨、柳等阔叶树活、枯立木、死枝权或伐桩上，群生。

国内分布　分布广泛。

经济作用　药用除风湿、止咳等。抗癌。木材腐朽菌，海绵状白色腐朽。

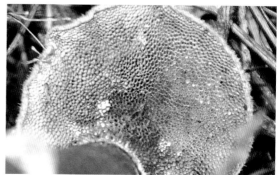

多孔菌目 多孔菌科

471. 赭栓孔菌 *Trametes ochracea*（Pers.）Gilb. &Ryvarden

中文别名 淡黄褐栓菌。

分类地位 多孔菌目，多孔菌科，栓孔菌属。

形态特征 担子果一年生至二年生，无柄盖型，覆瓦状叠生，新鲜时韧革质，无味，干后木栓质。菌盖半圆形，扇形，长 3 ~ 5cm，宽 4 ~ 7cm，中部最厚可达 1.5cm。菌盖新鲜时呈奶油色，后变为浅黄色、黄褐色、红褐色，被细绒毛，有明显或不明显的褐色同心环带，老厚光滑，边缘钝。孔口初期奶油色，后期浅黄色至灰褐色，干后色深，孔口圆形，每毫米 3 ~ 5 个。三系菌丝系统。孢子圆柱形，无色，壁薄，光滑，大小（5.5 ~ 6.5）μm×（2 ~ 2.5）μm。

生态习性 夏秋季生于阔叶树倒伏木或原木上，叠生，群生。

国内分布 辽宁、吉林、黑龙江、内蒙古、山西、陕西、江苏、浙江、福建、河南、湖北、湖南、四川、云南、西藏、甘肃、新疆等地。

经济作用 木材腐朽菌，造成木材白色腐朽。

◆ 多孔菌目 多孔菌科

472. 东方栓孔菌 *Trametes orientalis*（Yasuda）Imaz.

中文别名 东方栓菌、灰带栓菌、东方云芝。

分类地位 多孔菌目，多孔菌科，栓孔菌属。

形态特征 子实体大，木栓质，无柄侧生，多覆瓦状叠生。菌盖半圆形扁平或近贝壳状，（3～12）cm×（4～20）cm，厚3～10mm，表面具微细绒毛，后渐光滑，米黄色，灰褐色至红褐色，常有浅棕灰色至深棕灰色的环纹和较宽的同心环棱，有放射状皱纹，菌盖表面常具褐色小疣突，菌盖边缘锐或钝，全缘或波浪状。菌肉白色至木材白色，坚韧，厚2～6mm。菌管与菌肉同色或稍深，管壁厚。管口圆形，白色至浅锈色，每毫米2～4个，口缘完整，孢子无色，光滑，长椭圆形，稍弯曲，具小尖，（5.5～8）μm×（2.5～3）μm。菌丝少分枝，无横隔或锁状联合，粗2.5～5μm。

生态习性 夏秋季生于阔叶树枯立木、倒伏腐木、枕木上或原木上，叠生，群生。

国内分布 辽宁、吉林、黑龙江、湖北、江西、湖南、云南、广西、广东、贵州、海南、台湾、西藏等。

经济作用 属木腐菌，引起枕木、原木等木材腐朽。

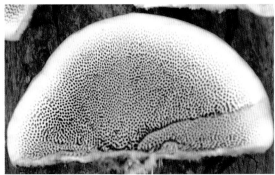

◆ **多孔菌目　多孔菌科**

473. 绒毛栓孔菌 *Trametes pubescens*（Schum.：Fr.）Pilát

中文别名　绒毛栓菌。

分类地位　多孔菌目，多孔菌科，栓孔菌属。

形态特征　担子果一年生，无柄或平展至反卷，木栓质或近革质。菌盖半圆形或扇形，有时覆瓦状或左右相连，（1～4）cm×（1.5～8）cm，厚4～9m，表面有细绒毛，浅黄色、灰白色或浅黄褐色，具不明显的环带。边缘薄或稍厚，有时稍内卷。菌肉白色，厚1～4mm。菌管白色，干后浅褐色，长1.5～5mm。孔面白色，后变浅褐色，高低不平。管口略圆形或多角形，每毫米3～4个。菌丝系统三体型。生殖菌丝透明、壁薄、韧，具锁状联合，直径3～5.5μm。缠绕菌丝无色，壁厚，分枝，多弯曲，直径1.5～2.5μm。担孢子近圆柱形，稍弯曲或长椭圆形，透明、壁薄、平滑，（5.2～7.4）μm×（1.7～2.8）μm。

生态习性　夏秋季生于阔叶林内栎树等多种腐木上及木桩上，群生、叠生。

国内分布　广泛分布。

经济作用　木材腐朽菌。

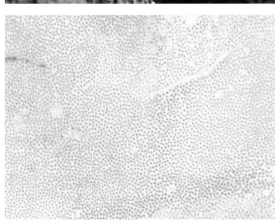
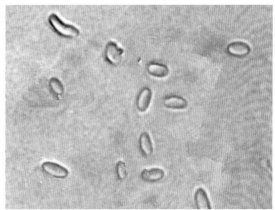

◆ 多孔菌目　多孔菌科

474. 玫色栓菌 *Trametes subrosea* Weir

中文别名　粉肉拟层孔菌。

分类地位　多孔菌目，多孔菌科，栓孔菌属。

形态特征　子实体中等至稍大。木栓质，柄侧生或常无，一年生，菌盖半圆形，薄片状或扁平至贝壳状，（1～8）cm×（2～12.5）cm，厚4～10mm，浅灰褐色、玫褐色、老熟时深栗褐色、黑褐色至黑色，基部色深，缘色浅，初期有细毛，后脱落，有同心环带和环沟，干时有放射状细皱纹。菌肉玫瑰色或桃红色，厚0.1～0.55mm，通常0.2～0.35mm。菌管单层，同菌肉色，长0.15～0.45mm，管口圆形或宽椭圆形，每毫米4～6个。孢子圆柱形，无色透明，平滑，（5～6）μm×1.2μm。

生态习性　夏秋季生于松、云杉等针叶树的枯立木、倒木或伐桩上，叠生。

国内分布　黑龙江、吉林等。辽宁新记录种。

经济作用　木材腐朽菌，形成褐色腐朽。

多孔菌目　多孔菌科

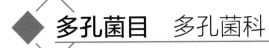

475. 硬毛栓菌 *Trametes trogii* Berk.

中文别名　杨柳粗毛菌、杨柳白腐菌。

分类地位　多孔菌目，多孔菌科，栓孔菌属。

形态特征　子实体小至中等大，一年生，无柄，侧生，木栓质。菌盖（1.5 ~ 7.5）cm ×（2 ~ 13.5）cm，厚 5 ~ 25mm，半圆形，扁平近薄片状，密被黄白色、黄褐色或深栗褐色粗毛束，有同心环带，老时褪为灰白色或浅灰褐色，边缘较薄而锐。菌肉白色，木材色至浅黄褐色，干时变轻，厚 2.5 ~ 10mm。菌管一层，与菌肉同色同质，长 2.5 ~ 15mm，管孔较大，圆形或广椭圆形，有时多弯曲不正形，每毫米 2 ~ 3 个管口。孢子长椭圆形或圆筒形，无色，透明，平滑，（8.5 ~ 12.5）μm ×（2.8 ~ 4）μm。担子呈短棒状，具 4 小梗，（15 ~ 20）μm ×（5 ~ 6）μm。

生态习性　夏秋季多生于杨属和柳属的活立木和枯立木上，或伐木桩上。

国内分布　分布广泛。

经济作用　木材腐朽菌，形成白色腐朽。

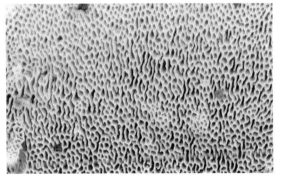

◆ 多孔菌目　多孔菌科

476. 云芝栓孔菌 *Trametes versicolor* （L.）Lloyd

中文别名　杂色云芝、彩绒革盖菌。

分类地位　多孔菌目，多孔菌科，栓孔菌属。

形态特征　子实体一年生。革质至半纤维质，侧生无柄，常覆瓦状叠生，往往左右相连，生于伐桩断面上或倒木上的子实体常围成莲座状。菌盖半圆形至贝壳形，（1~6）cm×（1~10）cm，厚1~3mm；盖面幼时白色，渐变为深色，有密生的细绒毛，长短不等，呈灰色、白色、褐色、蓝色、紫色、黑色等，并构成云纹状的同心环纹；菌盖边缘薄而锐，波浪状，完整，淡色。管口面初期白色，渐变为黄褐色、赤褐色至淡灰黑色；管口圆形至多角形，每毫米3~5个，后期开裂，菌管单层，白色，长1~2mm。菌肉白色，纤维质，干后纤维质至近革质。孢子圆筒状，稍弯曲，平滑，无色，（1.5~2）μm×（2~5）μm。

生态习性　夏季生于杨、柳、栎、杏、桦等多种阔叶树枯死木或伐桩上，叠生。

国内分布　分布广泛。

经济作用　木材腐朽菌，药用抗癌。

多孔菌目 多孔菌科

477. 盘栓孔菌 *Tremetes conchifer*（Schwein.：Fr.）Pilat

分类地位 多孔菌目，多孔菌科，栓孔菌属。

形态特征 担子果一年生，无柄盖型，或具一膨胀的基部与基物连接，单个或数个聚生，新鲜时韧革质，有芳香味，干后木质，单个菌盖可达 3cm，宽 4cm。菌盖基部具一盘状结构，菌盘与菌盖连生或独立生长，浅黄色，黄褐色，黑褐色，直径 0.5cm。菌盖表面新鲜时呈奶油色，干后奶油色至浅黄色、浅棕色，粗糙，有明显的同心环带，干后有不明显放射状纵向条纹。孔口多角形，每毫米 3 ~ 54 个。菌丝系统三体系。担子棍棒状，具 4 个担孢子梗。担孢子圆柱形或弯曲柱形，无色，壁薄，光滑，（6 ~ 8）μm×（2 ~ 3）μm。

生态习性 夏秋季生于榆树等阔叶树腐木上，散生，群生或丛生。

国内分布 黑龙江、吉林、内蒙古等。辽宁新记录种。

经济作用 木材腐朽菌。

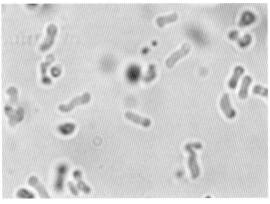

◆ **多孔菌目 多孔菌科**

478. 污白干酪菌 *Tyromyces amygdalinus*（Pers.：Fr）Koti.et Pouz.

中文别名 扁桃状干酪菌。

分类地位 多孔菌目，多孔菌科，干酪菌属。

形态特征 子实体小或中等大，菌盖直径 2 ~ 8cm，宽 1 ~ 6.5cm，厚 0.5 ~ 3.5cm，乳白色至乳黄色，表面粗糙，菌肉白色。菌管面白色，乳白色或浅黄色，干后浅褐色或浅红褐色，长 0.3 ~ 0.7mm，孔口白色，多角形或狭长形。无菌柄，孢子无色，椭圆形，大小（3.5 ~ 4.5）μm×（1.5 ~ 2.5）μm。

生态习性 夏秋季生于阔叶树腐朽木上，叠生。

国内分布 河北、安徽、浙江、湖南、海南、四川、贵州、云南、福建等。辽宁新记录种。

经济作用 木材腐朽菌。

多孔菌目　多孔菌科

479. 蓝灰干酪菌 *Tyromyces caesius*（Schrad.：Fr.）Murr.

中文别名　灰蓝泊氏孔菌。

分类地位　多孔菌目，多孔菌科，干酪菌属。

形态特征　子实体小，无柄或平伏而反卷，剖面往往呈三角形，（1～4）cm×（2～8）cm，厚 0.3～1.5cm，白色或灰白色，有绒毛，基部毛较粗，后期近光滑，无环带，软而多汁，干后松软，边缘薄而锐，干时内卷。菌管白色，渐变为灰蓝色，长 2～8mm，壁薄肉白色，味香，厚 2～10mm。担子棒状，短，无色，（10～13）μm×（5～6.2）μm。孢子圆柱形或腊肠形，无色，光滑，（4～5）μm×（1～1.5）μm。菌丝无色，不分枝或少分枝，壁厚，有横隔和锁状联合，粗 4～7μm。

生态习性　夏秋季生于接骨木等针叶、阔叶腐木上，丛生。

国内分布　黑龙江、河北、山西、陕西、浙江、安徽、广东、广西、四川、云南、新疆等。辽宁新记录种。

经济作用　可食用，鲜时肉嫩味香。可提取纤维素酶，是食用菌木段栽培的"杂菌"。

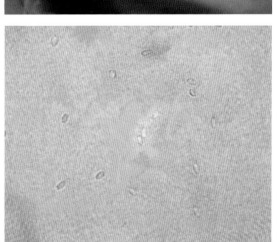

◆ 多孔菌目 多孔菌科

480. 薄白干酪菌 *Tyromyces chioneus*（Fr.）Karst.

分类地位 多孔菌目，多孔菌科，干酪菌属。

形态特征 子实体较小或中等。菌盖直径 1 ~ 9cm，厚 0.5 ~ 0.9cm，纯白色，后变污白至淡黄色，鲜时软而多汁，边缘有近似绒毛，干时硬，表面光滑或近光滑，有薄的表皮层，扁平或边缘波浪状或翘起，菌肉白色，较薄。菌管长 2 ~ 3mm，管口多角形，每毫米 4 ~ 5 个，孢子无色，光滑，圆柱形至腊肠形。

生态习性 夏秋季生于阔叶林下腐朽枝干或伐桩上，单生或叠生。

国内分布 黑龙江、河北、山西、陕西、浙江、安徽、福建、湖南、广东、广西、四川、云南、西藏等。辽宁新记录种。

经济作用 木材腐朽菌。

多孔菌目 多孔菌科

481. 裂干酪菌 *Tyromyces fissilis*（Berk. et Cart.）Donk

分类地位 多孔菌目，多孔菌科，干酪菌属。

形态特征 子实体较大，无柄，菌盖半球形，剖面观扁半球形，直径（4～8）cm×（6～15）cm，厚2～3cm，白色，干后淡褐色至带红色，表面凹凸不平或有皱纹且平伏绒毛，无环带，老后近光滑，干后边缘内卷。菌肉白色，肉质，软而多汁，干后变硬，呈蛋壳色至浅蛋壳色，厚1.5～2cm。菌管面白色，长5～12mm，管口多角形，后变淡褐色，干后或伤后有粉红色斑点，每毫米1～2个，管壁薄。孢子近球形，无色，光滑，大小（3.7～6.5）μm×（2.5～5）μm。

生态习性 夏秋季生于桦、栎、槭、板栗、柞等立木树干上，倒木或原木上。

国内分布 辽宁、吉林、黑龙江、河北、山西等。

经济作用 木腐菌，腐朽力强，引起木材白色腐朽。有时生于木耳或香菇段木上，被视为"杂菌"。

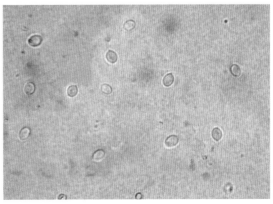

◆ 多孔菌目 多孔菌科

482. 蹄形干酪菌 *Tyromyces lacteus*（Fr.）Murr.

分类地位 多孔菌目，多孔菌科，干酪菌属。

形态特征 子实体较小，无柄，菌盖近马蹄形，剖面呈三角形，纯白色，后期或干时变为淡黄色，鲜时半肉质，干时变硬，（2～3.5）cm×（2～4.5）cm，厚1～2.5cm，表面无环而有细绒毛，边缘而锐，内卷。菌肉软，干后易碎，厚7～15mm。菌管白色，干时长3～10mm，管口白色，干后变为淡黄色，多角形，每毫米3～5个，管壁薄、渐开裂。孢子腊肠形，无色，（3.5～5）μm×（1～1.5）μm。担子棒状，短，4小梗，（10～15）μm×（2.3～4）μm。菌丝无色，少分枝，有横隔和锁状联合，粗3.5～5.5μm。

生态习性 夏秋季生于阔叶树或针叶树腐木上，单生。

国内分布 河北、山西、四川、浙江、江西、广东、西藏等。辽宁新记录种。

经济作用 木材腐朽菌，引起褐色腐朽。药用抗癌，对小白鼠肉瘤 S-180 和艾氏癌的抑制率分别为 90% 和 80%。段木栽培食用菌的污染杂菌。

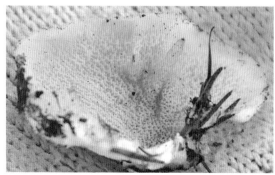

多孔菌目 多孔菌科

483. 绒盖干酪菌 *Tyromyces pubescens*（Schum.：Fr.）Imaz.

中文别名 绒毛栓菌，毛盖干酪菌。

分类地位 多孔菌目，多孔菌科，干酪菌属。

形态特征 子实体一般中等大。菌盖半圆形至扇形、贝形，木栓质，（2~4）cm×（3~8）cm，厚3~6mm，菌盖表面白色至灰白色，有密而细的绒毛，环带不明显。边缘薄或厚，锐或钝，波浪状，干后内卷。菌肉白色，厚1~4mm。菌管白色，长2~5mm，管口圆形，白色，后变为灰白色，每毫米3~4个，壁薄，常呈锯齿状。孢子近圆柱形，无色，光滑，稍弯曲，（6~10）μm×（2~3）μm。

生态习性 生于杨、柳、桦、栎等阔叶树倒木或伐木桩上，也生于枕木上，覆瓦状叠生。

国内分布 广泛分布。

经济作用 木材腐朽菌，引起木材白色腐朽。也常是香菇段木上的杂菌。

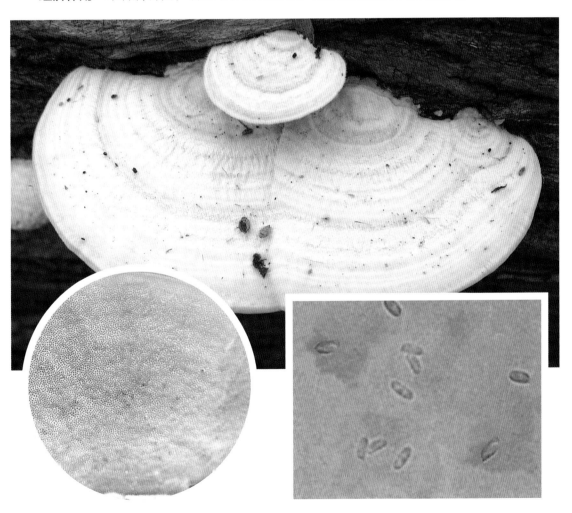

◆ 多孔菌目　多孔菌科

484. 接骨木干酪菌 *Tyromyces sambuceus*（Lloyd）Imaz.

中文别名　接骨木状干酪菌。

分类地位　多孔菌目，多孔菌科，干酪菌属。

形态特征　子实体中等至大型，菌盖半圆形，扁平，直径 8 ~ 20cm，厚 1 ~ 3cm，污白色平滑，幼时近褐色有粉状细绒毛，表面往往凹凸不平，有不明显的环纹及辐射状沟条纹，边缘稍呈波浪状。菌肉含水多柔软肉质，干燥时变轻，白色，初期新鲜时带粉红色。菌管层同菌盖表面色，菌管长 3 ~ 15mm，干时白色。管孔口小，近圆形至多形角，多纵裂。孢子无色，平滑，椭圆形，大小（4 ~ 5.5）μm×（2 ~ 2.5）μm。

生态习性　夏秋季生于蒙古栎等阔叶树枯死木或倒伏木上，近覆瓦状叠生。

国内分布　辽宁、吉林等。

经济作用　记载幼嫩时可以食用。可能有药用价值。属木材腐朽菌，引起白色腐朽。

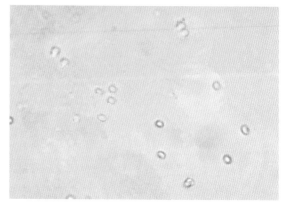

◆ 多孔菌目　多孔菌科

485. 环纹干酪菌 *Tyromyces zonatulus*（Liody）Lmaz.

中文别名　环带干酪菌。

分类地位　多孔菌目，多孔菌科，干酪菌属。

形态特征　子实体较小，无柄盖型。菌盖长 2 ~ 5cm，宽 1.5 ~ 3.5cm，厚 0.2 ~ 0.4cm，半圆形或平伏反卷，覆瓦状，表面近白色或蛋壳色，有微绒毛，或近光滑，有环带或深肉桂色的环纹。菌肉白色，厚 0.1 ~ 0.2cm。管口与菌管同色或稍深，污白色、浅黄色或浅褐色，菌口多角形，呈撕裂状，每毫米 7 ~ 8 个。担孢子椭圆形，无色，大小（4.5 ~ 5）μm×（2.5 ~ 3）μm。

生态习性　夏秋季生于阔叶树倒伏腐木上，叠生。

国内分布　黑龙江。辽宁新记录种。

经济作用　木材腐朽菌，引起白色腐朽。

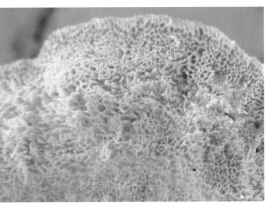

◆ 多孔菌目 巨盖孔菌科

486. 小孔硬孔菌 *Righdoporus microporus*（Sw.）Overeem

中文别名 木硬孔菌、苦味全缘孔菌。

分类地位 多孔菌目，巨盖孔菌科，硬孔菌属。

形态特征 子实体中等大小，多年生，具菌盖或平伏反卷，木栓质。菌盖半圆形至扇形，外伸达6cm，宽达8cm，厚达1.7cm，表面新鲜时乳白色至奶油色，成熟时黄褐色至红褐色，光滑，具同心环纹，边缘锐，干后内卷。孔表面新鲜时乳白色至奶油色，干后灰褐色，有折光反应。孔口圆形，每毫米8～11个，边缘薄，全缘。不育边缘明显，奶油色，宽达3mm，担孢子近球形，无色，薄壁至略厚壁，光滑，大小（3.8～5.3）μm×（3.1～5）μm。非淀粉质。

生态习性 夏秋季生长于槭树等阔叶树活立木干部，覆瓦状叠生。

国内分布 海南、广东、台湾等。辽宁新记录种。

经济作用 木材腐朽病病原菌，引起阔叶树活立木干部腐朽病害。

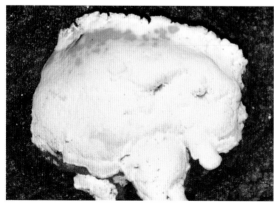

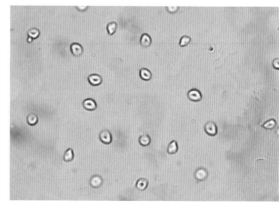

多孔菌目　灵芝科

487. 假芝 *Amauroderma rugosum*（Blume & T. Nees）Torrend

中文别名　乌芝。

分类地位　多孔菌目，灵芝科，假芝属。

形态特征　子实体较小或中等大，一年生，木栓质。菌盖直径 2 ～ 10cm，厚 0.3 ～ 1.6cm，近圆形、半圆形或肾形，灰褐色、污褐色、暗褐色、黑褐色或黑色，无光泽，有明显纵皱及同心环带，并有辐射状皱纹，表面有细微绒毛，边缘钝且稍内卷。菌肉浅褐色，菌管暗褐色，长 2 ～ 6mm，管口近圆形或不规则形，每毫米 4 ～ 6 个。菌柄长 1.5 ～ 10cm，粗 0.3 ～ 1.5cm，圆柱形，与菌盖同色，弯曲，光滑，有假根，侧生或偏生。孢子内壁有小刺，近球形，（9 ～ 11）μm×（7.5 ～ 10）μm。

生态习性　夏秋季生于腐烂的云杉伐桩上，单生或散生。

国内分布　福建、海南、广西、云南等。辽宁新记录种。

经济作用　药用。主要用于腰肾部疾病。

多孔菌目 灵芝科

488. 树舌灵芝 *Ganoderma applanatum*（Pers. ex Wallr）Pat.

中文别名 平盖灵芝，赤色老母菌、扁木灵芝、扁芝。

分类地位 多孔菌目，灵芝科，灵芝属。

形态特征 子实体多年生，侧生无柄，木质或近木栓质。菌盖扁平，半圆形、扇形、扁山丘形至低马蹄形，（5～30）cm×（6～50）cm，厚2～15cm。菌盖表面皮壳灰白色至灰褐色，常覆有一层褐色孢子粉，有明显的同心环棱和环纹，常有大小不一的疣状凸起，干后常有不规则的细裂纹；菌盖边缘薄而锐，有时钝，全缘或波浪状。管口面初期白色，渐变为黄白色至灰褐色，受伤处立即变为褐色；管口圆形，每毫米4～6个；菌管多层，在各层菌管间夹有一层薄的菌丝层，老的菌管中充塞有白色粉末状的菌丝。孢子卵圆形，一端平截，壁双层，外壁光滑，无色，内壁有刺状凸起，褐色，（6.5～10）μm×（5～6.5）μm。

生态习性 夏季生于多种阔叶树的树干上，单生。

国内分布 广泛分布。

经济作用 木材腐朽菌。药用抗癌。

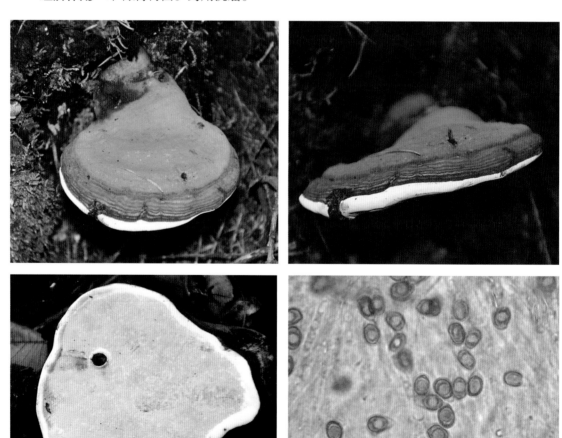

◆ 多孔菌目　灵芝科

489. 有柄树舌灵芝 *Ganoderma gibbosum*（Nees）Pat.

中文别名　白芝、有柄树舌、有柄灵芝。

分类地位　多孔菌目，灵芝科，灵芝属。

形态特征　子实体有柄，木栓质至木质，多年生。菌盖直径 4 ~ 10cm，厚 2cm。半圆形至近扇形，表面锈褐色至土黄色，有圆心环带，表皮光滑明显，后期龟裂，无光泽，边缘钝，完整。菌肉褐色或深棕色，厚达 1cm 左右，菌管深褐色，长 0.5 ~ 1cm，孔面污白色或褐色，管口近圆形，每毫米 4 ~ 5 个。菌柄短粗，长 4 ~ 8cm，粗 1 ~ 3.5cm，同菌盖色，侧生。孢子淡褐色，壁双层，内壁有小刺，顶部平截，卵圆形或椭圆形，（6.2 ~ 8.0）μm×（3.7 ~ 5）μm。

生态习性　夏季生于阔叶树林下的腐木上，单生。

国内分布　江苏、浙江、湖南、广西等。辽宁新记录种。

经济作用　木腐菌。

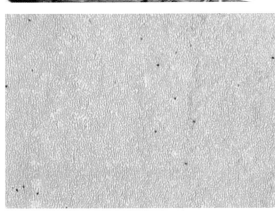
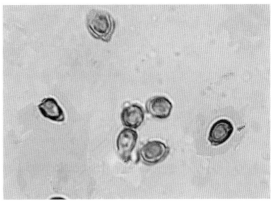

◆ 多孔菌目　灵芝科

490. 胶纹灵芝 *Ganoderma koningshergii*（Lloyd）Teng.

分类地位　多孔菌目，灵芝科，灵芝属。

形态特征　子实体中等至较大。菌盖直径 5 ~ 13cm，半圆形或肾形，锈褐色至污锈褐色，无漆样光泽，具密的同心环纹带，边缘生长时为黄白色，成熟时为褐色或红褐色，完整而钝。菌肉浅土黄色、褐色至肉桂色，厚 0.5 ~ 1cm。菌管褐色，有白色填充物，长 1 ~ 1.2cm。空面新鲜时黄白色，成熟时褐色或锈褐色，管口近圆形，每毫米 4 ~ 5 个。无柄或基部柄状。孢子双层壁，内层浅褐色，有明显小刺，卵圆形，（8.7 ~ 10.4）μm×（6.9 ~ 8.7）μm。

生态习性　夏秋季多生于红松林的伐根上或附近地面上。

国内分布　湖北、海南、云南等。辽宁新记录种。

经济作用　食用及其他用途不明。

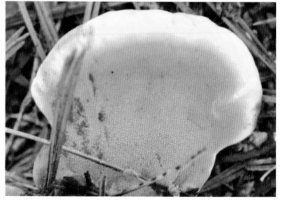

多孔菌目　灵芝科

491. 层迭灵芝 *Ganoderma lobatum*（Schw.）Atk.

中文别名　裂迭灵芝、层叠灵芝。

分类地位　多孔菌目，灵芝科，灵芝属。

形态特征　子实体大，层叠生长，新菌盖生在头年老菌盖的下侧，无柄。菌盖扁，基部厚，剖面呈楔形，长 3 ~ 5cm，个别生于倒木者长达 1m，菌盖灰色或浅褐色，有同心环带，皮壳薄而脆，菌肉浅褐色，软木栓质，菌管单层。管口圆形，白色至浅黄色，受伤后变浅褐色，每毫米有孔 4 ~ 5 个。担孢子卵形，褐色（6 ~ 9）μm×（4.5 ~ 6）μm。此菌与树舌灵芝近似，主要区别是这个种菌盖层迭生长，菌管一层。

生态习性　夏秋季生于杨树枯立木、倒木或伐桩上，叠生、群生。

国内分布　河北、浙江、云南、西藏、香港等。辽宁新记录种。

经济作用　可供药用。是树木的腐朽菌，引起木材腐朽。

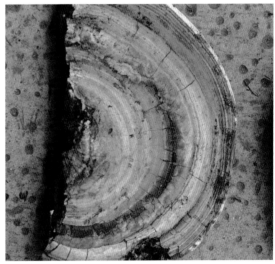

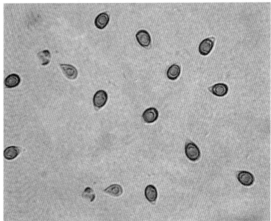

多孔菌目 灵芝科

492. 灵芝 *Ganoderma lucidum*（Leyss. ex Fr.）Karst.

中文别名 赤芝、红芝、丹芝、瑞草、木灵芝、菌灵芝、万年蕈、灵芝草、林中灵、琼珍。

分类地位 多孔菌目，灵芝科，灵芝属。

形态特征 担子果一年生，有柄，栓质。菌盖半圆形或肾形，直径 10 ~ 20cm，盖肉厚 1.5 ~ 2cm，菌盖面表褐黄色或红褐色，菌盖边缘渐趋淡黄色，有同心环纹，微皱或平滑，有亮漆状光泽，边缘微钝。菌肉乳白色，近管处淡褐色。菌管长达 1cm，每毫米 4 ~ 5 个。管口近圆形，初白色，后呈淡黄色或黄褐色。菌柄圆柱形，侧生或偏生，偶中生。长 10 ~ 19cm，粗 1.5 ~ 4cm，与菌盖色泽相似。孢子卵形，褐色，双层壁，顶端平截，外壁透明，内壁淡褐色大小（9 ~ 11）μm×（6 ~ 7.5）μm。

生态习性 夏秋季生于木桩或腐木上，单生或丛生。

国内分布 分布较广泛。

经济作用 药用。具有补气安神、止咳平喘、延年益寿的功效。也是木材腐朽菌。

多孔菌目 灵芝科

493. 小孢灵芝 *Ganoderma microsporum* Hseu

分类地位 多孔菌目，灵芝科，灵芝属。

形态特征 子实体中等至较大，一年生。菌盖直径 5~18cm，近肾形至贝壳状，无柄，表面古铜色至紫黑色，有漆样光泽，具同心环纹及放射状纵条纹，边缘薄呈黏土色。菌肉淡肉桂黄色。菌管呈栗褐色，管口初为奶油色，后为黄褐色。孢子卵圆形，顶端具乳突，淡黄褐色，双层壁，内壁厚，有小刺，顶端钝或平截，（6.3 ~ 8）μm×（4.2 ~ 5.5）μm。

生态习性 夏秋季生于红松林下的红松伐桩上，叠生。

国内分布 云南、台湾。辽宁新记录种。

经济作用 木材腐朽菌。其他不明。

多孔菌目 灵芝科

494. 树灵芝 *Ganoderma resinaceum* Boud.ex Pat.

中文别名 无柄灵芝、树芝。

分类地位 多孔菌目，灵芝科，灵芝属。

形态特征 子实体一年生，无柄，菌盖直径达 9 ~ 26cm，最大可达 35cm，厚可达 4 ~ 8cm，半圆形或近扇形，往往呈覆瓦状生长，表面红褐色、黑褐色，基部色深具土褐色和土黄色相间的红带环带，有似漆样的光泽，边缘薄而色浅。菌肉上层木纹彩色，接近菌管处褐色至肉桂色。菌管长 0.5 ~ 0.8cm，每毫米 4 ~ 5 个，管壁厚，管口近圆形。无柄或有时具短柄，长约 3cm，黑褐色，有光泽。孢子淡褐色，内壁有小刺，外壁平滑，卵圆形，（7.8 ~ 10.5）μm×（5.2 ~ 6.9）μm。

生态习性 夏秋季生于阔叶林中腐木桩上，单生或群生。

国内分布 宁夏、河北、湖北、云南、海南、广西等。辽宁新记录种。

经济作用 木材腐朽菌，引起白色腐朽。

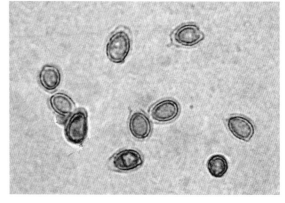

多孔菌目 拟层孔菌科

495. 异形薄孔菌 *Antrodia heteromorpha*（Fr.）Donk

分类地位 多孔菌目，拟层孔菌科，薄孔菌属。

形态特征 担子果一年生，平伏或平伏反卷，覆瓦状叠生。单个菌盖外伸可达 2cm，宽可达 6cm。孔口表面新鲜时乳白色至乳黄色，干后淡黄色或浅褐色，无折光反应，不规则形或近圆形至多角形、迷宫状，每毫米 0.5 ~ 1.5 个，边缘薄，全缘或撕裂状。成熟子实体裂齿状，菌齿紧密排列。菌肉白色至浅黄色，新鲜时软木质，干后木栓质，厚 1mm。孢子圆柱形，无色，壁薄，光滑，大小（8 ~ 12）μm×（3.6 ~ 4.8）μm，非淀粉质。

生态习性 夏秋季生于栎树或其他阔叶树的活立木伤口处，多群生。

国内分布 广泛分布。

经济作用 木材腐朽菌，引起褐色腐朽。

◆ 多孔菌目　拟层孔菌科

496. 黄薄孔菌 *Antrodia xantha*（Fr.：Fr.）Ryvarden

中文别名　黄白薄孔菌、王氏薄孔菌。

分类地位　多孔菌目，拟层孔菌科，薄孔菌属。

形态特征　担子果一年生至多年生，平伏，常平展很大一片，长可达100cm，宽可达20cm，中部厚可达5mm。老的担子果裂成小块状，紧贴于基物上，新鲜时无味，软木栓质，干后为白垩质，易碎。孔口新鲜时表面白色、硫磺色，干后变成淡黄色、奶油黄色。不育边缘明显，白色垫状，宽1～2mm。二系菌丝，生殖菌丝比骨架菌丝少。孢子香肠形或近椭圆形，无色，大小（4～5）μm×（1～1.5）μm。

生态习性　夏季生于阔叶树林下的腐木上，群生。

国内分布　辽宁、吉林、黑龙江、北京、山西、内蒙古、福建、四川、陕西、甘肃、新疆等。

经济作用　木材腐朽菌，造成白色腐朽。

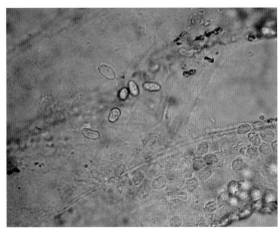

多孔菌目　拟层孔菌科

497. 北方顶囊孔菌 *Climacocystis borealis*（Fr.）Kotl. & Pouz.

分类地位　多孔菌目，拟层孔菌科，顶囊孔菌属。

形态特征　担子果一年生，无柄或有侧生至近中生柄，新鲜时多汁液，干时轻而脆，韧肉质至革质。菌盖半圆形或近扇形，有时不规则地扭曲，（3～6）cm×（4～8）cm，厚8～15mm，表面白色，淡奶油黄色、稻草黄色或淡黄褐色，平坦到稍凸起，被绒毛或粗毛，干时粗毛粘在一起，手触之略有刺手感，部分呈光滑状，有放射状条纹；边缘锐或稍钝，完整或有缺刻，有时稍向内卷。菌肉白色或淡白色，双层，上层较松软，下层较坚硬，厚5～10mm。菌管白色到淡黄褐色，长3～5mm。孔面淡黄褐色或稻草黄色；管口多角形，部分呈不规则形或撕裂，每毫米1～3个。

生态习性　夏秋季生于云杉腐朽枝干或伐桩上，单生或叠生。

国内分布　四川等。辽宁新记录种。

经济作用　木材腐朽菌，引起白色腐朽。

◆ 多孔菌目　拟层孔菌科

498. 迪氏迷孔菌 *Daedalea dickinsii* Yasuda

中文别名　肉色迷孔菌、迪斯栓菌、扁疣菌、肉色栓菌。

分类地位　多孔菌目，拟层孔菌科，迷孔菌属。

形态特征　子实体一年生，木栓质，无柄侧生，菌盖半圆形、扁平或稀马蹄形，表面有不明显的辐射状皱纹和环纹，或有小疣和小瘤，细绒毛，渐变光滑，初期浅肉色，后期变为棕灰色至深棕灰色，（4 ~ 14）cm×（6 ~ 27）cm，厚 1 ~ 2cm，基部厚达 3cm，菌盖边缘薄，钝，全缘，下侧无子实层。菌肉淡褐色、粉红色至肉桂色，厚 3 ~ 10mm，可达 20mm。菌管同菌肉色，单层，长 3 ~ 20mm，管口近似菌盖色，形状不整齐，边缘多为圆形，其他为多角形至长方形，每毫米 1 ~ 2 个，向基部渐呈长方形到迷路状，偶尔出现近褶状，管壁厚，全缘。孢子无色、光滑，近球形，3.5 ~ 4μm。

生态习性　夏秋季生于阔叶树倒木、伐木桩上或储木，单生或覆瓦状叠生。

国内分布　黑龙江、吉林、内蒙古、河北、山西、河南、陕西、甘肃、四川、安徽、江苏、浙江、云南、广西、台湾等。辽宁新记录种。

经济作用　木材腐朽菌。引起多种阔叶树的木材及枕木等形成片状或块状褐色腐朽。

多孔菌目 拟层孔菌科

499. 红缘拟层孔菌 *Fomitopsis pinicola* (Sow.ex Fr.) Karst.

中文别名 松生拟层孔菌。

分类地位 多孔菌目，拟层孔菌科，拟层孔菌属。

形态特征 子实体多年生，木质。菌盖半圆形、扇形或马蹄形，侧生，（4～30）cm×（6～40）cm，厚2.5～20cm，菌盖表面初期有一层橙红色胶样皮壳，后期渐变硬，颜色变为灰色、污灰色、黑褐色至黑色，有明显的环棱；菌盖边缘钝，薄或厚，新生的菌盖边缘近白色，渐变灰黄色、红色至红褐色。管口面白色或乳白色，干燥后呈黄色或米黄色；管口小，圆形，每毫米3～5个，管壁厚；菌管多层，每层厚3～5mm，新鲜的菌管层可与上层剥离。菌肉木栓质至木质，近白色，干燥后呈淡褐色，有环纹。有小囊状体，无色，薄壁。孢子卵形至椭圆形，光滑，无色，（5.5～7.5）μm×（3.5～4）μm。

生态习性 夏秋季可生于针叶树或阔叶树的倒木、枯立木、伐木桩以及原木上，单生或群生。

国内分布 分布广泛。

经济作用 木材腐朽菌，引起褐色块状腐朽。药用抗癌。

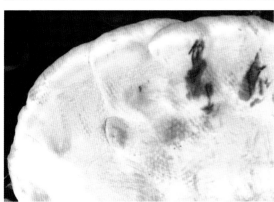
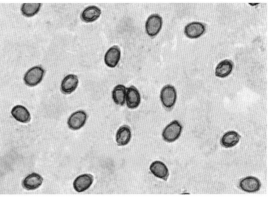

多孔菌目　拟层孔菌科

500. 高山炮孔菌 *Laetiporus montanus* Cerný ex Tomsovský & Jankovský

中文别名　硫磺菌。

分类地位　多孔菌目，拟层孔菌科，炮孔菌属。

形态特征　子实体大型，一年生，无柄或具短柄，覆瓦状叠生，肉质至干酪质。菌盖扁平，外伸可达 25cm，宽 30cm，厚 2cm，表面幼嫩时呈橘黄色，成熟后呈淡黄褐色。边缘钝或略锐，波浪状，颜色较菌盖面浅。孔口表面新鲜时呈浅黄色，成熟时呈污白色。孔口多角形，每毫米 3 ~ 4 个，边缘薄，撕裂状。不育边缘窄。菌肉乳白色，厚达 1cm。菌管与孔口同色。孢子宽椭圆形，近球形，无色，光滑，壁薄，大小（4.5 ~ 7）μm×（4 ~ 5）μm，非淀粉质。

生态习性　夏季生于栎树活立木干基部，叠生。

国内分布　东北地区。

经济作用　幼时可食用。药用抗癌。木材腐朽菌，引起木材褐色腐朽。

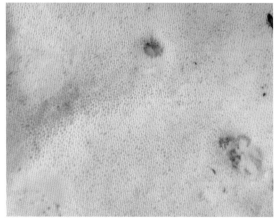
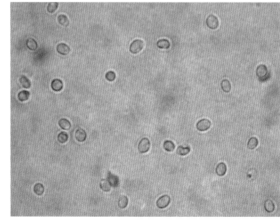

◆ 多孔菌目　拟层孔菌科

501. 柔丝干酪孔菌　*Oligoporus sericeomollis*（Romell）Bond.

分类地位　多孔菌目，拟层孔菌科，寡孔菌属。

形态特征　担子果一年生，平伏，贴生，新鲜时蜡质、软肉质至棉絮质，无味，干后脆革质，易碎，长达15cm，宽可达6cm，厚达3mm。孔口表面新鲜时为白色至奶油色，干后为淡黄色、浅黄褐色至污褐色，不育边缘明显至不明显，白色，棉絮状。孔口形状不规则，通常圆形至多角形，每毫米2～4个。管口边缘薄，呈撕裂状，菌肉新鲜时白色，干后淡黄色至淡黄褐色，脆质。菌丝系统一体系。囊状体纺锤形，顶端被有结晶。担子棍棒状，4个担孢子梗。担孢子椭圆形，无色，壁薄，光滑，（4～4.9）μm×（1.9～2.2）μm。

生态习性　春夏季生于阔叶林中地面倒伏木上，群生。

国内分布　辽宁、吉林、黑龙江、内蒙古、浙江、海南、四川、云南、西藏、甘肃、新疆等。

经济作用　木材腐朽菌，造成褐色腐朽。

◆ 多孔菌目 拟层孔菌科

502. 松杉暗孔菌 *Phaeolus sahweinitzii*（Fr.）Pat.

中文别名 栗褐暗孔菌、松干基褐腐菌。

分类地位 多孔菌目，拟层孔菌科，暗孔菌属。

形态特征 子实较大，菌盖直径 8 ~ 25cm，厚 1 ~ 2cm，扁平、半圆形或近圆形，花瓣状。无柄或有柄，偏生或中生，一般无柄则在基物上侧生并叠生呈覆瓦状，菌管单层，茶褐色，长 2 ~ 5mm，管孔大小不等，近圆形、椭圆形或近似迷路状，后期呈现齿状，每毫米 1 ~ 3 个。孢子椭圆形或宽椭圆形，无色、平滑，大小（5.5 ~ 7.5）μm×（3.5 ~ 4.5）μm。

生态习性 夏秋季多生长在针叶树（落叶松）伐根、根基部或倒木上，群生、叠生。

国内分布 广泛分布

经济作用 木材腐朽菌，主要引起松干基块状褐腐。

多孔菌目　平革菌科

503. 白薄孔菌 *Antrodia albida*（Fr.：Fr.）Donk

中文别名　白革裥菌、白栓菌。

分类地位　多孔菌目，平革菌科，薄孔菌属。

形态特征　担子果一年生，无柄盖形，有时平伏有时反卷，覆瓦状叠生，平伏长可达20cm，宽可达 2.5cm，厚可达 8mm。新鲜时表面奶油色至淡黄色，干后淡黄色、土黄色、黄褐色，边缘锐或钝，左右相连宽可达 12cm，子实层体初期孔状，后期不规则状、半褶状或裂齿状。孔口表面淡黄褐色或黄褐色，无折光反应，形状不规则，每毫米 1 ~ 2 个，边缘薄，撕裂状。菌肉白色至浅黄褐色，木栓质，厚 2mm。担孢子椭圆形，透明、壁薄，平滑，（7 ~ 8.8）μm×（3 ~ 4.5）μm，非淀粉质。

生态习性　秋季生于阔叶树木材、倒木或木桩上，单生或叠生。

国内分布　广泛分布。

经济作用　木材腐朽菌，引起褐色腐朽。

◆ 多孔菌目 平革菌科

504. 白膏小薄孔菌 *Antrodiella gypsea*（Yasuda）T. Hatt. & Ryvarden.

中文别名 香味小薄孔菌。

分类地位 多孔菌目，平革菌科，小薄孔菌属。

形态特征 担子果一年生至多年生，平伏，平伏反卷或无柄盖型，不易与基物分离，通常覆瓦状叠生，菌盖通常侧向融合，无臭无味，新鲜时革质，干后软木栓质，极轻。单个菌盖长达 0.8cm，宽 1.5cm，厚 4mm。平伏的担子果在原木上长可达 300cm 以上。菌盖表面奶油色至淡黄色，被细绒毛，边缘锐，橘黄色。菌肉白色至奶油色。孔口表面初期奶油色，后期淡黄色至橘红色。孔口多角形。担孢子椭圆形，无色，壁薄，光滑，（2.6 ~ 3）μm×（1.2 ~ 1.7）μm。

生态习性 秋季生长于云杉伐桩上或储木上，单生或群生。

国内分布 辽宁、吉林、黑龙江、福建等。

经济作用 木材腐朽菌，造成白色腐朽。

◆ 多孔菌目　平革菌科

505. 环带小薄孔菌 *Antrodiella zonata*（Berk.）Ryvarden

分类地位　多孔菌目，平革菌科，小薄孔菌属。

形态特征　子实体较小，一年生，平伏至具有明显菌盖，覆瓦状叠生，新鲜时革质，干后硬革质。菌盖外伸可达3cm，宽达5cm，厚达8mm，新鲜时表面橘黄色至黄褐色，具同心环带，边缘锐，干后内卷。孔口表面橘黄褐色至黄褐色，近圆形，每毫米2～3个，边缘薄，撕裂状。不育边缘明显窄至无。菌肉革质，厚4mm。菌管单层，黄褐色，干后硬纤维质。担孢子宽椭圆形，无色，壁薄，光滑大小（4.3～6）μm×（3～4）μm，非淀粉质。

生态习性　夏季生于原木或林中倒伏木上，叠生。

国内分布　华中、华南地区。辽宁新记录种。

经济作用　药用，抗细菌，抑肿瘤。木材腐朽菌，造成白色腐朽。

多孔菌目 平革菌科

506. 革棉絮干朽菌 *Byssomerulius corium*（Pers.）Parmasto

中文别名 革质干朽菌。

分类地位 多孔菌目，平革菌科，棉絮干朽菌属。

形态特征 子实体一年生，平伏贴生与基物上，偶尔平伏反卷，菌盖很窄，新鲜时表面奶油色，具微毛，韧革质，干后粗糙，浅黄色，具环纹，较脆。子实层平伏时椭圆形至圆形，直径 2～3cm，新鲜时乳白色，干后黄锈色，初期光滑，后期具不规则瘤突。边缘颜色较浅，光滑，宽可达 1mm。菌肉较薄。担孢子近圆形或椭圆形，无色，壁薄，光滑，大小（5～6）μm×（2～3）μm，非淀粉质。

生态习性 夏季生于杨树等阔叶树腐木或枯死枝上，群生。

国内分布 吉林、河北、江苏、浙江、安徽、福建、湖南、广西、四川、贵州、云南、甘肃等。辽宁新记录种。

经济作用 木材腐朽菌，造成白色木材腐朽。

507. 白黄拟蜡孔菌 *Ceriporiopsis alboauranitus* C. L. Zhao et al.

分类地位　多孔菌目，平革菌科，拟蜡孔菌属。

形态特征　子实体一年生，平伏，不易与基物剥离，新鲜时无特殊气味，软，长可达 4.5cm，宽达 2.5cm，厚达 2mm。新鲜时孔口表面白色，干后变为杏黄色。管口多角形，每毫米 2 ~ 3 个，边缘薄，全缘。不育边缘明显，宽可达 3mm，菌肉浅黄色，厚可达 0.5mm。菌管与孔口表面同色，长 1.5mm。担孢子椭圆形，无色，壁薄，光滑，（4.1 ~ 5）μm×（3.1 ~ 3.2）μm，非淀粉质。

生态习性　夏季生于阔叶树腐朽枝干上，单生。

国内分布　华中地区。辽宁新记录种。

经济作用　木材腐朽菌，有资料记录可造成针叶树白色腐朽。

◆ 多孔菌目　平革菌科

508. 拟蜡孔菌　*Ceriporiopsis gilvescens*（Bres.）Dom.

分类地位　多孔菌目，平革菌科，蜡孔菌属。

形态特征　担子果一年生，平伏，中部稍厚，向边缘逐渐变薄不易与基物分开，新鲜时蜡质、棉质至软革质，白色，奶油色，红酒色，肉红色，无味，干后革质或脆质，浅褐色、红褐色，长达 15cm，宽达 4cm，厚 4mm。新鲜时孔口表面呈白色，不育边缘窄或无，乳白色，绒毛状。孔口圆形或多角形，每毫米 5 ~ 6 个，有时个别孔口较大。菌肉层极薄，软革质，厚约 0.1mm。菌丝系统一体系。生殖菌丝具锁状联合。担孢子长椭圆形，无色，壁薄，光滑，大小（4.1 ~ 4.8）μm×（1.8 ~ 2）μm。

生态习性　夏季生于阔叶树林下腐木上，群生。

国内分布　吉林、河南、山西、陕西、湖北、西藏等。辽宁新记录种。

经济作用　木材腐朽菌。

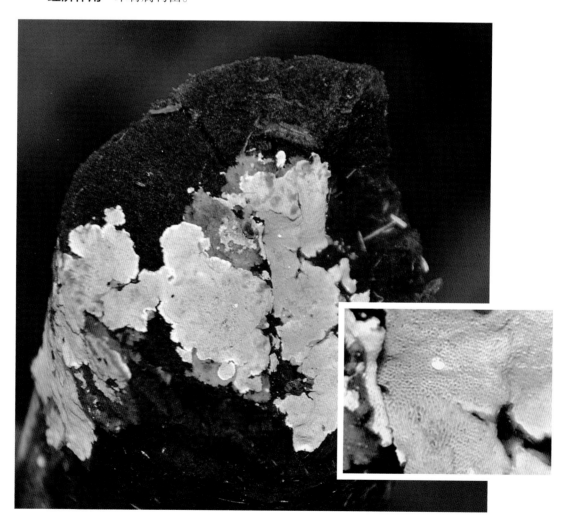

多孔菌目　平革菌科

509. 北方肉齿菌 *Climacodon septentrionalis*（Fr.）P. Karst.

中文别名　大肉齿耳菌。

分类地位　多孔菌目，平革菌科，肉齿耳菌属。

形态特征　子实体一年生，无柄，覆瓦状叠生，新鲜时肉质至革质，略具酸味。干后木栓质或硬骨质。菌盖半圆形至扇形，大小（2.5～15）cm×（3.5～14）cm，厚1～2.5cm，表面乳白色、木材色至褐色，具微绒毛，干后粗糙，边缘逐渐变薄，锐，干后内卷。不育边缘明显，宽可达7mm，菌肉新鲜时乳白色，干后木材色，木质至骨质，厚1.5cm。菌齿表面奶油色至黄褐色，菌管圆柱形，从基部向顶部渐细，新鲜时肉质，干后硬纤维质，每毫米3～5个，长7mm。担孢子无色，椭圆形，（4～5）μm×（2～2.6）μm。

生态习性　夏季生于槭树等阔叶树的树干、枯枝上，叠生。

国内分布　黑龙江、吉林、辽宁、河北、河南等。

经济作用　木材腐朽菌，引起白色腐朽。

527

◆ **多孔菌目** 平革菌科

510. 金根原毛平革菌 *Phanerochaete chrysorhizas*（Tarr.）Bud. et Gilb.

分类地位 多孔菌目，平革菌科，平革菌属。

形态特征 担子果一年生，平伏，贴生，与基质容易分离，极薄，膜质，长可达50cm，宽可达8cm，厚达2mm。子实层体表面新鲜时橘红色，齿状，菌齿圆柱形，顶端较尖，长约1.5mm，不育边缘明显，呈羽毛状或菌索状，浅橘黄色。菌丝系统一体系。囊状体棍棒状，基部有1个分隔。担子棍棒状，顶部具4个担孢子梗。担孢子椭圆形，无色，壁薄，光滑，（4～5.5）μm×（2～3）μm。

生态习性 夏秋季生于落叶松林下腐朽的干枝上，单生或群生。

国内分布 浙江、福建、河南、广西、海南、四川、贵州、云南、西藏、台湾等。辽宁新记录种。

经济作用 木材腐朽菌。

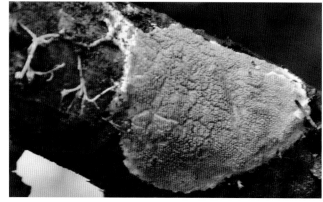

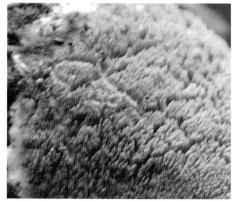

多孔菌目　平革菌科

511. 污白平革菌 *Phanerochaete sordida*（P. Karst.）J. Erikss. & Ryvarden

分类地位　多孔菌目，平革菌科，平革菌属。

形态特征　子实体平伏，成片贴生于基物，膜质至纸质，长可达100cm，宽可达20cm，厚可达3mm。子实层体光滑，有时有粒状凸起，干时偶有稀疏裂纹，具短绒毛，乳白色至乳黄色，干时颜色略深。不育边缘不明显至几乎没有。担孢子卵形至椭圆形，无色，壁薄，大小（5～7）μm×（2.7～3.3）μm。

生态习性　夏秋季生长于林中阔叶树腐木上，群生。

国内分布　华南和华中地区。辽宁新记录种。

经济作用　木材腐朽菌，引起白色腐朽。

◆ 多孔菌目 平革菌科

512. 蓝伏革菌 *Pulcherricium caeruleum*（Lam.）Parmasto

中文别名 蓝色伏革菌。

分类地位 多孔菌目，平革菌科，蓝色伏革菌。

形态特征 子实体薄，呈膜质，平伏在树枝上或树干上，湿润时可剥离，深景泰蓝色。边缘往往很薄，颜色较浅呈白色。剖面厚 200 ~ 500 μm，颜色与子实层相同。菌丝壁厚，具锁状联合，直径 3 ~ 4.5 μm。孢子无色，椭圆形，（5.5 ~ 10）μm ×（4.5 ~ 5）μm。

生态习性 夏秋季生于栎树、水曲柳等阔叶树枯木或落枝上，叠生或群生。

国内分布 黑龙江、陕西、浙江、江苏、广东、四川、云南等。辽宁新记录种。

经济作用 引起木材腐朽。

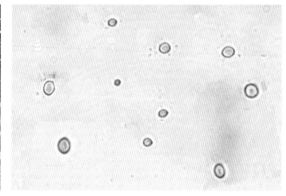

多孔菌目 皱孔菌科

513. 烟管菌 *Bjerkandera adusta*（Willd.：Fr.）Karst.

中文别名 烟色多孔菌、黑管菌。

分类地位 多孔菌目，皱孔菌科，烟管孔菌属。

形态特征 子实体较小，一年生，无柄，软革质，以后变硬。菌盖半圆形，宽 2～7cm，厚 0.1～0.6cm，表面淡黄色、灰色到浅褐色，有绒毛，以后脱落，表面近光滑或稍有粗糙，环纹不明显。边缘薄，波浪形，变黑，下面无子实层。菌肉软革质，干后脆，纤维状，白色至灰色，很薄，菌管淡褐色至黑色。管孔面烟色，后变鼠灰色，孔口圆形近多角形，每毫米 4～6 个。担孢子椭圆形，基部有尖凸，无色。

生态习性 夏季生于桦树枯死枝干上，覆瓦状叠生、群生。

国内分布 吉林、黑龙江、河北、山西、陕西、甘肃、青海、宁夏、贵州、江苏、江西、福建、河南、湖南、广西、新疆、西藏、台湾等。辽宁新记录种。

经济作用 药用抗癌。木材腐朽菌，引起白色腐朽。

多孔菌目 皱孔菌科

514. 浅黄囊孔菌 *Flavodon flavus*（Klotzsch）Ryvarden

中文别名 黄囊耙齿菌。

分类地位 多孔菌目，皱孔菌科，黄囊孔菌属。

形态特征 子实体一年生，平伏至反卷，覆瓦状叠生，干后软革质。菌盖外伸可达 1cm，宽可达 2cm，厚达 3mm，表面灰白色至黄褐色，被微绒毛，具同心环沟，边缘锐。子实层体新鲜时呈橘黄色，干后烟草黄色至褐色，具明显齿状。菌齿排列时较疏松，每毫米 1～3 个，长可达 3mm，多数呈扁齿状，有时锥形，单生或 2～3 个连生成片。不育边缘明显，宽达 2mm。菌肉分层，软革质，厚可达 1mm，上层颜色与菌盖颜色接近，下层于菌齿同色。担孢子椭圆形，无色，壁薄，大小（3.75～5）μm×（2.5～3.8）μm，非淀粉质。

生态习性 夏秋季生于阔叶树枯立木、倒伏木及储木上。

国内分布 广西等。辽宁新记录种。

经济作用 木材腐朽菌，造成白色腐朽。

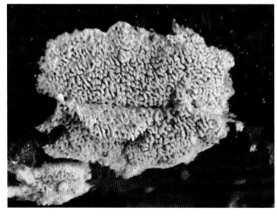

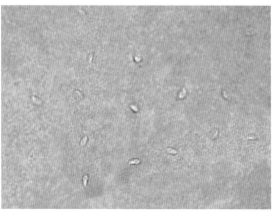

多孔菌目 皱孔菌科

515. 二色胶黏孔菌 *Gloeoporus dichrous*（Fr.）Bres.

中文别名 紫胶孔菌、紫杉半胶菌。

分类地位 多孔菌目，皱孔菌科，胶黏孔菌属。

形态特征 担子果一年生，平伏，紧贴在基物上，新鲜时软革质，干后脆胶质。菌盖半圆形，外伸达 2cm，宽 4cm，基部厚约 3mm。菌盖表面初期白色或乳白色，后期淡黄色或灰白色，边缘锐，干后内卷。孔口表面粉红褐色至紫黑色，孔口圆形、近圆形或多角形，每毫米 4 ~ 6 个，边缘薄，全缘，不育边缘明显，乳白色会淡黄色，宽达 3mm。菌肉白色，厚 2mm。菌管与孔口同色，长 1mm。担孢子近腊肠形到圆柱形，透明，壁薄，平滑，大小（3.5 ~ 4.5）μm×（0.9 ~ 1）μm，非淀粉质。

生态习性 夏秋季生于阔叶树倒伏木、原木上，覆瓦状叠生。

国内分布 河北、山西、黑龙江、浙江、江西、广东、广西、四川、云南等。辽宁新记录种。

经济作用 木材腐朽菌，引起白色腐朽。

◆ **多孔菌目　皱孔菌科**

516. 略丝皮革菌 *Hyphoderma praetermissum*（P.Karst.）J. Erikss. &A. Strid.

分类地位　多孔菌目，皱孔菌科，丝皮革菌属。

形态特征　担子果一年生，平伏，贴生，蜡质，厚可达150μm。子实层体表面灰白色至浅土黄色，光滑，老后开裂，边缘颜色稍浅，渐薄。菌丝系统一体系，生殖菌丝具锁状联合。菌肉菌丝无色，频繁分枝，疏松交织排列。近子实层体菌丝无色，壁薄至稍厚，大量分枝，紧密交织排列，有3种囊状体，分别为腹鼓状、圆柱状和多沟囊状。担孢子椭圆形至窄椭圆形，无色，光滑，（6.4 ~ 10）μm×（3.7 ~ 5）μm。

生态习性　春夏季生于白桦等阔叶树倒伏木上，单生至群生。

国内分布　辽宁、吉林、湖北、云南、台湾等。

经济作用　引起木材腐朽。

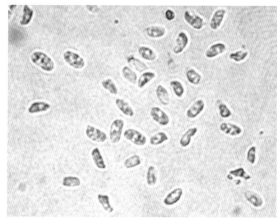

多孔菌目 皱孔菌科

517. 鲑贝耙齿菌 *Irpex consors* Berk

中文别名 鲑贝芝。

分类地位 多孔菌目，皱孔菌科，耙齿菌属。

形态特征 担子果一年生，无柄，木栓质到革质。菌盖半圆形或不规则形，覆瓦状排列，（1 ~ 2）cm×（1 ~ 5）cm，厚 2 ~ 6mm，表面近光滑，常呈粉黄色或橘红色，后褪为近白色，基部浅橙色，靠边缘处肉色，具同心环棱并有放射状不清楚的丝光条纹；边缘薄而锐，内卷，呈波浪状。菌肉白色或浅肉色，厚 0.5 ~ 1.5mm。菌管与菌肉同色，长 2 ~ 5mm。孔面与菌管同色；管口多裂为齿状，每毫米 1 ~ 3 个。担孢子椭圆形，透明、平滑，（5 ~ 6.5）μm×（3 ~ 3.5）μm。

生态习性 夏秋季生于阔叶树落枝、腐木及储木上，丛生。

国内分布 云南、江苏、浙江、安徽、福建、江西、河南、湖北、湖南、广东、广西、贵州、四川、陕西、甘肃等。辽宁新记录种。

经济作用 木材腐朽菌，引起木材白色腐朽。

多孔菌目　皱孔菌科

518. 齿囊耙齿菌 *Irpex hydnoides* Y. W. Lim & H. S. Jung

分类地位　多孔菌目，皱孔菌科，耙齿菌属。

形态特征　子实体一年生，平伏至反卷，革质。菌盖窄，外伸可达 0.5cm，宽可达 2cm，基部厚可达 0.4cm，表面乳白色至奶油色，被细绒毛，有同心环带，边缘与菌盖表面同色，波浪状。子实层体奶油色至淡黄色。孔口初期孔状，后期呈耙齿状至齿状，每毫米 2 ～ 4 个。不育边缘明显，奶油色。菌肉奶油色，厚可达 1mm。菌齿与子实层同色，长达 3mm。担孢子椭圆形，无色，光滑，壁薄，大小（4.9 ～ 5.8）μm×（3 ～ 3.8）μm，非淀粉质。

生态习性　夏秋季生于林下多种阔叶树的枯死枝干上，群生，大片连生。

国内分布　东北地区。

经济作用　木材腐朽菌，造成白色腐朽。药用治疗高血压、抗炎等。

多孔菌目　皱孔菌科

519. 白囊耙齿菌 *Irpex lacteus*（Fr.）Fr.

中文别名　白耙齿菌。

分类地位　多孔菌目，皱孔菌科，耙齿菌属。

形态特征　担子果一年生，平展至反卷，形态多变，革质。菌盖半圆形外伸 1cm，宽 2cm，厚 0.4mm，表面乳白色至浅黄色，有细密绒毛，干后内卷。同心环纹带不明显。子实层体奶油色至淡黄色，孔口多角形，后期呈耙齿状，每毫米 2 ~ 3 个，边缘薄，撕裂状。奶油色。菌肉白色至奶油色，厚达 1mm。菌齿与子实层颜色相同，长达 3mm。担孢子圆柱形，稍弯曲，透明，壁薄，平滑，（4.5 ~ 5.8）μm×（2.5 ~ 3.8）μm。

生态习性　春秋季生于多种阔叶的枯立木、倒伏木上或枯死枝干上，覆瓦状叠生、群生。

国内分布　广泛分布。

经济作用　木材腐朽菌，造成白色腐朽。

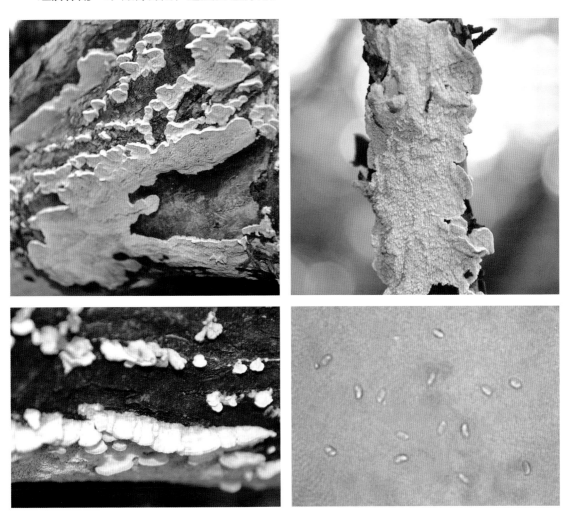

◆ 多孔菌目　皱孔菌科

520. 污褐皱皮菌 *Meruliopsis taxicola*（Per.）Bond.

分类地位　多孔菌目，皱孔菌科，皱皮菌属。

形态特征　担子果紧紧贴生于基物上，多个子实体分别着生，后连成一片，无柄无盖，子实层褐色至暗褐色，边缘 1 ~ 2mm 色浅，呈白色或黄白色。孔口圆形或不规则圆孔状，每毫米 1 ~ 2 个，管深 1mm。孢子圆筒形至椭圆形，无色，光滑，大小（3 ~ 4.5）μm×（1 ~ 1.5）μm。

生态习性　夏季生于白桦等针阔枯死枝干上，群生。

国内分布　国内未见文献资料报道。中国新记录种，日本有资料报道。

经济作用　木材腐朽菌。

◆ 多孔菌目 皱孔菌科

521. 枫生射脉革菌 *Phlebia acerina* Peak.

分类地位 多孔菌目，皱孔菌科，射脉革菌属。

形态特征 担子果一年生，平伏，贴生，不易与基质分离，非常薄，厚约0.5mm。子实层体表面黄褐色至橘红色，网纹状，边缘灰白色。菌肉层较薄。菌丝系统一体系，生殖菌丝有锁状联合。近子实层菌丝无色，壁薄，光滑，紧密交织排列，较菌肉菌丝细，直径2～3μm。囊状体棍棒状，顶部膨大。担子细长棍棒状，4个担孢子。担孢子圆柱形或近腊肠形，无色，壁薄，光滑，有1～2个油滴，（4～5）μm×（2～2.5）μm。

生态习性 春季生于阔叶树林下的腐朽木上，群生。

国内分布 四川、云南、台湾等。辽宁新记录种。

经济作用 木材腐朽菌。

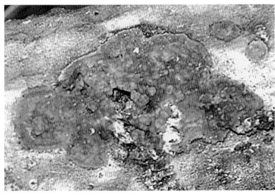

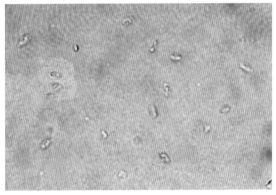

◆ **多孔菌目**　皱孔菌科

522. 克瑞射脉革菌 *Phlebia chrysocrea*（Berk. et Curt.）Burdsall

分类地位　多孔菌目，皱孔菌科，射脉革菌属。

形态特征　子实体被着生在基物上，初期菌体小，后期扩大，呈圆形或椭圆形，多个子实体常联合。菌体开始肉质，后期膜质，干后常有辐射状裂纹。子实层表面黄色、深黄色或橘黄色，子实层中央常有 1 个口状凸起，颜色较深，黄褐色。菌体边缘色淡，白色或浅黄色至淡褐色。孢子椭圆形，无色，光滑，大小（4 ~ 6）μm×（1.5 ~ 2）μm。

生态习性　夏秋季生于阔叶林下蒙古栎腐木上群生。

国内分布　国内未见资料报道，国外日本有记录。中国新记录种。

经济作用　木材腐朽菌。

多孔菌目 皱孔菌科

523. 考氏齿舌革菌 *Radulodon copelandii*（Pat.）N. Maek.

中文别名 悬垂箭皮菌、科普齿舌革菌。

分类地位 多孔菌目，皱孔菌科，齿舌革菌属。

形态特征 子实体一年生，平伏，贴生，不易与基物分离，软革质长可达8cm，宽达3cm，厚可达6mm。子实层体奶油色至稻草色，干后锈褐色，齿状。菌齿长，顶端尖锐，脆质至纤维质，易折断，长可达5mm，直径0.5mm，稀疏，每毫米1～2个。不育边缘明显，白色至奶油状色，渐薄，棉絮状，宽达2mm。菌肉浅肉色，厚1mm。担孢子近球形，光滑，无色，含油滴，（5.5～6.9）μm×（5～6）μm。

生态习性 夏秋季生于阔叶树倒伏木上，单生或群生。

国内分布 东北、西北、华北和华中地区。辽宁新记录种。

经济作用 木材腐朽菌，引起阔叶树木白色腐朽。

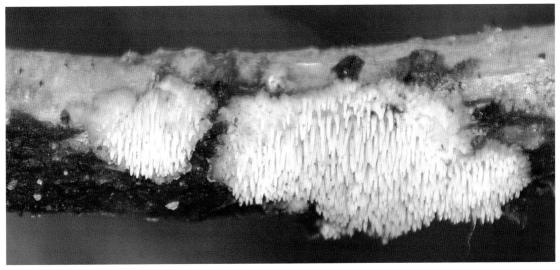

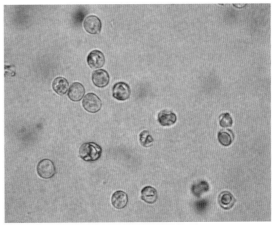

◆ 伏革菌目　伏革菌科

524. 朱红囊革菌 *Cytidia rutilans*（Pers.）Quél.

中文别名　赭红脉革菌。

分类地位　伏革菌目，伏革菌科，囊革菌属。

形态特征　子实体直径 5 ~ 7.5cm，似圆盘状，背着生，血红色、暗红色。边缘相互连接星形或边缘翘起，湿时水渍状或近蜡质，表面平滑。孢子无色，椭圆形或近肾形，（12.5 ~ 17.5）μm×（4 ~ 5）μm。

生态习性　夏秋季于阔叶树枯立木、原木上，群生，一般沿树皮缝连片生长。

国内分布　云南、甘肃等。辽宁新记录种。

经济作用　木材腐朽菌，引起木材褐色腐朽。

◆ 革菌目 革菌科

525. 辐裂锈革菌 *Hymenochaete tabacina*（Sowerby：Fr.）Lév.

中文别名 辐裂刺革菌。

分类地位 革菌目，革菌科，革菌属。

形态特征 担子果一年生，平伏至反卷或无柄盖形，通常覆瓦状叠生，新鲜时软革质，干后革质或脆革质，单个菌盖大小（2～3）cm×（1～2）cm（有时连生可达 140cm×20cm），高 0.1～0.5cm。菌盖半圆形、扇形、贝壳状至不规则形，表面褐色、锈褐色至黑褐色，幼时被毛，具明显的同心环沟或环带，边缘波浪状，色浅，白色、黄色、浅褐色。菌肉黄褐色至暗褐色。子实层面光滑，不育边缘明显，有时有瘤状凸起，浅黄色、灰褐色至紫褐色。孢子圆柱形或近香肠形，无色，光滑，（4～6）μm×（1.5～2）μm。

生态习性 夏秋季生长于阔叶树腐朽枝干上，群生，丛生。

国内分布 吉林、黑龙江、陕西、山西、河南、云南、西藏、甘肃、新疆等。辽宁新记录种。

经济作用 木材腐朽菌。

◆ **革菌目** 革菌科

526. 多瓣革菌 *Thelephora multipartita* Schw.

分类地位 革菌目，革菌科，革菌属。

形态特征 子实体群生。直立，韧革质，青灰褐色，干时色变淡，高 1.5 ~ 3cm。菌盖往往不均匀地深裂为多数向上扩大的裂片。子实层黄色至深棕色。孢子淡褐色，有小瘤，（6 ~ 8）μm×（5 ~ 6）μm。

生态习性 夏秋生于红松林地内，单生或群生。

国内分布 河北、江苏、浙江、安徽、江西等。辽宁新记录种。

经济作用 为外生菌根菌。

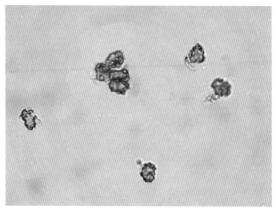

527. 掌状革菌 *Thelephora palmate*（Scop.）Fr.

分类地位 革菌目，革菌科，革菌属。

形态特征 子实体一般小，多分枝直立，上部由扁平的，裂片组成，高 2 ~ 8cm，灰紫褐色或紫褐色至暗褐色，顶部色浅呈蓝灰白色，并具深浅不同的环带，干时全体呈锈褐色。菌柄较短，幼时基部近白色，后呈暗灰色至紫褐色。菌肉近纤维质或革质，菌丝有锁状连合。担子柱状，具 4 小梗，（70 ~ 80）μm×（9 ~ 12）μm。孢子角形具刺状凸起，浅黄褐色。（8 ~ 12）μm×（6 ~ 9）μm。

生态习性 夏秋季生于阔叶树或针阔混交林下地面上，单生或群生。

国内分布 黑龙江、安徽、江苏、江西、广东、海南、湖南、甘肃、香港等。辽宁新记录种。

经济作用 可能与松等树木形成外生菌根。日本记载具类似海藻气味。有记载味稍臭。

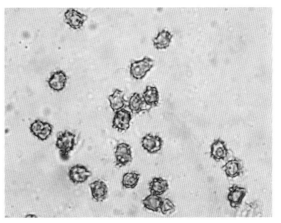

◆ 革菌目　革菌科

528. 帚状革菌 *Thelephora penicilata* Fr.

中文别名　微尖革菌。

分类地位　革菌目，革菌科，革菌属。

形态特征　子实体整体呈扇形，大小（3～15）cm×（1～4）cm，每个扇面顶端具毛刺尖状分枝。子实体上部白色，基部暗紫褐色，无柄或具单色主干，较细，鲜褐色。担孢子锗褐色，表面带细小的刺，广椭圆形，孢子大小（7～12）μm×（6～7）μm。

生态习性　夏季生长在针叶阔林下腐殖质层上，丛生或群生。

国内分布　福建、云南等。辽宁新记录种。

经济作用　不可食。其他不明。

◆ 革菌目　革菌科

529. 片状革菌　*Thelephora* sp.

分类地位　革菌目，革菌科，革菌属。

形态特征　子实体一般小，高 2 ~ 3cm，宽 0.2 ~ 0.5cm，菌体呈片状，周围表面有长毛，单片独立，基部相连，每片顶端多分尖枝直立，上部由扁平的、裂片组成。菌体灰紫褐色或褐色至暗褐色，顶部色浅呈灰白色，不具环带。菌柄较短，幼时基部近棕褐色，后呈暗灰色至紫褐色。菌肉近纤维质或革质，菌丝有锁状连合。担孢子角形具刺状凸起，近椭圆形，浅黄褐色，（7.5 ~ 12.5）μm×（5 ~ 7.5）μm。

生态习性　夏秋季生于落叶松伐根上，丛生或叠生。

国内分布　国内外资料未见报道。中国新记录种。

经济作用　木材腐朽菌。

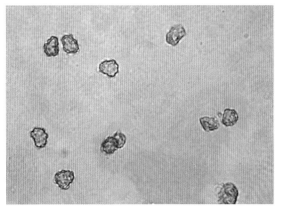

◆ 革菌目　革菌科

530. 疣革菌 *Thelephora terrestris*（Ehrh.）Fr.

中文别名　蒺藜革菌。

分类地位　革菌目，革菌科，革菌属。

形态特征　子实体较小或中等大，软革质，由多数扇形或半圆形、近平展的菌盖组成，有时呈莲花状，肉桂色带灰色或肝褐色，或暗紫褐色，菌盖表面粗糙，具粗毛组成的鳞片，且有环带，边缘薄，前期白色呈撕裂状或锯齿状，具白色或浅棕色细绒毛，成熟干燥后变暗紫色。菌肉近软革质，菌丝褐色具锁状连合。下侧子实层面疣状或短齿状，凸起及凹凸，大小不等，浅紫褐色，靠近边缘似有暗色环纹。孢子浅锈色，不规则角形或有瘤状凸起，（6～11）μm×（5～9.5）μm。担子近棒状，4个小梗。

生态习性　夏秋季寄生于落叶松等针叶树的基部上，丛生或叠生。

国内分布　吉林、黑龙江、江苏、云南、香港、西藏等。辽宁新记录种。

经济作用　病原菌和木腐菌。引起落叶松等针叶树干基窒息病。

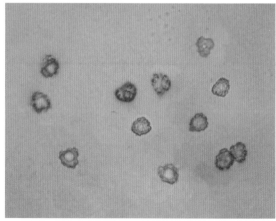

◆ **褐褶菌目** 褐褶菌科

531. 喜干褐褶菌 *Gloeophyllum protractum*（Fr.）Imaz.

分类地位 褐褶菌目，褐褶菌科，褐褶菌属。

形态特征 担子果多年生，无柄，新鲜时革质，无味，干后硬革质。菌盖扇形、半圆形，长可达 6cm，宽可达 10cm，基部厚 9mm。菌盖表面初期赭色至浅褐色，渐褪为灰色、灰黑色至黑褐色。菌盖表面幼时光滑，后期粗糙并有辐射状条纹，具明显的同心环和环沟。边缘黄褐色，锐或钝。孔口表面浅黄色至黄褐色，不育边缘明显，孔口多角形，幼时可拉长呈长椭圆形。孢子圆柱形，无色，壁薄，光滑，大小（7.5 ~ 11.2）μm ×（3.5 ~ 4.2）μm。

生态习性 夏秋季生长于杨树枯立木上，群生、叠生。

国内分布 吉林、黑龙江、四川、西藏等。辽宁新记录种。

经济作用 木材腐朽菌。造成木材褐色腐朽。

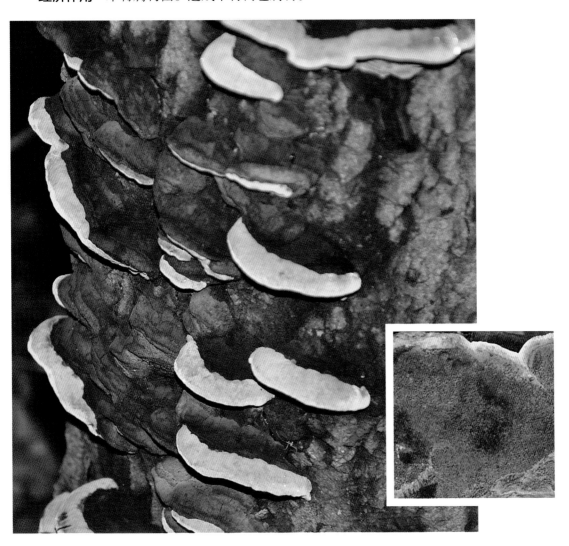

◆ **褐褶菌目** 褐褶菌科

532. 深褐褶菌 *Gloeophyllum sepiarium*（Wulfen）P. Karst.

中文别名 篱边粘褶菌。

分类地位 褐褶菌目，褐褶菌科，褐褶菌属。

形态特征 子实体中等到大，革质。菌盖直径 2 ~ 7cm，宽可达 15cm，厚 7mm，呈扇形，黄褐色至黑褐色，粗糙，有瘤状凸起，具明显同心环纹，边缘锐，波状或瓣裂。子实体层浅黄褐色，后期金黄色至赭色，褶状或不规则的孔口，每毫米 1 ~ 2 个。不育边缘明显，宽 2mm。菌肉棕褐色，厚 3mm。担孢子圆柱形，无色，壁薄，光滑，大小（7.9 ~ 10.5）μm×（3 ~ 3.7）μm，非淀粉质。

生态习性 夏秋生于阔叶树林下倒腐上，覆瓦状叠生。

国内分布 东北、华中、华南、西北地区，西藏等。

经济作用 木材腐朽菌，引起木材褐色腐朽。

褐褶菌目　褐褶菌科

533. 条纹粘褶菌 *Gloeophyllum striatum*（Sw. ex Fr.）Murr.

中文别名　薄条纹黏褶菌。

分类地位　褐褶菌目，褐褶菌科，褐褶菌属。

形态特征　子实体较小。菌盖直径 2 ~ 6cm，厚 2.5 ~ 3.5mm，呈扇形，锈褐色至栗褐色退至棕灰色，薄，柔韧，有近似的柄，覆瓦状或有时左右相连，有环纹及软而平伏的绒毛，边缘薄，波浪状或瓣裂。菌肉深咖啡色。菌褶初期白色，后期同菌盖色，宽 2 ~ 3mm，褶间约 0.5mm，褶缘后期变锯齿状。孢子无色，光滑，圆柱形，（7 ~ 9）μm×（2.5 ~ 3.5）μm。

生态习性　夏秋季生于栎树等腐木上，群生、叠生。

国内分布　广东、广西、海南、江苏、浙江、福建、江西、陕西、西藏、四川、山西、黑龙江、台湾等。辽宁新记录种。

经济作用　木材腐朽菌。

红菇目 猴头菌科

534. 猴头菌 *Hericium erinaceus*（Rull. ex Fr.）Pers.

中文别名 猴头蘑、刺猬菌、花菜菌、对脸蘑、羊毛菌、喝拉巴。

分类地位 红菇目，猴头菇科，猴头菇属。

形态特征 子实体呈块状，扁半球形或头形，肉质，直径5～15cm，不分枝。新鲜时呈白色，干燥时变成褐色或淡棕色。子实体基部狭窄或略有短柄。菌刺密集下垂，覆盖整个子实体，肉刺圆筒形，刺长1～5cm，粗1～2mm，每一根细刺的表面都布满子实层，子实层上密集生长着担子及囊状体，担子着生4个担孢子。孢子透明无色，表面光滑，呈球形或近似球形，大小（6.5～7.5）μm×（5～6.5）μm。菌丝细胞壁薄，具横隔，有锁状联合。

生态习性 秋季生于大龄栎树活树腐朽处，单生。

国内分布 辽宁、吉林、黑龙江等。

经济作用 食用菌，可人工栽培。也可药用。

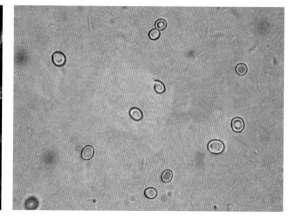

◆ **红菇目 瘤孢菌科**

535. 岛生异担子菌 *Heterobasidion insulare*（Murri.）Ryvarden

分类地位 红菇目，瘤孢菌科，异担子菌属。

形态特征 担子果一年生，无柄或有狭窄的柄状基部，木栓质。菌盖半圆形，贝壳状到不规则形，有时覆瓦状排列，（2～7）cm×（3～10）cm，厚5～10mm，表面有辐射状皱纹，光滑，污褐色，基部色较深；边缘稍锐或钝，淡黄褐色或与菌盖同色。菌肉白色或近白色，厚1.5～3mm。菌管与菌肉同色，长1～7mm，靠近基部较长，近边缘渐短。孔面污淡黄色或淡黄白色；管口多角形或不规则形，每毫米2～4个。担孢子宽椭圆形到近球形，表面微粗糙，（5～7）μm×（4.5～5）μm。

生态习性 夏季生于针叶树或阔叶树的腐朽木上，叠生或群生。

国内分布 吉林、黑龙江、广西、四川、云南等。辽宁新记录种。

经济作用 木材腐朽菌，引起白色腐朽。

◆ 红菇目　瘤孢菌科

536. 榛色赖特孔菌 *Wrightoporia avellanea* （Bres.）Pouz

中文别名　糊精多年卧孔菌。

分类地位　红菇目，瘤孢菌科，赖特孔菌属。

形态特征　担子果一年生，平伏或平展至反卷，多呈不规则形，易于基物剥离，长可达 13cm，宽可达 5cm，厚 4mm。孔口表面新鲜时奶油色，干后稻草色，圆形至不规则形，每毫米 2～3 个，边缘薄，全缘或略呈撕裂状。不育边缘不明显，白色至奶油色，宽低于 1mm。菌肉白色至奶油色，厚 0.2mm。菌管与孔口同色。担孢子宽椭圆形到近球形，透明，无色，大小（3.8～4.2）μm×（2.8～3.2）μm，淀粉质。

生态习性　夏季生于红松枯立木上，单生。

国内分布　吉林、海南等。辽宁新记录种。

经济作用　木材腐朽菌，引起白色腐朽。

◆ 红菇目　木齿菌科

537. 环沟劳里拉革菌 *Laurilia sulcata*（Burt）Pouzar

中文别名　沟状劳氏革菌。

分类地位　红菇目，木齿菌科，劳里拉革菌属。

形态特征　子实体多年生，平伏发卷，覆瓦状叠生，新鲜时硬革质，干后木栓质。菌盖半圆形，外伸可达 3cm，宽可达 10cm，中部厚可达 5mm，表面黑褐色至黑色，具绒毛层或环沟，边缘钝。子实层体新鲜时奶油色，略粗糙，干后干裂。不育边缘白色，宽可达 2mm。担孢子球形至近球形，壁厚，具小刺，大小（5.8 ～ 7.2）μm×（4.5 ～ 5）μm，淀粉质。

生态习性　春至秋季生于阔叶树倒木或原木上，群生，成片连生。

国内分布　黑龙江等。辽宁新记录种。

经济作用　木材腐朽菌，造成白色腐朽。

红菇目　韧革菌科

538. 刺丝盘革菌 *Aleurodiscus mirabilis*（Berk & Curt）Hoehn.

分类地位　红菇目，韧革菌科，盘革菌属。

形态特征　子实体一年生，平伏，边缘卷起呈盘状，新鲜时无臭无味，革质，干后木栓质。子实层表面新鲜时橘红色至桃红色，边缘颜色略浅，干后淡黄色至赭色，光滑。单个菌盘直径可达 2cm，厚可达 1mm。担孢子椭圆形、柠檬形至半月形，无色，壁稍厚，具刺，大小（24～26）μm×（11.5～13）μm，淀粉质，不嗜蓝。

生态习性　春至秋季生于阔叶树枯枝皮上，群生或连生。

国内分布　华北、华中、华南和西北地区。辽宁新记录种。

经济作用　木材腐朽菌，引起白色腐朽。

539. 白韧革菌 *Stereum albidum* Lloyd

分类地位 红菇目，韧革菌科，韧革菌属。

形态特征 子实体中等，白色，杯状，菌盖较薄，近似透明，直径6～9cm，前期表面有放射状条纹和不明显的环纹，后期菌盖表面皱缩或纵向折叠，干后呈黄褐色。菌柄白色，大小（4～6）cm×（0.3～0.5）cm，表面被细毛。担孢子梭形，无色，光滑，两端尖，有内含物，大小（5.0～6.2）μm×（2.5～3.8）μm。

生态习性 夏秋季生于红松林地内，单生或群生。

国内分布 河北、内蒙古等。辽宁新记录种。

经济作用 食用及其他用途不明。

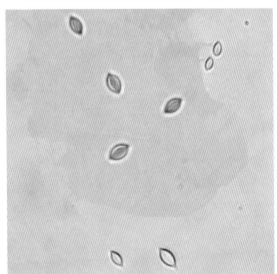

◆ **红菇目** 韧革菌科

540. 平伏韧革菌 *Stereum annosum* Berk. et Br.

中文别名 平伏刷革菌。

分类地位 红菇目，韧革菌科，韧革菌属。

形态特征 子实体小，木质，大片平伏生长，反卷达 0.2～0.6cm，其上部分表面暗灰色至灰黑色。子实层面浅肉色，有密而细的龟裂纹，剖面厚 1～2mm，茶褐色，多层，含有分散的结晶体，瓶刷状侧丝粗 4～5μm。担子具 4 小梗，近棒状。孢子椭圆形，（4～6）μm×（3～4）μm。

生态习性 秋季生于阔叶树腐木上，平伏连生。

国内分布 云南、广西、海南、广东等。辽宁新记录种。

经济作用 木材腐朽菌，导致木材白色孔状腐朽。药用抗癌。

红菇目 韧革菌科

541. 烟色韧革菌 *Stereum gausapatum* Fr.

中文别名 烟色血革菌。

分类地位 红菇目，韧革菌科，韧革菌属。

形态特征 子实体小，革质，平伏而反卷，反卷部分长 1 ~ 2cm，丛生呈覆瓦状，常相互连接，有细长毛或粗毛，呈烟色，可见辐射状皱褶。子实层淡粉灰色至浅粉灰色，受伤和割破处流汁液，以后色乃变污，剖面无毛层厚 400 ~ 750μm，中间层与绒毛层之间有紧密有色的边缘带。担子长圆柱状，具 4 小梗。子实层上有无数色汁导管，（75 ~ 100）μm×5μm。孢子无色，平滑，长椭圆形，（5 ~ 8）μm×（2.5 ~ 3.5）μm。

生态习性 夏秋季生于稠李枯死木上，群生、叠生。

国内分布 河北、山西、陕西、安徽、江苏、浙江、江西、云南、广西、福建、海南、四川、甘肃、贵州等。辽宁新记录种。

经济作用 木材腐朽菌，也是食用菌段木栽培中的"杂菌"之一。具抗癌作用。

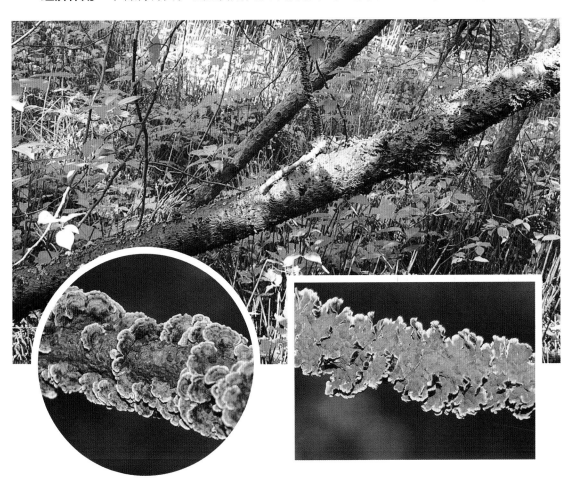

542. 扁韧革菌 *Stereum ostrea*（Bl. et Nees）Fr.

中文别名　轮纹韧革菌、轮纹硬革。

分类地位　红菇目，韧革菌科，韧革菌属。

形态特征　子实体小至中等大。菌盖无柄或有时具短柄，半圆形，扇形，菌盖（1.5 ~ 7.5）cm×（2 ~ 12）cm，薄，叠生覆瓦状，往往相互连接，干时向下卷曲，有蛋壳色至浅茶褐色短绒毛，渐褪色为烟灰色，同心轮纹明显，子实层面平滑，浅肉色至藕色，剖面厚 500 ~ 750 μm，包括子实层、中间层及紧密呈褐色的边缘带。菌盖边缘有绒毛，粗 5 ~ 7 μm。子实层有囊体和刚毛体。孢子椭圆或卵圆形，平滑，无色，（5 ~ 6.5）μm×（2 ~ 3.5）μm。

生态习性　夏秋季生于阔叶树枯立木、倒木和木桩上，群生，叠生。

国内分布　广泛分布。

经济作用　木腐菌，引起多种阔叶树木质腐朽。有时出现于栽培的香菇段木上为杂菌。

543. 皱韧革菌 *Stereum rugosum*（Pers.）Fr.

分类地位　红菇目，韧革菌科，韧革菌属。

形态特征　子实体较小。菌盖直径 3 ～ 5cm，厚 1 ～ 2cm，常呈圆盘状，被着生，可相互连接且形状不规则，边缘可与基物分离形成狭窄盖管，木质。菌肉黄白色或木材色。子实体白色有皱，伤处呈现赤褐色或有汁液。孢子无色，平滑，长椭圆形，大小（7 ～ 10）μm×（3 ～ 4）μm。

生态习性　夏季生于阔叶树林下腐木上，群生。

国内分布　湖北、云南、香港等。辽宁新记录种。

经济作用　木材腐朽菌，引起木材白色腐朽。

◆ **红菇目** 韧革菌科

544. 绒毛韧革菌 *Stereum subtomentosum* Pouz.

分类地位 红菇目，韧革菌科，韧革菌属。

形态特征 担子果一年生，无柄盖状，通常覆瓦状叠生，新鲜时革质，无味，干后硬革质或木栓质，菌盖多呈匙形、扇形、半圆形、近圆形，从基部向边缘渐薄，长可达5cm，宽可达7cm，基部厚可达1mm。菌盖表面基部灰色、深灰色、灰黄色、黄褐色，边缘浅黄色、土黄色、暗黄色，具明显的同心环带，密被黄褐色、灰色细绒毛。子实层土黄色、黄褐色、浅褐色，光滑，有时具不规则疣突，新鲜时手触子实层变黄褐色。菌肉黄褐色，革质，厚1mm。

生态习性 夏秋季生于阔叶树林下腐木上，群生、叠生。

国内分布 辽宁、吉林、黑龙江、北京、湖北、西藏、新疆等。

经济作用 木材腐朽菌。

鸡油菌目 齿菌科

545. 变红齿菌 *Hydnum refescens* L.：Fr.

中文别名 红齿菌。

分类地位 鸡油菌目，齿菌科，齿菌属。

形态特征 子实体较小，肉质。菌盖浅橘黄色或橘褐色，半球形至稍平展，有时中部稍小凹。边缘色较浅且波浪状和内卷，表面光滑无毛。菌肉稍厚，带浅黄色。子实层为无数软肉刺组成，白色或淡黄色。菌柄柱状，向下渐粗，黄色至污黄色，大小。孢子无色，光滑，宽卵圆形至近球形，（6～10）μm×（6～7）μm。担子细长，棒状，具4小梗，（35～55）μm×（6～8）μm。

生态习性 夏秋季生于冷杉、云杉等林地内，散生或群生。

国内分布 四川、西藏等。辽宁新记录种。

经济作用 可食用，其菌肉细嫩，味道比较好。可能为树木的外生菌根菌。

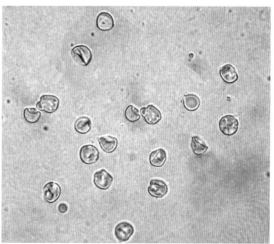

鸡油菌目　齿菌科

546. 美味齿菌 *Hydnum repandum* L.：Fr.

中文别名　卷缘齿菌、刺猬菌。

分类地位　鸡油菌目，齿菌科，齿菌属。

形态特征　子实体中等大。菌盖扁半球形至近扁平，有时呈不规则圆形，直径 3.5 ~ 10（13）cm，表面有微细绒毛，后光滑，初期边缘内卷，后期上翘或有时开裂，蛋壳色至米黄色或肉红色。刺初期肉质米黄色，尖端色淡。菌柄长 2 ~ 12cm，粗 0.5 ~ 2cm，同菌盖色，内实。担子棒状，4 小梗，无色，（35 ~ 50）μm×（7 ~ 10）μm。孢子无色，光滑，球形至近球形，（7 ~ 9）μm×（6.5 ~ 8）μm。

生态习性　夏秋季生于栎树林地内，散生或群生。

国内分布　黑龙江、吉林、内蒙古、河北、河南、山西、江苏、陕西、贵州、甘肃、青海、四川、云南、西藏、台湾等。辽宁新记录种。

经济作用　可食用，味鲜美优良。属外生菌根菌，与栎、栗、榛等阔叶树形成菌根。

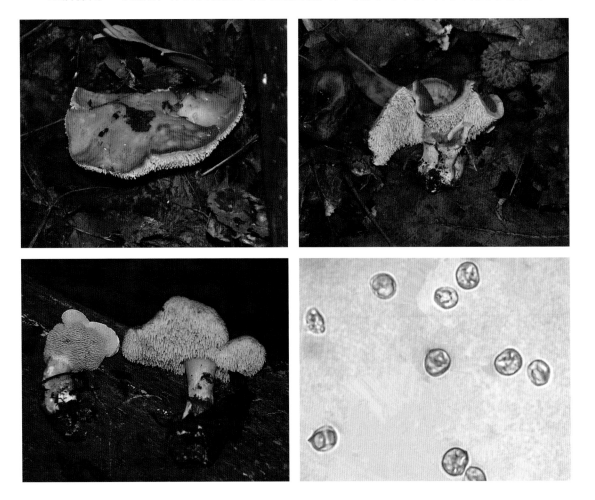

鸡油菌目　鸡油菌科

547. 漏斗鸡油菌 *Cantharellus infundibuliformis*（Scop.）Fr.

中文别名　漏斗菌。

分类地位　鸡油菌目，鸡油菌科，鸡油菌属。

形态特征　子实体一般较小，呈喇叭或漏斗状，高 4.5～8cm。菌盖直径 2～7cm，薄，中央空心直通柄基部，表面浅黄褐色、浅黄朽叶色或淡黄褐色，具有细小纤毛状条纹，边缘波浪状或整个菌盖成喇叭花状。菌肉较薄，稍韧。菌褶面成脉状分叉交织，延生，黄白色带灰色。菌柄中空，向基部变细，上部灰黄白色，中部污黄色，基部白色带黄色，长 4～7cm，粗 0.3～0.7cm。孢子宽椭圆形至近球形，平滑，无色，（8.5～11）μm×（7.5～9）μm。

生态习性　秋季生于栎树林地内，群生或丛生。

国内分布　辽宁、吉林、黑龙江、云南、四川、湖南、广东、西藏等。辽宁新记录种。

经济作用　可食用，具香气味。属树木的外生菌根菌。

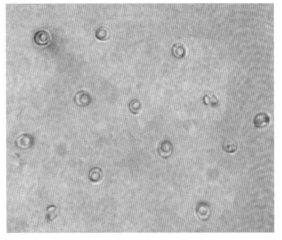

◆ **鸡油菌目　鸡油菌科**

548. 金黄喇叭菌 *Craterellus aureus* Berk. et Curt.

中文别名　角菌。

分类地位　鸡油菌目，鸡油菌科，喇叭菌属。

形态特征　子实体小，高 7 ~ 12cm，近喇叭状，金黄色至老金黄色。菌盖直径 2 ~ 5.5cm，下凹至柄部，高 3 ~ 6.5（7）cm，边缘往往不等呈波浪状，内卷或向上伸展，近光滑，有蜡质感。子实层面平滑无褶棱。菌柄与菌盖相连形成筒状，偏生，长 2 ~ 6cm，粗 0.3 ~ 0.8cm，向基部渐细。孢子无色光滑，椭圆形，（7.5 ~ 10）μm×（6 ~ 7.5）μm。

生态习性　夏秋季生于栎树林地内，群生或丛生。

国内分布　福建、河南、广西、广东、西藏、云南、四川等。辽宁新记录种。

经济作用　可食用，味道鲜美，并且浓郁的水果香气。阔叶树外生菌根菌。

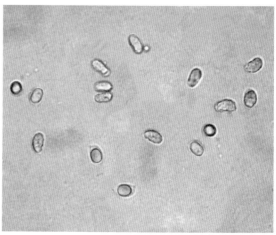

木耳目　科地位未定

549. 胡桃纵隔担孔菌 *Protomerulius caryae*（Schw.）Ryvarden.

中文别名　胡桃纵隔孔菌。

分类地位　木耳目，科地位未定，纵隔担孔菌属。

形态特征　担子果一年生，偶尔可存活至翌年，平伏，新鲜时肉革质，干后木栓质，长达 18cm，宽约 5cm，厚达 2mm。孔口表面新鲜时浅灰色至灰色，干后灰褐色至褐色。无折光反映，不育边缘明显，奶油色至灰色，宽 2mm。孔口近圆形，每毫米 6 ~ 8 个，管口边缘厚，全缘，与管口表面同色。菌肉灰褐色，新鲜时革质，厚约 0.2mm。菌丝系统二体系，子实层具梭状或瓶装拟囊状体，担子卵球形，纵向四分隔。担孢子腊肠形，无色，壁薄，光滑，（5 ~ 6）μm×（2 ~ 3）μm。

生态习性　夏季生于阔叶林内倒伏腐木上，群生、连生。

国内分布　海南、黑龙江、安徽、内蒙古等。辽宁新记录种。

经济作用　木材腐朽菌，引起白色腐朽。

◆ 牛肝菌目　粉孢革菌科

550. 橄榄粉孢革菌 *Coniophora olivacea*（Fr.；Fr.）P. Karst.

分类地位　牛肝菌目，粉孢革菌科，粉孢革菌属。

形态特征　担子果一年生，平伏，贴生，不易与基物分离，中部稍厚，新鲜时革质，无味，干后脆，易碎，从中心向边缘逐渐变薄，长可达 10cm。子实层体表面新鲜时灰褐色、橄榄色至土黄橄榄色，干后褐色至土黄色或暗褐色，光滑至略粗糙。不育边缘明显奶油色至乳白色，可见细微的菌索或棉絮状。菌肉层黑褐色，厚约 1mm。菌丝系统为一系菌丝。子实体层菌丝无色，大量分枝。囊状体长柱形，多隔，被有大量结晶，通常伸出子实层，长度超过 100μm。担子细棍棒状，基部具 1 个简单隔。4 个担孢子梗。担孢子椭圆形至苹果核形，浅黄色，壁厚，光滑，（9 ～ 12）μm×（4 ～ 5）μm。

生态习性　春夏季节生于杨树、核桃楸等阔叶树腐朽木上，群生、连生。

国内分布　吉林、黑龙江等。辽宁新记录种。

经济作用　木材腐朽菌。

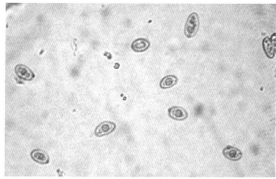

牛肝菌目　干腐菌科

551. 伏果干朽菌 *Serpula lacrymans*（Wulf.：Fr.）J. Schröt.

中文别名　干朽菌、伏果圆柱菌。

分类地位　牛肝菌目，干腐菌科，干朽菌属。

形态特征　子实体平伏，近圆形、椭圆形，有时数片连接成大片，长或宽 10 ~ 20cm，相互连接可以达 100cm，肉质，干后近革质。子实层锈黄色，由棱脉交织成凹坑或皱褶，棱脉边缘后期割裂成齿状，子实层边缘有宽达 1.5 ~ 2cm 的白色或黄色具绒毛状的不孕宽带。凹坑宽 1 ~ 2mm，深约 1mm。担子棒状，细长，（40 ~ 68）μm×（6 ~ 9.5）μm。囊体长棱形，（50 ~ 80）μm×（6 ~ 8）μm。孢子浅锈色，椭圆形，往往不等边，光滑，（7.5 ~ 13）μm×（5 ~ 8）μm。

生态习性　夏季生长于倒伏木或原木上，单生至群生。

国内分布　黑龙江、吉林、云南、四川、西藏、新疆、内蒙古等。辽宁新记录种。

经济作用　著名的木腐菌，腐朽力很强，破坏力极大。使木材造成块状褐色腐朽。有抗癌作用。

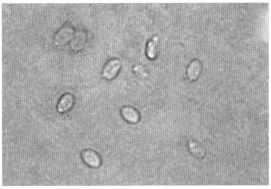

◆ 蘑菇目 挂钟菌科

552. 紫软韧革菌 *Chondrostereum purpureum*（Pers.）Pouzar

中文别名 紫韧革菌。

分类地位 蘑菇目，挂钟菌科，软韧革菌属。

形态特征 子实体一年生，平伏、平伏反卷，覆瓦状叠生，菌盖左右相连，新鲜时软革质，无臭无味，干后硬革质至脆质。菌盖外伸可达 3cm，宽可达 6cm，厚可达 1mm，表面灰白色、橄榄黄色至黄紫色，被灰白色绒毛，具明显的环带。边缘锐，奶油色，波浪状。子实层初期奶油色，后期紫色至紫黑色，光滑，有时具疣突。不育边缘明显，乳白色至奶油色，宽达 1mm。担孢子近圆柱形至腊肠形，无色，壁薄，光滑，大小（5～6.5）μm×（2～2.6）μm，非淀粉质。

生态习性 夏季生于杨、柳、桦等多种阔叶树的腐木，倒木或储木上，叠生。

国内分布 东北、华北、西北、华中等地区及西藏等。

经济作用 木材腐朽菌，引起白色腐朽。

◆ 蘑菇目　小皮伞科

553. 菌肉哈宁管菌 *Henningsomyces subiculatus* Y. L. Wei et W. M. Qin

分类地位　蘑菇目，小皮伞科，哈宁管菌属。

形态特征　担子果一年生，平伏，与基质紧密贴生，难于分离，新鲜时白色，软，手触后边暗褐色，干后浅黄色至黄褐色，脆质，易碎，长达 6cm，宽可达 5cm，中部厚达 0.4mm。由紧密排列的小管组成。小管长可达 0.3mm，直径约 0.1mm，小管基部有菌肉存在，菌肉软木栓质，厚达 0.1mm。菌丝系统一体系。子实层无囊状体。担子粗棒状，顶部有 4 个担孢子梗。担孢子近球形，无色，壁薄，光滑，具 1 个油滴，（4 ~ 6）μm×（4 ~ 5.0）μm。

生态习性　夏季生于阔叶树林下的腐木上，群生。

国内分布　海南。辽宁新记录种。

经济作用　木材腐朽菌，引起木材白色腐朽。

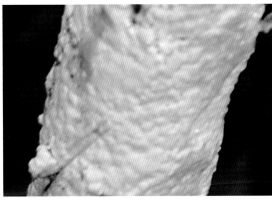

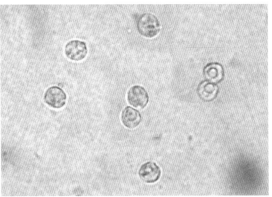

◆ **蘑菇目** 科地位未定

554. 皱褶革菌 *Plicatura crispa*（Pers.：Fr.）Rea

中文别名 皱波褶尾菌。

分类地位 蘑菇目，科地位未定，皱褶菌属。

形态特征 子实体小，革质，菌盖扇形或半圆形，几乎无柄或有短柄，直径 0.5 ~ 3cm，边缘呈花瓣状或波浪状，向内卷，表面浅黄色，边缘白黄色，中部带橙黄色，柄基部色浅，被细毛及不明显的环纹。子实层面乳白色至浅灰黄褐色，由基部放射状发出皱曲的褶脉亦分叉或断裂。菌肉较薄，白色，柔软。担子具 4 小梗，（12 ~ 16）μm×（3 ~ 4）μm。孢子小，无色，光滑，近柱状弯曲，往往含 2 个油滴，（3 ~ 6）μm×（1 ~ 2）μm。

生态习性 夏秋季生于蒙古栎等阔叶树腐木上，群生至叠生。

国内分布 河北、山西、甘肃、陕西、四川等。辽宁新记录种。

经济作用 属木腐菌，多在阔叶树枯枝或树干上生长，并引起木材腐朽。

◆ **锈革菌目** **裂孔菌科**

555. 奇形丝齿菌 *Hyphodontia paradoxy*（Schrad.）Langer & Hansen

分类地位 锈革菌目，裂孔菌科，丝齿菌属。

形态特征 子实体一年生，平伏，不易与基物剥离，新鲜时革质，干后软木质，长达16cm，宽可达5cm，厚可达5mm。孔口表面新鲜时呈奶油色至浅黄褐色，干后黄褐色。孔面不规则形至齿状，每毫米2～5个，边缘薄，撕裂状。不育边缘明显，奶油色，宽可达1mm。菌肉浅黄褐色，厚可达1mm。菌管或菌齿与菌肉同色，长达3mm。担孢子宽椭圆形，无色，壁薄，光滑，（5～6.2）μm×（3.9～4.5）μm，非淀粉质。

生态习性 夏秋季生于阔叶树枝干上，单生至群生。

国内分布 黑龙江、河南、湖南、湖北、西藏等。辽宁新记录种。

经济作用 木材腐朽菌，造成白色腐朽。

锈革菌目 裂孔菌科

556.宽齿产丝齿菌 *Hyphodontia radula*（Pers.）Langer & Westerh.

分类地位 锈革菌目，裂孔菌科，丝齿菌属。

形态特征 担子果一年生，平伏，不易与基物剥离，新鲜时革质，无味，干后软木栓质，平伏的担子果长可达6cm，宽可达2cm，厚1mm。子实层体孔状，孔口初期奶油色，手触厚变为浅黄褐色，后期乳黄色至淡黄褐色，干燥后为浅黄色至黄褐色，不育边缘不明显。孔口多角形，每毫米2～4个，管口边缘薄，撕裂状。菌肉干后黄褐色，极薄，菌管与菌肉同色。担孢子广椭圆形，无色，光滑，壁薄，大小（4.6～5.5）μm×（3～3.6）μm，不含淀粉质。

生态习性 秋季生于针叶或阔叶原木上，单生至群生。

国内分布 吉林、河南、湖北、西藏等。辽宁新记录种。

经济作用 木材腐朽菌，引起白色腐朽。

锈革菌目　裂孔菌科

557. 齿白木层孔菌 *Leucophellinus irpicoides*（Bond. ex Pilát）Bond. & Sing.

分类地位　锈革菌目，裂孔菌科，白木层孔菌属。

形态特征　子实体多年生，平伏，有时平伏反卷，长可达 30cm，宽可达 8cm，厚可达 15mm。孔口表面新鲜时乳白色、奶油色至乳黄色，干后乳黄色，无折光反应，不规则形，圆形至扭曲形，每毫米 1 ~ 1.5 个，边缘薄，撕裂状。不育边缘明显，宽可达 5mm。菌肉乳黄色，厚可达 4mm。菌管多层，长可达 10mm，担孢子椭圆形，无色，厚壁，大小为（6.2 ~ 8.5）μm×（4.8 ~ 6.0）μm，非淀粉质。

生态习性　夏秋季生于槭树等阔叶树活立木或倒木上。

国内分布　东北、华北、西北和华中地区。

经济作用　木材腐朽病病原菌，导致白色腐朽。

◆ 锈革菌目　裂孔菌科

558. 伯氏附毛孔菌 *Trichaptum brastagii*（Corner）T. Hatt.

分类地位　锈革菌目，裂孔菌科，附毛孔菌属。

形态特征　子实体一年生，平伏至具有明显菌盖后具有侧生短柄，覆瓦状叠生，革质。菌盖匙形或扇形，外伸可达 2cm，宽可达 3cm，基部厚达 1mm，表面赭色，被细绒毛，具同心环带，边缘锐，干后内卷。孔口表面奶油色至棕黄色，多角形，每毫米 4 ~ 5 个，边缘薄，撕裂状。不育边缘明显，宽可达 1mm。菌肉奶油色，厚可达 0.5mm，明显异质，上层疏松，下层致密，间层有褐线。菌管与孔口同色，长 0.5mm。担孢子短圆柱形，无色，光滑，壁薄，大小（3.5 ~ 4.8）μm×（2 ~ 2.5）μm，非淀粉质。

生态习性　夏季生于阔叶树枯死木枝干上，单生。

国内分布　华中、华南地区。辽宁新记录种。

经济作用　木材腐朽菌，引起白色腐朽。

锈革菌目 裂孔菌科

559.褐紫附毛孔菌 *Trichaptum fuscoviolaceum*（Ehrenb.；Fr.）Ryvarden

中文别名 紫褐囊孔菌。

分类地位 锈革菌目，裂孔菌科，附毛孔菌属。

形态特征 子实体半背着生。菌盖稍大，宽 1～4cm，厚 1～3mm，多数重叠，或互相连接。表面被粗长毛，子实层薄齿状，放射状排列，薄齿长 1～2mm（管孔的壁开裂成薄齿状）。子实层中有梭形至长纺锤形的囊状体，其顶端有结晶。孢子长椭圆形，无色，平滑，（5～7.2）μm×（2～3）μm。

生态习性 夏秋季生于阔叶树林下腐木上，群生、叠生。

国内分布 吉林、黑龙江、浙江、福建等。辽宁新记录种。

经济作用 木材腐朽菌。

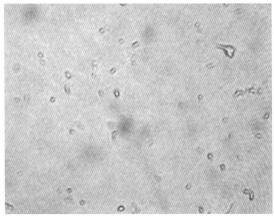

锈革菌目　锐孔菌科

560. 白锐孔菌 *Oxyporus cuneatus*（Murr.）Aoshi

中文别名　楔形锐孔菌、白锐酸味菌。

分类地位　锈革菌目，锐孔菌科，锐孔菌属。

形态特征　子实体小。菌盖直径 1 ~ 5cm，半圆形或近圆形，菌盖表面初期白色，后期至浅肉色或淡褐色，剖面扁半球形，白色，柔软，革质，被短绒毛及环带或环纹。菌盖边缘薄，波浪状，锐，白色。菌肉白色，革质。菌管层面白色至浅肉色或浅褐色，每毫米 3 ~ 4 个，孔口多角形，管缘呈撕裂齿状。孢子无色，光滑，近球形，4 ~ 5.2μm。

生态习性　秋季生于云杉等针叶树腐木、腐枝上，群生或叠生。

国内分布　贵州、台湾等。属木材腐朽菌。辽宁新记录种。

经济作用　木材腐朽菌。

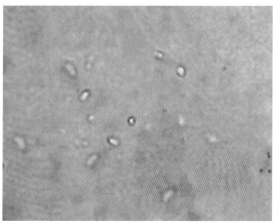

◆ 锈革菌目 锐孔菌科

561. 杨锐孔菌 *Oxyporus populinus* X. L. Zeng

中文别名 杨生锐孔菌。

分类地位 锈革菌目，锐孔菌科，锐孔菌属。

形态特征 子实体大，多年生，覆瓦状叠生，木栓质，菌盖半圆形，外伸达 10cm，宽 15cm，厚 7mm，初期白色至浅黄色，后期灰黄色。边缘钝，乳白色。孔口表面新鲜时乳白色至奶油色，干后浅黄色，具折光反应，圆形，每毫米 6 ~ 8 个，边缘薄，全缘。不育边缘明显，乳白色，宽 2mm。菌肉奶油色至浅棕黄色，厚 1cm。菌管与孔口同色，分层明显，

生态习性 夏秋季生于槭树、杨树等阔叶树腐朽木或倒伏木上。

国内分布 分布广泛。

经济作用 木材腐朽菌，引起白色腐朽。

◆ 锈革菌目 锈革菌科

562. 亚褐集毛孔菌 *Coltricia cumingii*（Brek.）Teng

中文别名 亚褐钹孔菌，卡明集毛菌。

分类地位 锈革菌目，锈革菌科，集毛孔菌属。

形态特征 菌盖直径 4 ~ 5cm，近圆形，扁平至近杯形，咖啡色，无或有环带，具暗褐色绒毛。菌柄长 3 ~ 4cm，粗 0.8 ~ 1cm，咖啡色，多偏生。菌管圆形，每毫米 5 ~ 6 个。孢子无色，光滑，近球形，（3.5 ~ 5）μm×（3 ~ 4）μm。

生态习性 夏季生于阔叶树林地内，单生、散生、丛生。

国内分布 海南、广西、西藏等。辽宁新记录种。

经济作用 食用和其他用途不明。

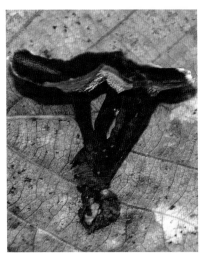
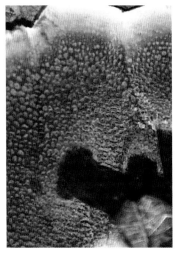
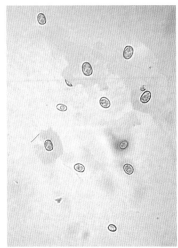

锈革菌目　锈革菌科

563. 铁色集毛孔菌 *Coltricia sideroides*（Lév.）Teng.

分类地位　锈革菌目，锈革菌科，集毛孔菌属。

形态特征　子实体一年生，柄中生，新鲜时软木质，无特殊气味。菌盖直径 4 ~ 5cm，近圆形或漏斗形，表面咖啡色或锈褐色，具不明显的同心环带，光滑，边缘锐，干内卷。孔口表面褐色，多角形每毫米 3 ~ 5 个，边缘薄，撕裂状。菌肉暗褐色，革质，厚可达 2mm。菌柄长 2 ~ 3cm，粗 0.5cm，孢子宽椭圆形至近球形，浅黄色，壁薄，光滑，（6 ~ 7）μm×（5 ~ 6）μm，含有 1 个油滴，非淀粉质。

生态习性　夏秋季生于蒙古栎杂木林内腐朽树根上，单生或散生。

国内分布　云南、福建等。辽宁新记录种。

经济作用　木材腐朽菌，造成白色腐朽。

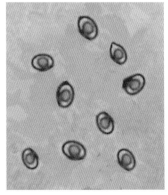

锈革菌目 锈革菌科

564. 厚盖嗜蓝孢孔菌 *Fomitiporia dryadea*（Pers.）Y. C. Dai

分类地位 锈革菌目，锈革菌科，嗜蓝孢孔菌属。

形态特征 担子果多年生，无柄盖形，单生，干后硬木质。菌盖半圆形至近蹄形，长5～15cm，宽7～12cm，基部厚1～8cm。菌盖表面浅黄褐色至污褐色，无环带，被绒毛，后期变光滑，不开裂。边缘浅灰褐色，全缘至略呈撕裂状。菌肉浅黄褐色至赭色，软木栓质至纤维质，钝至锐。孔口表面浅灰褐色，成熟后有时开裂。孔口圆形至多角形，每毫米2～6个。孔口边缘薄，全缘至略撕裂。菌管灰褐色，纤维质或脆质。担孢子球形至卵形，无色，壁厚，光滑，淀粉质，大小（7～8.5）μm×（6～8）μm。

生态习性 秋季生于蒙古栎等阔叶树的木材或倒木上，单生。

国内分布 广西、西藏等。辽宁新记录种。

经济作用 木材腐朽菌，引起白色腐朽。

锈革菌目 锈革菌科

565. 斑点嗜蓝孢孔菌 *Fomitiporia punctata*（Fr.）Murr.

中文别名 层卧孔菌粉。

分类地位 锈革菌目，锈革菌科，嗜蓝孢孔菌属。

形态特征 担子果多年生，平伏，不易与基物剥离。新鲜时木栓质，无味，干后硬木质，平伏担子果长可达 3 ～ 70cm，或者更长，中部厚 2 ～ 20cm，后期变垫状，不与边缘逐年变宽，淡褐色，后期黑色。孔口表面铁锈色，有折光反应。不育边缘明显，宽可达 8mm。孔口圆形，每毫米 6 ～ 8 个。菌肉呈暗褐色，木栓质。菌丝系统二体系，菌髓菌丝与菌肉菌丝相似。担子桶形，有 4 个担孢子梗，基部具一横膈膜。担孢子近球形，无色，壁厚，平滑，（5.5 ～ 7.7）μm ×（5 ～ 6.75）μm。

生态习性 夏秋季生于阔叶林中山樱桃活等立木干部，单生至群生。

国内分布 辽宁、吉林、黑龙江、北京、山西、陕西、湖北、湖南、广西、新疆等。

经济作用 活立木寄生性病原菌，造成阔叶树边材腐朽。

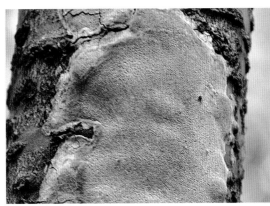
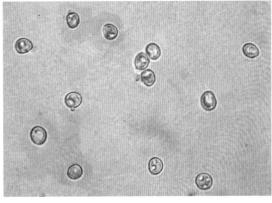

锈革菌目　锈革菌科

566. 异常锈革菌 *Hymenochaete anomala* Burt.

分类地位　锈革菌目，锈革菌科，锈革菌属。

形态特征　子实体一年生，平伏，不易与基物分离，木栓质，长可达 20cm，宽可达 5cm，厚可达 0.2mm。子实层体灰褐色至黄褐色，具微瘤状，不规则开裂。不育边缘初期明显，毛刷状，颜色较子实层体浅，灰白色，后期不明显。担孢子椭圆形，无色，光滑，壁薄，大小（2.8 ~ 4）μm×（1.5 ~ 2）μm，非淀粉质。

生态习性　夏季生于阔叶树腐木、枯立木，群生。

国内分布　华中、华南地区。辽宁新记录种。

经济作用　木材腐朽菌，造成白色腐朽。

◆ **锈革菌目　锈革菌科**

567. 针毡锈革菌 *Hymenochaete corrugate*（Fr.）Lév.

分类地位　锈革菌目，锈革菌科，锈革菌属。

形态特征　子实体一年生，平伏，不易与基物剥离，木栓质，长可达 20cm，宽可达 6cm，厚可达 0.1mm。子实层体白褐色至锈褐色，不规则开裂。不育边缘初期明显，毛刷状，颜色较子实层色浅，灰白色。担孢子细圆柱形，轻微弯曲，无色，壁薄，光滑，大小（4～5.5）μm×（2.1～2.8）μm，非淀粉质。

生态习性　夏秋季生于阔叶树倒伏木或枯枝上，单生至群生。

国内分布　广泛分布。

经济作用　木材腐朽菌，造成白色腐朽。

锈革菌目 锈革菌科

568. 裂纹锈革菌 *Hymenochaete fissurata* S. H. He & Hai J. Li

分类地位 锈革菌目，锈革菌科，锈革菌属。

形态特征 子实体一年生，平伏至平伏反卷，反卷时菌盖灰白色，带绒毛，无环纹。菌体不易与基物分离，木质易碎，子实层长可达 20cm，宽可达 6cm，厚达 0.8mm。子实层体新鲜时浅鼠灰色，烟灰色至葡萄灰色，光滑或具轻微瘤状，干后不规则开裂。不育边缘初期明显，颜色较子实层体浅，肉桂色至黄褐色。担孢子椭圆形或卵圆形，无色，光滑，壁薄，大小（3.6 ~ 5）μm×（2.1 ~ 2.8）μm。

生态习性 夏季生阔叶树枯死干或枝上，背成片着生。

国内分布 华中地区及西藏等。辽宁新记录种。

经济作用 木材腐朽菌，导致木材白色腐朽。

◆ 锈革菌目　锈革菌科

569. 大黄锈革菌 *Hymenochaete ochromaginata*（Mont.）Lév.

中文别名　软锈革菌。

分类地位　锈革菌目，锈革菌科，锈革菌属。

形态特征　子实体单个较小，一年生，平伏反卷，单生、覆瓦状连生，革质。菌盖半圆形或不规则形，外伸 1cm，宽 4cm，厚 0.4mm，表面黄褐色，被绒毛，有环纹，边缘锐，波浪状，黄褐色。子实层体黄褐色，光滑。担孢子椭圆形，无色，壁薄，光滑，大小（3 ~ 6）μm×（1.7 ~ 3）μm。

生态习性　夏秋季生于阔叶树腐上或枯木枝条上，单生、连生。

国内分布　华中、华南地区。辽宁新记录种。

经济作用　木材腐朽菌，造成白色腐朽。

锈革菌目 锈革菌科

570. 褐刺革菌 *Hymenochaete rubiginosa*（Dicks. ex Fr.）Lév.

中文别名 褐赤刺革菌。

分类地位 锈革菌目，锈革菌科，锈革菌属。

形态特征 担子果硬革质，平伏反卷形成檐状、扇形或贝壳形的菌盖，常成覆瓦状排列，长 1～7cm，宽 0.5～4cm，厚 1～2mm，也可左右相连成条状，长达 17cm，宽 3cm 左右；菌盖表面的绒毛多数易脱落，仅边缘处被细绒毛，呈锈褐色、污褐色至黑褐色；具有黑色、黑灰色、栗色或栗褐色相间的细密同心环纹或环棱；子实层体光滑或有不规则疣状凸起，棕色、栗褐色或污褐色，少数瓦灰色，边缘金黄褐色；有时子实层体表面可再生成一层新的子实层体，颜色比老的子实层体浅。孢子椭圆形，无色，光滑，大小（4～6）μm×（2～3）μm。

生态习性 夏秋季生于储木场的栎树原木上，群生、叠生。

国内分布 河北、江苏、浙江、安徽、福建、湖南、广东、广西、四川、云南、陕西、台湾等。辽宁新记录种。

经济作用 木材腐朽菌，造成木材白色腐朽。

571.奇形丝齿菌 *Hyphodontia paradoxa*（Schrad.）Langer Vesterh

中文别名 轻产丝齿菌、粗产丝齿菌。

分类地位 锈革菌目，锈革菌科，丝齿菌属。

形态特征 子实体一年生，平伏，不易与基物剥离，新鲜时革质，干后软木栓质，长可达 5 ~ 16cm，宽可达 3 ~ 5cm，厚可达 0.5 ~ 1cm。孔口表面新鲜时呈奶油色至浅黄褐色，干后黄褐色，不规则形至齿状，每毫米 2 ~ 5 个，边缘薄，撕裂状。不育边缘明显，奶油色，宽达 0.1cm，菌管与菌齿同色，长 0.3cm。担孢子（5 ~ 6.5）μm×（3.5 ~ 5）μm，宽椭圆形或近卵形，无色，壁薄，光滑，淀粉质。

生态习性 夏秋季生于蒙古栎林下腐朽枝干上，群生。

国内分布 东北（黑龙江）、华中、华南等地区。辽宁新记录种。

经济作用 木材腐朽菌，引起白色腐朽。

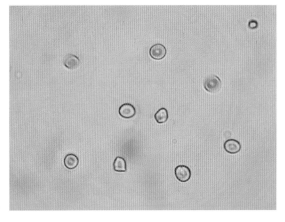

◆ 锈革菌目 锈革菌科

572. 薄皮纤孔菌 *Inonotus cuticularis*（Bull.：Fr.）Karst.

中文别名 稀针孔菌、薄皮毛背菌。

分类地位 锈革菌目，锈革菌科，纤孔菌属。

形态特征 子实体一般较大，一年生，软肉质，干后硬，无柄。菌盖半圆形或扇形，基部狭窄，常呈覆瓦状着生，（2～10）cm×（3～20）cm，厚3～20mm，有时左右相连，琥珀褐色至栗色，有粗绒毛，渐变为纤毛状或近光滑，往往有环带。菌盖边缘暗灰色，薄锐，常内卷。菌肉近似盖色，厚1～10mm，纤维质。菌管长2～10mm。管口多角形，初期近白色，后变至菌盖色，每毫米2～5个，管壁薄而渐裂为齿状。有少数刚毛呈褐色，锥形，（13～30）μm×（5～7）μm。孢子黄褐色，光滑，近球形至宽椭圆形，（4～8）μm×（3.5～5.5）μm。

生态习性 夏秋季生于油松、桦等针阔叶树腐木上，常呈覆瓦状群生。

国内分布 吉林、四川、江苏、浙江、湖南、广东、广西、海南、西藏等。辽宁新记录种。

经济作用 药用顺气益神。抗癌。木材腐朽菌，常生于香菇、木耳段木上为害生产。

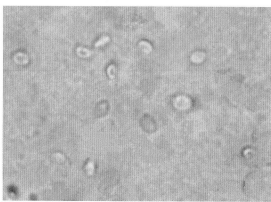

锈革菌目　锈革菌科

573. 厚纤孔菌 *Inonotus dryadeus*（Pers. ex Fr.）Murr.

中文别名　厚盖纤孔菌。

分类地位　锈革菌目，锈革菌科，纤孔菌属。

形态特征　子实体较大。菌盖直径 6 ~ 16cm，宽 2 ~ 5cm，半圆形，近圆形，蛋壳色变咖啡色或锈褐色，最后呈暗灰色，无柄，常覆瓦状着生，表面无环带，不平滑，无表皮或有薄薄表皮，干时粗糙或龟裂，边缘钝而厚，完整或波浪状。菌肉浅咖啡色，软木栓质，干后甚脆，有环纹及光泽，厚达 3 ~ 4cm。菌管似菌肉色，脆，管口初期近白色、褐色，每毫米 3 ~ 4个，刚毛少，尖，渐变为角形。孢子无色或淡黄色，光滑，近球形，大小 6 ~ 8μm。

生态习性　夏秋季生于栎树或多种针叶树干基部，单生或叠生。

国内分布　四川、云南、广西等。辽宁新记录种。

经济作用　木材腐朽菌。导致心材、边材或根部腐朽。

◆ 锈革菌目 锈革菌科

574. 斜生纤孔菌 *Inonotus obliquus*（Ach. ex Pers.）Pilát

中文别名 白桦茸、桦褐孔菌、西伯利亚灵芝。

分类地位 锈革菌目，锈革菌科，纤孔菌属。

形态特征 子实体较大，一年生，平伏，通常生长在树下面，贴生，不易与基物分离，新鲜时木栓质至硬木栓质，长达 20cm，宽达 7cm，厚达 5mm。孔口表面褐色、暗红褐色至黑色，具强折光反应。孔口圆形，每毫米 6 ~ 7 个，边缘厚，全缘，老龄时呈撕裂状。不育边缘明显，浅黄色，生长时乳黄色，宽可达 5mm。菌肉浅黄褐色，厚 1mm。菌管黑褐色，长 3mm。担孢子宽椭圆形，无色，壁薄，光滑，大小（7.9 ~ 9.8）μm ×（5.2 ~ 6.1）μm。

生态习性 夏季生于林中桦木活立木、倒伏木上或原木上，单生。

国内分布 黑龙江、吉林、河北、内蒙古、海南等。辽宁新记录种。

经济作用 药用，抗癌。木材腐朽菌，引起白色腐朽。

锈革菌目 锈革菌科

575. 辐射状纤孔菌 *Inonotus radiatus*（Sowerby：Fr.）P. Karst

分类地位 锈革菌目，锈革菌科，纤孔菌属。

形态特征 子实体一年生，无柄，覆瓦状叠生，木栓质。菌盖半圆形，外伸可达6cm，宽可达11cm，基部厚20mm。表面浅黄褐色至浅红褐色，被迁徙绒毛至光滑，具明显环纹。边缘锐，干后内卷，空口表面栗褐色，具折光反应。多角形，边缘薄，撕裂状，每毫米4~7个，不育边缘明显。菌肉栗褐色，厚达10mm。菌管浅灰褐色，长可达11mm。孢子椭圆形，浅黄色，光滑壁略厚，大小（3.8~5）μm×（2.6~3.5）μm，非淀粉质。

生态习性 秋季生于阔叶树活立木、倒伏木或储木材上，群生、叠生。

国内分布 吉林、黑龙江、内蒙古、北京、河北、陕西、山西等。辽宁新记录种。

经济作用 腐朽菌，造成木材白色腐朽。

◆ 锈革菌目 锈革菌科

576. 绒毛昂尼孔菌 *Onnia tomentosa*（Fr.）P. Karst.

中文别名 茸毛翁氏孔菌。

分类地位 锈革菌目，锈革菌科，昂尼孔菌属。

形态特征 子实体一年生，具中生或侧生的菌柄，有时菌盖融合形成覆瓦状叠生体，新鲜时革质，无味，干后木栓质。菌盖圆形至扇形，表面黄褐色至锈褐色，直径 2 ~ 10cm，中部厚 0.7 ~ 1cm，中部凹陷，被厚绒毛，同心环纹不明显，菌盖边缘初期白色至后期浅褐色，锐或钝，有细绒毛。孔口多角形至圆形，延生，表面新鲜时黄褐色，干后污褐色或褐色。菌柄锈褐色，长 1.5 ~ 5cm，粗 0.6 ~ 1.8cm，有绒毛。孢子椭圆形，无色，光滑，椭圆形，大小（5.6 ~ 6.3）μm×（3 ~ 3.8）μm。

生态习性 夏秋季生于落叶松、云杉等针叶树林下干基部附近，群生、丛生或单生。

国内分布 黑龙江、吉林、内蒙古、四川、新疆、江苏、云南等。辽宁新记录种。

经济作用 木材腐朽菌，可造成落叶松、云杉等针叶树干基腐朽。

◆ **锈革菌目　锈革菌科**

担子菌门　蘑菇纲

577. 三色木层孔菌 *Phellinus Tricolor*（Bres.）Kotl.

分类地位　锈革菌目，锈革菌科，木层孔菌属。

形态特征　子实体多年生，具明显的菌盖或平伏反卷，木质。菌盖半圆形或扇形，外伸可达 10cm，宽可达 15cm，厚可达 3cm，表面新鲜时金黄色至褐色，干后黄褐色，粗糙，具明显的同心环带。边缘钝，黄色。孔口表面新鲜时呈暗褐色，干后黑褐色，圆形，每毫米 8 ~ 10 个，边缘薄全缘。不育边缘宽可达 1mm，菌肉黄褐色，上表面形成黑色皮壳，厚 1cm。菌管干后灰褐色，分层明显长可达 2cm。担孢子椭圆形至近球形，黄色，壁厚，光滑，非淀粉质，大小（3.9 ~ 4.8）μm×（3.1 ~ 4）μm。

生态习性　秋季生于原木上或倒伏木上，单生或群生。

国内分布　华南地区。辽宁新记录种。

经济作用　木材腐朽菌，引起白色腐朽。

595

锈革菌目　锈革菌科

578. 酱赤褐芝 *Polystictus didrichsenii* Fr.

分类地位　锈革菌目，锈革菌科，云芝属。

形态特征　子实体小，基部狭缩有时具短菌柄。菌盖直径 2 ~ 6cm，厚 0.1 ~ 0.4cm，常叠生或连生，扇形或贝壳状，革质，浅粉灰色或赤酱色或赤褐色，湿的时候色彩鲜艳，常有丝质光泽，具宽的环带或棱带，边缘薄而锐，其下无子实层。菌肉浅乳黄色，厚 0.5 ~ 1.5mm，菌管长 0.5 ~ 2.5mm，圆形、多角形至不规则形，每毫米 4 个。管面浅黄色、污白色或灰白色。孢子无色，光滑，椭圆形，（6 ~ 7）μm×（3 ~ 4）μm，常有 1 个油滴。

生态习性　夏秋季生于云杉林地内腐木伐桩上，单生或叠生。

国内分布　广东、广西、海南等。辽宁新记录种。

经济作用　木材腐朽菌。

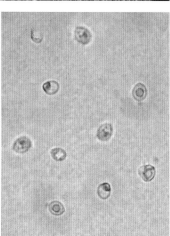

◆ **锈革菌目　锈革菌科**

579. 射纹皱芝 *Polystictus radiato-rugosus*（Berk.）Cooke.

中文别名　放射皱云芝。

分类地位　锈革菌目，锈革菌科，云芝属。

形态特征　子实体较小。菌盖直径 3.5 ~ 7cm，厚约 4mm，半圆形至肾形，乳黄色，有浅土黄色斑块，光滑，有辐射状皱纹及同心环棱，边缘薄而锐。菌肉薄，白色。菌管同色，长 2mm，壁厚而完整，管圆形，浅肉色或稍深，每毫米 3 ~ 4 个。孢子无色，光滑，近圆柱形，大小（6.5 ~ 7.5）μm×（3 ~ 3.2）μm。

生态习性　夏秋季生于白桦林下枯死枝干上，群生、叠生。

国内分布　广东。辽宁新记录种。

经济作用　木材腐朽菌。

锈革菌目　锈革菌科

580. 极硬红皮孔菌 *Pyrrhoderma adamantinus*（Berk.）Imazeki.

分类地位　锈革菌目，锈革菌科，皮孔菌属。

形态特征　担子果多年生，菌盖单生，有时具柄状基部，干后硬骨质，重量不明显减轻，菌盖长达5cm，直径8cm，基部厚1cm，菌盖表面浅灰色至浅灰褐色，有明显的黑皮层壳，具同心环带和不明显的沟纹，光滑。边缘锐。孔口表面浅灰色至浅灰褐色，不育边缘狭窄或几乎无。孔口圆形，每毫米5～6个，管口边缘薄，全缘。菌肉浅黄褐色，硬木栓质或硬纤维质，长达6mm，分层不明显。担孢子近球形，无色，壁薄，平滑，（5.5～7）μm×（5～5.7）μm。

生态习性　夏季生于忍冬枯死的枝干上，群生。

国内分布　云南。辽宁新记录种。

经济作用　木材腐朽菌，造成木材白色腐朽。

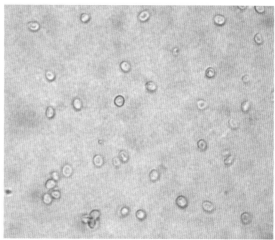

◆ 目地位未定　科地位未定

581. 油伏革菌　*Resinicium bicolor*（Alb.et Schwein.）Parm.

分类地位　目地位未定，科地位未定，油伏革菌属。

形态特征　担子果一年生，平伏，贴生，子实层体表面齿状。菌齿灰白色至奶油色，边缘不明显。菌丝一体系，生殖菌丝具锁状联合。菌肉菌丝无色，壁薄，频繁分枝。子实层体的菌髓菌丝无色，壁薄，频繁分枝。囊状体两种，一种带晕圈的头状囊状体，另一种是星状结晶囊状体。担子棒状至圆柱形，中部稍缢缩，4个担孢子梗。担孢子椭圆形，无色，壁薄，光滑，（4.5～6）μm×（2.5～3.5）μm。

生态习性　夏季生于落叶松、白桦、山桃稠李等腐木的干枝上，群生。

国内分布　吉林、河南、广东、广西、海南、四川、云南、台湾等。辽宁新记录种。

经济作用　木材腐朽菌。

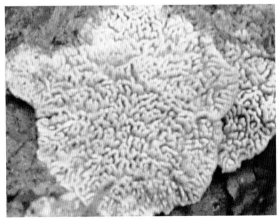

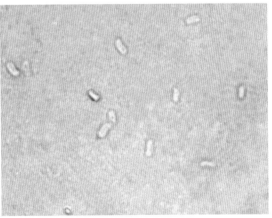

第七章

腹菌类 >>>
（地星、马勃、鬼笔、鸟巢菌）

担子菌门 Basidiomycota

蘑菇纲 Agaricomycetes

黑粉菌纲 Ustilaginomycetes

地星目 地星科

582. 毛嘴地星 *Geastrum fimbriatum*（Fr.）Fischer.

中文别名 地星。

分类地位 地星目，地星科，地星属。

形态特征 子实体较小，未开裂之前近球形，浅红褐色，开裂后外包被反卷，基部呈浅带状，上半部开裂 5 ~ 9 瓣。外层薄，部分脱落，内层肉质，灰白色至褐色，与中层紧贴一起，干时开裂并经常剥落。内包被直径 1 ~ 2cm，球形，灰色，无柄，嘴部凸出且不很明显。孢子褐色，稍粗糙，球形，直径 3.7 ~ 5.0 μm。孢丝细长，无隔，分枝少或不分枝，粗 4 ~ 7 μm。

生态习性 夏秋季生于落叶松和杂木混交林地内，群生或散生。

国内分布 黑龙江、河北、河南、湖南、宁夏、甘肃、西藏、青海等。辽宁新记录种。

经济作用 具有止血、消炎、解毒之功效。

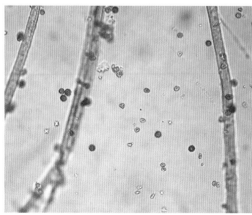

◆ 地星目　地星科

583. 葫芦地星 *Geastrum lageniforme* Vittad.

分类地位　地星目，地星科，地星属。

形态特征　子实体较大，完全展开 8 ~ 10cm。初期埋生在土中，不开裂时呈葫芦状或花瓶状，顶端凸起向上呈圆锥体状生长，棕色或红棕色。成熟时外包被上半部分裂为 6 ~ 7 瓣，裂片反卷，外表光滑，蛋壳色或浅褐色。内层肉质，白色、污白色或灰白色。内包被初期有明显尖顶，无柄，球形，粉灰色至烟灰色，直径 3 ~ 3.5cm，嘴部显著，宽圆锥形，孢子褐色，3.5 ~ 5μm，球形，有小疣。

生态习性　夏秋季生于阔叶树林地内，群生或散生。

国内分布　吉林、河北、山西、甘肃、青海、宁夏、新疆、四川、云南等。辽宁新记录种。

经济作用　止血，清肺，利咽消肿，解毒。

  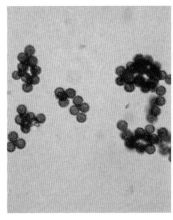

◆ 地星目　地星科

584. 小地星 *Geastrum minimum* Schwein.

分类地位　地星目，地星科，地星属。

形态特征　子实体小。外包被反卷并分裂 6 ~ 8 瓣，内层蜡质，褐色，有辐射状裂纹，易脱落，中层纤维质，外层易脱落。内包被球形，直径 0.6 ~ 1.3cm，灰白色至棕色，有柄。嘴部平滑，周围凹，近呈环纹。孢子深褐色，粗糙，球形，4 ~ 5μm。

生态习性　夏秋季生于落叶松林地内，群生或散生。

国内分布　青海、宁夏等。辽宁新记录种。

经济作用　食用和其他用途不明。

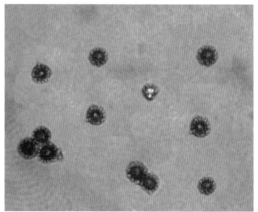

地星目 地星科

585. 无柄小地星 *Geastrum sessile*（Sow.）Pouz.

分类地位 地星目，地星科，地星属。

形态特征 子实体一般较小。直径 2 ~ 3cm，初期近半球形，开裂后 5 ~ 8 片尖瓣。外包被黄褐色或红褐色，薄，内侧污白色，厚，肉质，平滑，干时变薄。内包被污白色、灰色至褐色，平滑，无柄，顶部色暗，且口缘纤维状，球形，直径 0.8 ~ 1.8cm。孢子球形，淡褐色，有细小疣，直径 3 ~ 4μm。孢丝色浅，淡褐色，粗达 4 ~ 5μm。

生态习性 夏秋季生于阔叶树林地内，单生或群生。

国内分布 河北、宁夏等。辽宁新记录种。

经济作用 孢子粉用于外伤，有消炎止血作用。

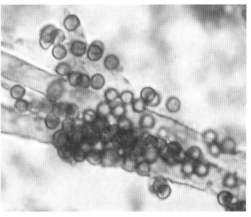

◆ 地星目　地星科

586. 尖顶地星 *Geastrum triplex*（Jungh.）Fisch.

中文别名　地星、土星菌。

分类地位　地星目，地星科，地星属。

形态特征　子实体较小，初期扁球形或近球形，外包被基部浅袋形，上半部分裂为5～8瓣，裂片反卷，外表光滑，蛋壳色，内层肉质，干后变薄，栗褐色，往往中部分离并部分脱落，仅保留基部，内包被初期有明显尖顶，无柄，球形，粉灰色至烟灰色，直径1.7～3cm，嘴部显著，宽圆锥形，孢子球形，褐色，有小疣，直径4～6μm。

生态习性　夏秋季生于阔叶树林地内，群生、散生。

国内分布　吉林、河北、山西、甘肃、青海、宁夏、新疆、四川、云南等。辽宁新记录种。

经济作用　止血，清肺，利咽消肿，解毒。

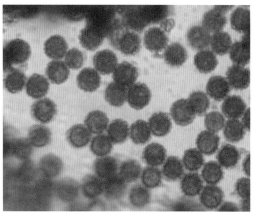

◆ 地星目 地星科

587. 绒皮地星 *Geastrum velutinum* Morgan

分类地位　地星目，地星科，地星属。

形态特征　菌蕾幼时扁平形，直径 1.5 ～ 2.5cm。外包被有草黄色、肉色或土黄色绒毛，成熟时囊状，开裂成 5 ～ 7 瓣裂片，宽 1.9 ～ 5cm。内包被直径 1 ～ 2cm，近球形，顶部呈圆锥形凸起，沙土色、暗烟色、浅褐色至污褐色，长有褐色绒毛，少数被白粉。担孢子暗褐色至黑褐色，近球形，直径 2 ～ 4.5μm，有细微的疣或微刺凸。

生态习性　夏秋季生于蒙古栎等阔叶树或针阔混交林下，群生。

国内分布　西北、华南、华中等地区。辽宁新记录种。

经济作用　药用，止血、消毒。

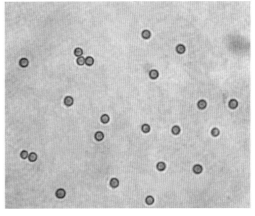

◆ 蘑菇目　蘑菇科

588. 铅色灰球菌 *Bovista plumbea* Pers.

分类地位　蘑菇目，蘑菇科，灰球菌属。

形态特征　外包被薄，白色，成熟后全部成片脱落。内包被薄，光滑，深鼠灰色，顶端不规则状开口。孢子体浅烟色至深烟色。孢子近球形至卵形，褐色，光滑，有1个油滴，（4.5～6）μm×（4.5～5.5）μm，柄透明。孢丝褐色，主干粗，17～20μm，并多次分枝，顶部尖细。

生态习性　夏秋季生于落叶松林缘地上或草原上，单生或群生。

国内分布　辽宁、河北、甘肃、青海、新疆、云南、西藏等。

经济作用　幼时可食。可用于外伤消炎、解毒、止血等。

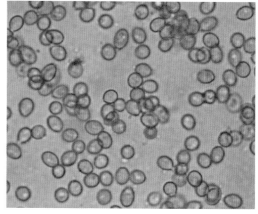

蘑菇目 蘑菇科

589. 长根静灰球菌 *Bovistella radicata*（Mont.）Pat.

分类地位 蘑菇目，蘑菇科，静灰球菌属。

形态特征 子实体中等大。球形或扁球形，宽 7 ~ 8cm，具粗壮的假根。外包被初期白色，后呈褐色，粉状，易脱落。内包被薄，膜质，具光泽，淡褐色至浅茶褐色，由顶端开口。孢体浅青褐色。不孕基部占全部子实体的 1/3。孢子宽椭圆形至卵圆形，光滑，褐色，（4.3 ~ 5）μm×（2.5 ~ 4）μm，含 1 个大油滴，并有透明的小柄，长 6 ~ 11μm。孢丝离生，短，分枝，主干粗 6.5 ~ 12μm。

生态习性 夏秋季生于林内或旷野草地上，单生或群生。

国内分布 辽宁、吉林、江苏、甘肃、四川、云南等。

经济作用 药用，外用具有止血、消肿作用。

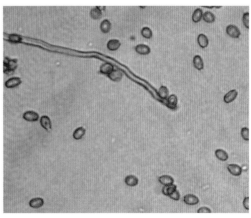

◆ 蘑菇目　蘑菇科

590. 大口静灰球菌 *Bovistella sinensis* Lloyd

中文别名　马粪包。

分类地位　蘑菇目，蘑菇科，静灰球菌属。

形态特征　子实体大，陀螺形或近球形，直径 6 ~ 12cm。外包被浅青褐色至浅烟色，薄，粉粒状，易脱落。内包被膜质，柔软，浅绿灰色，有光泽，成熟后上部不规则开裂成大口。孢体浅烟色。不孕基部小，海绵状，具弹性。孢子球形，褐色，光滑或具不明显小疣，3.7 ~ 5.0μm。具无色透明小柄，长 3 ~ 10μm。孢丝褐色，壁厚，多次分枝，主干粗 7 ~ 10μm，小枝顶端尖细。

生态习性　夏季生长在杂木林地内，单生或群生。

国内分布　吉林、河北、河南、山东、江苏、广东、陕西、甘肃、西藏、贵州等。辽宁新记录种。

经济作用　有止血、解毒、清肺、消肿、利喉等作用。

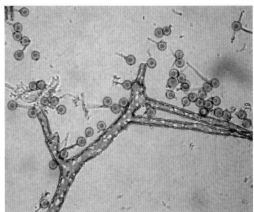

蘑菇目 蘑菇科

591. 白秃马勃 *Calvatia candida*（Rostk.）Hollos

中文别名 白马勃。

分类地位 蘑菇目，蘑菇科，秃马勃属。

形态特征 子实体小，扁球形，近球形，梨形，宽 2.5 ~ 15cm，高 4 ~ 11cm，初期色浅，污白色，后期蛋壳色至浅棕灰色，并有发达的根状的菌丝索。外包被薄，粉状，有斑纹，内包被坚实而脆。孢子体蜜黄色到浅茶色。孢子球形，蜜黄色至浅茶褐色，直径 4 ~ 5μm，近光滑或有极细的小疣，常残留有小柄，浅黄色，长 8 ~ 13μm。孢丝孢子色，稀有的横隔，粗细均匀，3 ~ 5μm。

生态习性 夏秋季生于公路旁或林缘的草丛内，散生或群生。

国内分布 辽宁、黑龙江、河北、山西、陕西、甘肃、新疆等。

经济作用 幼时可食用。老熟时药用，清肺利咽，止血。

  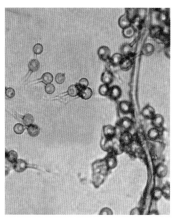

◆ **蘑菇目** 蘑菇科

592. 头状秃马勃 *Calvatia craniiformis*（Schw.）Fries

中文别名 头状马勃、马屁包。

分类地位 蘑菇目，蘑菇科，秃马勃属。

形态特征 子实体小至中等大，陀螺形，高 4.5 ~ 7.5cm，宽 3.5 ~ 6.5cm，不孕基部发达。包被两层，均薄质，很薄。紧贴在一起，淡茶色至酱色，初期具微细毛，逐渐光滑，成熟后上部开裂并成片脱落，孢体黄褐色。孢子淡青色，上具极细的小毛，稍有短柄或短尖头，球形，直径 2.8 ~ 4.5μm。孢丝与孢子同色，长，有稀少分枝和横隔，粗 1.7 ~ 6.1μm。

生态习性 夏秋季生于云杉林地内，单生、群生至散生。

国内分布 多地分布。

经济作用 幼嫩时可食用，成熟后可药用，有生肌、消炎、消肿、止痛的作用。

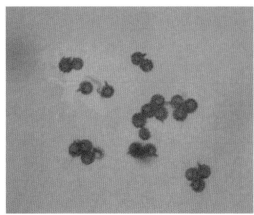

蘑菇目 蘑菇科

593. 褐孢大秃马勃 *Calvatia saccata*（Vahl）Morgan.

中文别名 袋形秃马勃。

分类地位 蘑菇目，蘑菇科，秃马勃菌属。

形态特征 担子果陀螺形，直径 1 ~ 5cm，最高可达 6cm，不孕基部长 1.5 ~ 3.5cm，包被近白色乃至茶色，外包被粉状，内包被薄而脆，上部呈碎片开裂；孢体土黄色至浅茶褐色；孢子球形，青褐色至褐色，具小疣，直径 4 ~ 5.5μm，常具小柄；孢丝长，与孢子同色，分枝，直径与孢子同。

生态习性 夏秋季生长在针阔混交林地内，丛生、散生或密集群生。

国内分布 大部分地区均有分布。

经济作用 幼时可食。

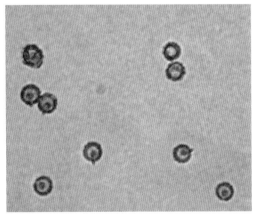

◆ **蘑菇目** 蘑菇科

594. 粗皮马勃 *Lycoperdon asperum*（Lév.）de Toni.

中文别名 粒皮马勃。

分类地位 蘑菇目，蘑菇科，马勃属。

形态特征 子实体较小。直径 2.5 ~ 6cm，高 2 ~ 8cm，梨形或陀螺形，不孕的基部发达。包被茶色，外包被由易脱落的颗粒状小疣组成。内包被膜质。孢体浅烟色。孢子青黄色，光滑，球形，直径 3.5 ~ 4.5μm，个别具短柄。孢丝与孢子同色，细长，分枝，相互交织，粗，3 ~ 7μm。

生态习性 秋季生于红松阔叶杂木混交林地内，单生或群生。

国内分布 吉林、内蒙古、河北、新疆、云南、甘肃、陕西、青海、江苏、浙江、安徽、四川、贵州、西藏等。辽宁新记录种。

经济作用 幼嫩时可食用，据报道试验用菌丝体深层发酵培养；可药用，孢子粉有消炎止血作用。

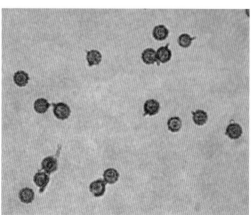

蘑菇目　蘑菇科

595. 长刺马勃　*Lycoperdon echinatum* Pers.

中文别名　钩刺马勃、长刺灰包。

分类地位　蘑菇目，蘑菇科，马勃属。

形态特征　子实体小，近球形或近梨形，直径 2 ~ 2.5cm，不育基部很短或无，浅青色。外包被由粗壮暗褐色的长刺组成，刺成丛生长且基部分离顶部聚集一起。后期刺脱落而周围小的刺遗留使包被呈现网状斑纹。不孕基部缩成圆柱形，基部有白色菌索孢体紫被色。孢子球形、黄褐至褐色，有不明显小疣，5 ~ 6μm。有易脱落的长柄，无色，长 12.5 ~ 32μm。孢丝有色，分枝少，粗 5μm 左右。

生态习性　夏季生于阔叶树林空旷林地内或路旁，单生或群生。

国内分布　安徽、湖北、四川等。辽宁新记录种。

经济作用　幼时可食用。成熟后可药用。

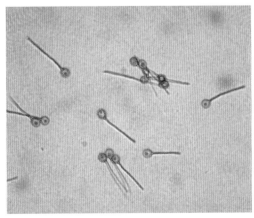

◆ 蘑菇目　　蘑菇科

596. 褐皮马勃　*Lycoperdon fuseum*　Bon.

分类地位　蘑菇目，蘑菇科，马勃属。

形态特征　子实体广陀螺形或梨形，一般较小。直径 2 ~ 4cm，不孕基部短。包被二层，外包被由成丛的暗色至黑色小刺组成，刺长 0.5mm，易脱落，内包膜质，浅烟色。孢体烟色，孢子球形，青色，稍粗糙，直径 4 ~ 4.8μm，有易脱落的短柄。孢丝线形，较长，少分枝，无横隔，厚壁，色，粗 3.5 ~ 4μm。

生态习性　夏秋生于阔叶树林地内，单生至近丛生。

国内分布　辽宁、吉林、山西、青海、云南、西藏、甘肃等。

经济作用　此菌幼嫩时可食用。

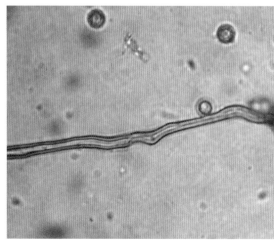
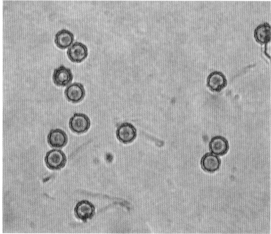

◆ 蘑菇目　蘑菇科

597. 光皮马勃 *Lycoperdon glabrescens* Berk.

中文别名　光皮灰包。

分类地位　蘑菇目，蘑菇科，马勃属。

形态特征　子实体小。梨形或陀螺形，直径 1.5 ~ 4cm，不孕基部发达。包被茶色，外包被由易脱落的颗粒状小疣组成。内包被膜质。孢体浅烟色。孢子球形，青黄色或浅褐色，光滑，直径 3.5 ~ 4.5μm，具有 10 ~ 12μm 长的小柄。孢丝细长，分枝，相互交织，与孢子同色，粗 3 ~ 4μm。

生态习性　夏秋季生于阔叶树林缘草地上，单生或群生。

国内分布　江西、云南等。辽宁新记录种。

经济作用　幼时可食用。

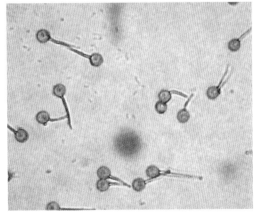

◆ **蘑菇目** 蘑菇科

598. 莫尔马勃 *Lycoperdon molle* Pers.

分类地位 蘑菇目，蘑菇科，马勃属。

形态特征 子实体较小，近梨形或近陀螺形，直径 2 ~ 5（7）cm，幼时灰褐色，后变浅土黄褐色，表面有刺疣，每个刺疣由数个小疣组成呈锥刺状，老后部分可脱落。产孢组织初白色，成熟时暗褐色。不育柄部比较发达，高 2.5 ~ 6cm，粗 1 ~ 2cm，较顶部色浅，基部污白。孢子球形，3 ~ 5 μm 表面有刺状小凸起，浅褐色。孢子小柄无色，长 10 ~ 20 μm。孢丝粗，壁厚，细长，褐色，粗 1.5 ~ 5.5 μm。

生态习性 夏秋季生于阔叶林或针叶林地内，群生，稀单生。

国内分布 山东、宁夏、甘肃、西藏等。辽宁新记录种。

经济作用 孢粉可药用。

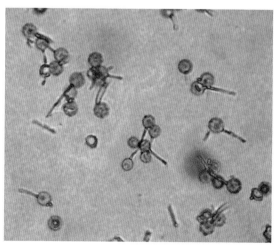

◆ **蘑菇目** 蘑菇科

599. 昏暗马勃 *Lycoperdon nigrescens* Pers.

分类地位 蘑菇目，蘑菇科，马勃属。

形态特征 子实体球形，高 1 ~ 5cm，有 1 ~ 2cm 高的柄，菌体多暗色，幼体多呈白褐色。菌体表面上具有黑褐色锥状刺。孢子圆形，褐色，具 1 个油滴，孢子直径为 2.5 ~ 4μm。孢子多具有 1 个小短柄，长 1.0 ~ 1.5μm。具孢子丝，褐色。菌体多有不愉快的气味。

生态习性 夏秋季生长在阔叶林地内，群生或单生。

国内分布 国内未见报道，中国新记录种。国外分布于意大利。

经济作用 用途不详。

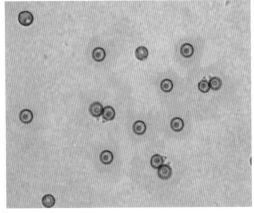

◆ 蘑菇目　蘑菇科

600. 网纹马勃 *Lycoperdon perlatum* Pers.

中文别名　网纹灰包。

分类地位　蘑菇目，蘑菇科，马勃属。

形态特征　子实体一般小。倒卵形至陀螺形，高 3 ~ 8cm，宽 2 ~ 6cm，初期近白色，后期变灰黄色至黄色，不孕基部发达或伸长如柄。外包被由无数小疣组成，间有较大易脱的刺，刺脱落后显出淡色而光滑的斑点，老熟时包被上有网纹。孢体青黄色，后变为褐色，有时稍带紫色。孢子球形，淡黄色，具微细小疣，3.5 ~ 5 μm。孢丝长少分枝，淡黄色至浅黄色，粗 3.5 ~ 5.5 μm，梢部约 2 μm。

生态习性　夏秋季生于云杉林地内，群生至丛生。

国内分布　广泛分布。

经济作用　子实体有消肿、止血、解毒作用。幼时可食用。可与云杉、松、栎形成外生菌根。

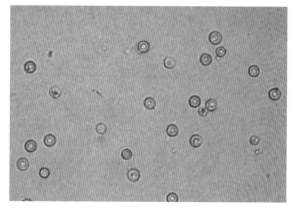

蘑菇目　蘑菇科

601. 小马勃 *Lycoperdon pusillus* Batsch：Pers.

中文别名　小灰包。

分类地位　蘑菇目，蘑菇科，马勃属。

形态特征　子实体小，近球形，宽 1.5～2.0cm。初期白色，后期变土黄色及浅茶色，无不孕基部，由根状菌丝索固定于基物上。外包被由细小易脱落的颗粒组成。内包被薄，光滑，成熟时顶尖有小口。内部蜜黄色至浅茶色。孢子球形，浅黄色，近光滑，3～4μm，有时具短柄。孢丝分枝，与孢子同色，粗 3～4μm。

生态习性　夏秋季生于落叶松、油松林地内或草地上，单生或群生。

国内分布　分布广泛。

经济作用　药用可用子实体能止血、消肿、解毒、清肺、利喉作用。

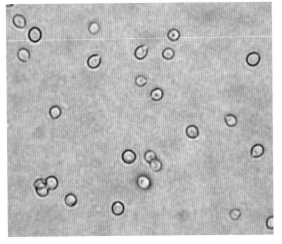

◆ 蘑菇目　蘑菇科

602. 长柄梨形马勃 *Lycoperdon pyriforme* Schaeff. var.*excipuliforme* Desn.

中文别名　梨形灰包。

分类地位　蘑菇目，蘑菇科，马勃属。

形态特征　子实体小，高可达 4～5cm，近似圆筒形，不孕基部比梨形马勃更发达，长 3～4cm，由白色菌丝束固定于基物上。初期包被色淡，后期呈茶褐色至浅烟色，外包被形成微细颗粒状小疣，内部橄榄色，后变为褐色。孢子圆形，表面平滑，褐色，内含圆形一个油滴，孢子直径 3.75～5.0μm。孢子丝褐色，直或弯曲，有隔。

生态习性　夏秋季生于针阔林地腐殖质上或腐熟木桩基部，丛生、散生或密集群生。

国内分布　黑龙江、湖南、海南、广西、甘肃、陕西等。辽宁新记录种。

经济作用　幼时可食，老后内部充满孢丝和孢粉，可药用，用于止血。

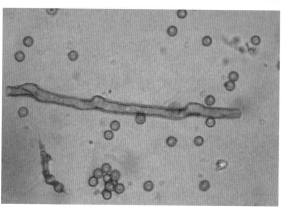

603. 梨形马勃　*Lycoperdon pyriforme* Schaeff：Pers.

中文别名　灰包、马蹄包、马粪包、马屁包、马挖、地烟、牛屎菌、灰菌等。

分类地位　蘑菇目、蘑菇科，马勃属

形态特征　子实体小，高 2～3.5cm，梨形至近球形，不孕基部发达，由白色菌丝束固定于基物上。初期包被色淡，后期呈茶褐色至浅烟色，外包被形成微细颗粒状小疣，内部橄榄色，后变为褐色。孢子圆形，橄榄褐色，大小 3～4μm。

生态习性　夏秋季生于林中腐木桩基部，丛生、散生或密集群生。

国内分布　辽宁、吉林、黑龙江、内蒙古、河北、山西、安徽、广西、陕西、甘肃、青海、新疆、四川、西藏、云南、香港、台湾等。

经济作用　幼时可食，老后内部充满孢丝和孢粉，可药用，用于止血。

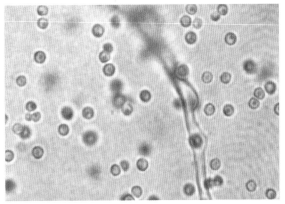

蘑菇目　蘑菇科

604. 枣红马勃 *Lycoperdon spadiceum* Pers.

分类地位　蘑菇目，蘑菇科，马勃属。

形态特征　子实体小。近球形或近陀螺形，直径 1.5 ~ 3cm，不育基部较短，近似赭褐色，初期粗糙有疣粒，后期可脱落，变至光滑，顶部色深，成熟后破裂成小孔口。内部孢丝初期白色，稍硬，后呈褐色粉末，孢子散发后遗留下不育基部。孢子褐色，近球形有刺状小疣，（3.5 ~ 4）μm×（3.5 ~ 4.5）μm。

生态习性　夏秋季生于阔叶杂木林中腐木残物及腐殖质上，单生或群生。

国内分布　云南、香港等。辽宁新记录种。

经济作用　孢粉药用。

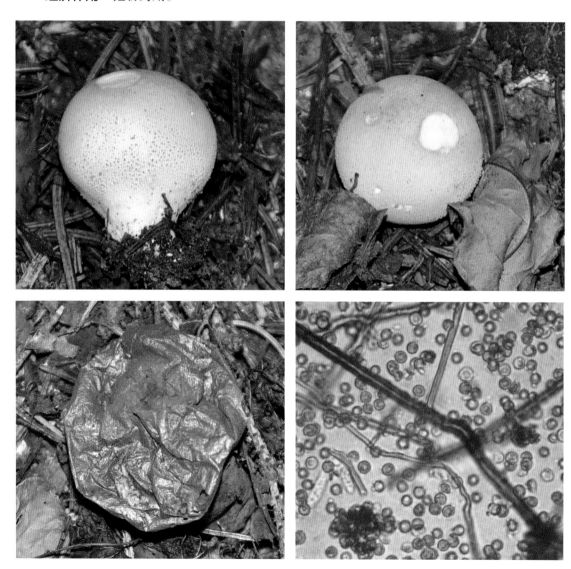

蘑菇目　蘑菇科

605. 褐粒马勃 *Lycoperdon umbrinum* Pers.

中文别名　暗褐马勃、粒皮马勃。

分类地位　蘑菇目，蘑菇科，马勃属。

形态特征　子实体小。近梨形或陀螺形，直径 2.5 ~ 4.5cm，高 3 ~ 5.5cm，不孕基部发达，初期白色，后期呈浅褐色，蜜黄色至茶褐色及浅烟色，外包被粉粒状或小刺粒，不易脱落，老时仅有部分脱落露出光滑的内包被。孢体青黄色，最后呈栗色。孢子球形，由青黄色变至褐色，3.7 ~ 6μm。有小刺和短柄。孢丝长，褐色，不分枝，粗 3 ~ 7μm。

生态习性　生于阔叶树林下腐殖质上，单生或群生。

国内分布　吉林、河北、陕西、甘肃、四川、青海、安徽、江苏、浙江、贵州、黑龙江、内蒙古、西藏等。辽宁新记录种。

经济作用　幼嫩时可食用，据报道试验用菌丝体深层发酵培养。其孢子粉可药用，有消炎止血作用。

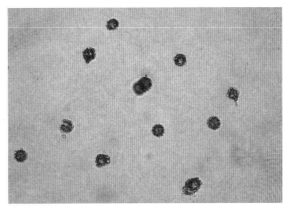

◆ **蘑菇目** 蘑菇科

606. 白刺马勃 *Lycoperdon wrightii* Berk.et Curt.

分类地位 蘑菇目，蘑菇科，马勃属。

形态特征 子实体较小，直径 0.5 ~ 2.5cm，高 0.5 ~ 2cm，外包被有密集的白鬼小刺，其尖端成丛聚合呈角锥形，后期小刺脱落，露出淡色的内包被。孢子体青黄色，不孕的基部小或无。孢子球形，浅黄色，稍粗糙，直径 3 ~ 4.5μm，常含有 1 个大油滴。孢丝近无色，线形，分枝少，壁薄，有横隔，3.5 ~ 7.5μm。

生态习性 夏秋季生于针阔混交林地内或腐木上，群生、丛生。

国内分布 辽宁、河北、陕西、甘肃、青海、江苏、江西、河南、四川等。

经济作用 药用可消炎、解毒、止血。

◆ 蘑菇目　蘑菇科

607. 草地横膜马勃 *Vascellum pretense*（Pers.）Kreisel

中文别名　横膜扁灰包。

分类地位　蘑菇目，蘑菇科，横膜马勃属。

形态特征　子实体较小，直径 2 ~ 5cm，高 1 ~ 4cm，宽陀螺形或近扁球形，初期白色或污白色，成熟后灰褐色、蓝茶褐色。外孢被由白色小疣状短刺组成，后期脱落后，露出光滑的内包被。内部孢粉幼时白色，后呈黄白色，成熟后茶褐灰色或咖啡色。不育基部发达而粗壮，与产孢部分间有一个明显的横膜隔离。孢丝无色或近无色至褐色，壁厚有隔，表面有附属物，成熟后从顶部破裂成孔口散发孢子。孢子浅黄色，有小刺疣，球形，直径 3.5 ~ 4.5μm。

生态习性　秋季生于林缘草地、空旷草地上，单生、散生或群生。

国内分布　北京、河北、广东、福建、四川、云南、湖北、新疆、西藏等。辽宁新记录种。

经济作用　幼时可食。

蘑菇目 鸟巢菌科

608. 隆纹黑蛋巢菌 *Cyathus striatus*（Huds. : Pers.）Willd.

分类地位 蘑菇目，鸟巢菌科，黑蛋巢菌属。

形态特征 子实体小，高 0.7 ~ 20cm，宽 0.6 ~ 0.8cm，包被杯状，由栗色的菌丝固定在基物上，外面被粗毛，初期棕黄色，后期色渐深，褶纹常不清楚，毛脱落后上部纵褶明显。未成熟时内杯口有一白色包被，内表灰色至褐色，无毛，具明显纵纹。小包扁圆，直径 1.5 ~ 2mm，由菌索固定于杯中，黑色，其表面有一层淡色而薄的外模，无粗丝组成的外壁。孢子长方椭圆形或近卵形，大小（16 ~ 22）μm×（6 ~ 8）μm。

生态习性 夏秋生于阔叶杂木或红松林腐朽木上，群生。

国内分布 河北、山西、陕西、黑龙江、江苏、安徽、浙江、江西、福建、湖北、广东、广西、四川、甘肃、云南、香港等。辽宁新记录种。

经济作用 食用及其他用途不明。

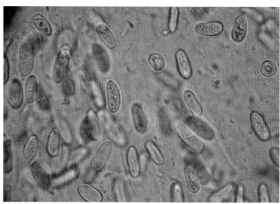

牛肝菌目　硬皮马勃科

609. 大孢硬皮马勃　*Scleroderma bovista* Fr.

分类地位　牛肝菌目，硬皮马勃科，硬皮马勃属。

形态特征　子实体小，不规则球形至扁球形。直径 1.5 ~ 5.5cm，高 2 ~ 3.5cm，由白色根状菌索固定于地上。包被浅黄色至灰褐色，薄、有韧性、光滑或呈鳞片状。孢体暗青褐色。孢丝褐色，顶端膨大，壁厚，有锁状联合，2.5 ~ 5.5μm。孢子球形，暗褐色，含有 1 个油滴，有网棱，网眼大，周围有透明薄膜，直径 10 ~ 15（18）μm。

生态习性　夏秋季生于沙地、草丛、土坡、路旁及林缘地，单生或群生。

国内分布　吉林、山东、江苏、浙江、河南、湖南、四川、贵州、云南、西藏等。辽宁新记录种。

经济作用　幼时可食。老熟后用作消肿止血。治疗外伤出血、冻疮流水。使用时可将适量孢粉敷于伤口处。此种是松、杉等树木的外生菌根菌。

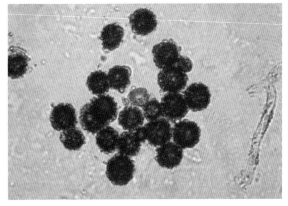

◆ **牛肝菌目** 硬皮马勃科

610. 黄硬皮马勃 *Scleroderma flavidum* Ell. et Ev.

分类地位 牛肝菌目，硬皮马勃科，硬皮马勃属。

形态特征 子实体中等大。扁圆球形，直径 1.5～4cm，佛手黄色或杏黄色，后渐为黄褐至深青黄灰色，有深色小斑片和紧贴的小鳞片，成熟时呈不规则裂片，无柄或基部似子实体中等大。无柄或基部似柄状，由一团黄色的菌丝索固着于地上。孢体灰褐或带淡紫灰，后变深棕灰色。孢子球形，深褐色，多刺。刺长约 1μm，常相连成网纹，7～10μm。

生态习性 夏秋季生于阔叶林地内，群生或单生。

国内分布 广西、广东、福建、云南、香港等。辽宁新记录种。

经济作用 成熟后孢粉药用消炎。此菌又是树木的外生根菌，与栎、马尾松形成菌根。

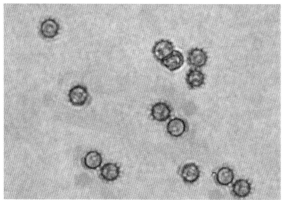

◆ **牛肝菌目** 硬皮马勃科

611. 多疣硬皮马勃 *Sclerodema verrucosum*（Vaill.）Pers.

中文别名 灰疣硬皮马勃。

分类地位 牛肝菌目，硬皮马勃科，硬皮马勃属。

形态特征 子实体较小或中等。近球形，直径 3 ~ 5cm 或稍大，高 2.5 ~ 6cm，无柄或基部伸长似短柄，土黄色或黄褐色，有暗色细疣状颗粒，稀平滑，成熟后不规则的开裂，孢体暗褐色。孢子带暗褐色，球形，有刺，7.5 ~ 13.2μm。孢丝有隔或无隔，粗 2.6 ~ 5μm。

生态习性 夏秋季生于阔叶杂木林地内，群生。

国内分布 河北、江苏、四川、云南、甘肃、西藏等。辽宁新记录种。

经济作用 药用止血。有记载与树木形成外生菌根。

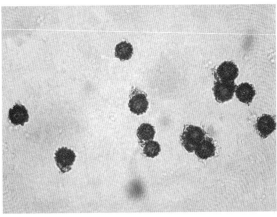

◆ **牛肝菌目　双囊菌科**

612. 硬皮地星 *Astraeus hygrometricus*（Pers.）Morgan

分类地位　牛肝菌目，双囊菌科，硬皮地星属。

形态特征　子实体直径 1 ~ 3cm，未开裂时呈球形或扁球形，初期黄色至黄褐色，渐变成灰色至灰褐色。外包被厚，分为三层，外层薄而松软，中层纤维质，内层软骨质，成熟时开裂为 7 ~ 9 瓣，裂片呈星状展开，潮湿时外翻至反卷，干燥时强烈内卷，外表面干时灰色至灰褐色，湿时深褐色至黑褐色，内侧褐色。内包被直径 1.5 ~ 3cm，薄，膜质，近球形至扁球形，灰色至褐色，成熟时顶部开裂成一个孔口。担孢子球形，褐色，壁薄，具疣状或刺状凸起，直径 7.5 ~ 10μm。

生态习性　夏秋季生云杉林地内，群生。

国内分布　大部分地区有分布。

经济作用　不可食。药用。

◆ 鬼笔目　鬼笔科

613. 短裙竹荪 *Dictyophora duplicata*（Bosc.）Fisch.

分类地位　鬼笔目，鬼笔科，竹荪属。

形态特征　子实体较大，高 12 ~ 18cm。菇蕾圆形，白色。成熟时菌盖钟形，高宽各 3.5 ~ 5cm，具显著网格，内含有绿褐色臭而黏的孢子液。顶端平，有一穿孔。菌幕白色，从菌盖下垂直 3 ~ 6cm，网眼圆形，直径 1 ~ 4mm。菌托污白色或粉红色，膨大球形，内含近透明胶体，直径 4 ~ 5cm。菌柄圆柱形，长 85 ~ 13cm，中空。孢子长椭圆形，光滑，无色或淡绿色，（4 ~ 6.25）μm×（2 ~ 2.5）μm。

生态习性　夏秋季生于落叶松林下地上，单生或群生。

国内分布　辽宁、吉林、黑龙江、河北、江苏、浙江、四川等。

经济作用　可食用，需将菌盖和菌托去掉。此菌煮沸液，能防菜肴变质，防肉腐。在贵州民间治痢疾。子实体的发酵液可降低中老年人血脂，调节脂肪酸及预防高血压病。

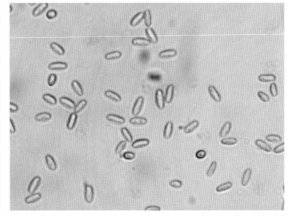

担子菌门　蘑菇纲

鬼笔目 鬼笔科

614. 竹林蛇头菌 *Mutinus bambusinus*（Zoll.）Fischer

中文别名 蛇头菌。

分类地位 鬼笔目，鬼笔科，蛇头菌属

形态特征 子实体高 8~13cm 或更长。菌托白色，椭圆或卵圆形，高 2～3.5cm，粗 1.5cm，头部产孢，部分圆锥形，长 2～3.5cm，亮红色或深红色，有疣状皱纹，顶端有孔口，附着黏稠暗青绿色孢体，气味臭。柄细长柱形，0.5~1.5cm，海绵状，橘红色，向基部色浅，中空。孢子带青绿色，近筒形，（4～4.5）μm×（1.8～2）μm。

生态习性 夏秋生于阔叶树混交林地内或道路旁等，单生、散生或群生。

国内分布 云南、贵州等。辽宁新记录种。

经济作用 食用和其他用途不明。

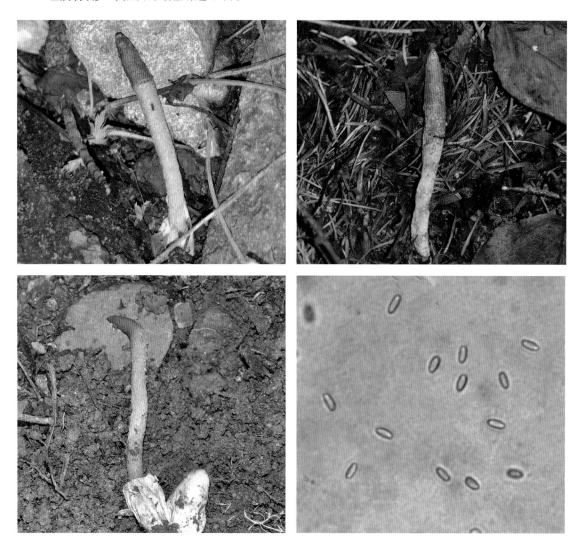

鬼笔目 鬼笔科

615. 蛇头菌 *Mutinus caninus*（Pers.）Fr.

中文别名 狗蛇头菌。

分类地位 鬼笔目，鬼笔科，蛇头菌属

形态特征 子实体高 6 ~ 12cm。菌盖鲜红色，与柄无明显界限，圆锥状，顶端具小孔，长 1 ~ 2cm，表面近平滑或有疣状凸起，其上有暗绿色黏稠且腥臭气味的孢体，后期经雨水冲刷掉其上暗绿色孢体仍呈鲜红色。菌柄圆柱形，似海绵状，中空，粗 0.8 ~ 1cm，上部粉红色，向下部渐呈白色。菌托白色，卵圆形或近椭圆形，高 2 ~ 3cm，粗 1 ~ 1.5cm。孢子无色，长椭圆形，（3.5 ~ 5.0）μm×（1.5 ~ 2.5）μm。

生态习性 夏秋生于落叶松和阔叶树混交林地内或道路旁等，单生或散生，有时群生。

国内分布 吉林、河北、青海等。辽宁新记录种。

经济作用 记载有毒。

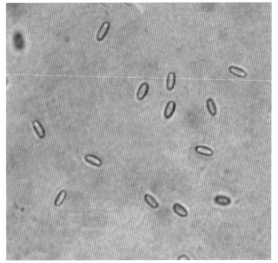

◆ 鬼笔目 鬼笔科

616. 白鬼笔 *Phallus impudicus* L. ex. Pers.

中文别名 鬼笔、鬼笔菌

分类地位 鬼笔目，鬼笔科，鬼笔属。

形态特征 子实体中等或较大，高 10 ~ 17cm，基部有苞状、厚而有弹性的白色菌托。菌盖钟形或毛笔状，有深网格，大小 4 ~ 5cm，宽 3.5 ~ 4cm，成熟后顶平，有三角形穿孔，菌盖上生有暗绿色黏而臭的孢子液。菌柄长 8 ~ 11cm，粗 1.5 ~ 2.5cm，近圆筒形，白色，海绵状，中空。孢子平滑，长椭圆形至椭圆形，无色或近无色，（4.0 ~ 6.0）μm×（2.8 ~ 4.5）μm。

生态习性 夏秋季生于云杉林或阔叶林地内，群生或单生。

国内分布 广泛分布。

经济作用 药用。具有活血，除湿，止痛之功效，常用于风湿痛。

◆ 鬼笔目　鬼笔科

617.红鬼笔 *Phallus rubicundus*（Bosc）Fr.

中文别名　深红鬼笔、长虫花，鸡屎菌。

分类地位　鬼笔目，鬼笔科，鬼笔属。

形态特征　子实体中等或较大，高 10 ~ 20cm。菌盖近钟形，具网纹格，上面有灰黑色恶臭的黏液（孢体），浅红色至橘红色，被黏液覆盖，顶端平，红色，并有孔口，盖高 1.5 ~ 3cm，宽 1 ~ 1.5cm。菌柄海绵状，红色，长 9 ~ 19cm，粗 1 ~ 1.5cm，圆柱形，中空，下部渐粗，色淡至白色，而上部色深，靠近顶部橘红色至深红色。菌托有弹性，白色，长 2.5 ~ 3cm，粗 1.5 ~ 2cm。孢子椭圆形，几乎无色，（3.5 ~ 45）μm×（2 ~ 2.3）μm。

生态习性　夏秋季在菜园、屋旁、路边、竹林等腐殖质多的地上，群生。

国内分布　辽宁、黑龙江、河北、河南、陕西、江苏、湖南、湖北、广东、广西、海南、贵州、云南、甘肃、西藏、新疆、香港等。

经济作用　慎食。认为有毒或怀疑有毒，其实可以食用，洗去菌盖黏物，据说煮熟后可以食用，咀嚼酥脆，香嫩，与竹荪有点相似，不可吃太多，会引起身体发热。可药用。据《本草拾疑》记载，子实体晒干或焙干，研末和香油调成膏涂或将干粉敷于患处。可治"疮疽、虮疥、痈瘘"，有散毒、消肿、生肌作用。

◆ **黑粉菌目** 黑粉菌科

618. 玉米黑粉菌 *Ustilago maydis*（DC.）Corda

中文别名 玉蜀黍黑粉菌、玉米黑霉。

分类地位 黑粉菌目，黑粉菌科，黑粉菌属。

形态特征 孢子堆的大小、形状不定，多呈瘤状，直径 3 ~ 15cm，初期外面有一层白膜，往往由寄生组织形成或混杂部分，有时还带黄绿色或紫红色，后渐变灰白色至灰色，破裂后散出大量黑色粉末即冬孢子。冬孢子直径 8 ~ 12μm，球形至椭圆形或不规则，表面密布小疣，黄褐色或褐黑色。寄生在玉米抽穗和形成玉米棒期间，其各部位均可生长。

生态习性 夏秋季生于山区玉米上，单生或群生。

国内分布 辽宁、吉林、内蒙古、河北、山西、黑龙江、安徽、江苏、浙江等。

经济作用 幼嫩时可食，也可生食，有甜味。也可加工药用。

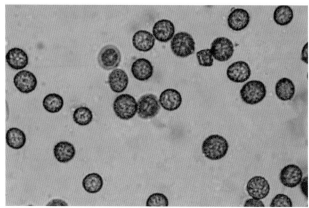

第八章

黏菌类

◆ **无丝目　筒菌科**

619. 筒菌 *Tubifera ferruginosa*（Batsch）J. F. Gmel.

分类地位　无丝目，筒菌科，筒菌属。

形态特征　原生质团起初无色或水白色，后变乳白色，玫红色，产生子实体红褐色。孢子囊高达 5mm，宽 0.4mm，圆柱形至卵形，通常密集互相挤压成多角形，形成假复囊体，最宽可达 15cm，无柄，着生在扩展的海绵基质上。子实体幼时肉粉色至粉红色，成熟时变深红褐色至紫褐色。囊被薄，膜质，半透明，有光，顶部圆凸，囊层内部有散生小凸起。基质发达，无色或淡色。孢子球形，直径 5 ~ 8μm，面上有网纹，成堆暗红褐色。

生态习性　夏季生于阔叶树林内倒伏朽木、立枯木上，群生。

国内分布　辽宁、吉林、安徽、福建、甘肃、海南、陕西、山西、四川、新疆、内蒙古等。

经济作用　食用和其他用途不明。

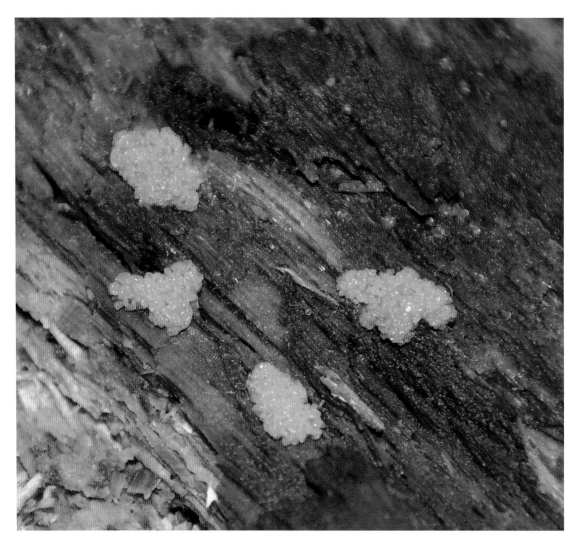

◆ 发网菌目 发网菌科

620. 锈发网菌 *Stemonitis axifera*（Bull.）T. Macbr.

中文别名 美发菌。

分类地位 发网菌目，发网菌科，发网菌属。

形态特征 孢囊总高 7 ~ 20mm，丛生呈簇状，偶尔形成大片，着生在共同的基质层上，长圆柱形，顶端稍尖，鲜锈褐色。菌柄 3 ~ 7mm，黑色有光泽。囊轴向上渐细，在囊顶下分散。孢丝褐色，分枝并联结成中等密度网体。网细密，网孔多角形，宽 50 ~ 20μm，光滑平整，浅色，持久。孢子球形或近球形，有微小疣，成堆时锈褐色至红褐色，光学显微镜下淡锈褐色，大小 4 ~ 7.5μm。

生态习性 生于阔叶树腐木或木桩上，群生、丛生。

国内分布 广泛分布。

经济作用 食用和其他用途不明。

◆ 发网菌目 发网菌科

621. 刺发网菌 *Stemonitis flavogenita* E. Jahn

分类地位 发网菌目，发网菌科，发网菌属。

形态特征 孢囊密集成丛，常若干分散的丛组成较大的群落，着生在共同的基质上。基质层膜质，苍白色变成暗红色至近黑色。孢囊细圆柱形，顶端钝圆，木褐色或桂皮褐色，全高 4 ~ 8mm。柄黑色，短，高 0.5 ~ 1.5mm，有时超过全高的 1/3。囊轴直达囊顶，顶端常有杯状膜质扩大片。孢丝锈色至褐色，弯曲，分枝并连结成网，多膜质扩大片。表面网纤细，不平整，有刺，网口大小不均，多数宽 5 ~ 20mm，上部不持久，早脱落。孢子成堆时深褐色，光学显微镜下呈浅紫色，球形至近球形，密生小疣，直径 7 ~ 9μm。原生质团未见。

生态习性 夏秋季生于阔叶树林地内的倒伏木干或枝的皮上，群生、丛生。

国内分布 吉林、黑龙江、安徽、福建、江西、湖北、湖南、甘肃、山西等。辽宁新记录种。

经济作用 食用和其他用途不明。

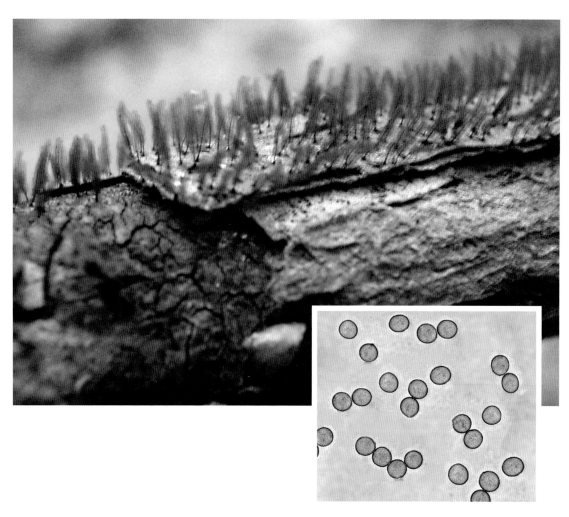

◆ 发网菌目　发网菌科

622.美发网菌 *Stemonitis splendens* Rostaf.

分类地位　发网菌目，发网菌科，发网菌属。

形态特征　原生质团浅黄白色，常常形成一群一片。孢囊紧密丛生一起，圆柱形，有柄，暗褐色，全高 10 ~ 30mm。柄黑色，具光泽，长 3 ~ 6mm。孢囊基发达。囊轴几乎达孢囊顶尖。孢丝交织形成表面网。网眼形状多样，角圆，宽 15 ~ 70μm。孢子浅灰紫色，直径约 8μm，具有细微的小疣。

生态习性　夏季生于腐木或树皮表面，群生，丛生。

国内分布　辽宁、吉林、黑龙江、河北、河南、江苏、浙江、安徽、湖南、广东、广西、福建、四川、云南、甘肃、海南、台湾等。

经济作用　食用和其他用途不明。湿润时原生质团可大量蔓延在木耳或香菇段木上，形成孢囊，影响其产量和质量。

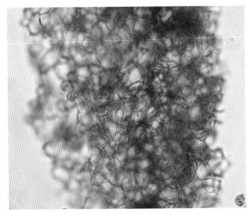
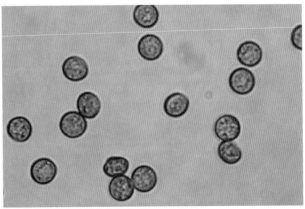

第八章 黏菌类

发网菌目　发网菌科

623. 网孢联囊菌 *Symphytocarpus trechisporus*（Berk.）Nann.

分类地位　发网菌目，发网菌科，联囊菌属。

形态特征　孢囊密集成小丛，形成大菌落，宽可达 10cm 以上，全高 2～7mm，近黑色，不规整，下部有时融联，上部分离，圆柱形。柄很短，高 1mm，有时几乎没有，黑色，纤细，常倒伏。囊轴黑色，纤细，常弯曲，不到囊顶就分散成孢丝。孢丝暗褐色，常疏松，不规整。表面网不规整，下部常不完整网眼大小不等。孢子成堆时黑色，光学显微镜下紫褐色，球形，有网纹，网线明显凸出，网线断缺处有刺，直径 9～13μm。原生质团白色。

生态习性　秋季生于倒伏木上或倒伏木上，丛生，群生。

国内分布　辽宁、香港、台湾。

经济作用　食用和其他用途不明。

644 ┃野生大型菌物原色图鉴

◆ **团毛菌目** 团网菌科

624. 肉色团网菌 *Arcyria incarnata* Pers.

分类地位 团毛菌目，团网菌科，团网菌属。

形态特征 原生质团白色。子实体微小，孢囊密集成丛，圆柱形或卵圆形，高 1.5 ~ 2.5mm，粗 0.4 ~ 0.6mm，肉色，有时近褐黄色，有柄。囊壁膜质，透明，易消失。柄成熟后近黑色，长 0.3 ~ 0.5mm。孢丝浅肉色，粗 3 ~ 4μm，具半环和小齿及小棱，与杯状物连接牢固。孢子成堆时肉色，光学显微镜下淡黄色，球形，近光滑，6 ~ 8.5μm。

生态习性 夏季生于林中腐木上，群生。

国内分布 辽宁、吉林、内蒙古、河南、福建、云南、台湾等。

经济作用 食用和其他用途不明。

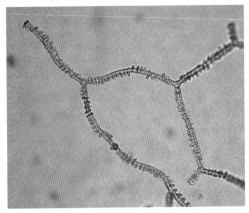
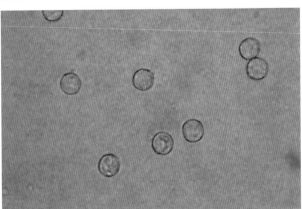

◆ **绒泡菌目 绒泡菌科**

625. 煤绒菌 *Fuligo septica*（L.）Wigg.

分类地位 绒泡菌目，绒泡菌科，煤绒菌属。

形态特征 复囊体成堆垫状，宽1.5～3cm或更大，厚1～3cm，颜色多样，有白色、赭色、绿色、粉红色、暗红褐色、黄紫色等。皮层有石灰质，较厚而脆，易分离。孢丝无色，纤细，与淡黄色的石灰团相连接。孢子堆灰黑色，孢子光学显微镜下浅紫褐色，近光滑或有细刺，圆球形，大小6～10μm，原生质团黄色为多，较少白色或乳白色。

生态习性 夏秋季生于针阔杂木林腐木或枯枝上，群生。

国内分布 吉林、黑龙江、河北、山东、江苏、安徽、广东、福建、海南、贵州、云南、甘肃、西藏等。辽宁新记录种。

经济作用 食用和其他用途不明。常出现在香菇或木耳的段木上，影响其产量和质量。

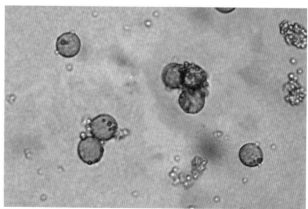

◆ 原柄鹅绒菌目　鹅绒菌科

626. 鹅绒菌　*Ceratiomyxa fruticulosa*（O.F. Müll.）T. Macbr.

分类地位　原柄鹅绒菌目，鹅绒菌科，鹅绒菌属。

形态特征　子实体白色，株高 0.5 ～ 1.5cm，丛生树枝状分叉，一次或二次以上二歧状分枝；二歧分枝表面产生小梗，其上产生孢子；孢子成堆时白色，光学显微镜下无色，形状大小差异较大，多数卵圆形或椭圆形，有时球形或近球形，大小（8.0 ～ 13.0）μm ×（6.0 ～ 8.0）μm。

生态习性　夏季生于红松的倒木、伐木桩上，群生，丛生。

国内分布　广泛分布。

经济作用　食用和其他用途不明。

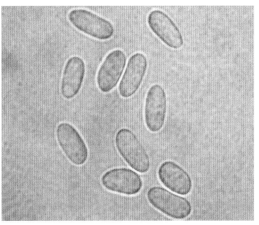

参考文献

[1] 陈青君，刘松. 北京野生大型真菌 [M]. 北京：中国林业出版社，2013.

[2] 陈俊良. 辽宁省关门山国家森林公园枫叶林大型真菌多样性研究 [D]. 长春：吉林农业大学 2012.

[3] 邓叔群. 中国真菌 [M]. 北京：科学出版社，1963.

[4] 戴芳澜. 中国真菌总汇 [M]. 北京：科学出版社，1979.

[5] 戴玉成. 中国林木病原腐朽菌 [M]. 北京：科学出版社，2005.

[6] 戴玉成. 中国储木及建筑木材腐朽菌 [M]. 北京：科学出版社，2009.

[7] 戴玉成，熊红霞. 中国真菌志 第四十二卷 革菌科（一）[M]. 北京：科学出版社，2012.

[8] 戴玉成，周丽伟，杨祝良. 中国食用菌名录 [J]. 菌物学报，2010（29）1：1-21.

[9] 范宇光，图力古尔. 丝盖伞属丝盖伞亚属三个中国新记录种 [J]. 菌物学报，2017，36（2）：251-258

[10] 郭秋霞. 中国丝盖伞属孢子微形态研究 [D]. 长春：吉林农业大学 2013.

[11] 高国平等. 辽宁树木病害志（侵染性病害）[M]. 沈阳：辽宁科学技术出版社，2016.

[12] 高洋. 辽宁省白狼山国家级自然保护区大型真菌多样性的研究 [D]. 长春：吉林农业大学 2017.

[13] 黄年来. 中国大型真菌原色图鉴 [M]. 北京：中国农业出版社，1998.

[14] 贺新生. 中国自然保护区大型真菌生物多样性研究进展 [J]. 中国食用菌，2011，30（1）：17-19.

[15] 李刚，赵军，刘景军，等. 抚顺林区野生食用真菌资源调查 [J]. 中国食用菌，2011，30（1）：17-19.

[16] 李刚，邵利克，于伟鑫，等. 抚顺林区野生药用真菌资源调查 [J]. 中国林福特产.2011，111（2）：64-68.

[17] 李刚，王有东. 抚顺林区野生有毒真菌资源调查 [J]，中国林福特产.2011，113（4）：81-83.

[18] 李玉. 中国真菌志 黏菌卷二 绒泡菌目 发网菌目 [M]. 北京：科学出版社，2008.

[19] 李玉等. 中国大型菌物资源图鉴 [M]. 郑州：中原农民出版社，2015.

[20] 李玉. 中国真菌志 黏菌卷一 鹅绒菌目 刺轴菌目 无丝菌目 团毛菌目 [M]. 北京：科学出版社，2008.

[21] 李玉，图力古尔. 中国真菌志 第四十五卷 侧耳—香菇型真菌 [M]. 北京：科学出版社，2014.

[22] 刘波. 中国真菌志 第二卷 银耳目和花耳目 [M]. 北京：科学出版社，2012.

[23] 刘波. 中国真菌志 第二十三卷 硬皮马勃科 柄灰孢目 鬼笔目 轴灰孢目 [M]. 北京：科学出版社，2005.

[24] 刘远超. 辽宁省浑河源自然保护区大型真菌多样性研究 [D] 长春：吉林农业大学 2013.

[25] 栾庆书，金若忠，云丽丽，等. 棋盘山林下大型真菌的生态多样性 [J]. 辽宁林业科技，2008（1）：5-9.

[26] 梁宗琦. 中国真菌志 第三十二卷 虫草属 [M]. 北京：科学出版社，2007.

[27] 卯小岚. 中国大型真菌 [M]. 郑州：河南科学技术出版社，2000.

[28] 卯小岚. 中国蕈菌 [M]. 北京：科学出版社，2009.

[29] 马腾飞. 辽宁湾甸子龙岗支脉大型真菌资源调查及分布特征研究 [D]. 沈阳：沈阳农业大学 2017.

[30] 邵力平，项存悌. 中国森林蘑菇 [M]. 哈尔滨：东北林业大学出版社，1997.

[31] 王立安，通占元. 河北省野生大型真菌 [M]. 北京：科学出版社，2011.

[32] 王薇. 长白山地区大型真菌生物多样性研究 [D]. 长春：吉林农业大学 2014.

[33] 王月. 东北地区小脆柄菇属真菌分类学研究 [D]. 长春：吉林农业大学 2014.

[34] 王术荣. 辽宁省白石砬子国家自然保护区大型真菌多样性研究 [D]. 长春：吉林农业大学 2011.

[35] 王迪. 辽宁省医巫闾山国家级自然保护区大型真菌多样性研究 [D]. 长春：吉林农业大学 2015.

[36] 时楚涵，图力古尔，李玉. 中国盘菌目新记录属和种 [J]. 菌物学报，2016，35（5）4-5.

[37] 图力古尔. 第四十九卷 球盖菇科（Ⅰ）[M]. 北京：科学出版社，2014.

[38] 图力古尔，包海鹰，李玉. 中国毒蘑菇名录 [J]. 菌物学报，2014，33（3）：517-548.

[39] 图力古尔，刘宇，金鑫. 中国毛缘菇属 2 新记录种 [J]. 东北林业大学学报，2013（41）：122-123.

[40] 吴兴亮，戴玉成，李泰辉，等. 中国热带真菌 [M]. 北京：科学出版社，2011.

[41] 徐济责. 海棠山国家级自然保护区大型真菌物种多样性和生态系统多样性研究 [D]. 长春：吉林农业大学 2013.

[42] 谢支锡，王云，王柏. 长白山伞菌图志 [M]. 长春：吉林科学技术出版社，1986.

[43] 袁明生，孙佩琼. 中国大型真菌彩色图谱 [M]. 成都：四川科学技术出版社，2013.

[44] 袁明生，孙佩琼. 中国菌蕈原色图集 [M]. 成都：四川科学技术出版社，2007.

[45] 于晓丹，王琴，吕淑霞. 辽东地区大型真菌彩色图鉴 [M]. 沈阳：辽宁科学技术出版社，2017.

[46] 余琦殷，于梦凡，邢韶华，等. 辽宁青龙河自然保护区大型真菌种类及分布特征 [J]. 干旱区资源与环境，2014，28（7）：133-137.

[47] 庄文颖. 中国真菌志 第八卷 核盘菌科 肉杯菌科 地舌菌科 [M]. 北京：科学出版社，1998.

[48] 庄文颖. 中国真菌志 第二十一卷 晶杯菌科 肉杯菌科 肉盘菌科 [M]. 北京：科学出版社，2004.

[49] 庄文颖. 中国真菌志 第四十七卷 丛赤壳科 生赤壳科 肉盘菌科 [M]. 北京：科学出版社，2013.

[50] 赵继鼎. 中国真菌志 第三卷 灵芝科 [M]. 北京：科学出版社，2000.

[51] 赵继鼎. 中国真菌志 第十八卷 多孔菌科 [M]. 北京：科学出版社，1998.

[52] 臧穆，袁明生. 我国新担子菌类补遗 [J]. 云南植物研究，1999，21（1）：37 ~ 42.

[53] 臧穆. 中国真菌志 第四十四卷 牛肝菌科（Ⅰ）[M]. 北京：科学出版社，2006.

[54] 臧穆. 中国真菌志 第四十四卷 牛肝菌科（Ⅱ）[M]. 北京：科学出版社，2013.

[55] 张小青，戴玉成. 中国真菌志 第二十九卷 锈革孔菌科 [M]. 北京：科学出版社，2005.

[56] 张清洋. 辽宁仙人洞国家级自然保护区大型真菌多样性研究 [D]. 长春：吉林农业大学 2014.

[57] 章荷生，原戈，高国平，等. 东北防护林带大型真菌图志 [M]. 沈阳：辽宁科学技术出版社，1995.

[58] 周彤燊. 中国真菌志 第三十六卷 地星科 鸟巢菌科 [M]. 北京：科学出版社，2007.

[59] Kirk P M，Cannon P F，Minter D W，et al. Ainsworth & Bisby'sdictionary of the fungi[M]. 10th ed. Wallingford：CAB International，2008.

[60] Michael Jordan. The Encyclopedia of Fungi of Britain and Europe[M]，Revised Frances Lincoln edition. 2004.

[61] Phillips R. Mushrooms and other fungi of Great Britain & Europe[M]. London：Macmillan. 1994.

[62] Phillips R. Mushrooms[M]. London：Macmillan. 2006.

[63] Phillips R. Mushroom and other fungi of North America[M].，Firefly Books Ltd. 2010.

中文索引
（按书中菌物序号编）

651

中文索引

拉丁学名索引
（按书中菌物序号编）